中国地方风味概论

主　编：杜险峰

副主编：朱成健　　刘树萍

参　编：王　林　邓　健　程　鸿　胡绍琨
　　　　陈明儿　李　越　芦健萍

北京·旅游教育出版社

责任编辑：刘彦会

图书在版编目（CIP）数据

中国地方风味概论／杜险峰主编. --北京：旅游
教育出版社，2015.8（2018.1 重印）
ISBN 978-7-5637-3206-7

Ⅰ．①中… Ⅱ．①杜… Ⅲ．①风味小吃—食谱—中国
Ⅳ．①TS972.142

中国版本图书馆 CIP 数据核字（2015）第 175962 号

中国地方风味概论

杜险峰　主编

出版单位	旅游教育出版社
地　址	北京市朝阳区定福庄南里 1 号
邮　编	100024
发行电话	(010)65778403 65728372 65767462(传真)
本社网址	www.tepcb.com
E-mail	tepfx@ 163.com
排版单位	北京旅教文化传播有限公司
印刷单位	北京玺诚印务有限公司
经销单位	新华书店
开　本	720 毫米×960 毫米　1/16
印　张	20.5
字　数	323 千字
版　次	2015 年 8 月第 1 版
印　次	2018 年 1 月第 2 次印刷
定　价	35.00 元

（图书如有装订差错请与发行部联系）

前　言

本人自 2007 年开始担任"地方风味概论"的主讲教师，至今已有八年。八年来由于教材、教辅材料的多次更改，教学内容随之进行了无数次的更改和添加，但是依然无法提炼出本课程与"中国名菜制作""中国烹饪概论"之间的根本性差异。使得"地方风味概论"课程长期处于一个相对尴尬的地位，甚至许多兄弟院校还没有开设这门课程。但是目前市场上的乡土菜、农家菜、民族菜已然成为厨师采风的主要目标，并成为菜肴创新的主要根源。烹饪行业相关人员亟须恶补关于地方风味的知识，特别是关于特色口味、特色烹调方法、特殊饮食方式的内容，这些内容通常可以从相应区域内的地理、历史、宗教、信仰、风俗与物产等方面中找到答案，因此发掘出相关地区人们饮食口味、烹调技法、节庆菜点等内容的形成原因、发展过程和制作方法，受到烹饪领域专家、学者们越来越多的关注。以此为基础，作者编写了《中国地方风味概论》一书，并试图建立起地方风味的教学体系，达到理论提升的教学目标。

"中国地方风味概论"是烹饪与营养教育专业的一门主要专业理论课，适于高等院校、高职院校的烹饪相关专业开设。本教材采用烹饪理论大家聂凤乔先生关于中国风味体系架构的理论，分为五大部分，即鲁豫风味、苏浙风味、川湘风味、粤闽风味和陕甘风味。由于风味体系架构理论并没有将各省、区进行具体的规划，因此本教材依据地缘优势、口味趋同等特点，将相应地区进行了划分，不当之处，还请大家见谅。

本书由哈尔滨商业大学旅游烹饪学院杜险峰任主编，浙江省义乌城市职业技术学校朱成健、哈尔滨商业大学旅游烹饪学院刘树萍任副主编。四川旅游学院王林，山东省济南商贸学校邓健，天津市中华职业学校胡绍琨，福州跨洋中等职业学校陈明儿，哈尔滨市第二职业中学程鸿，哈尔滨商业大学旅游烹饪学院李越、芦健萍参加编写。在本书编写的过程中还得到了哈尔滨商业大学旅游烹饪学院领导和老师的支持，院长石长波教授在百忙之中为本书进行了审定和指导，多位老师为本书的校正、勘误做了大量的工作，在此一并表示诚挚的谢意。

杜险峰

2015 年 3 月

目　录

第一章
绪 论

【本章教学导读】

中国地方风味包含的主要内容是相应区域内的地理、历史、宗教、信仰、风俗与物产的情况,以及在此基础上对相关地区人们的饮食口味、烹调技法、民风民俗、节庆菜点所产生的影响。其中的关系非常具有研究性和趣味性。在中国地方风味的研究过程中,出现过非常多的概念,也引起过相当激烈的争论。时至今日,这些争论仍然在继续。

【本章教学目标】
- 了解中国地方风味形成过程中的历史概念
- 理解中国地方风味五大风味体系的界定观点
- 掌握中国地方风味研究的主要内容

我国东西距离约 5200 公里,南北距离约为 5500 公里,横跨温带气候、亚热带气候、热带气候,还有高山高原气候。《黄帝内经·素问·异法方宜论》中说:"东方地区气候温和,是出产鱼和盐的地方,由于地处海滨而接近于水,所以该地方的人们多吃鱼类并喜欢咸味,他们安居在这个地方,以鱼、盐为美食。西方地区多山地旷野,遍地沙石,盛产金玉,该地的人们依山陵而住,饮食都是鲜美酥酪、骨肉之类。南方地区,地势低下,水土薄弱,因此雾露经常聚集。该地的人们,喜欢吃酸类和腐熟的食品。北方地区经常处在风寒冰冷的环境中,人们四野临时住宿,喜好游牧生活,吃的是牛羊乳汁。中央之地,地形平坦而多潮湿,物产丰富,所以人们的食物种类很多。"复杂的地理和气候条件,以及饮食技术、生活习惯、饮食口味、饮食品种上的明显差异,决定了我国各个地方菜肴的风味是丰富多彩的。

饮食还具有明显的民族性,各民族的饮食是由本民族的主要生产生活内容所决定的,同时,也受社会发展水平的影响,由于生产活动受自然环境的制约,而吃什么不吃什么又受信仰习俗的影响,所以自然环境和传统观念是决定饮食的重要因素。

第一节 中国地方风味的主要概念

一、历史上的风味概念

中国烹饪因地域、历史和文化发展的不平衡,民族生活习俗迥异,风味流派呈现百花齐放的壮观景象。从历史背景来看,两大河流孕育出主要的风味流派。在黄河流域中,上游,以丝绸之路为背景,产生了多民族杂居的胡食风味体系。下游,受儒家思想影响,以中原地区为主体形成北食风味体系;在长江流域中,上游,受四川盆地文化的影响,气候温暖而潮湿,形成独具特色的川食风味体系;下游,特别是繁华的扬州、杭州,加之大运河上的南北经济的串联,形成影响深远的南食风味体系。除此以外,佛教从汉初传入我国并与我国文化相结合,儒家以仁爱为本,对于动物,所谓:"见其生不忍见其死,闻其声不忍食其肉。"并且我国出家人不采取托钵乞食的方式,而是在寺院中自炊自食,所以"戒杀素食、培养慈悲心"的佛教素食观念就逐渐在佛门中形成了。南朝梁武帝萧衍(464—549)是一位非常虔诚的佛教徒,有感于大乘佛教的菩萨慈悲思想,于是积极提倡素食,他于天监十年(511年),颁布《断酒肉文》,令天下所有僧尼不得食肉。从此素食成为中国佛教的一种优良传统和美德。

(一)北食

北食一词在宋代汴京市场上已经颇为流行,严格讲是指北食店,是出售汴京以北地区风味菜肴、点心的店,和南食店是相对而言的。北食所包括的地区,概而言之,近的包括山东、河北,远的包括陕西、山西。在《东京梦华录》卷三"马行街铺席"中,记有北食店:"北食则矾楼前李四家、石逢巴子。"另外,据《萍洲可谈》,宋时人认为"北食多酸",不知是指腌、渍食品,还是指菜肴中喜欢放醋。如指放醋,则指山西菜肴可能性较大,这与当地水土有关。另外,如果将山东菜也列入北食之中的话,则北食之中将增添不少海鲜菜,其风味当是咸鲜、咸香的。苏轼曾写有《鳆鱼行》一诗,歌咏山东沿海产的鲍鱼风味,说明山东菜在宋代仍是有影响的。

(二)南食

南食一词在唐代已经常用,可以指广东地区的食品。但在北宋汴京,似乎指的是江、浙一带的食品。在《东京梦华录》中,有几处提到南食。如卷三"寺东门街巷"中写到小甜水巷,"巷内南食店甚盛";"马行街铺席"中亦记道:"南食则寺桥金家、九曲子周家,敢为屈指";卷四"食店"中记道:"更有南食店,鱼兜子、桐皮熟脍面、煎鱼饭。"此外,汴京的南方菜肴当有南炒鳝、鱼脍、羊肉旋酢等。估计还有不少南方菜肴混杂在《东京梦华录》所记的大量菜肴之中却难以分辨了。

南宋时期因金人一再入侵,扬州遭到严重破坏,菜肴的发展亦大受影响。但总的来说,扬州用水产品及蔬菜制作的菜肴依然出色。如苏东坡《扬州以土物寄少游》一诗中就提到了扬州的土特产腌鲫鱼、醉蟹、腌鲀、腌姜芽、咸鸭蛋等,以清鲜著称。此外,梅圣俞、苏东坡、杨万里等人的诗中均吟咏过淮白鱼及以其制作的名菜糟淮白鱼、煮淮白鱼,足见淮安和扬州地区白鱼菜肴的影响之大。五代之时,鳝鱼菜也已上了扬州招待贵宾的筵席,鲀羹、鲈脍、茭白酢历久不衰。如陆游在外地时,"十年流落忆南烹"(出自《南烹》),难忘的是"玉脍丝鲀"及"脍美菰香",而"磊落金盘荐糖蟹"也令人欣喜。长江中的鮰鱼、河豚也已成佳肴。

河豚鱼世传以为有毒,能杀人。鱼无颊、无鳞与目能开阖及作声者有毒。而河豚备此四五者。故人畏之。此鱼自有二种。鱼淡黑有斑点,谓之斑子,尤毒,然人甚贵之。吴人春初会客,有此鱼则为盛会。晨朝烹之,羹成,候客至,率再温之以进,云尤美。或云其子不可食。其子大如一粟。浸之经宿,则如弹丸。又云中其毒者,水调炒槐花末及龙脑水,至宝丹皆可解。橄榄子亦解鱼毒,故羹中多用之。反,乌头、附子、荆芥诸风药。服此等药而食河豚及食河豚而后服药皆致死出自宋代范成大《吴群志》卷二十九。

可见吴人对河豚确是重视,不仅爱其味美,也对其可能造成的毒死人的危害做了某些预防。从历史发展的角度看,这种种解河豚毒的探索是值得肯定的。

苏州地区的湖荡中产藕,山林中产竹笋,用藕、竹笋做的菜也有名,亦为清鲜之品。临安的菜当属南方菜肴。《都城纪胜》中说:"今既在南,其名误矣。"说明临安菜肴乃至其周围地区的菜肴,均可以划归南食这一流派之中。北宋时,临安菜肴名品的记述并不多。南渡之后,随着南宋政权的建立,大批汴京人士以开饮食店谋生,而后随着经济的发展,临安的饮食业愈加繁荣,临安当地原有饮食与北方乃至四川饮食的交流也更加频繁,新的菜肴大量涌现。简略地说,临安菜以海鲜、湖鲜、江鲜及猪羊肉、家禽、蔬菜为主,在烹饪方法上炒爆菜渐多,烧、煮仍常用,炙、烤、煎、炸也用得不少,腌、糟、醉等用得也普遍。口味上以咸鲜、清淡为主,也有甜品。爆的烹饪方法的使用,及炙、烤用得较多,这与北方饮食风习的传入有关。正如《梦粱录》"面食店"一节中说:"南渡以来,凡二百余年,则水土既惯,饮食混淆,无南北之分矣。"亦即是说,到南宋末,临安菜已是一个融南北特色为一体的新型的南方菜了。

(三) 川食

宋代,随着"川饭店"在汴京和临安的设立,川菜也扩大了它的影响。如汴京的"川饭店"中，就有插肉面、大㸆面、大小抹肉、淘煎㸆肉、杂煎事件、生熟烧饭等菜点供应。而在苏轼、陆游等人的诗中，也屡屡提到川菜。如苏轼说蜀人重"芹芽脍，杂鸠肉为之"（出自《东坡八首》）；在《春菜》一诗中，他又说："北方苦寒今未已，雪底坡如铁甲。岂如吾蜀富冬蔬，霜叶露芽寒更苦。久抛菘葛犹细事，苦笋江豚那忍说。明年投劾径须归，莫待齿摇并发脱。"四川冬日、初春的蔬菜、苦笋、江豚，对苏轼有着极强的吸引力。

苏轼还有《笋》一诗："笋，状如雪，剖之得鱼子，味如苦笋而加甘芳。蜀人以馈佛，僧甚贵之，而南方不知也。笋生肤垄中，盖花之方孕者。正二月间，可剥取，过此，苦涩不可食矣。取之无害于木，而宜于饮食。法当蒸熟，所施略与笋同，蜜煮酢浸，可致千里外，今以饷殊长老。"

此外，陆游在成都写的《饭罢戏作》，其中有"东门买彘骨，醯酱点橙薤。蒸鸡最知名，美不数鱼蟹。轮囷浦芋，磊落新都菜"之句。所谓彘骨，估计为猪排，是用橙、薤这些香料拌和的酸酱来烹制或蘸食的。至于那最有名的蒸鸡到底风味何如，诗中未提，但它既然能使鱼蟹为之逊色，想来定然鲜美至极。当然，犀浦的芋头和新都的蔬菜也很美味。被陆游赞美过的川食还有一些，如"新津韭黄天下无，色如鹅黄三尺余"（出自《蔬食戏书》），"玉食峨眉，金齑丙穴鱼"（出自《思蜀》），从中可以看出川菜在原料使用及调味多醯酱、姜桂、橙薤等的特色。

（四）胡食

所谓"胡食"，是汉代的称谓，主要指当时国家地域外及少数民族的食品。当前流行于西北地区的清真菜，就是最早的胡食范畴。

汉代把玉门关（敦煌以西）、阳关（敦煌西南）以西的中亚、西亚以至欧洲，统称为广义上的西域。而将天山以南、昆仑山以北、葱岭以东广大的塔里木盆地，称为狭义的西域，这一带有小国36个之多，先后为汉王朝所征服。

汉晋引种中原的品种有黄瓜（胡瓜）、大蒜（葫）、芫荽（胡荽）、芝麻（胡麻）、核桃（胡桃）、石榴（安石榴）、无花果（阿驲）、蚕豆（胡豆）、葡萄（蒲桃）、苜蓿（木粟）、茉莉（末利）、槟榔、杨桃（五敛子）等。南北朝至唐代引进的有海棠、海枣、茄子、莴苣、菠菜（菠薐菜）、洋葱（浑提葱）、苹果（奈）。五代至明代引进的有辣椒（番椒）、番茄、番薯、玉米、西瓜、笋瓜、西葫芦、花生、胡萝卜、菠萝、豆薯、马铃薯、向日葵、番鸭、苦瓜、菜豆等。清代以后传入的有洋姜、芦笋、花菜、抱子甘蓝、凤尾菇、玉米笋、牛蛙、菜豆等。历代传入的还有八角、胡椒、荜菝、草果、豆蔻、丁香、砂仁等调味品种。

胡食中的肉食，滋味之美，首推"羌煮貊炙"，羌和貊代指古代西北地区的少数民族，煮和炙则指的是具体的烹饪技法。据《齐民要术》记载，羌煮就是煮鹿头肉，选上好的鹿头洗净,煮熟,将皮肉切成两指大小的块,然后将斫碎的猪肉熬成浓汤,加一把葱白和适量姜、橘皮、花椒、盐、醋、豆豉等调好味,将鹿头肉蘸着这肉汤吃。

貊炙按《释名·释饮食》的记述是烤全羊和烤全猪之类,吃时各自用刀切割,原本是游牧民族惯常的吃法。《齐民要术》所述烤全猪的做法是,取尚在吃乳的小肥猪,宰杀褪毛洗净,在腹下开小口取出内脏,用茅草塞满腹腔,并取柞木棍穿好,用慢火缓烤。一面烤一面转动猪体,使受热均匀,面面俱到。烤时还要反复涂上滤过的清酒,同时还要抹上鲜猪油和洁净麻油。这样烤出的乳猪色如琥珀,又如真金,吃到嘴里,立时融化,如冰雪一般,汁多肉润,风味独特。

羌煮和貊炙味道非常鲜美,在汉代的胡食中,大约是属于最高等级的一类,所以"羌煮貊炙"就成了胡食的一个代称。尤其是貊炙,历来的大餐都列其为美味,甚至列为御膳,元人《饮膳正要》就列有烤全羊的具体制法,那便是地道的貊炙。烤全羊在现代仍属新疆地区的传统风味之一,而烤乳猪亦列为现代名肴,影响十分广泛。

(五)素食

- 不要使你自己的胃成为动物的坟场。—— 回教先知
- 人类谋生的方法进步之后,才知道吃植物。中国是文化很老的国家,所以中国人多是吃植物,至于野蛮人多是吃动物。—— 国父孙中山
- 一个国家的道德是否伟大,可以从其对待动物的态度看出。—— 印度圣雄甘地
- 人的确是禽兽之王,他的残暴胜于所有的动物。我们靠其他生灵的死而生活,我们都是坟墓。我在很小的时候就发誓再也不吃肉了。总有一天,人们将视杀生如同杀人。—— 达·芬奇

从严格意义上讲,素食指的是禁用动物性原料及禁用"五辛"或"五荤"的寺院菜、道观菜。五荤也叫"五辛",指五种有辛味之蔬菜(大蒜、茖葱、兰葱、慈葱、兴渠,大乘佛教禁食蒜等五辛,原因之一是修佛者食五辛后的臭味会招来俗众讥嫌)。对于现代的人们来说,凡是从土地中和水中生长出来的植物,可供人们直接使用或加工使用的食物,我们都可以统称为素食。比如说蔬菜、果品、豆制品和面筋等材料制作的素菜等食物。

在中国,古代迷信认为素食可以表达对神的尊敬,并不是为了保护动物,而且素食之后的祭祀还要拿牲畜开刀。《孟子·离娄》中有:"虽有恶人,斋戒沐浴,则可以祀上帝。"在印度,戒杀生食肉,认为人类不应该伤害任何有知觉的动物,尤其是他们的牛。自此以后,素食的习惯广泛传播,许多上层种姓乃至较低的种姓都接受了素食的习惯。不仅如此,借由梁武帝禁令的传播,素食之说也开始在中国广为

传播，并涉及中国文化圈所影响的大部分地区，如日本和东南亚等。在古代，日本天皇曾长期禁止国民食肉。

素食的动机因人而异，可能是基于宗教信仰，可能是出于健康考虑，也可能是经济因素，还可能是鉴于生态环保的理念，不同的动机使得素食者选择不同的素食方式。但是随着人们健康意识的提高，提倡素食的人越来越多。有人素食，是为了赶时髦，有人则是为了健康，对练习瑜伽者而言，则是迎合传统瑜伽的素食观。但是归根到底素食的好处还是非常多的，至少具有八个方面的优点：

（1）延年益寿。根据营养学家研究，素食者比非素食者长寿。墨西哥中部的印第安人是原始的素食主义民族，平均寿命极高，令人称羡；瑜伽的圣贤也因素食而享有高寿。

（2）体重较轻。素食者较肉食者体重轻。这是因为肉类比植物蛋白含有更多的脂肪，而且，肉食者若是摄取过多的蛋白质，过量的蛋白质也会转变成脂肪。瑜伽饮食观认为，新鲜的水果、蔬菜含有各种丰富的维生素，能提供给人体需要的营养成分，还能帮助身体清除垃圾，排除身体毒素，而且经常食用新鲜的水果和蔬菜也能帮助练习瑜伽的人们达到更好的效果，食用它们便于生命之气在身体中顺畅地流通。素食者认为动物食品中蛋白质的质量低下，实际上消化这些食品所需的能量要大于这些食品所提供的能量。

（3）降低胆固醇含量。素食者血液中所含的胆固醇永远比肉食者更少，血液中胆固醇含量如果太多，则往往会造成血管阻塞，成为高血压、心脏病等病症的主因。第二次世界大战期间，北欧人被迫食素，结果发现全国人民心脏病罹患率大为降低。后来他们改食肉类，心脏病罹患率又提高了。

（4）减少患癌症机会。某些研究指出，肉食与结肠癌有相当密切的关系。前述印第安人及其他素食的部落，尚有许多人根本不知道癌症为何物。

（5）减少寄生虫感染。绦虫及其他多种寄生虫，都是由受感染的肉类而寄生到人体的。

（6）减少肾脏负担。各种高等动物和人体内的废物，经由血液进入肾脏。肉食者所食用的肉类中，一旦含有动物血液时，便加重了肾脏的负担。

（7）便于储藏。植物性蛋白质通常比动物性蛋白质更易于储存。五谷和干燥的豆类，一旦混合使用，就是极佳的蛋白质来源，只要稍加注意，可以长期储存备用，极为方便。

（8）价格低廉。植物性食物一般比肉类便宜。

（9）素食更环保。相同重量的素食碳排量可低至肉食的1/10，甚至更低。

二、帮与帮口的概念

有一段时期商人与商帮成为一个忌讳的概念,特别是"帮"的概念被打上了政治烙印,与帮相关的话题变得沉重。80年代初期以后,人们观念日益改变,1984年,邓小平发出"把全世界的'宁波帮'都动员起来建设宁波"的号召,促使人们关注商帮的历史和现状。晋商、徽商是传统社会中的著名商帮,宁波帮曾是近代实力最强的商帮之一。

宁波帮在全国各地的著名工厂、商号、钱庄等机构不胜枚举,从苏州孙春阳南货铺、北京同仁堂药店、上海童涵春堂、上海荣昌祥呢绒店、天津物华楼等著名店铺,到宁波通久源轧花厂、上海中国化学工业社、三北轮埠公司、汉口既济水电公司、重庆渝鑫钢铁厂等工业企业及固本肥皂、双钱牌橡胶制品、三角牌毛巾、亚浦耳电灯泡、美丽牌香烟等国货名牌产品,再到四明银行、中国通商银行、东陆银行、上海华商证券交易所、宁绍人寿保险公司等金融机构,宁波帮创办和经营了大批声誉卓著的名牌企业和名牌产品。

由商帮带来的"帮菜""帮口菜""风味菜""特色菜"等名称成为影响力巨大的饮食概念,其中尤以"帮"的名称影响较大,如川帮菜、盐帮菜、扬帮菜、徽帮菜、上海本帮菜等。因帮之名主要在于区别不同地区的菜品及口味,故又常称为某某"帮口"。以"帮"命名,大约起于清末民初,并一直广泛流行于20世纪70年代。

在城市,特别是那些大都会中,往往楼、堂、馆、店鳞次栉比,星罗棋布,经营者、厨师来自五湖四海,为了适应各种人群对各种风味菜点的需要,同时也是为了市场竞争和企业、行业利益的需要,采用有区别的、标识不同地方风味的"帮",作为特定称谓来标榜特色,招徕生意的方法便应运而生。这种以"帮"为地方风味表述法的习惯,至今仍在餐饮行业中应用,如近年来流行的"杭帮菜"。

(一)盐帮菜

食盐为百味之祖,自贡为井盐之都,吃在四川,味在自贡。伴随着盐业经济的繁荣与发展而形成的自贡盐帮菜,成为有别于成渝两地"上河帮""下河帮"菜肴特点的川南"小河帮"的杰出代表。自贡盐帮菜分为盐商菜、盐工菜、会馆菜三大流派,口味包括麻辣味、辛辣味、甜酸味三大类别。

清末盐商李琼圃撰著了《琼圃菜谱》,记载了各色盐帮菜的烹饪要诀,惜已失传。自贡名厨董俊康在日内瓦国际会议上做的一道香酥鸭(也有说是樟茶鸭子),倾倒了电影大师卓别林。以盐帮菜为主要内涵的餐饮名店不仅薪火相传,而且涌现了名店,"锦府盐帮菜"名噪京城,在休闲城市成都,会吃、好吃的成都人对自贡

"盐府人家""蜀江春""阿细"的菜品赞赏有加。在自贡,"盐商菜""私家菜""盐都会馆菜""南国宴""蜀南宴""蜀江春""阿细""留芬酒楼""盐帮传人",均是消费者交相称誉的名店,历久不衰。

盐商怪吃,无奇不有,比如吃"猪血泡""露水菌""泡青蛙""炙鹅掌""退鳅鱼""田鸡肚""炒豇豆""炒绿豆芽""鸦雀嘴"等菜肴,其制作方法都非常复杂而怪异。曾有"盐商一盘菜,盐工半年粮"之说,富极一时的盐商,追求菜肴的奇特、怪异和考究,在各地富豪士绅中,确属罕见。

自贡是盐帮菜的发源地,现在自贡盐帮菜以其"味厚香浓、辣鲜刺激"名闻天下,博得精品川菜的美誉。

(二)上海帮菜

上海帮菜也称为本帮菜,是上海乡土菜的简称。20 世纪初,上海汇聚了苏、锡、常、宁、徽等 16 个地方风味,上海人称之为苏帮菜、徽帮菜,而对本地风味,则称为本帮菜。本帮菜以家常化、平民化为其特色。秃肺、圈子、腌笃鲜、黄豆汤这些普通、廉价的原料是本帮菜的主打菜,以浓油赤酱、咸淡适中、保持原味、醇厚鲜美为其特色,常用的烹调方法以红烧、蒸、煨、炸、糟、生煸见长。近年来受世界饮食潮流影响,本帮菜趋向于低糖、低脂、低钠,油、糖的投放量有所减少,菜肴趋向清淡素雅。

三、菜系的概念

中国菜肴有四大菜系之说,已经众所周知。现在能在媒体上见到四大菜系的最早的表述者是姚依林,20 世纪 60 年代,时任商业部部长的姚依林在会见一个外国代表团时说:"在我国,菜肴风味有四大菜系。菜系概念的全面形成大约在 20 世纪 70 年代,80 年代逐渐流行。1983 年全国烹饪名师技术表演鉴定会后,在当年 11 月 11 日的《经济日报》上刊登了一篇题为《久负盛名的四大菜系》,文章称:"目前国内较大的菜系约有十余种,其中以川、鲁、粤、苏四大菜系最负盛名。"这是新中国建立以来国家权威媒体首次公开提出四大菜系的说法。1992 年 3 月,中国商业出版社发行的《中国烹饪辞典》特别将"四大菜系"列为条目,并对"川、鲁、粤、苏"四大菜系作了概述,之后湖南、福建、浙江、安徽鸣不平,而后四大菜系增加为八大菜系。到 2003 年云南出版了《滇菜大系》,贵州专门创办了宣传"黔菜"的期刊,东北三省又在中央电视台推出"东北美食行"专栏,正式宣告"龙菜""吉菜""辽菜"的诞生。另外还有擅长面食的"晋菜",唐风秦腔的"秦菜",大缸煨菜的"赣菜",丝路余韵的"陇菜",五味调和的"豫菜",菜系的争论愈演愈烈。

从发展的角度看,菜系是指因地理、气候、习俗、物产的不同而形成的不同地方风味。每一个菜系的形成,都有它产生的生态背景、人文背景和区域背景。这种划分,在一定程度上促进了中国地域性烹饪特色的发展,使人们认识到各地烹饪文化的魅力。

但就菜系表面数字研究来看,菜系的说法也确实存在了一些问题,以八大菜系为例,在中国的华北、东北、华东、华南、西南、西北六个大的区域中,华北有一个,西南有一个,华南有两个,华东有四个,东北和西北一个也没有,这显然是不符合饮食文化的历史和现状的。

此外,以菜系的个数作为烹饪地域特性的一种表述方式来说,将其规则套用成系统或系列,容易产生较多歧义。同时"四大菜系""八大菜系",在事实上已经成为一种餐饮特权模式,相关省区掌握并利用这种话语权,以"宗主国"的身份向兄弟省区进行文化输出、经济渗透,"菜系说"最终异化为省区餐饮势力恃强凌弱的工具。

中国餐饮业在进入买方市场后,激烈的竞争,使餐饮业成为当前创新变化最快的行业之一。"菜系说"有画地为牢之嫌,厨师被动地要站队伍、打旗子。厨师应聘、试菜往往被问及擅长何种菜系,为了得到工作机会,厨师常常要因事制宜地往几个大菜系上靠,尽量显得名正言顺,以防止不"正宗",而遭到排斥。

四、风味体系的概念

烹饪文化学者聂凤乔先生跳出中国地方风味横向、平面思维的模式,从共性与个性的比较中,发现中国烹饪风味体系是一个多层次的立体架构,是多元风味共存于一体的。据此,将中国烹饪的风味体系分为六个层次。

第一层次:中国风味。这是相对于世界三大风味体系的西餐风味、伊斯兰风味而言的。

第二层次:五大风味体系。这是以中国版图内,在风味上具有共性的多元风味组成的五大风味板块,包括鲁豫风味(咸鲜醇厚,咸鲜为主),苏浙风味(清鲜平和,清鲜为主),川湘风味(鲜辣浓醇,鲜辣为主),粤闽风味(清淡鲜爽,鲜爽为主)和陕甘风味(香辣酸鲜,酸辣为主)等五大区域。

第三层次:各省(市、区)风味。全国34个省、市、自治区和港、澳、台都各有自己的风味特色。

第四层次:各省(市、区)内的流派风味。这些风味基本是达成共识的,如广东风味包含广州风味、潮汕风味、东江风味三个流派;陕西风味包含陕北、关中和陕南三个流派。

第五层次：县市风味。我国有两千多个县，各有风味特色，"十里不同风、百里不同俗"，在菜点风味上的表现非常明显。例如：江苏省的苏州、无锡两市毗邻，相距甚近，风味共性均以甜为特点，但无锡较苏州更甜；又如浙江省的绍兴、宁波，相距也不远，风味迥然不同；还有海南的文昌与琼海，南北相连，在风味上却是一以文昌鸡见长，一以嘉积鸭取胜，凡此种种，不胜枚举。

第六层次：家常风味。这是中国烹饪风味的基础，其中包含 50 多个民族风味在内，是一切烹饪的源头、根本，是取之不尽的宝藏。

此外还有宫廷菜、官府菜（亦称公馆菜）、市肆菜、寺观菜（素菜）等，但其实质基本已经包含在上述六个层次的体系之内。

这个立体架构的风味体系，包容了我国所有风味个性与特性，以客观存在为表现形式。在各个层次之中，各个风味除了共性部分和衔接部分的交叉、重叠外，各自个性都很鲜明，绝无完全相同的重复。以五大风味体系中的川湘风味为例，涵盖四川、重庆、湖南、湖北、贵州、云南，以及与之有相似风味的江西、陕西、甘肃、广西的部分风味。其共性特点之一是"辣"，但辣的方式却并不相同，重庆、四川地区以麻辣为主，湖南、贵州地区以酸辣为主，云南地区以鲜辣为主，江西地区是香辣为主，陕甘是咸辣菜肴较多，湖北的卤辣类菜肴较多，广西酱辣类菜肴较多，其制辣方法、用辣方式、辣椒选择等，区别是比较清晰的。

五、餐饮集聚区的概念

能将中国地方风味各层次包容完整、风味特色表述清晰、如实地反映多层次的多元风味，采用五大风味体系的表述从目前来看见是比较适当的，这一表述还与《全国餐饮业发展规划纲要（2009—2013）》（以下简称《纲要》）中的阐述相吻合。

《全国餐饮业发展规划纲要（2009—2013）》确定我国将在对地方传统风味改良、创新的基础上，集中建设五大餐饮集聚区。

（一）辣文化餐饮集聚区

辣文化餐饮集聚区是以云南、贵州、四川、重庆、湖南、湖北、江西为主的地方风味区域，也就是五大风味体系中的川湘风味体系。重点要建设重庆美食之都、川菜产业化基地、长沙湘菜文化之都和湖北淡水鱼之乡，引导江西香辣风味、贵州酸辣风味餐饮的创新与发展。在这一地区中，辣椒的调味功能特别巨大，食用方式也各不相同，四川地区喜欢用油料制作辣椒，如著名的郫县红油豆瓣，用红油豆瓣制作的麻辣豆腐、水煮鱼，麻辣烫鲜，让人心惊肉跳、荡气回肠，有人将其称之为热辣、油辣；有的地区更愿意直接使用干制的辣椒，如贵州的辣椒蘸水，这种口味浓烈的吃法被称为凉辣。还有的地区喜欢使用糟、泡的辣椒,如湖南、云南、贵州的一些地区,创新的剁椒鱼头、酸汤鱼具有浓重的酸辣风格。

(二)北方菜集聚区

北方菜集聚区也就是五大风味体系中的鲁豫风味体系。鲁豫风味以北京、天津、山东、山西、河南、河北及东北三省为主要餐饮区域。

《纲要》要求,重点建设鲁菜、津菜、冀菜创新基地,建立辽菜、吉菜、龙江菜研发基地,大力推广山西等地的面食文化。在这一区域中,山东风味的影响巨大,山东菜精于火候,烹调技法全面,以炸、熘、爆、炒、烧、扒、蒸、塌见长,风味鲜咸适口,清、香、脆、嫩。其中"爆""塌"技法出众。特别是油爆菜,急火速炒,连续操作,一鼓作气,瞬间完成。成菜汪油包汁,挂汁均匀,有汁不见汁,菜净盘光。质感鲜嫩香脆,清爽不腻。在调味上擅用葱香,山东在菜肴制作过程中,不论爆、炒、烧、熘,或者是烹调汤品,都要以葱料爆锅;甚至将葱作为主料,如葱爆羊肉、葱烧海参;就是蒸、扒、炸、烤的菜肴也要借助葱香提味,如烤鸭、烤乳猪、锅烧肘子、炸脂盖等菜肴均用葱段佐食。

(三)淮扬菜集聚区

淮扬菜集聚区也就是五大风味体系中的苏浙风味体系,苏浙风味以江苏、浙江、上海、安徽为主要餐饮区域。纲要要求重点建设淮扬风味菜、上海本帮菜、浙菜、徽菜创新基地,建设中餐工业化生产基地。这一地区制作菜肴时选料严格,讲究时令新鲜,原料河鲜比重较大,有"醉蟹不看灯、风鸡不过灯、刀鱼不过清明、鲥鱼不过端午"的说法。这里的灯是指正月十五的元宵节,与后面的清明、端午都是说明节气时间的。淮扬菜还讲究突出主料、注重本味,主张大味至淡,也有人把淮扬菜比作"文人菜",由此可见,其淡雅的品性。

(四)粤菜集聚区

粤菜集聚区是五大风味体系中的粤闽风味体系,粤闽风味以广东、广西、福建、海南等省为主要餐饮区域。重点建设粤菜、闽菜创新基地。粤闽风味以广东风味最具有代表性。广州作为华南政治、文化和经济的中心,在明清时期,其商业化、农业就已经走在全国前列。市场兴旺,"讲饮讲食",出现许多著名的乡土美食,如佛山的柱候菜品、顺德的凤城食谱、东莞的荷包饭、新塘的鱼包、新会的潮莲烧鹅、清远的白切鸡等。广西特色美食层出不穷,拿横县"鱼生"来说,在"种、劲、白、薄、厚、鲜"这六个字上下足了功夫,横县"鱼生"选用状鱼饿养,使其消脂瘦身。活杀放血,切片冰镇,配以酱油、色拉油蘸食。

(五)清真餐饮集聚区

清真餐饮集聚区是五大风味体系中的陕甘风味体系,陕甘风味以宁夏、新疆、陕西、甘肃、内蒙古、青海、西藏等地区为主要餐饮区域。重点要建设乌鲁木齐的"中国清真美食之都"、兰州"中国牛肉面之乡"和宁夏清真食品工业化生产基地。这一地区是我国古代"丝绸之路"的主要通道,受阿拉伯文化影响较多,对牛、羊肉的烹调方法有着独到的见解。

第二节　地方风味的界定与形成要素

人类生存由客观环境决定,所谓"靠山吃山、靠水吃水",这是人类在特定的生存环境下,经过不断的筛选、优化积淀而形成的。地方风味特点与地域有着千丝万缕的关联,这是形成各地区饮食特点的根本。这种情况是世界性的,不仅中国有自己的风味体系,法国、日本也有自己的风味体系。例如:日本的烹饪风味体系就分为关东、关西、北海道、九州、四国岛的风味,其风味各有特色,日本对此有较深入的研究,并有专门的著作。

风味体系的改变,一般情况是在客观环境改变后,风味特色才随之而改变,不以人的意志为转移。例如:人在改换了生存环境后,就要去适应新的生存环境,如果不能适应,就会出现"水土不服",时间久了,人必然要改变自己来适应新的环境。天然的改变或人为的改变,都是一个缓慢的过程,几代人、几个世纪甚至几千年,风味体系的改变往往察觉不出,因此,风味体系不随主观意识改变。

一、地方风味的界定

(一)地方风味的概念

地方风味是在历史发展过程中形成的,是指一定地域范围内由烹调到饮食过程中所具有的全部风味特色,并非仅指菜肴而言,还包括面点、小吃、饮品等全部食品,此外它也不仅指味道,还包括原料、烹调工艺、宴席乃至饮食风俗习惯等内容在内的各种相对独立的工艺和产品体系。

(二)地方风味界定标准

目前关于地方风味的问题存在相当大的争议,例如定义之争、定名之争、标准之争、数量之争、顺序之争、支派之争等,其争论的焦点其实就是地方风味标准认定的问题。就客观事实对相应地区风味在量与质上的影响因素来讲,可以从五个方面进行标准的确定。

1. 选材的特异性

地方风味的表现形式是菜点,菜点必须用食物原料才能制成。如果原料特异,乡土气息浓郁,菜品风味往往别具一格,极具吸引力。故而不少地方风味所在地,都很注重名特原料的开发(像北京的填鸭、南京的板鸭),用其制成"我有你无"的菜点,标新立异。

尤其是一些特殊调味品的使用,在菜肴风味形成中有很大作用,四川的郫县豆瓣、天津的面酱、广东的蚝油、湖南的豆豉、江苏的香醋之所以受到青睐,原因也在于此。

2. 工艺技法独到

烹调工艺是形成菜肴的重要手段。不少风味菜名闻遐迩,正是在炊具、火功、味形和制法上有某些"绝招",并且创造出一系列的菜点,如山东的汤菜、湖北的蒸菜、黑龙江的炖菜、天津的扒菜等。由于技法有别,菜肴质感便截然不同,故而以"专"擅名,以"独"争光,以"异"取胜。如海派川菜、港式粤菜、谭家菜、宫廷菜的名气,主要是由此而来。

3. 菜品乡土气息

融注在菜品中的乡土气息,是大大小小风味流派的灵魂,它能确定各风味流派的"籍贯",并助其自立。乡土气息表面上似乎看不见摸不着,但只要菜一进口,人们立即就能感觉到它的存在,如哈尔滨坛肉、扒肉的香料与滋味,对于家乡人来说,它是那样的亲切、温馨和舒适。乡土气息还可以用地方特产、地方习俗、地方礼仪来展示,常有诱人的魅力。所谓川味、闽味、豫味、湘味,这个"味"字指的正是乡土情韵。还有所谓"四四席"中敞口席、缺口席等与敬酒有关的礼仪也具有乡土气息。

4. 名菜名点组成筵席

事物的属性不仅取决于质,还需要依靠一定的量,由于筵席是烹调工艺的集中反映和名菜美点的汇展橱窗,所以,能否拿出不同格局的乡土筵席,是区分风味和流派的一项硬指标。同时也只有风味特异的乡土筵席,才能参加饮食市场的激烈角逐。这与名牌产品对于企业品牌建设的效果是一样的。

5. 长时间考验

认定地方风味,应有历史的、全面的、辩证的观点,不能仅凭一时一事。因为地方风味的孕育少则一个世纪,多则几千年,其发展的历程可谓峰回路转,起起落落。只有久经考验,经过时代的筛选,才能日臻成熟,逐步完善,达到定型。同时,它还要在稳定中求发展,在发展中再创新。

二、地方风味的形成要素

(一)人口迁移

我国历史上,包括当代一直在进行着大规模的人口迁移,这种迁移变化,对各地饮食文化的形成产生了巨大的作用。

比如"闯关东",清代山东人闯关东数量达到平均每年48万人之多,总数超过1830万,留住在东北的山东人达到792万之多,"可以算得是人类有史以来最大的人口迁移之一"。山东人,把山东的饮食文化带到了东北,对东北的地方风味产生了巨大的影响,现在东北地区的风味特点还沿用了山东的某些风味特征。

(二)文化交融

广州是我国最早的通商口岸,这里国内外商贾云集,各地名食相继传来,除正宗的粤菜外,扬州小炒、金陵名菜、姑苏风味、四川小吃、京津包点、山西面食随处可见。西餐、咖啡馆、酒吧也占有一席之地。

台湾学者张起钧先生曾在《烹调原理》一书中写到"粤菜沾了些洋气"。博采众味,糅合中外风格,成为粤菜的重要特征。如"葡汁锔时蔬""马拉盏西洋菜""串烧鳗鱼""广式无锡骨"等,都是明显的文化交融产物。

(三)宗教信仰

我国人口众多,宗教信仰各异,佛教、道教、儒教、伊斯兰教和一些家族神、自然神以及原始宗教,都拥有大批信徒。由于各宗教教义的不同,信徒的生活方式也不相同,饮食的禁忌更是形形色色,其中的食礼、食规、食癖经过千百年的熏陶,具有稳固的传承性。如佛教、道教所倡导的素食文化。

(四)风俗习惯

"少小离家老大回,乡音无改鬓毛衰。"饮食习惯与乡音一样,非常难以改变,有研究显示,一个16岁的孩子基本上就已经形成了自己的饮食习惯,长大后,即使离开了家乡,这种习惯也很难改变。所以,人们的饮食习惯是地方风味得以延续的重要基础,或者说是重要保障。

(五)地理物产

人类生存的首要条件是由客观环境提供的,所谓"靠山吃山、靠水吃水"。我国的地形地貌复杂,不同地区生长着不同的动植物,人们择食多是就地取材,久而久之,出现了以乡土原料为主体的地方菜品。如沿海地区以"生猛海鲜"为主打菜品,云贵地区以"山蘑野菜"为主要特色。

可以说,地理环境决定物产,物产决定饮食个性,并影响烹调方法,从而形成地方风味体系。

第三节 中国地方风味研究内容

一、家常风味

家常风味的主体包括两大类,一类是日常生活中的饮食,一类是传统节假日中的饮食。北宋著名文学家范仲淹以其自身经历和感受,总结出"常调官好做,家常饭好吃"的精辟之论,用简洁的语言,表达了人们对家乡菜、家常菜的钟情。

家常风味,是指平时经常在家中烹制的饭菜,即日常生活中的饮食活动,亦即通常情况下所说的大众生活方式。中国人的日常饮食是以家庭为单位,所用烹饪原料,就是常见的稻麦豆薯,干鲜果蔬,禽畜鸟兽,鱼鳖虾蟹,这些普通烹饪原料就是家常饭菜的主体,变化随意,自然气氛和乡情乡味浓郁。

南宋诗人陆游在《南堂杂兴》诗中说:"莳檐唤客家常饭,竹院随僧自在茶。"清代画家郑板桥在《范县署中寄舍弟墨第四书》中说:"天寒地冻时,穷亲戚朋友到门,先泡一大碗炒米送手中,佐以酱姜一小碟,最是暖老温贫之具。暇日咽碎米饼,煮糊涂粥,双手捧碗,缩颈而啜之,霜晨雪早,得此周身俱暖。"

早在范仲淹说"家常饭好吃"之前的晋代张翰就有莼鲈之思而弃官还乡的典故。范仲淹之后,人们更是眷恋具有浓郁乡情乡味的家常饭菜。时至文明高度发展的今天,一些远离故乡在外地工作的人们,常有难忘家乡饭菜的情怀,这种因食思乡的情怀已成为古往今来绵绵不断的一种饮食文化现象。

二、节日风味

节日是在中国传统文化发展进程中形成的,中国传统文化以农耕文明为主体,农业生产与天文气象密切联系,人们靠天生存,对天文历法的运用较为发达,自《夏小正》始,历朝历代都是在国君、皇帝的过问下制定历法。人们根据历法安排农业生产,春种、夏长、秋收、冬藏。在农事活动转换的时间里人们稍事休息,这就是最初的"节",其含义是转换的休息时间。根据转换农事活动的重要性和时间长短,节气之间的地位也不甚相同，在长期的发展过程中形成了一些重要的节假日，如中国的传统节日"春节"就是最重要的农事活动转换时节，也是庆祝时间最长的节日，成为官方、民间最为隆重的传统节日。

节日里人们祭奠先祖、祭祀神灵，后来这些祭祀活动演化为庆祝性活动。而饮食活动是节日活动的主要形式，通过美食取悦神灵，告慰先祖，焕发身心，加强关系，形成了中国特有的节日饮食生活。如春节时象征团圆吉祥的饺子，"年年高升"的年糕，元宵佳节的元宵、汤圆，上海清明节时制作的青团，浙江湖州清明节要办社酒、吃清明螺等习俗。

三、街头小吃

小吃是古老与现代饮食文化内涵在地理区位性、民族独特性、传统典型性、大众广泛性、流行长久性等方面的具体演现，也是民族在特定的地理、气候、物产、民族、宗教、经济、文化等内涵特性中产生的典型食品。在原料选配，加工技法、色泽形态、进食方式等方面都有许多独特之处。一个地方的著名小吃由于凝聚了鲜明的地域属性和丰富的食源、食性、食涵、食俗、食风等所有饮食事项，一般都有相对较长的流传历史和独特的个性风味。其中，许多名小吃往往还有传奇史实、名人逸事、民间传说等掌故和故事随之传播，加上小吃"物美价廉"的大众特性，因而长久拥有广泛的消费群，体现出永久旺盛的生命力。

小吃伴随着人类社会生产和生活的进步，也经历了漫长的积淀演进过程。先秦的"粔籹"(《楚辞·招魂》)、汉代的"寒具"(《齐民要术·脯腊第八十二》卷第九)、南北朝的"烧饼"(《齐民要术·饼法第八十二》卷第九)、唐代的"槐叶冷淘"(《全唐诗》卷二百二十一)、宋代的"酥饼"(吴氏《中馈录》)、元代的"煮麸干"(《云林堂饮食制度集》)、明代的"眉公糕"(《闲情偶寄·谷食第二》)、清代的"云林鹅"(《随园食单》)等历史上见于经传的小吃，在当时都是声誉远播的。清末以来小吃的品种更是竞相迭出，其中"粽子""馄饨""饺子""羊肉串"等自两汉以来就常见于许多经传。历史上许多原是正餐的菜肴膳品在经历了漫长的人类饮食生活演进和市肆的染化之后变成了名小吃。

晋人干宝《搜神记》记载的"吾卯日小食时，心至君家"中"小食"即是后来派生出的"小吃"。传统的理解，小吃一般指正餐膳品以外的主要用于"下酒"的熟食，如《齐民要术·脯腊》中记载的鳢鱼脯"白如珂雪，味又绝伦，过饭下酒，极是珍美也"。这种"下酒小菜"到了明清时才流行"小吃"之名。这类相对于"正肴"而言的小食品，南方称为"小吃"、北方唤作"热炒"。农业、手工业的发展促进了商业的发展，从而推动了集市饮食业的丰富发展，由"小酒菜"拓展为广义的包括菜肴与点心在内的小吃,基本上在 20 世纪后被正式定名了。

小吃生产与消费向灵活随意、方便经济、休闲趣味的方向发展。各地的名小吃也因其精致的食用品种,个性的原料特色、趣味的工艺形态、别致的进食方式、隽美的口感风味、奇妙的文化魅力等而有了超越时空的永恒价值。

不同区域的小吃文化因创造者与嗜习者的差异而具有鲜明的地域性、民族性、层次性和时代性,小吃的种类和风格类别也因此异彩纷呈。如东北地区的脆松糖、风干口条、肉火烧、松仁小肚、朝鲜冷面、老边饺子、李记坛肉、李连贵熏肉大饼,东北水饺、打糕等。

华中地区的武汉热干面、黄州烧梅、东坡饼、枣锅盔、三鲜豆皮、伊府面、开封灌汤包、秭归粽子、糊汤米酒等。

华东地区的蟹黄汤包、千层油糕、三丁包子、文楼汤包、湖州大馄饨、吴山酥油饼、宁波猪油汤团、温州鱼丸等。

华北地区的焦圈、一品烧饼、奶油炸糕、驴打滚、艾窝窝、桂发祥什锦麻花、周村酥烧饼、狗不理包子、锅魁、小窝头、哈达饼等。

华南地区的及第粥、艇仔粥、虾饺、蚝油叉烧包、潮州老婆饼、柳州螺蛳粉、壮乡生榨粉、南宁老友面、玉林牛丸、闽南肉粽子、福州光饼、海南煎堆等。

西北地区的臊子面、韩城大刀面、窝窝面、西安大肉饼、乾州锅盔、烤馕、牛羊肉泡馍、那仁、哲阔、腊汁肉夹馍等。

西南地区的龙抄手、麻婆豆腐、夫妻肺片、钟水绞,担担面、赖汤圆、过桥米线、遵义羊肉粉、毕节汤圆、花溪牛肉粉、酸汤面、都督烧卖、石屏烧豆腐、糌粑酥油茶。

各地纷繁芜杂的名小吃琳琅满目,能令人食指大动,在满足消费者求实、求味、求趣、求奇、求新的共性与个性需求的同时,并不断繁衍拓展。

四、酒楼名店

名店名楼通常与"中华老字号"的关系非常密切。中华老字号是指历史悠久,拥有世代传承的产品、技艺或服务,具有鲜明的中华民族传统文化背景和深厚的文化底蕴,取得社会广泛认同,具有良好信誉的品牌。

老字号是餐饮发展的活化石,传承着饮食的历史文化,也是中华商业文化的重要载体,不仅是我国优秀商业文化的集中体现,也是非物质文化遗产的组成部分,是中国名牌经济的重要力量,具有很强的历史文化价值和经济价值。

全国各地的中华老字号餐饮名店比比皆是。如:北京的全聚德、东来顺、都一处、天兴居、同春园、便宜坊;武汉的四季美、祁万顺酒楼、蔡林记、老通城、老会宾楼、大中华酒楼、小桃园等老字号餐饮企业。

五、古今宴席

为了满足自身生存需要,人类在特定自然环境和社会交往中,形成了特有的饮食习惯与饮食观念。宴席饮食文化被视为一种能表达内心意愿、反映生活诉求的象征符号,兼具地域性与族属性特征。从古至今,人类就离不开宴席,作为崇尚礼仪、殷勤好客的中国自然更离不开宴席。国与国之间交往有宴席,亲朋好友团聚有宴席,接风送行有宴席,公司开会、表彰鼓励有宴席,百姓之家红白喜事也有宴席……宴席已成为我国人民进行交往、表达礼仪、增进友谊、联络感情、沟通信息的一种正常而必不可少的社会活动。

(一)传统宴席

我国宴席历经几千年发展、演变,逐渐形成了种类繁多、品种齐全并呈现出聚餐式、规格化、社交性三大特色的宴席文化,有许多精华的饮宴值得人们去继承和发扬,如享誉中外的满汉全席、孔府宴、文会宴、烧尾宴、全鸭席等宴席,以其隆重、典雅、精美、热烈而被世人称道。

1. 满汉全席

满汉全席是满汉两族风味肴馔兼用的盛大筵席,规模盛大高贵,程式复杂,满汉食珍,南北风味兼用,菜肴达三百多种,有中国古代宴席之最的美誉。

2. 孔府宴

孔府是孔子诞生和其后人居住的地方,是典型的中国大家族居住地和中国古文化发祥地,历经两千多年长盛不衰,兼具家庭和官府职能。孔府既举办过各种民间家宴,又宴迎过皇帝、钦差大臣,各种宴席无所不包,集中国宴席之大成。孔子认为"礼"是社会的最高规范,宴饮是"礼"的基本表现形式之一。孔府宴礼节周全,程式严谨,是中国古代宴席的典范。

3. 文会宴

文会宴是中国古代文人进行文学创作和相互交流的重要方式之一。形式自由活泼,内容丰富多彩,追求雅志的环境和情趣。一般多选在气候宜人的季节和风景优美的地点。席间珍肴美酒,赋诗唱和,莺歌燕舞。历史上许多著名的文学和艺术作品都是在文会上创作出来的,著名的《兰亭集序》就是王羲之在兰亭文会上写成的。

4. 烧尾宴

烧尾宴是古代名宴,专指士子登科或官位升迁而举行的宴会,盛行于唐代,是中国欢庆宴的典型代表。"烧尾"一词源于唐代,有三种说法:一说是兽可变人,但尾巴不能变没,只有烧掉;二说是新羊初入羊群,只有烧掉尾巴才能被接受;三说是鲤鱼跃上龙门,必有天火把它的尾巴烧掉才能成龙。这三种说法都有升迁更新之意,故此宴取名"烧尾宴"。

5. 全鸭席

首创于北京全聚德烤鸭店。特点是宴席全部以北京填鸭为主料烹制各类鸭菜肴,共有一百多种冷热鸭菜可供选择。用同一种主要原料烹制各种菜肴组成筵席是中国宴席的特点之一。

此外,全国著名宴席还有:天津的全羊席、上海全鸡席、无锡全鳝席、广州全蛇席、苏杭全鱼席、四川豆腐席、西安饺子宴、佛教全素席,以及婚寿宴席、商务宴席、节日宴席、民俗宴席(如潮州尾牙宴)等。

(二)现代宴席

现代美食观认为一席科学的、合理的宴席应是享受、健康、文明的结合。我国宴席的传统观点认为一桌菜肴的色、香、味、形给人以视、味、嗅三觉的艺术之美,是精神与味觉的享受,在一定程度上反映了我国在文化艺术、烹饪技艺上的造诣。

1. 90 年代初的宴席

1988 年 10 月,英国女王访问中国,上海锦江饭店的菜单:北瓜盅(内装甜酸藕、素鸡、熏肉);干烧排翅;水晶虾仁(用活河虾肉、上极薄浆炒成);鸡蓉粟米;时令蔬菜(小玉米、鲜芦笋);软炸凤尾鳜鱼;节瓜盅(汤);三色小点(血糯粉甜圆子、荷叶包饭、小笼包子);水果(哈密瓜等);冷饮(天鹅形冰灯——内装樱桃和栗子)。白天鹅宾馆所开菜单:月映仙兔——四色点心拼盘,为广东传统美点白兔饺;双龙戏珍珠——以大龙虾和鲜活大明虾分别拆肉配料,一泡一炸、拼成双龙,珍珠则用红萝卜仿工艺象牙球镂雕而成;燕乳入竹林——用上等燕窝、竹笋、芦笋制成竹林,红萝卜雕成小鸟;凤凰八宝鼎——由上汤和鲍鱼、瑶柱、鸡肉、花菇、湘莲子、金华火腿、鳖裙和蚧蚶清炖而成;金皮化乳猪——广东名菜烤乳猪;锦绣石斑鱼——用鲜活石斑鱼以两种制法合拼而成;青香荷叶饭——即由小竹笼精制的荷叶米饭;淋杏万寿果——由南杏和木瓜加冰糖清炖而成;一帆风顺——用鲜哈密瓜雕成帆和船体、船内盛冰冻各式果粒。

这两个国宴菜单,色、香、味、形俱全,营养成分搭配合理,即提供了优质蛋白质(鱼、虾、鸭、肉),又有比较丰富的维生素、无机盐和纤维素(水果、时令蔬菜),同时也提供了较足够的碳水化合物(米饭、甜点)。可以说,这两个宴席既突出中国宴席的传统特点,又较科学地符合现代美食的营养要求;既有风味特色,又比较经济,是两个比较成功的宴席。但是菜品的数量略显臃肿和复杂。

2. 21 世纪初的宴席

APEC 中国宴将中国文化与宴席融为一体,设计原则:绿色、环保、洁净、注意生态平衡,众口可调。菜单是:一个冷盆、四道热菜、一道面点加水果,分别是迎宾冷盆、鸡汁松茸、青柠明虾、中式牛排、荷花时蔬、申城美点、硕果满堂。

菜肴设计及上菜程序,嘉宾入座时,面前已摆着一个 12 寸的"迎宾冷盆",掀开银盖,跃入眼帘的是一幅"画","鲜花"植立于"泥"中,"泥土"是两片连肉带皮的烤鸭,长杆是 3 根芦笋,"花叶"是鹅肝,"花盘"是白煮蛋围成,"花蕾"是由三四粒红色鱼子组成。

鸡汁松茸是冷菜后的第一道汤,由 8 片松茸、8 段竹笋、2 根小菜心,菜心头上插着 2 根红萝卜小梗。

青柠明虾去壳切片,用土豆片封住,周围标上花边,土豆片用鳜鱼汤拌成,经烘烤而成。装盘时,盆中三分之二处放虾,边上放半只柠檬,一旁用一片荷兰芹叶点缀。

第三道为"中式牛排",这款菜肴的上端放了两根涂蜂蜜后烙的薯条,两边各 4 根月牙形荷兰豆,牛排用番茄沙司和辣酱油制作,微辣微甜,色香味俱全。

第四道为"荷花时蔬"。申城美点,一只萝卜丝酥饼,一只小小素菜包和一只翡翠水晶饼。翡翠水晶饼的皮是用豌豆和青淀粉制作,上面压有 APEC 的字样,这盘点心用素菜点缀成一片草地,用青淀粉捏成的两只和平鸽用小嘴衔着牡丹或玫瑰,诗情画意跃然盘中。这道菜呈现了一幅荷花绽放水中的景致。

最后一道水果用西瓜、杧果、木瓜、猕猴桃做成,四样水果放在冰雕果盘中,红黄橙绿晶莹相辉,煞是美哉。

菜肴以青柠明虾为重头戏,配以鳜鱼汤拌马铃薯,荷兰芹叶点缀成为宴会高潮,最后以硕果满堂为压轴戏,整个宴席犹如一台美妙的交响乐,高潮迭起,全新的设计理念令人耳目一新。这些菜肴多为老戏新唱,其特点是鲜香、清淡、滑嫩、少油、翠绿,进食为"位上",改变了以往色重、油多、重荤共餐的弊端,普通原料高档制作,且兼容了各地风味之精……

（三）宴席改革

1. 崇尚自然

经济和社会的发达程度不同,饮食在人们生活中的地位也不同。发达国家,人们饮食所占的比例远没有我国那么重要(指其饮食花费占总收入的比例较小),人们对饮食的追求主要是营养和实惠。在饮食观念上各种清新、朴实、自然、味美的粗粮系列、豆腐系列、森林蔬菜系列、海洋系列菜品受到人们的喜爱。

2. 文化特色

如何把现代科学技术渗透到菜品开发中,树立自己的经营特色和品牌,在科技、产品、服务、管理上实现全方位的文化创新,既能在菜品风格上保持传统风味特色,又能在烹调工艺、色香味形、器皿盛装等方面规范化、标准化,充分发挥个性特点和文化积淀的优势,使现代菜品中的文化含量逐步提高,让文化在菜品品牌中发挥更大的作用。

3. 中西交融

现代社会国际交往范围的扩大,使各国各地区之间在菜品制作、餐台设计、环境布局、装潢等方面取长补短,不断借鉴与融合,导致菜品制作、餐台设计等方面多元化和国际化,大都市的餐饮市场也正向"国际食都"迈进,未来大都市的餐饮将是传统竞秀、中西交融、华洋共处,中国传统风味吸纳世界饮食的精华。因此,融合东西方饮食特点的菜品将日益受到人们的喜爱,成为世界餐饮发展的重要特征。

4. 文化氛围

宴会场所,厅堂布置总的要求是协调、大方、清新、舒适和美的享受。宴会厅摆放花架和盆景,突出雅致、优美的气氛。墙上挂的艺术品要大小适度,显得壮观气派。宴会环境的布置要与餐桌的气氛互相映衬。还要根据不同季节,客人的喜好设计安排,如亚非客人喜欢暖色,能给人以富丽堂皇、热烈兴奋的感觉。欧美人较喜欢冷色,冷色给人平静、舒适、凉爽之感。

"有了美的色彩、美的造型,菜点就具有了美的属性。"如今乃至将来的中式宴席给宴席设计师以丰富的想象空间,以往设置餐台的那种随意性已不复存在,在APEC 中国宴等大型宴会的餐台设计上,利用空间,设置不同造型的彩陶、漆器、编制品、花篮、台灯、蜡台等东西方传统工艺品穿插于菜点间,不同花色、不同纹理的丝绸、棉麻等制品也取代了传统的白色台布,整体上看,餐台的布置淡化了协调统一,突出了个性和文化内涵。

在传统美化手段的基础上,宴会设计者抓往餐厅的每一个富有个性的空间,用冰雕琢成菜盘和形象果盘,既实用美观又环保,同时冰雕果盘在彩灯的辉映下,更显玲珑剔透,美轮美奂。

【思考题】

1. 试述中国地方风味形成过程中的历史概念。
2. 试述中国地方风味五大风味体系的界定。
3. 试述中国地方风味研究的主要内容。
4. 试述中国地方风味界定的标准。
5. 试述中国地方风味研究的内容。

第二章
川湘风味体系

【本章教学导读】

　　川湘风味体系以四川、重庆、云南、贵州、湖北、湖南及江西为主要风味区域。属于不同风味的辣味菜聚集区，也将这一风味区域称为辣文化餐饮区域。在这个区域中，四川风味的影响巨大，川菜不仅使用各种形态的辣椒及其制品，而且使用胡椒、芥末、姜、葱、蒜等调味，出现了不同层次、不同风格的众多辣味味型，使四川菜具有"一菜一格，百菜百味"和"味在四川"的美誉。在学习川湘风味时，要特别注意云南地方风味形成的原因。

【本章教学目标】

- 理解并掌握四川风味饮食的主要思想
- 了解四川风味火锅的分类
- 理解掌握少数民族文化对云南风味形成的影响
- 掌握贵州风味形成的历史背景及主要特点
- 了解湖北风味的煮制、蒸制、烤烙制及炸煎制的小吃
- 掌握明清以后的商业移民对湖南风味的影响
- 理解湘菜辣味形成的原因
- 掌握江西风味的烹调特点

　　据说在共和国历史上，曾经有一个关于普通话标准音的政协提案，传闻四川话以一票之差最终没有成为中国普通话的标准音。这个传闻源于语言的使用范围，事实上，四川话不仅是云南、贵州、四川、重庆的主要语言，同时还在西藏地区、陕西南部等地区被广泛使用。在解放初期，没有第二种方言有如此大的领地。在四川话流行的区域，也都是正统的川菜属地，川菜所代表的辣文化集聚了云、贵、川、湘、鄂、赣。四川、重庆讲究麻辣、糊辣，烹调时辣椒融入菜肴里，味道存于红油之中。因为四川、重庆风味基本一样，因此重庆风味不单独介绍，并入四川风味进行讲解。贵州则要体味干辣、凉辣，贵州人家必备四种辣椒：辣椒粉，专门为荤菜配蘸水；油

辣椒,吃粉、面专用;泡、糟辣椒,剁碎专门炒菜、炒饭;干辣椒,炒菜时炝锅。云南是讲究青辣的,所谓涮辣一口,吃牛一头。湖南则要体现咸辣、酸辣,湖南吃辣椒厉害的是中部的邵阳、娄底,湖南人好用新鲜辣椒或干辣椒炒菜,家家无辣不欢。湖北介于干辣和麻辣之间,家家户户吃辣也很厉害,尤其带辣卤味,比如全国著名的精武鸭颈。江西似乎并未以辣闻名,据说江西萍乡煮粥、炖汤都放辣椒,吃的是辣椒的纯粹感,未知真假,如真,唯有仰慕。

辣味的层次丰富,变化多样,以麻辣、酸辣、香辣闻名,油辣、糊辣、青辣、鲜辣、干辣、蒜辣不一而足。四川的热辣、贵州的凉辣、云南的祥云七辣都是不同风格的辣味。作为辣味主要物质载体的辣椒,是明朝末年才从国外引进的,那么在此之前,川湘等地区的人们是不是就不嗜辣呢?答案是否定的。实际上,中国自古的"五味调和"中有一"辛"味,其中就有辣的成分。在没有辣椒之前,嗜辣的人们通常从具有辛辣味的蔬菜中获得这种享受。辣蓼就是古籍中常见的辣味蔬菜,不过它的风味不及辣椒,所以后来被辣椒所代替。其他蔬菜也有些显辣味的品种,例如有些萝卜,也能达到奇辣无比的程度,只是辣得似乎还不够纯粹。

第一节　四川地方风味

2500 年前,李冰父子筑都江堰后,成都平原就成了天府之国。两汉时期,成都已然是长安之外最大的经济文化中心。

川菜的飞跃来自三个阶段:东汉末年,三国鼎立之时,西蜀文化第一次大规模接触到了域外文化;明末大规模农民起义后,四川人口稀少,明清两朝先后大规模将湖南、广东、福建人口内迁,将现如今闻名的八大菜系中的湘、粤、闽三地风味全面带入四川;抗战期间,重庆、成都先后作为首都和陪都成为政治、经济、文化中心,更直接将苏、浙、皖、鲁的风味菜悉数带入四川,其间,在成都有文化界名人如画家张大千、作家李劼人的创新川菜,1946 年遇害的革命烈士车耀先经营的川菜馆——努力餐,连做过两任县长的黄敬临也开了餐馆——姑姑筵。

俗语云:少不入川。恐怕是害怕年轻人会流连于成都的山川与美食吧。还是让我们先用重庆话告诉你:"做人要厚道"。再用字正腔圆的中江话说:"走蛮,切成都流口水蛮"!

一、四川风味的形成

四川菜是中国风味流派的重要组成部分,在长期的历史发展过程中,川菜尽力适应人们的饮食需求,逐渐形成了自己的特色,拥有了独特的文化内涵,扎根于四川,并不断扩展到全国乃至世界,掀起了一轮又一轮的美食波澜。

（一）地理与物产

从地理环境看,四川位于长江中上游的内陆地区,四周群山环抱,中有沃野千里,江河纵横。在四周群山护卫下,四川既无严寒又无风沙,气候温和,雨量充沛,加之都江堰水利工程的护佑更是水旱无忧,早在古代就被称为"天府之国"。这里动植物门类齐全,物产丰富,不仅六畜兴旺、鲜蔬常青,而且山珍野味遍布山野,江鲜河鲜应接不暇,品质奇特优异。依托这些坚实、雄厚的物质基础,四川菜点形成了自己的用料特色。何满子在《五杂侃》中评价成都的蔬菜时说:"小小蔬菜,本非珍贵之物,但也算是一种饮食文化",加上特有的烹调方法,在构成这个城市的性格上,起着它的一份作用。

（二）历史与风俗

四川的历史是一个移民的历史,据《华阳国志》等史料记载从秦朝到清末,由政府组织的大规模移民入川行动就有五次。专家考证说,在现在的四川人中,祖籍为四川者最多占20%,80%左右为移川人口。民国《资中县志》言:"资无六百年以上土著,明洪武时由楚来居者十之六七,闽赣粤籍大都清代迁来。"来自中原、湖广等地的移民带来了多种多样的生产生活方式,丰富了四川菜点的技法和品种,更使其逐步形成了善于借鉴、吸收的优良传统。古语说:"有容乃大",四川菜点正是在不断适应和满足大量移民、原住居民的饮食需求基础上,通过兼收并蓄在用料和技法等方面有了自己的特色。进入20世纪80年代,人员流动异常频繁,餐饮竞争空前激烈,制作者有意识地继承优良传统,根据人们的饮食需求,不断吸收、借鉴外地、外国的原料与烹饪技法,在保持已有特色的前提下大胆改革创新,为四川菜点的特色,注入了新的内涵与活力。

四川人历来崇尚饮食美味,喜欢悠然闲适。东晋常王象《华阳国志》言:蜀人"尚滋味""好辛香"。说明远在汉晋时期,四川人就已经以崇尚味道,尤其是喜爱辣味、刺激味和芳香味而著称,可以说基本上奠定了四川人的饮食习俗。《隋书·地理志》言:"蜀地士多自闲……聚会宴饮,尤足意钱之戏。"《岁华纪丽谱》则详细记载了宋代成都的游宴盛况。这些民俗直到今天仍然不同程度地、非常顽固地保留着、传承着。

（三）构成与层次

川菜餐饮有巴蜀之分,通常餐馆菜以成都味为正宗,包括回锅肉、麻婆豆腐、鱼香肉丝等众多菜谱菜,被称之为盆地文化。而近年来风靡全国的江湖菜则以重庆为发源地,包括火锅、酸菜鱼、水煮鱼、麻辣小龙虾等众多新派川味主题菜,被称之为峡江文化。重庆山峻水险,民风多彪悍,口味更辣更麻,推广往往受阻,传到成都后被改良、被细化则登堂入室。

明清时期,四川菜点由筵席菜、三蒸九扣菜、大众便餐菜、家常菜、风味小吃等五大类构成。《成都通览》中记载的1000余种清末成都风味菜点都属于这五大类。如今,四川菜点由多个层次、树状结构组成。第一层为菜肴、面点小吃、火锅三大类,呈三足鼎立之势。第二层则由三大类各自派生衍变出的多个小类构成。就菜肴而言,以原料分有海产、河鲜、禽畜、蔬果等类型;以性质分有筵席菜、大众便餐菜、民间家常菜等类型;面点小吃有筵席点心、风味小吃等类型;火锅有火锅宴、普通火锅等类型。第三层的派生与衍变则更为复杂多变。如民间家常菜下有江湖菜、私房菜等类型,其中江湖菜又由众多品种构成。

(四)帮口与区别

1. 上河帮(蓉派,以成都和乐山菜为主)

其特点是以小吃为主,比较清淡,传统菜品较多。蓉派川菜讲求用料精细准确,严格以传统经典菜谱为准,其味温和,绵香悠长。著名菜品有麻婆豆腐、回锅肉、宫保鸡丁、盐烧白、粉蒸肉、夫妻肺片、蚂蚁上树、灯影牛肉、蒜泥白肉、樟茶鸭子、白油豆腐、鱼香肉丝、泉水豆花、盐煎肉、干煸鳝片、东坡墨鱼、清蒸江团等。

2. 下河帮(渝派,以重庆和达州菜为主)

其特点是家常,比较麻辣,多创新。渝派川菜大方粗犷,以花样翻新迅速、用料大胆、不拘泥于材料著称,俗称江湖菜。大多起源于家庭厨房或路边小店,并逐渐在民众中流传。渝派川菜近几年来在全国范围内大受欢迎,目前川菜馆流行的主要菜品均为渝派川菜。有以水煮肉片和水煮鱼为代表的水煮系列;以辣子鸡、辣子田螺和辣子肥肠为代表的辣子系列;以泉水鸡、烧鸡公、芋儿鸡和啤酒鸭为代表的干烧系列;以泡椒鸡杂、泡椒鱿鱼和泡椒兔为代表的泡椒系列;以干锅排骨和香辣虾为代表的干锅系列;还有酸菜鱼、毛血旺、口水鸡等。

风靡海内外的麻辣火锅(或称毛肚火锅、鸳鸯火锅)发源于重庆,火锅的内涵已超出了川菜的范围,通常被认为是一个独立的膳食体系,已不被视作川菜的组成部分了。

3. 小河帮(盐帮菜,以自贡和内江为主)

其特点是大气,怪异,高端(其原因是奢靡的盐商人家)。通常情况下人们普遍认为蓉派川菜是传统川菜,渝派川菜是新式川菜,盐帮菜则是精品川菜。

以回锅肉为例尝试说明其区别。蓉派做法中,主料必用三线肉(即五花肉的上半部分)、青蒜苗、郫县豆瓣酱以及甜面酱,缺一不可;而渝派做法则不然,各种带皮猪肉均可使用,青蒜苗亦可用其他蔬菜代替,甜面酱还可用蔗糖代替;具体炒制手法两派基本相似。蓉派沿袭传统,渝派推陈出新,当然创新未必就比传统做法更加美味,应是各人环境不同。

二、四川风味特点

(一)用料广泛,博采众长

四川风味不仅充分发掘和使用本地特色食材,而且引进大量外地、外国的烹饪原料。本地特产原料中,有著名的荣昌猪、成华猪、内江猪、雅南猪和凉山黑猪,水产类有江团、雅鱼、石爬鱼、青波、岩鲤,山珍野蔬类有虫草、银耳、竹荪、蕨菜、椿芽,它们为物美价廉的四川风味菜打下了坚实的基础。四川从外地、外国引进的烹饪原料不胜枚举,最具影响力的主要有两种:一是明末清初从海外引进的辣椒,四川将其由用于单一蔬菜到成为所有菜肴中几乎不可缺少的材料,也使四川风味发生了划时代的变化;二是从广东沿海引入生猛海鲜,为四川菜锦上添花,极大地提升了川菜的形象。

(二)调味精妙,善用麻辣

长期以来,四川菜利用得天独厚的优质的单一调味品,如自贡井盐、汉源花椒、成都二金条辣椒、郫县豆瓣酱等,调制出千变万化的味道,展示出高超、精湛的调味技艺。20世纪末,新型复合调味品的广泛应用,产生了大量新味型。如今,四川菜常用味型达20余种,讲究清鲜与醇浓并重。但不能否认的是,在调味上最独到的还是善用麻、辣,涉及麻、辣的常用味型多达13种。四川菜不仅使用各种形态的辣椒及其制品,如鲜辣椒、干辣椒、泡辣椒、煳辣壳、辣椒油、豆瓣酱,而且使用胡椒、芥末、姜、葱、蒜等调味,出现了不同层次、不同风格的众多辣味味型,如麻辣味型、鱼香味型、怪味味型、家常味型等,使四川菜"一菜一格,百菜百味"和"味在四川"的美誉传遍全国。

(三)方法多样,别具一格

四川菜在20世纪80年代以前使用的基本烹饪方法有近30种,到20世纪末,又吸收借鉴了许多外地、外国的烹饪方法,如煲法、串烤法、脆浆炸法和铁板烧法等,使烹饪方法更加丰富多样。但是,最具特色、最能反映四川菜在制作过程中用火技艺精绝的还是传统的小煎、小炒、干煸和干烧。小炒,是将刀工成型的动物性原料码味码芡,用旺火、热油炒散,再加配料、烹滋汁,使菜肴成熟,其妙处在于快速成菜。干煸,是川菜独有的烹饪方法,是将刀工处理的原料放入锅中,用中火、少许热油不断翻拨煸炒,使原料脱水、干香、成熟,妙在成品软酥干香。干烧,是四川又一特殊烹饪方法,用红油炒糖后再将熟处理的原料放入锅中,加适量汤汁,先用旺火煮沸,再改中小火慢烧,使糖汁、汤汁逐渐渗透到原料内部,或者黏附于原料之上的成菜方法。

三、四川风味火锅

袁枚在《随园食单》阐述的烹饪理论"二十须知""十四戒",绝大多数皆为至理。唯独所言"戒火锅"之说不被食家所赞同。

子才言火锅之罪,一曰"对客喧腾,已属可厌";二曰"各菜之味有一定火候,宜文宜武宜撤宜添,瞬息难差,今一例以火逼之,其味尚可问哉";三曰"物经多滚,总能变味"。

简斋先生对火锅的褒贬,有其自身的认识,但是火锅并没有因为他的褒贬而消亡,北方由于天气原因喜好火锅由来已久,四川人对火锅的嗜好却令人刮目相看,其吃火锅的乐趣、烫火锅的技巧,假若袁老先生在世,应该会重新思考"戒火锅"之论的。四川人吃火锅,不但在寒冷的冬天,就是在三十八九度挥扇不停的盛夏,专营火锅的店铺,也是高朋满座。

这是什么道理呢?爱吃火锅的人,觉得吃火锅是一种享受。火锅的容量大,可荤可素,调味也可以随自己的喜好而变化。冬天,不会因天冷而使菜肴变凉令人扫兴,夏日,来它个以热抗热,浑身出汗,求得一爽。

(一)火锅分类

1.老式羊肉火锅

顾名思义就是以羊肉为主,一般使用传统的炭火铜锅,涮羊肉的蘸料配方较为特殊,北方人食用较多。老式火锅涮羊肉第一感觉是亲切,第二是火旺,羊肉一涮就吃。冬天是吃火锅涮羊肉的季节,每个城市的火锅多得不计其数,涮的东西却大同小异。

老式火锅通常是典型的羊肉火锅,一进去就有股膻味,开始还有点受不了,时间长些就习惯了。传统老店调料常用腌韭菜花、腐乳汁、麻酱调制,现在还有添加花生酱、沙茶酱的,非常适合涮羊肉,讲究手切大厚片的鲜肉。

2.酸菜白肉锅

东北地区常用,以熟五花肉片、牛肉片、羊肉片和自渍的酸白菜为主,辅料必有螃蟹、淡菜和大海米,蘸料必用腐乳汁、腌韭菜花和芝麻酱。

3.牛肉丸子锅

以传统炭火铜锅为主,牛肉片、羊肉片和牛肉丸子为主要内容,北方回族人民食用为多。

4. 粤式打边炉

广东人重汤头,因此粤式的打边炉自然要以高汤为底,加上各式海鲜、山珍入味,蘸料以沙茶酱为主。各式砂锅、煲仔,则以豆腐乳与生抽为蘸料。在潮州、汕头一带,以各式丸子为火锅主体,尤其是其撒尿牛丸,极有咬劲,风味独特。

5. 冈山羊肉炉

以带皮的羊肉为主,配上中药材,蘸料以辣豆瓣酱或豆腐乳为主,是地道的台湾风味。

6. 素食锅

以各式蔬菜、蕈类、豆制品为主,通常以黄豆芽与笋熬制的高汤为底,是吃素的专属。

7. 药膳火锅

利用中药材的进补作用,排骨、鸡肉为主体原料,蘸料简单,较强调中药材的滋补效果。

8. 臭豆腐锅

以臭豆腐为主题,是逐臭一族最喜欢的一类。

9. 菌类火锅

以野生菌类为主菜的火锅,取用老鸡、老鸭、海鲜、甲鱼等原料中的任意一种作为火锅底料,然后在几十种菌类中,挑选如牛肝菌、松茸、竹荪、猴头菇等多种菌类,放在锅内熬好鲜汤,不加味精即鲜美清香。野生菌,产于不同山区,在不同的自然条件下,没有受到人为污染而生长成的绿色食品,入锅后久煮不烂,食后齿颊留香,口感清爽柔滑。与传统火锅相比,菌类食品具有低脂肪、高蛋白质、不肥不腻的特点。还能养胃生津、补益提气、平衡阴阳、利肝明目,药疗作用显著。如银耳、猴头菌,有益身强体、补血镇静、清洁肠胃的作用;白蘑菇,有降血压、辅助治疗肝炎等功能;香菇、密环菌、松茸、竹荪等,对预防高血压、心脏病、心血管病和婴儿佝偻病有益,另有理气化痰,驱虫止痛之疗效;珊瑚菌、多汁乳菌、牛肝菌可以清热解毒、清肺胃、养血和中、补虚提神。

火锅原料多种多样,山珍海味、蔬菜均可入锅,调料也是酸、甜、咸、辣样样齐全。好友相聚,家人聚会,一只火锅,一瓶老酒,窗外天寒地冻,室内温暖如春,别有一番滋味。火锅是居家常用的聚餐形式,特点就是方便,而且风味随意。

(二)四川火锅分类

1. 毛肚火锅

四川的火锅,数重庆的"毛肚火锅"最有名,麻辣味厚、鲜香脆嫩是其金字招牌。标准的毛肚火锅，主料要用水牛的毛肚、肝、腰；黄牛的背柳肉，以及鸡血、鸭血、猪脑花、猪脊肉、鳝鱼片、猪肝及腰等荤食原料；素菜要用黄葱、蒜苗、莲花白等。

　　火锅的味道如何，精要之点就在于熬制卤水。要将郫县豆瓣剁细，永川豆豉舂蓉，冰糖拍碎。炒锅洗净后，置于旺火之上，下牛油待其融化，加入郫县豆瓣，放姜米、花椒快速炒香，再掺牛肉汤，倒入火锅炉子上的小锅（铜锅、铁锅、砂锅皆可，再放豆豉、冰糖、辣椒面、川盐、料酒、醪糟，煮开约十来分钟，掠去泡沫才能使用，当然这只是最简单的火锅底汤。

　　在四川，传统用的锅子是生铁锅，在桌子中间，无论多少人吃过，锅都不换，只加汤，蘸料则是简单的麻油，原因可能是锅底的口味实在是太重了。

2. 麻辣鸳鸯锅

　　何永智是重庆最早开火锅店的人之一，他发现一个现象："北方人、广东人都不适应重庆火锅，重庆人带他们来吃火锅，要吃麻辣的特点，但他们吃了一点点就辣得不行了，要用开水涮火锅，这样吃重庆火锅哪里还有味道"。一天，他从朝天门坐轮渡去弹子石，船开到两江汇流的地方，看到一半江水黄一半江水清，顿时有了个想法。回家后，请八一路上打锅的师傅，打了两口新锅，中间加个隔断。锅打好后，清汤红汤各一半，红汤是麻辣牛油汤，清汤是鸡汤。

　　但很快又出现了问题，中间隔断高度不够，火一大，红汤清汤就会混合到一起。"那个时候没得两个钱，舍不得换锅"，何永智说，当时的想法是把中间的隔断加高一点，就在原来的锅上改，如果直接加点铝皮，锅很难看，就给打锅匠说，在上面做个图案，他做出来的就是一对鸟儿，看起来像是鸳鸯，作为隔断的加高部分。大家来吃火锅的时候，要吃清汤红汤各一半的，干脆就说"来一个鸳鸯锅"。后来为了美观，加了弧度，改成了太极形状，但大家喊鸳鸯锅已经喊习惯了。

3. 鱼头火锅

　　鱼头火锅的辣椒来自四川双流，那里生产的"二筋条"辣椒，辣中寓香，性温，多吃也不会上火。珍贵之处在于，"二筋条"的采摘期一年只有七天，所以不易得，用于大众化的火锅中，特别吸引人。

　　鱼头火锅中很讲究豆瓣的使用，豆瓣的做法也较怪异：选用"二筋条"与蚕豆以及二十多种中草药加工而成。制作时，当天弄好的豆瓣要立即装入瓷瓮，顶部封上菜油，封坛一年才能吃，这样，豆瓣在坛里的微生物作用下慢慢发酵愈加醇和芳香、营养丰富。

　　吃鱼头火锅还有个程序，吃时要按照鱼唇、鱼脑、鱼皮、鱼肉的顺序吃，不能一顿猛吃，讲究一快一慢、一吸一停。吃鱼皮鱼肉时要细嚼慢咽，吃鱼唇鱼脑时要快，一吸入嘴，再慢慢顺喉而下。

4. 懒人火锅（一根竹筒油上漂）

　　"嘿！这个火锅咋有一根竹筒在转呢？身上还有这么多洞洞。它是干啥子的哦?"成都一环路南四段某火锅店内发出了疑问,对这个问题,该店负责人的回答是:"这是我们店的宝贝,正在申请专利呢。"

这里吃饭不是先点菜,而是先点"竹筒",咖喱、酸菜……足有十多种,"竹筒不同,特色就不同。随着锅中汤的沸腾,那根竹筒也在锅中旋转起来,一会左、一会右,煞是有趣。

拈起一根鸭肠正要放在锅中,师傅拦住我们说:"放在竹筒上,等它自己烫。""噫,还可以这样子啊。""鸭肠要一直拈到,好麻烦。你把它放在竹筒上,一会儿就烫好了。而且竹筒里面有香料,筒外打有孔,烫的过程中香味溢出,东西的味道还要好些。"由于不用始终夹着烫,有客人戏称这是懒人火锅。

现在人们吃火锅,不仅要吃味道,更要追求健康和情趣。以前火锅底料直接放在锅中,难免附于食物之上,而且还浑汤、糊锅,影响美观、口感和味道。加上食物沉入锅里,汤又滚烫,顾客们在锅中不断翻找,实在是麻烦。基于这两点发明了这个"底料筒"。竹筒上阵以来,效果真的还不错,店老板如是说。

5. 一次性锅底

老油锅底,老油是将食过之后的火锅汤料上的浮油加姜、蒜等调料熬制成的一种回锅油,香味特别浓郁。虽然这种老油味道香浓,是调制火锅味道好坏的关键因素,但许多消费者对此做法有极大异议,口水油一说成为公敌。因此重庆火锅协会发出倡议——告别老油。成都小天鹅火锅启用一次性锅底,考虑到消费者的习惯,在启用一次性锅底的同时,将仍然保留老油火锅。

羊西线重庆君之薇的火锅店直接将火锅配料坊设在大厅内,火锅调料师当着客人的面现场配制火锅:一把大辣椒、一把花椒、一大块牛油、一大勺鸡精、几大勺火锅汤……配好的火锅料直接端到客人的桌上烧开即可食用。工作人员介绍说:"将配料坊搬进大厅,就是想让消费者看清火锅制作底料的全部过程,吃起来放心。"

一次性锅底是用干辣椒、干花椒、姜、葱等佐料现熬的锅底,由于熬制时间较短,因此特别耗费材料,制作成本非常高,虽然新鲜原料锅底色泽比老油锅底更红亮,且底汤也没有老油锅底的汤汁稠浓,但在口感上,新鲜锅底的麻辣味显得要干麻一些。为了保证一次性锅底真正做到"一次性",小天鹅特别准备了一个小桶鼓励客人将一次性火锅底料打包回家。火锅调料师说,将底料打包回家有两个好处,一是一次性火锅锅底由于是现炒现用,辣椒与花椒的熬制时间都不够,打包回家后,不仅可以继续食用,而且底汤会越熬越香,味道也会更好;二是底料带回家以后,火锅店就没法回收老油了,这样会让其他客人更放心。

6. 风味冷锅

冷锅以单一菜品为特色,提倡"一招鲜,吃遍天"。传统火锅以锅底为特色,分全牛油、半牛油、纯菜油等。火锅历来是成都餐饮引领"食"尚潮流的标志。如今各式食材主题的"冷锅"火锅系列来势汹涌，正向着品牌化、系列化、精品化迅速发展，成为风头正劲的流行饮食。

冷锅，顾名思义即冷火锅。这个新名词正式出现是在2000年，成都望平街一名为"三只耳冷锅鱼"的火锅店。店主将以往由顾客将生鱼头放入锅中烫食的传统吃法，改为由厨师将生鱼头码味烧制后，将熟鱼头上桌，不需点火直接食用，称为冷火锅。效果奇好，在不到300平方米的餐厅创下一餐翻台3至4次的佳绩，"冷锅"一词由此传扬开来。

冷锅既保持了鱼的鲜嫩度，又可烫食其他菜，可谓"一锅两吃"。此后仿照冷锅鱼的形式出现了以"香辣蟹、冷锅鸡、冷锅蛙、泡坛醉鸭、啤酒鸭、干锅鸭头"等为代表的冷锅系列，并受到追捧。

相比传统火锅，冷锅具有菜品主题突出、烹制技术含量高，最大限度地避免了被"克隆"的危险，更容易"个性营销"等优势。

冷锅是由厨师码味烧制后再端上餐桌的"热锅冷吃"菜，吃完主菜后点火添汤烫食其他菜品；改变了传统火锅一律由食客"自助"烫食的模式。在味碟方面，冷锅采用各式风味蘸碟，如黄豆碟、豆豉碟、香菜碟等复合味碟，食用时碟中须加入汤底佐味，而传统火锅则通常使用干碟或油碟。

(三) 火锅文化

1. 易中天"三品"火锅

易中天认为："火锅简直浑身上下都是中国文化"。他说火锅热，表示"亲热"；火锅圆，表示"团圆"；火锅用汤水处理原料，表示"以柔克刚"；火锅不拒荤腥，不嫌寒素，用料不分南北，调味不拒东西，山珍、海味、河鲜、时菜、豆腐、粉条，来者不拒，一律均可入锅，表示"兼济天下"；火锅荤素杂糅，五味俱全，主料配料，味相渗透，体现"中和之美"。火锅最为直观地体现了"在同一口锅里吃饭"这样一层深刻的意义，可以说是不折不扣的"共食"。而且，这种"共食"又绝不带有任何强制性，每个人都可以任意选择自己喜爱的主料烫而食之，所谓"既有统一意志又有个人心情舒畅"的生动活泼局面。所以，北至东北，南到广州，西入川滇，东达江浙，几乎无人不爱吃火锅。

易中天还进一步为这种文化溯本求源："火锅，大概就是对原始时代和古代战争中'共火而食'的远古回忆！中国菜肴，无论煎、炸、蒸、炒，一般都是在厨房里加工完成后才端上桌来，只有火锅把烹调过程和食用过程融为一体，不但把锅端上桌来，而且让火贯穿始终。这不正是一种最古老也最亲切的方式吗？围在一起吃火锅的人，不是家人，便是伙伴；不是兄弟，便是朋友，不是极富人情味吗？"

易中天一品再品,对火锅有了更深刻、更全面、更系统的认识:"火锅不仅是一种烹饪方式,也是一种用餐方式;不仅是一种饮食方式,也是一种文化模式。"

2. 火锅情结

火锅情结一:热烈。从人的性格上说,国人性格多属热情外向型的,善于亲近他人,喜好热闹。火锅一食,大家团团围于一锅,吃时热闹至极,自是爱之。

火锅情结二:温暖。从气候说起,火锅的生成缘于"冷"。火锅,本意为架在火上的锅子。在整个中国大地,几乎2/3的国土从11月至次年3月都处于冰天雪地之中,吃火锅的感觉如同"雪中炭"。

火锅情结三:烫食。中国人在讲究"美食"的过程中,最重视的是"味"。而在滋味中,就包含对菜品温度的讲究,如饺子趁热吃,吃热汤面……吃"热",有"一热抵三鲜"之说。至于烫食是否符合现代健康标准,似乎无人问津,只是偏爱热、烫温度下留于口中的"滋味"。

火锅情结四:营养。说起这一点,似乎普遍认为中国的"吃"与欧美的"吃"就营养方面有所逊色。事实上,中国的美食"养生"是十分考究的。涮食火锅,讲究荤素搭配、素食锅底讲究饮食滋补,自成一套营养理念。

火锅情结五:平民食品。自古吃火锅不是富人的专利,火锅饮食适用于各个阶层的人。只是穷人家涮的可能是白菜、豆腐,甚至"下水"等食材,但这并不影响饮食的"美味"享受。至于吃已无本质"贫富"之别的今天,火锅更是具有平民化的美食了。

火锅情结六:卫生。以麻辣火锅为例。在川地,最早人称为"烫锅",即是大家在一锅麻辣汤里涮烫食物。因为麻、辣的红油汤本就具有开胃助消化的作用,加之高温杀菌,我们祖祖辈辈就是这样吃下来了。

时至今日,美食的健康标准改变了,这种一锅汤涮到底的做法,有些让人难以接受。其实"食者"听得此事,实在无须大惊小怪,健康标准的改变不是一天形成的,怎么可能让人在一夜之间就全部改变这种民间传下来的吃法呢。

至于火锅本身,烫、辣椒也确实有杀菌作用。一次性火锅汤的推广,会使火锅成为一种卫生、健康、时尚的品类。

火锅情结七:美味。美味是中国饮食的根本标准。"好吃"也许是最难用语言表达的。若说火锅是简单的食品,并无道理,但如同所有的食物一样,火锅的美味对底汤的味道、涮食的时间、涮品的搭配、蘸料的调配都十分讲究,自有其深奥的美味。

四、四川名菜名点

(一) 名菜

1. 酸菜鱼

鱼究竟有多少种做法？这是个没有答案的问题,因为用一条鱼可以做出整桌宴席,鱼皮、鱼鳞、鱼鳔皆是菜,一条鱼就能搞定一桌宴席,所以,鱼真的有无尽的可能。

酸菜鱼以其特有的调味和独特的烹调技法而著称。以鲜鱼为主料,配合四川泡菜煮制而成。此菜虽为四川民间家常菜,但流传甚广。90 年代初,在大大小小的餐馆都有其一席之地,随着软包装泡青菜在全国各地出售,"酸菜鱼"也随之风靡整个神州,在首都北京,可与"宫保鸡丁"齐名。酸菜鱼是四川菜的开路先锋之一,也是四川家常菜中较早北漂的名菜。

做重庆酸菜鱼可以用草鱼、大头鱼、鲤鱼,通常选用大头鱼来做,一条鱼可以两吃,鱼头放剁椒蒸,鱼身做成酸菜鱼。材料就是大头鱼肉、酸菜,调料用泡姜、泡辣椒、大蒜、生姜、干辣椒段、花椒粒、花椒粉、盐、料酒(或白酒)、生粉、鸡蛋、味精、葱段。酸菜鱼的做法同于水煮,只是配料必须选用四川酸菜。

2. 万州烤鱼

相传万州烤鱼已有几百年的历史了,当地借鉴传统川菜和川味火锅的工艺和用料特点,形成了独特的风格特色,菜品经过腌、烤、炖等烹调方法,最终以火锅的形式呈现,成菜外焦里嫩、油香扑鼻。烤鱼吃完后,其汤料还可以作为火锅用料,涮一些爽口青菜,深受人们的喜爱,如今已经传遍大江南北。

具体制作方法是选用草鱼、排骨、色拉油、牛油、红油、香油、孜然、胡椒粉、白糖、花椒、辣椒、豆豉、豆腐、西芹、生菜、香菜、花生、味精、盐等材料。先将活鱼从腹部将鱼剖开,收拾干净,撒盐腌制;再将鱼放在火炉上用木炭烧烤,木炭烤出的鱼被认为是正宗的烤鱼做法;烤制过程中,在鱼的两侧刷色拉油、香油,撒上孜然、胡椒粉;待鱼烤至七八成熟的时候,盛到专用铁盘子中;将熬制的骨头汤或鸡汤,浇到七八成熟的烤鱼上;用牛油、红油、白糖、花椒、辣椒、豆豉等调味品炒成底料浇在鱼上;最后在鱼汤中放上豆腐、西芹、生菜等爽口菜,点缀上香菜、花生等装饰菜品。最后将盘子端到盘架上,下面放些炭火加热,待鱼汤沸腾,便可食用了。

3. 泡菜鱼

四川泡菜与德国泡菜、韩国泡菜并称为世界三大泡菜,是四川家庭的常备之物,在日常饮食中变化多端,用以烹调鲜鱼,其滋味尽得川人味之灵魂。由于四川泡菜种类繁多,烹调中所用泡菜也会有较大变化,通常的材料是取用鲜鱼、泡青菜、泡红辣椒、葱花、姜末、蒜末、料酒、酱油、淀粉、醋、酱油、糖、肉汤、油等。

具体制作方法是先将鱼去鳞、去内脏、去鳃,洗净,抹干水分;泡青菜攥干水分,切成细丝,泡红辣椒切末;炒锅烧热,放入足够多的油(可以将鱼淹没),烧至八成热,将鱼放入,煎炸一分钟左右;轻轻晃锅,让油接触到鱼的各个部分,将鱼翻面,再煎炸一分钟左右,捞出,沥干油分;将锅中多余的油倒出,留三大匙底油,放入泡红辣椒末、姜、葱、蒜末炒出香味,放入料酒;在锅中倒入肉汤、酱油烧沸;放入泡青菜丝烧沸;放入炸好的鱼,烧十分钟左右,不断用勺子将汤汁浇在鱼身上;将烧入味的鱼捞出,摆盘。锅内汤汁加醋、糖、少许盐调味,淀粉加少许水调成湿淀粉,倒入锅中的汤汁中,离火勾成薄芡;将勾好芡的汤汁浇在鱼身上,用香菜或者葱花装饰即可。

4. 水煮鱼

水煮鱼,又称"江水煮江鱼",只要是川菜馆,甚至一些街边小铺和食街排挡也把它作为当家主菜。但要是提及这道菜的来历,以及最先把水煮鱼引进北京,并传诸四方的,最有发言权的必然非"沸腾鱼乡"莫属。

"水煮鱼"起源于重庆渝北地区,距今也只不过二十几年的历史。发明这道菜的师傅是川菜世家出身,年纪轻轻就有了很深的造诣,在1983年重庆地区举办的一次厨艺大赛中,他以一种类似于现在水煮鱼做法的烹制方法制作了与当时传统做法截然不同的"水煮肉片"。全新做法的"水煮肉片"以其色泽、品相、口味等诸多方面的特点获得了评委的一致认可,因而获得了大奖。

获奖后,亲朋挚友纷纷前来祝贺,每次款待来客他必要亲自下厨烹制"水煮肉片"。有一日,一位从小一起长大的朋友前来探望,这个朋友生活在嘉陵江边,每次来都要带几条刚刚打上来的嘉陵江草鱼,这次也不例外。每每相聚,小酌几杯是肯定的,眼看时近中午,师傅反而为午饭发了愁,不是为了别的,只是因为这位好友从小忌吃畜肉,偏偏家中又没有准备其他的肉,而师傅又想让朋友分享一下大赛获奖的菜品。正在发愁之际,木盆里蹦跳的活鱼提醒了师傅,何不水煮"鱼肉"。就这样,第一盆水煮鱼诞生了,更没想到的是,鱼肉的鲜美与麻辣的厚重,使得朋友赞不绝口,师傅本人也为之一惊。

从此以后,师傅开始潜心研究"水煮鱼肉",在选鱼的特性、麻辣的配搭、色型的创意等诸多方面精益求精,历经一年多的努力,1985年水煮鱼基本定型。很快水煮鱼引领了当地的餐饮市场,到90年代后期,在当地形成了水煮鱼一条街的盛景。

1999年,沸腾鱼乡的创始人杨战到四川考察菜品,通过朋友介绍认识了水煮鱼的发明人,把正宗的水煮鱼带回了北京,并针对北方的气候特点和北方人的饮食习惯,对水煮鱼进行了技术改良。1999 年 7 月 22 日,第一家小店在北京开业了,他的主打菜就是"水煮鱼",并且根据水煮鱼制作时热油翻腾、辣椒滚动的特点而起名"沸腾鱼乡",运用川菜水煮方法做鱼,以郫县豆瓣打底做汤煮鱼片,最后成菜淋上热油。在北京水煮鱼渐渐摒弃了郫县豆瓣,开始用水或者油焯鱼片,然后用大量的热油将鱼片淹没,同时吸收北方制作辣椒油的方法,因而也更加适合北方人的口味,终于使水煮鱼成为了一道流行在北京的四川菜。

5.水煮牛肉

北宋时期,四川盐都自贡,人们就在盐井上安装辘轳,以牛为动力提取卤水,通常一头壮牛服役,多则半年,少则三月,就已筋疲力尽,故当地时有役牛淘汰,而当地用盐又极为方便,于是盐工们将牛宰杀,取肉切片,放在盐水中加花椒、辣椒煮食,其肉嫩味鲜,因此得以广泛流传。因菜中的牛肉片不用油炒,而是在辣味汤中烫熟,故名"水煮牛肉"。

现在的水煮牛肉,是将牛肉切成一寸五分长、八分宽、一分厚的薄片,盛在碗里,加精盐、酱油、醪糟汁、湿淀粉拌匀。起油锅下入郫县豆瓣、干辣椒炒成棕黄色,再下花椒、葱段、莴笋片炒香,加肉汤烧开,将牛肉片下锅,煮至肉片伸展,外表发亮,盛入碗中,淋上辣椒油。菜品色深味厚,香味浓烈,肉片鲜嫩,突出了川菜麻、辣、烫的风味。

水煮牛肉还要配用青蒜,原因有二:一是增加色泽;二是增加鲜香味。做过的人都知道,配菜其实不是很讲究,什么都可以,主要以针叶菜为主,例如豆芽,芹菜等,但是制作时要注意一点,就是先要用油将其煸炒,目的是把水分煸出。这样做是使蔬菜有油气,可以使菜肴更为浓郁。反之,如果蔬菜有生味,会破坏菜肴的整体味道和特点。

6.口水鸡

"口水鸡"这名字乍听有点不雅,脑子里会出现一副口水嗒嗒漫画般的样子。不过这名字的来历却倒是有些文人的温雅,据郭沫若所著的《赗(tian)波曲》中描述:"少年时代在故乡四川吃的白砍鸡,白生生的肉块,红殷殷的油辣子海椒,现在想来还口水长流……"厨师拈来"口水"二字,成就了今天大名鼎鼎的"口水鸡"。

口水鸡的材料是仔公鸡、花椒油、白糖、芝麻酱、姜蒜汁、麻油、红油、葱花、料酒、熟白芝麻、熟油辣椒、红酱油、熟花生末、醋、味精。制作时,先将活鸡宰杀洗净,去掉脚和翅尖,入沸水中汆去血水,然后捞起用清水冲洗干净。在锅中掺水烧到70 摄氏度时放入鸡,下入葱节、姜片、花椒、料酒、精盐,煮到刚断生时起锅,放入冷汤中浸泡,待冷后捞起,斩切成条形装入凹形盛器中。随后将红酱油、姜蒜汁、芝麻酱、熟油辣椒、花椒油、白糖、醋、味精、红油、麻油于碗中兑汁后淋在鸡条上,撒上芝麻、花生末、葱花即成。菜肴佐料丰富,集麻辣鲜香嫩爽于一身。有"名驰巴蜀三千里,味压江南十二州"的美称。

7. 成都棒棒鸡

棒棒鸡口味麻、辣、鲜、香、甜一应俱全,口感好,真正色、香、味皆具。棒棒鸡是四川百年名菜,风味独特、做工精细、选料考究,与其他拌菜区别较大,菜品不见姜、蒜和酱油,主要用原汁鸡汤加特色配料精制而成,与白斩鸡是有本质区别的。

棒棒鸡,又名"乐山棒棒鸡""嘉定棒棒鸡"。明清时,乐山曾称嘉定府,此菜始于乐山汉阳坝,取用良种汉阳鸡,经煮熟后,用木棒将鸡肉捶松后食用。在中国烹饪史上,曾有用木棒敲打的名馔"白脯",见于贾思勰《齐民要术》,但它棒打的目的是使肉紧实。而棒棒鸡制作时用棒打,则是为了把鸡的肌肉捶松,使调料容易入味,食用时咀嚼省力。

棒棒鸡,首先妙在煮鸡:一是煮前用麻绳缠上腿翅,肉厚处用竹扦打眼,能使汤水充分渗透,用特制卤汤以文火徐徐煮沸;二是煮熟后捞出晾凉;取脯肉、腿肉,以特制的木棒拍松,撕成粗丝入盘,也可待鸡冷却后用小木棒敲击刀背,将鸡宰切成片;三是以辣椒油、花椒面、芝麻油、白糖、味精、熟芝麻、花椒油、葱油等众多调料调成的味汁,淋在鸡肉和葱白丝上便大功告成。成品可红、可白,口味变化多样,鸡肉鲜美香嫩,有浓郁的香甜、麻辣味。

棒棒鸡的调料是关键,棒棒是卖点,鸡胸肉或鸡腿肉煮熟后用特制的木棒捶打,捶打的力道很重要,用力要均匀适中,就像给鸡肉做按摩一般。力道太轻捶不松,不能让鸡肉纤维组织疏松,咀嚼起来就会"不化渣";太用力呢,会破坏鸡肉原有的组织结构,吃起来就会软绵绵的,失去了肉的韧性。总之,就是要让那块结实的肌肉在轻捶慢敲中,形销而魂不散,成为"棒打出来的美味"。

8. 泉水鸡

重庆江湖菜的核心是"重口味,轻原则",这个特征在"南山泉水鸡"上的表现尤其突出。20 世纪 80 年代中期,一位名叫李仁和的村民,有一天在与朋友闲聊鸡的吃法时,尝试着从鸡笼里抓出一只土鸡公,宰杀洗净后切成小块,撒上盐、姜末,用八成热的菜籽油酥炸,几分钟后,倒出部分菜油,加入一定比例的泉水和事先已酥制好的花椒、干辣椒、大蒜、豆豉、冰糖等数十种作料继续炒、煨约 20 分钟,起锅完成后风味特别,就此,一道具有"麻、辣、烫、鲜、香、嫩"特色的菜品——"泉水鸡"问世了(注:他家后院有一眼泉水,据当事人讲甘甜清冽)。该菜品一经推出,便因用料独特、麻辣味足、鲜酥爽口且价格实惠而深受食客青睐和追捧。现在吃泉水鸡,一般有三种吃法,俗称"一鸡三吃"。除了前面讲的一种外,另两种是"泡椒(青椒)炒鸡杂""鸡血清汤"。

自 1990 年起,以"泉水鸡"为代表,极具重庆地方饮食特色的饮食流派在南山异军突起,形成了具有地方饮食文化和山村建筑风貌特色的"泉水鸡饮食一条街"。"登山、踏青、观花、吃鸡、访农家"成为都市休闲旅游时尚。1999年,南山街道被重庆市商委授予"地方风味菜名街"称号。2001年,"泉水鸡"被原国家内贸部评为"中国名菜",2003年又被有关权威部门评为"全国绿色餐饮菜品",至今南山"泉水鸡文化节"已举办了十余届。

9. 怪味鸡

宜宾"怪味鸡"已有六十多年的历史。1930年初,李、陈夫妇从乐山来宜宾摆摊叫卖"怪味鸡",深受人们喜爱,随后即在小北街开店经营,至今已有六十多年的历史。"怪味鸡"选用白皮仔公鸡,肉质细嫩爽口,并采用宜宾市酿造厂生产的"府河"牌精制酱油等二十多种调料,制成味碟,成品集麻、辣、甜、酸、咸、糟于一身,且肉质鲜嫩爽口,尤其适宜冬季食用。

怪味鸡除了川菜常用的脆花生仁、郫县豆瓣、酱油、醋、辣椒油、花椒粉、白糖、味精、香油、姜、葱等调料外,还加入了糟蛋黄和芝麻酱,使风味有别于其他味型,由此得名。

10. 重庆烧鸡公

重庆烧鸡公是典型的四川江湖菜,其实质是烧公鸡火锅。流行的做法有多种,但大致可分为两类:

一类是选用放养的农家土鸡公为原料,借以高压锅一步成菜。主料为土鸡、青笋(即莴笋),火锅涮料选用茼蒿、香菜、猪黄喉、粉条、净鸡杂、鸡肠等。先将净鸡剁块,青笋切条,茼蒿、香菜等洗净装盘;取香叶、桂皮、八角、花椒、二荆条干辣椒、丁香、山奈、草果、花椒等香料用温水烫洗后,炒香装入纱布包内制成香料包;将鸡块飞水,放入高压锅内,加入煸香的葱、姜、蒜、香料包,加老抽、盐、糖、黄酒调准口味,高压锅上火压10分钟,加入鸡杂、鸡肠再压3分钟;把青笋条和鸡块带汤放入火锅内,弃掉姜、葱、蒜、香料包,加鸡精、味精、胡椒粉、红油少许,烧开后撒上香菜即可上桌,伴以涮料同食。

另一类是选用当年的仔公鸡为原料,沿用川菜小锅煸炒的技法制作而成。将净仔公鸡斩块飞水,鸡杂、鸡肠洗净飞水,青笋切条;锅上火加底油烧热,下姜、葱、蒜煸香,下鸡块炒干水分,烹黄酒加二荆条干辣椒、豆瓣酱、香叶、桂皮、草果、八角、山奈等香料同炒,炒出香味,加入高汤烧开,用盐、糖(特少)、鸡粉、味精、胡椒粉调味,小火烧至肉质刚熟,起锅装盘,弃香料、葱、姜等,加入飞水已熟的青笋、撒香菜盛入火锅上桌即可。

制作烧鸡公最重要的是熬油,所谓熬油就是将干辣椒用温水煮透沥干,用搅肉机搅成末,香料用温水洗净控干水分,紫苏泡水控干待用,姜切片,花椒分开单独放好待用,豆瓣酱剁细。再取净锅上火,加菜油烧开至六成热,把葱、姜、蒜放入油中浇透炸至淡黄色取出;另把辣椒米入油炒至略干;油复烧至六成热,放入炸过的葱、姜、蒜、辣椒末和豆瓣,中火边熬边搅至气泡减少,放入香料再熬再搅,直至香料出味,辣椒、葱、姜等变干,油内无气泡即可离火加入紫苏调色,撒入花椒加盖焖 10 分钟,再过滤,放入桶内静置一天即可使用。

辣椒泡水再制成茸米,有助于辣椒内水溶性的红色物质和辣味的释出;葱、姜、蒜含水分,水泡好的辣椒末含水量也较大,而香料软干,所以前两者要先用油炒干,再放香料。而花椒用焖的方式,其味会更浓,可防止其挥发,经过这样制作的辣椒其色泽和风味特别浓郁,会给烧鸡公带来特殊的风味。

11. 夫妻肺片

夫妻肺片这道菜中有牛舌、牛心、牛肚、牛头皮,后来又加上了牛肉,但始终就没有牛肺,可为什么名字里偏偏有"肺片"?

清朝末年,成都街头巷尾便有许多挑担、提篮叫卖凉拌肺片的小贩,他们用成本低廉的牛杂碎边角料,经摘洗、卤煮后,切成片,佐以酱油、红油、辣椒、花椒面、芝麻面等拌食,风味别致,物美价廉,特别受到拉黄包车、脚夫和穷苦学生们的喜爱。由于所采用的原料是低廉的牛杂,因此被称作"废片"。

20 世纪 30 年代四川成都一对摆小摊的夫妇,男的叫郭朝华,女的叫张田政,因制作的凉拌废片精细讲究,颜色金红发亮,麻辣鲜香,风味独特,加之他夫妇俩配合默契、和谐,一个制作,一个出售,小生意做得红红火火,一时顾客云集,供不应求。一天,有位客商品尝过郭氏夫妻制作的废片,赞叹不已,送上一个金字牌匾,上书"夫妻废片"四个大字。中华人民共和国成立后实行工商业的公有化改造,"夫妻废片"并入国营饮食公司,改名为"夫妻肺片"。

12. 陈麻婆豆腐

陈麻婆豆腐(人们习惯称之为麻婆豆腐),始创于清朝同治元年(1862 年),店面设在成都外北万福桥边,原名"陈兴盛饭铺"。当年的万福桥是一道横跨府河,不长却相当宽的木桥。两旁是高栏杆,上面是绘有金碧彩画的桥亭,桥上常有贩夫走卒,推车抬轿下苦力的人在此歇脚、打尖。光顾"陈兴盛饭铺"的主要是挑油的脚夫。这些人经常是买点豆腐、牛肉。再从油篓子里舀些菜油要求老板娘代为加工。日子一长陈氏对烹制豆腐有了一套独特的烹饪技巧。烹制豆腐色味俱全,不同凡响,深得人们喜爱,陈氏所烹豆腐由此扬名,求食者趋之若鹜。文人骚客常会于此,有好事者观老板娘面上微有麻痕便戏之为陈麻婆豆腐,此言不胫而走遂为美谈。饭铺因此冠名为"陈麻婆豆腐"。据《成都通览》记载陈麻婆豆腐在清朝末年便被列为成都著名食品。清末有诗云:"麻婆陈氏尚传名,豆腐烘来味最精。万福桥边帘影动,合沽春酒醉先生。"

陈麻婆豆腐历代传人不断努力,至今一百四十余年盛名长盛不衰,并扬名海内外,深得国内外美食者好评。陈麻婆豆腐色泽淡黄,豆腐嫩白而有光泽,有人用

"麻、辣、烫、鲜、嫩、香、酥、活"八个字来形容这道菜，颇为形象地概括了它的特点。现在国内外的川菜馆都经营此菜来招揽顾客。据说日本有家食品公司还将麻婆豆腐制成了罐头。

13. 毛血旺

毛血旺实属冒菜的一种。所谓"冒菜"就是指把菜放进火锅中煮熟捞出，在成都有专门卖"冒菜"的餐馆，是在不想耽误时间或者约不到三朋四友去吃火锅的情况下，可以在冒菜馆挑几样简单的菜品让店家冒熟了端来，有点像火锅的"体验版"。

70年前，沙坪坝磁器口古镇水码头有一王姓屠夫每天把卖肉剩下的杂碎，以贱价处理。王的媳妇张氏觉得可惜，于是当街支起卖杂碎汤的小摊，用猪头肉、猪骨加豌豆熬成汤，加入猪肺叶、肥肠，放入老姜、花椒、料酒用小火煨制，味道特别好。一个偶然的机会，张氏在杂碎汤里直接放入鲜生猪血旺，发现血旺越煮越嫩，味道更鲜。由于这道菜是将生血旺现烫现吃，遂取名"冒血旺"，冒血旺又叫毛血旺，其原料以鸭血、牛百叶、豆芽等为主，以鳝鱼、鱿鱼等辅料来提鲜，其味道麻、辣、鲜、香四味俱全。

血旺是冒菜中的主打品种，一是味美，二是它属荤腥却几乎和素菜同等身价，实在是好吃不贵。成都大街上卖的"冒血旺儿"就是鸭血和豆芽。如今北、上、广大餐馆那一大盆的"毛血旺"已经是一道大菜了，成菜通常一层是黄豆芽，二层是黑木耳、黄花菜，三层是鸭血、三明治火腿，四层是豆皮、金针菇，五层是野生的笋尖，六层是牛百叶，满满的一盆集鳝鱼、午餐肉、黄喉等火锅中荤菜主打品种于一身的豪华大菜。

14. 樟茶鸭子

成都市有一家专业卤鸭店名叫耗子洞张鸭子，它的声名说小点，四十年前就响遍了半个四川。耗子洞的樟茶鸭子先后获得商业部"金鼎奖""天府食品博览会金奖"和"成都名小吃"称号。耗子洞鸭店老板姓张，人称张鸭子。但张为大姓，偌大一个成都，卖卤鸭子的上百家，招牌数不胜数，难辨真假。为了以示区别，老买主将张鸭子的出售地点加在前面，呼之为"耗子洞张鸭子"。清代末年，成都有两处地方叫耗子洞。一处是东门外椒子街的一条巷子，因巷口很窄，内有鸡毛店，被人称为耗子洞。另一处则是提督东街和署袜街交口处的一条小巷，因巷子窄而深，内有茶馆、客店、酒店而被人戏称为耗子洞。耗子洞张鸭子店主人叫张国梁，1928年就与其父在提督街耗子洞门前卖烧鸭子。1931年迁到当时对面的"江东浴室"门口营业，取名"福禄轩"。第二年父亲去世，他带着两个兄弟将生意撑持下来。在经营中，严守"不怕人不买，只怕货不真；不怕无人请，只怕艺不精"的父训，逐渐摸索总结出了一套经验，信守至今。

该店制作樟茶鸭子选用成都南路鸭,以白糖、酒、葱、姜、桂皮、茶叶、八角等十几种调味料调制,用樟树叶和茉莉花茶末燃烧时产生的樟茶烟味熏制,故名"樟茶鸭子"。制作时取整只净公鸭,先用花椒、精盐浸渍四小时,然后放沸水锅内烫皮定型,再用樟树叶、花茶、柏树枝、锯末熏至鸭皮成深黄色,取出后,鸭皮抹上用糟汁、绍酒、胡椒粉和成的调味汁,上屉蒸两小时取出,晾凉炸制,切成条码在盘内。经过腌、熏、蒸、炸等多种工序制作而成,成品色泽红亮,皮酥肉嫩,鲜香绵长,声名远播海内外。

四川厨师以此为当家菜,1954 年四川厨师范俊康随周总理赴日内瓦,曾以此菜宴客。卓别林吃后,以世界难得之美味称之,还要周总理让他带一只回家与家人共享。孔道生、张德善、陈志刚等四川名厨五六十年代赴捷克、朝鲜讲授烹调技术,都曾教授过樟茶鸭子,许多外宾吃后,称赞不已,认为四川的樟茶鸭子比北京烤鸭更胜一筹。

樟茶鸭子吃法也有讲究,樟茶鸭子上桌时,一般应配葱酱碟,与荷叶饼同食。荷叶饼为发面蒸成的小饼,口感绵软,味清淡,色洁白,而樟茶鸭子口感酥香,味浓厚,色棕红,与荷叶饼形成视觉、触觉和味觉上的反差,再加上葱酱蘸食,更是妙不可言。此外,樟茶鸭还讲究热吃,现炸现吃,这样樟茶香味更为浓厚,如果再酌美酒一杯,徐徐啖之,那鸭味确实无与伦比。

15. 回锅肉

回锅肉是四川民间的传统菜肴,也称熬锅肉。因其历史悠久,食者甚众,遂成为别具风味的四川名菜。四川家家都能做回锅肉,俗话说"入蜀不吃回锅肉,等于没有到四川"。久居外乡的四川人,回川探亲访友,首先想到要吃的就是回锅肉。现如今回锅肉的品类更加丰富,有连山回锅肉、干豇豆回锅肉、红椒回锅肉、蕨菜回锅肉、酸菜回锅肉、莲白回锅肉、蒜苗回锅肉、蒜薹回锅肉等。菜品油而不腻,吃得多了不但不会觉得难受,反而越吃越香。

传说这道菜以前是四川人初一、十五打牙祭(改善生活)的当家菜。当时做法是先白煮,再爆炒。清末时,成都有位姓凌的翰林,因宦途失意退隐家居,潜心研究烹饪。他将煮后再炒的回锅肉改为先将猪肉焯水去腥味,隔水密封蒸熟后再煎炒成菜。因为久蒸至熟,减少了可溶性蛋白质的损失,保持了肉质的浓郁鲜香,原味不失,色泽红亮。自此,名噪锦城的久蒸回锅肉便流传开来,但是家常做法还是以先煮后炒居多。

回锅肉的产生还有一种说法,回锅肉源于四川的民间祭祀,系将敬鬼神、祖宗的供品在敬献之后拿来回锅烹炒食用,因而也称"会锅肉",川西地区还称之为"熬锅肉"。回锅肉最地道的吃法有两种:一种是下白干饭,这样吃很有满足感;另一种是把直径 5 厘米的白面小锅盔中间划开,把炒好的肉夹进去吃,这有种吃地道成都小吃的感觉;现在成都还有回锅肉比萨。

　　制作回锅肉一是选肉要精,最好选用当天宰杀的后腿二刀猪肉,肥四瘦六宽三指,太肥则腻、太瘦则焦、太宽太窄都难成型。二是煮肉要调味,清水煮肉,难出肉香,因此,水滚开以后,要先放入生姜(用刀拍开)、大葱节、大蒜、花椒吊汤,等汤气香浓,再放入洗净的猪肉,六成熟就捞起备用,不能煮得太软。三是切肉要巧,很多人要等肉冷了再切,肥瘦易断,热的时候又烫手,下刀难以均匀,懂行的厨师,把捞起的肉放在冷水里浸一浸,趁外冷内热时下刀,现在有了冰箱,可以把刚煮好的肉放到急冻室里两三分钟,这样就更好切了。四是配料要正当,豆瓣一定要用正宗的郫县豆瓣,用刀剁细,甜面酱要色泽黑亮,甜香纯正,酱油要浓稠可挂瓶壁。五是煎熬要拿准火候,掌握火候是回锅肉的关键。食材准备好后用中火,下肉片后,即下剁细的郫县豆瓣,混合熬炒,使豆瓣特有的色泽和味道深入肉中。火候油温拿捏得当的师傅,能把肉片熬制成一个一个的卷窝形状,俗称"灯盏窝"。肉片成窝时,立即放入甜面酱、酱油少许,也可适当放几滴料酒,放一点鸡精,以增加香味和鲜味。然后,马上加入配料,改为大火,翻炒出香味就可起锅。

　　做回锅肉,关键在精细二字,越简单的,就要越用心。热锅中油到四成温烫,就可放肉煎熬。切好的肉,放了一阵子,肉片就会粘连在一起,若要炒散,容易使肥瘦分离,若要待粘连的肉片出油化开,自己分散,又容易造成下焦上腻,煎熬不均匀,因此,煮肉的汤要保持一定温度,肉片下锅前,用漏瓢将肉在汤中氽散,再入锅煎熬,这样,肥瘦不断,而且肉片上的水分,还可保持肉的嫩软。四川人把回锅肉叫作熬锅肉,它是将炒、爆、煸、炸四法融为一体,使此菜具有四法合一的风味特点。

　　一些在家里主厨的人,习惯冷锅放油,还习惯直接放生油熬熟后做菜,一般来讲,这都是烹饪之忌。冷锅热到劲起,油温过高,生油熬熟,油烟太重,炝入菜中,大败菜的本味。因此,应该待锅热后,放入已经熬熟的油,做回锅肉也要先放一点油,最好是熬熟的凉菜油,菜油与肉中的猪油融合,更有煎熬的香味。现在人们已很少用菜油,况且市面上也很少能买着质地清醇的菜油,那就只好用调和油了。还有人怕油太重,干脆不放油,直接将切好的猪肉放入锅中煎熬,这样做,油是不重了,但肉也干焦了,入口难以化渣,全无回锅肉干香中徐徐而来的细软。其实,嫌油太重,下配料和作料前,倒出一些就行。

　　正宗的回锅肉,应该用香蒜苗作配料。在四川,夏秋时节又细又长的蒜苗上市,人们知道,一年中吃回锅肉的好时候到了。有人用一种很粗、叶子又长又宽的蒜苗作配料,川人叫它葱蒜苗,一股冲鼻的坏葱味,真坏了回锅肉的举世英名。

16. 干煸牛肉丝

　　干煸是川菜的一种常见做法,是用油将食材的水分慢慢炒干,从而使食材由新鲜饱满变为焦香醇厚,散发出一种脱胎换骨、历久弥新的韵味。大家熟悉的干煸类菜肴有干煸牛肉丝、干煸四季豆、干煸苦瓜、干煸鳝鱼等,那种由油炙烤出的伤痕累累的味道,令很多人迷恋,在这种味道里,有人尝到了历经风雨依然笑看人生的乐观主义。所以,干煸的菜肉无论是配白米饭作细水长流、云淡风轻状,还是配上烈酒作恣意人生、狂放不羁状,都那么适合,有乐观的内心,外表不过是个形式罢了。

牛肉和四季豆不一样,不像四季豆那样没得选择,要么被久炖、要么被干煸,总需要用长时间的火力来烹饪。通常制作牛肉追求的是"嫩"的境界,特别对于那些部位优良的牛肉,人们恨不得直接生吃来保留那种肉的细嫩和醇香,而对于大多数热炒的牛肉来说,怎么保持或制造出滑嫩的口感是一门学问,以至于过犹不及地制造出很多口感虚假的嫩牛肉,每次在餐馆吃到那样的牛肉,总会让人心生悲凉,一方面为自己的胃口难过,一方面也为牛肉的境遇难过。好在性格复杂的牛肉不仅可以"嫩",也可以"干",干煸牛肉丝是牛肉制菜的另一个极端,牛肉不需要腌制不需要快速滑炒,只是用油将牛肉内的水分慢慢炒干,牛肉由鲜嫩变老,最后实现跨越,升华至"香酥"的层次,肉香依旧在,只是更酥浓。

对于牛肉,要么孜孜不倦地追求"滑嫩",要么干脆另辟蹊径制造酥脆,其实世间的事莫不如此,要么快刀斩乱麻、迅雷不及掩耳,要么软磨硬泡、慢慢瓦解对方意志,两条路做得好都会通向既定的目标,不过是时间早与晚而已,但是,快炒对技术要求较高,风险也更大,干煸的时间成本高些,但对技术要求没那么高,风险也相对低些,毕竟,在假以时日的相对中,就算不够眼明心亮,也渐渐能咂摸出个中滋味,对于得失利弊,心中自有一笔账,磨到最后得到的结果往往是意想不到的质变,所以才有了"伟大是熬出来的"的说法。

17. 鱼香肉丝

相传很久以前在四川有一户生意人家,他们家里的人很喜欢吃鱼,对调味也很讲究,所以他们在烧鱼的时候必须准备葱、姜、蒜、酒、醋、酱油等去腥增味的调料。一次家中的女主人在炒肉丝的时候,为了不使配料浪费,就把烧鱼时用剩的配料都放在肉丝中炒和,结果意外地发现此菜美味无比,因为这道菜是用烧鱼配料炒制的,因而取名鱼香炒。

如今这道菜经过了四川人的改进,早已列入四川名菜,并衍生出鱼香猪肝、鱼香茄子和鱼香三丝等佳肴。

除了上述菜品外还有用家畜制作的蒜泥白肉、锅巴肉片、荷叶蒸肉、龙眼烧肉、灯影牛肉等。用禽蛋制作的宫保鸡丁、红油鸡片、贵妃鸡翅、鸡豆花、虫草鸭子、椒麻鸭掌、竹荪肝膏汤、椿芽烘蛋等。河鲜制作的清蒸江团、干烧岩鲤、砂锅雅鱼、东坡墨鱼、大蒜石爬鱼、葱酥鲫鱼、凉粉鲫鱼、干煸鳝鱼等。用海产品制作的干烧鱼翅、菠饺鱼肚、菊花鲍鱼、绣球干贝、酸菜鱿鱼、家常海参、金钱海参、酸辣海参等。用蔬果制作的开水白菜、麻酱凤尾、干煸苦瓜、拌侧耳根、灯影苕片、麻婆豆腐、家常豆腐、过江豆花、杏仁豆腐、雪花桃泥等。创新名菜还有跳水兔、一把骨、大刀耳片、钵钵鸡、酱爆鸭舌、开门红、藿香泡菜鲫鱼、盆盆虾、香辣蟹、泡椒墨鱼仔、白油芦笋、生拌茼蒿等,四川名菜的数量实在是太多,在此就不一一列举了。

(二)小吃名点

1. 钟水饺

钟水饺的创始人是钟少白,原店名叫"协森茂",1931 年开始挂出"荔枝巷钟水饺"的招牌。钟水饺与北方水饺的主要区别是全用猪肉馅,不加其他鲜菜,上桌时淋上特制的红油,微甜带咸,兼有辛辣,风味独特。钟水饺具有皮薄(10 个水饺才50 克)、料精(上等面粉、剔筋去皮的精选猪肉)、馅嫩(加工时要掌握好温度、水分,肉馅细嫩化渣)、味鲜(通过辅料、红油和原汤)形成特色。

2. 酸辣豆花

酸辣豆花是四川成都、乐山等地有名的地方小吃。豆花以前多以摊、担形式经营,普遍流行于城市和乡村,是一种历史悠久的民间小吃。制作豆花需要选用上等黄豆,用井水或河水浸泡充分后细磨为浆,过滤豆渣后烧沸倒入木桶待用;取上釉青砂缸放入用水调好的红苕淀粉和石膏水,冲入烧沸的豆浆,静置让其凝成豆花。

酸辣豆花是豆花的一个品种,用酱油、醋、辣椒面、味精调成味汁,放入事先成型的豆花,撒上芽菜末、油酥黄豆、大头菜末和葱花即成。酸辣豆花口味酸辣咸鲜,豆花细嫩,配料酥香,味浓滚烫,别有风味。

3. 川北凉粉

川北凉粉也叫作旋子凉粉,是用旋子打出来的。和酸辣豆花一样都是以担子挑着走街串巷叫卖。清朝末年创始人谢天禄在南充渡口搭棚卖凉粉,其凉粉细嫩清爽,佐料香辣味浓,卖出了名气,谢家便世代相传专卖凉粉,后正式办起川北凉粉店,现已流传全省,成为著名小吃。

凉粉采用优质豌豆去壳,用水浸泡后,磨成细浆,然后过滤去渣,沉淀脱水,制成豆粉。再经加热搅拌成糊状,装入盆、盘待用。吃时,将凉粉切成薄片,或用旋子簌成筷子粗细的条丝,装入碗里,加上精盐、蒜泥、花椒面、味精和酱油等,淋上色彩鲜红的辣椒油,即可食用。特点是细嫩绵软,鲜美滑爽,香辣利口,也可装入"锅盔"或"薄饼"套食。

现在凉粉一般作为开胃菜,有时候还会加些新鲜脆爽的鹅肠在下面,嚼在嘴里,脆滑鲜辣酸。四川的凉粉还有白凉粉和黄凉粉之分,可冷吃也可热吃,放的调料不一样,原料也不一样。白凉粉就是川北凉粉,黄凉粉也叫米豆腐,是将"黄米粉"加入其中制成黄色凉粉,也有用绿豆制成的绿色凉粉。

4. 甜水面

甜水面主要原料为手擀面条,约筷子头粗,具有筋力。主要佐料有辣椒油、花椒、红白酱油、红糖浆、蒜泥、芝麻酱、酱油、豌豆尖,是一种纯由调料拌成的面条(不掺汤汁)。

甜水面使用四川最辣的自贡朝天椒,因此也成了所有四川带辣小吃里的辣之最,即使耐辣度相当高的人也会被辣得泪汗满面,却不忍放弃剩下的配汁。

甜水面的特点是充分发挥了辣味、甜味(因此才叫甜水面)和芝麻酱的极端香腻。有趣的是,如果将甜水面辣、甜、芝麻酱中任何一种味道去掉,它都会变得使人食后有厌腻感或死辣感,然而甜水面却无此感觉,所以它创造了三者的和谐统一,甜水面已成为现代川菜"辛香"特征的最高体现。

5. 燃面

燃面是宜宾最具特色的小吃,原名叙府燃面,早在清光绪年间,便开始有人经营。这种小吃选用本地优质水面条为主料,以宜宾黄芽菜、小磨麻油、芝麻、花生、核桃、辣椒、花椒、味精以及香葱等为辅料。制作时将面煮熟,捞起甩干,去除碱味,再加油(油要用冰糖和辣椒制作)佐拌即成。宜宾燃面松散红亮、香味扑鼻、辣麻相间。因其油重无水,引火即燃,故名燃面。

燃面成为宜宾的金字招牌:"酒喝五粮液,餐必食燃面"。

6. 龙抄手

龙抄手皮薄馅嫩,爽滑鲜香,汤浓色白,为蓉城小吃的佼佼者。龙抄手的得名并非老板姓龙,而是当初三个伙计在"浓花茶园"商议开抄手店,取"浓"的谐音"龙"为名,也寓有"龙腾虎跃、生意兴隆"之意。店中无论是清汤抄手,还是红油抄手,海鲜抄手,炖鸡抄手,都十分美味,一定不能错过。

7. 奶汤面

奶汤面因面汤如奶而得名。店家在头天晚上将猪骨、鸡骨放进锅里,用微火熬煮,一直熬到清晨,汤由清变白呈奶状,此时,一掀锅盖,缕缕香气扑鼻而来。用这种奶汤煮面,加上鸡丝、酸菜肉丝等臊子,吃起来可口异常。

8. 钵钵鸡

邛崃的钵钵鸡也称为麻辣鸡片,因过去常装在锥形的土钵里叫卖,人们习惯称之为钵钵鸡。它选用当地公鸡,经宰杀、去毛、剖肚、煮熟后,捞起来晾晾再剔骨去头,用快刀片成均匀的薄片,整整齐齐地摆在面盆或大盘里,然后淋上用红油辣椒、炒芝麻、花椒面、豆油,味精、香料、汁水等兑好的调料,香气四溢。由于调料的配方不同,钵钵鸡的味道也有很大差异,有些还是祖传秘方。

邛崃最妙的吃法是奶汤面配钵钵鸡,挑一箸喷香的奶汤面,夹一片鲜美的钵钵鸡肉,吃得热乎乎、麻酥酥的,胃口顿时大开,即使是在寒冷的冬天也会吃得周身发热、通体舒服。这两种小吃可谓是最佳拍档。

9. 广元酸菜豆花面

酸菜豆花面是以酸菜豆花作臊子和面条做成的。酸菜用上好青菜做成。经过多次淘洗,切成细丝,加菜油、椒面、生姜、胡椒粉煎炒,然后加上点豆花的水,用文火煨炖,再放上豆花,做成臊子。实际上,酸菜只保持了青菜的清香味,煮出的汤呈白色,所以有人误以为是鸡汤。酸菜面的酸味出自特别熬制的保宁醋。

点豆花也不用卤水,而是用酸菜的酸水,所以豆花细嫩清香。吃时,还要放芫荽、蒜苗、椿芽、红油。一碗真正的酸菜豆花面所花工本,比肉臊子还贵!

酸菜豆花面用酸菜水点豆花,用豆花水煮酸菜,用佐料熬保宁醋,把贫民化的酸菜面,做成一种酸辣爽口、清香解腻、别具风味的名小食。酸菜豆花面清香爽口,特别是吃多了油腻,消化不佳的人,吃碗面,那才叫安逸。

10. 锅魁

锅魁是原平市的传统吃食,原名"锅馈",是一家面饼铺的学徒偶然创制出来的。小徒弟趁店主和师傅出去办事,把做月饼剩下的面粉,加了点油酥,包点糖馅,压成鞋底样的饼子放入烤炉。师傅回来,见徒弟咬着黄澄澄、香喷喷的饼子吃,拿来一尝,酥脆香甜,味道极妙。此后,便按徒弟的做法制饼,上市销售,生意兴隆,取馈赠之意,叫"锅馈"。

光绪二十六年,八国联军侵占北京,慈禧逃难路经原平,县官邢夏林准备的筵席上就有"锅馈"。慈禧食之津津有味,听说此食叫"锅馈",就信口赞道:"不错,不错,炉食之魁嘛!"从此把"锅馈"就改名为"锅魁"了。

锅魁是一种非常平民化和廉价的小吃,体现了"好吃不贵"成都小吃的普遍特点。现在流行的锅魁有两种,一种是油炸的锅魁,鲜肉馅的。一直觉得做这种锅魁的师傅神情都是十分骄傲的,因为做这种锅魁的时候,一定会发出很大很大的响声,俗称"打锅魁"。擀面棒被打锅魁的师傅使劲地抢起来敲打面板,发出的声音不但大,而且很有韵味。一团面被师傅左抛右翻地拼命砸打一番后,在案板上拍成长条状,依次抹上菜籽油,鲜肉馅(猪肉或牛肉),翠绿的小葱花,再合成圆圆的一块面饼,放在铺满热油的铁板上煎得两面金黄。只要不怕烫,对准还在"滋滋"冒油的锅魁一口咬下去,外焦里嫩,肉香葱香,入口化渣。

另外一种锅魁是不需要"打"的,这种锅魁开了连锁店,变成了小小巧巧的样子,用上好的面粉做成的白面馍馍随你心意,可以夹各式冷菜,亦荤亦素,种类很多:酱汁卤肉、麻辣肺片、五香大头菜、凉拌三丝、红油耳片、青椒回锅肉、烂肉豇豆。不过说到价格,可要比油炸锅魁贵上好几倍。通常卤肉锅魁是这种锅魁里面最好吃的一种,形式上与陕西的"肉夹馍"相似,不过"肉夹馍"里的肉,是剁得烂碎的腊汁肉,而"卤肉锅魁"里的肉却是浇着卤汁的肉片,非常之香,比肉夹馍"巴适"(成都方言:很好的意思)多了。

11. 赖汤圆

赖汤圆迄今已有百年历史。老板赖源鑫 1894 年起在成都沿街煮卖汤圆,他制作的汤圆煮时不烂皮、不露馅、不浑汤,吃时不粘筷、不粘牙、不腻口,滋润香甜,爽滑软糯,成为成都最负盛名的小吃。现在的赖汤圆,保持了老字号名优小吃的质量,其皮粑绵糯,甜香油重,营养丰富。

12. 叶儿粑

叶儿粑又叫艾馍,原是川西农家清明节的传统食品。1940 年,新都天斋小食店将艾馍精心改制,更名为叶儿粑。制作叶儿粑选料考究,工艺精细,用糯米粉面包麻茸甜馅心或鲜肉咸馅心,外裹鲜橘子叶,置旺火上蒸熟。特色是清香滋润,醇甜爽口,咸鲜味美,具有色绿形美、细软适口的特点,为四川名小吃之一。

13. 冰粉

"冰粉"是将植物假酸浆的种子(黑色的像芝麻大小)用纱布包好,放在干净的水里面浸泡、搓揉,搓揉过程中会产生出黏液混在水里,然后加上一点点薄荷,取出纱布包裹的冰粉籽,不久之后这些混合物就会变成透明的浅褐色的凝固物。

在碗里放入冰块,再用稍大些的勺子盛起几块冰粉凝固物,放到有冰块的碗中,加入炒制的花生粉、熬制的红砂糖水。用小勺将碗中的东西一搅和,入口是花生的香、红砂糖水的甜、略微的薄荷味道、冰粉在口中柔嫩的四窜着。冰粉一般是夏天常吃的,有的里面还会加银耳、花生、芝麻或者是小汤圆。

14. 热串串、凉串串

热串串就是串烧小火锅,凉串串则是热制凉吃,食材是一串串穿起来的。荤的串串主要包括心肝、鸡爪、鸭掌、鸡翅尖、毛肚、排骨等,素的串串主要是藕片、土豆、大头菜、海白菜、海带、青笋、贡菜等。

15. 三大炮

实际上就是把糯米糍粑分成三坨,用手分三次,连续甩向木案铜盘,发出三响而弹入装有芝麻、黄豆炒熟磨成细粉的豆面簸箕内,使每坨都均匀地裹上黄豆面,再淋上用红糖熬成的糖汁,撒上芝麻面,三大炮的特点是糯米软糯,香甜可口。

四川风味小吃、名点丰富多彩,除了上述小吃点心之外,还有波丝油糕、炸春卷、荷花酥、菊花酥、萝卜酥、慈姑枣泥饼、玫瑰紫薇饼、牛肉焦饼、枣糕、南瓜蒸饺、翡翠烧卖、八宝羹、青菠面、担担面、蛋烘糕、鸡汁锅贴、洞子口张凉粉、叶儿粑、糖油果子等。

第二节 云南地方风味

云南省地处我国西南边陲,以地处云岭以南,取"彩云南现"而得名,又因东部为战国时的滇国辖地,而简称滇。云南省居住着多个民族,主要民族有汉、彝、白、哈尼、壮、傣、苗、傈僳、回、景颇、纳西、瑶、独龙、阿昌、水、佤等。少数民族人口占云南人口的四分之一,也就说,每四个云南人中,就有一个少数民族。云南因高山大河的阻隔,不同地区的人很少有互相接触的机会,日久便形成了各自独特的文化,宗教、服饰、饮食、节日风格完全不同。

云南是个多民族地区,民族饮食文化十分丰富,但是他们并不将这些菜看统称为滇菜,而是根据地域或民族特色称为某某菜(如石屏菜)、某味(如傣味)。究其根源,因为部分少数民族认为滇菜是汉菜,不是民族菜。因此在定义滇菜时争论非常大,一方认为适合云南人吃的菜就是滇菜,另一方则认为用云南产的动植物烹调的菜应该是滇菜。站在民族传承的基础上,滇菜的主体要把各个州市的饮食传承进行梳理,分区域研究,既要保持老滇味"油厚味重"的韵味,提升创新滇味的"香嫩微甜",还要保持民族特色,为滇菜定义提供理论铺垫。

一、云南风味的形成

(一)地理与物产

云南平均海拔 1500 米,山地丘陵占全省面积的 94%,山间盆地零星散布。境内最高峰为梅里雪山的卡里博峰(6740 米)。东南部为低山和丘陵,怒山、高黎贡山、玉龙雪山、云岭山、乌蒙山等为境内主要山脉。境内 600 多条河流分属怒江、澜沧江、金沙江、红河、南盘江和伊洛瓦底江六大水系;全省有 40 多个天然湖泊,较为著名的有滇池、洱海、抚仙湖、泸沽湖等。

云南气候干湿季分明,由于地处高原,多高山大河,气候变化显著,俗称"立体气候",但是气温、季节变化不太明显。粮食主产稻谷、玉米、小麦。经济作物有油菜子、烟草、茶叶、甘蔗、水果以及三七、天麻、虫草等珍贵药材。畜牧业分布较广,以黄牛、水牛、马、猪、羊为主。江河湖泊盛产淡水鱼类。高原森林覆盖面积较大,山中栖息着各种珍禽异兽,生长着各种食用菌和调味香料。云南一年四季花开不谢,野生食用菌达 200 多种,动物种类之多,为全国之首,鸟、兽种类均占全国的一半以上,淡水鱼类 300 余种,占全国鱼类总数的 44%。

(二)历史与文化

公元前 300 年—公元前 280 年,楚国庄蹻及其余部来到滇池地区,记述滇池周围"其地平敞,有盐池田渔之饶,金银畜产之富",庄蹻带来了楚国的先进文化和生产技术,加速了滇池地区的社会发展,使其成为云南最早的政治、经济、文化中心。秦开"五尺道",使"西南夷"各部落和内地的经济文化联系更加密切。汉武帝开拓疆土设益州郡,中原的炊具、饮食器具纷至沓来。

唐宋时期,云南出现了南诏、大理地方政权。在南诏时期,唐朝用兵南诏,至少有10万人流落云南地区,促进了云南的经济文化发展,云南刀、大理马享誉中原。在流入云南及其他地区的能工巧匠中不乏大厨名师,致使滇菜兴盛。这一时期白族的乳扇、弓鱼列为贡品贡献唐朝皇帝,雪梨、宝珠梨成为名品,调味品草果和傣族的喃咪出现。

元朝赛典赤·瞻思丁来云南做平章政事,设云南行中书省,修了松华坝、金汁河与海口的水利,奖励农耕,修建文庙、创办学校,给少数民族人民介绍内地文化。这一时期,始于元朝的八角栽培已有记载,禄丰醋、甜酱油开始生产。妥甸酱油、石屏豆腐、八宝米、鸡枞、抗浪鱼名列贡品。宜良狗街烧鸭、弥渡卷蹄、风肝、腾冲饵丝、珠梨鸡丁等名菜已享盛名。

从明代中期开始,云南汉族人口超过当地民族人口,滇菜有了质的变化。《滇南本草》有大量医食同源的记载。明末徐霞客到保山,友人馈赠鸡枞,到丽江,纳西族土司木公以八十味相待,内有柔猪(乳猪)、牦牛舌等,此外,他还吃过竹鼠。明末清初,农民起义军余部及吴三桂的部属留滇数十万。特别是南明桂王入滇,改云南为滇都,名师成批涌入,滇菜技艺得到长足发展。明代沐英治滇,推行军屯、民屯和商屯,中原迁至云南人口有四五十万人之多。

清光绪年间,云南巡抚李经羲的跟官大厨师在菜海子(今翠湖公园)开设玉春园酒楼。当时,翠湖南路西段以及蒲草田一带已经有多家高级酒席馆,如彩珍园、长美居、同庆园、临春园、第一楼等。这些特级餐厅专订包席,除擅办烧烤席、鱼翅席、海参席之外,对传统的滇席八大碗、三冷荤、四热炒、四座碗、八小碗、十二围碟运用的非常纯熟。蒸、炸、卤、炖样样齐全,专为达官贵人、富商巨贾服务。

鸦片战争后,腾冲、思茅、昆明开关,滇越铁路通车,内外贸易兴旺,各地餐馆云集云南,逐渐形成了以汉族菜为主兼具各少数民族菜的滇菜,至此滇味形成。宣威火腿、玫瑰大头菜、太和豆豉、路南卤腐应时而生。汽锅鸡、过桥米线、锅巴油粉、都督烧卖、破酥包子名菜佳点辈出。

辛亥革命后袁世凯称帝,蔡锷入滇发动护国运动,抗战时期西南联大迁至云南,美国飞虎队驻扎昆明,这些都加速了云南与内地的交往。西餐西点、各帮口名厨,分布在交通沿线的滇东北和滇西,加速了滇菜的发展。

(三)民族与传承

饮食作为云南各民族物质文化、社会生存的基础,又受到各个民族社会习俗、婚姻家庭、宗教信仰、社会伦理和法律规范等的制约,形成多种多样的食俗,反映在日常饮食、婚丧、节日和信仰等各个方面。汉族饮食风俗对云南少数民族产生了巨大影响,尤以白族、纳西族、彝族、壮族和傣族所受影响为大。

民族学者以各民族语言为依据,参考各民族分布地区和社会经济文化发展特点,将云南划为七个少数民族饮食区:一是彝、哈尼、傈僳、拉祜和基诺族饮食区;二是白、纳西、藏、普米族饮食区;三是景颇、阿昌、怒、独龙族饮食区;四是傣、壮、布依和水族饮食区;五是苗、瑶、佤、布朗、德昂族饮食区;六是汉、蒙古族饮食区;七是回族饮食区。各民族的饮食文化丰富多彩,并以歌舞伴餐享誉全国。

二、云南风味区域划分

独特的地理物产和民族特点,丰富的原料和调味变化使云南各地风味具有极大的差异,尽管从民族学者的角度将云南的饮食分为七个饮食区,但是根据地理分布的饮食特征,多数专家坚持五个区域划分的观点。

(一)滇池、昆明地区

这是云南的中心地区,有明显的"边缘文化"特色,这一地区处于中原文化的边缘、青藏文化的边缘、东南亚巴利文化的边缘,边缘性通常具有浓烈的交叉性,交叉性在饮食口味上显示出的是多样性特征,因此滇池、昆明地区的饮食可以说是云南风味的集合。

(二)滇西南西双版纳和德宏地区

这一区域是典型的糯米文化和古朴的发酵食品带,因与西藏毗邻,以及与缅甸、老挝接壤,少数民族聚集较多,其烹调特色受藏族、回族、寺院菜影响,各少数民族菜点是主体。

西双版纳是热带植物王国,也是美食天堂。袁枚在《随园食单》中说:"七碗生风,一杯忘事,非饮用六清不可。"在西双版纳,如果你爱饮茶,马上会有普洱茶为你奉上。如果爱喝酒,傣族糯米酒口感独特,热情好客的傣族人,绝对让你不醉不归。冰凉爽口的柠檬水、木瓜水,鲜香美味的椰子汁、鲜榨杧果汁,令儿童爱不释手。

傣味多用野生植物作香料,以生、鲜、酸、辣著称。这里的春木瓜酸酸脆脆,最为下饭。如果你嗜酸呢,酸笋牛肉、柠檬鸡、酸辣田螺等酸辣十足的菜肴,绝对让你大呼过瘾。

(三)滇西、滇西北的大理、丽江和迪庆地区

这一区域是痕迹突出的半牧食俗存在带,大理、丽江等地名食中有乳饼、乳扇,这是牛、羊乳保存、加工的别致方法。最具有代表性的莫过于邓川乳扇、弥渡卷蹄、鹤庆圆腿、鹤庆猪肝醡、骨头参、白族吹肝、彝族"坨坨肉"、纳西族米灌肠、摩梭人

的灌猪蹄、宁蒗一带的猪膘肉等,皆为古代氏羌民族遗存。

(四)滇东、滇东北的曲靖、昭通等地区

这一区域是高寒山区杂粮与腌腊食俗带。食用荞麦历史悠远,洋芋、荞麦、玉米、红薯等杂粮多,也为畜牧业提供了比较好的饲料供给来源。滇东北地区的乌蒙山区盛产"乌金猪",宣威火腿即以此为基础,滋味独特,百年飘香。此区域因接近内地,交通较为便利,与中原交往较多,与四川接壤,其烹调、口味与川菜类似。

(五)滇南玉溪、建水地区

这一地区是典型的精品饮食文化带。滇南气候温和、温度适宜,水稻、玉米、蚕豆、小麦、甘蔗、花生等农作物茂盛,各类蔬菜果品丰富,花菜、番茄、蒜薹、洋葱行销全国。滇南高原湖泊星罗棋布,盛产抗浪鱼、大头鱼、金线鱼、鲫鱼、鲤鱼。水果中的香蕉、菠萝、石榴也早已是声名显赫。其代表菜建水过桥米线、汽锅鸡已经成为名扬天下的云南菜点。

三、云南风味特点

(一)烹饪技法

在梁玉虹先生为吴美清师傅编著《筵席莱谱》一书作序时写的"滇菜概述"中说:"滇菜擅长的烹调技法中,可分为汉族的蒸、炸、熘、卤、炖,具有原汁原味、酥嫩、鲜嫩、清淡、浓香的特点;少数民族的烤、舂、焙、腌、包烧、隔器盐焗等,具有浓郁的地方风味,反映了少数民族的生活习俗。"这十余种烹饪方法是云南菜常用的主要方法,与四川、山东常用的三十多种、全国通用的四五十种烹饪方法相比,它是简约的,但是简约并不单调。

烤,用明火烤羊、烤野鸭,这在少数民族中较为普遍;焐,古称"塘煨",是利用柴薪烧后的炭灰余热,焐制各种菜品,独具一格;舂,将食物制熟,与调料一起入石臼,舂细而食,浑然一体,便于消化;隔器盐焗,是在铁锅内放上一层盐巴,盐上放炊具,用盆传热,隔器炖熟而食,风味独特;腌,为适应云南气候特点和冬季宰杀年猪的习俗而积累的一套加工贮藏和食用食物的传统技法,如白族的圆腿(火腿),纳西族、普米族、藏族的琵琶猪(整头腌制),彝族的麂子干巴,傣族的腌牛归、酸鱼,拉祜族的血鲊,回族的牛干巴,措鹅等。

独龙族、怒族居住的贡山县有一种石料光滑细腻,锯成片可当瓦,钉钉子则不裂,当锅亦不裂、不变形,用来炕荞面粑粑,无须抹油,又不巴锅。独龙族、怒族的石

板粑粑就是用这种石材加热制成的,可以说是新石器时代石燔的再现。

生活在西双版纳的傣族人用很嫩的香竹截筒、灌糯米制成的香竹烤饭,剥去竹皮,一层白白的竹膜包住饭柱,十分雅洁,吃起来柔软滋糯,清香扑鼻。这亦可认作古代烧烤——炙法的重演。傣族的香茅草烤鸡,拉祜族的香茅草烤牛肉,壮族的火烧野兔肉等,都是古代燔炙遗风的传承,不过在调味、火候、造型上比古人更为讲究罢了。

(二)风味特点

中国可以生产香料的植物约有 800 种,云南就有 600 种,香料资源异常丰富。昆明餐馆吃到的香茅草烤鱼、香柠手撕鸡、薄荷炒韭菜等,无不香味十足。西双版纳出产一种形状似莴笋尖的大叶芫姜,极香。香柠手撕鸡,其调味品就使用大叶芫姜,异香余韵萦绕脑际,令人难忘。

对于云南风味菜点的味型,业界人士归纳出 32 种,比川菜味型还多 5 种。除去味型名称与川味相同者之外,还有盐水咸鲜、本味咸鲜、奶汤咸鲜、甜咸味、醋椒味、腐汁味、咖喱味、果汁味、清苦味、黑芥味、话梅味、五柳味、泡椒味、炸烤味等 14 种不同于川味的味型。

滇菜口味讲究"鲜、辣、香、浓":

"鲜"既指江鲜、湖鲜、河鲜,也指新鲜、鲜美、鲜活、鲜艳。如各种新鲜、鲜美、鲜活的森林蔬菜、山菌野果、虫、蛹、卵、蜂以及人工培育的山鸡、野兔、梅花鹿等。此外,其鲜还有"吃青""吃花",集中体现出滇菜之鲜。

"辣"是云南菜的又一大特点,小米辣、寸金辣、涮涮辣、象鼻辣、野山椒等众多的辣椒造就了云南"辣"。选择不同的辣椒调制出香辣、煳辣、酸辣、酱辣、糟辣、冲辣、焦辣、油辣、甜辣和小麻辣等味型。

"香"分香气、香味。有原料本身的香、加热后发出的香,还有调和之香。滇菜中的香有干香、酥香、油香、幽香、花香、清香、酱香、浓香、冷香、熏香、茶香、臭香等之分。

"浓"指浓郁,云南人的口味是浓而不咸,油而不腻,浓郁油亮。浓是浓厚、浓密,是食物的浓缩和提炼。传统菜点汽锅鸡、过桥米线是鲜的浓缩;千张肉、粉蒸肉、板栗烧牛肉、小锅米线、卤面、卤饵丝是醇厚的浓缩;地方调味料甜酱油、昭通酱、绿丰醋、小米辣是味的浓缩;高寒山区的宣威火腿、寻甸干巴、弥渡卷蹄、永屏板鹅是肉的浓缩;彝族的乳饼、白族的乳扇是奶的浓缩。

四、云南名菜名点

(一)云南名菜

1.汽锅鸡

汽锅鸡号称滇南第一菜,被列为国宴菜品。据说此菜由滇南地区建水人杨沥始创,距今已有200多年历史。当时,建水所产陶器已经非常出名,式样古朴特殊。杨沥就利用建水陶,独出心裁研制出中心有嘴的蒸锅,名曰"汽锅"。在汽锅下放一盛满水的汤锅,然后把鸡块放入汽锅内,用旺火蒸3~4小时即得。蒸时蒸汽由汽锅底部沿管道向上喷入汽锅中,又在锅内凝聚成水珠,成为汤汁,因汽锅内并不放水,所以鸡汤全为蒸馏水和所溶出的鸡汁,汽锅内肉烂骨酥,这汤更可谓以一当十,鲜妙非常。汽锅常以三七、虫草加入,更有滋补之效。中国饮食常作文化象征,汽锅由锅内正中之汽嘴以蒸汽加热,热气上冲将食物蒸熟后食用,孔夫子有"割不正不食"之说,这汽锅更上一层,"烧不正不食"。

2.石屏豆腐

滇南石屏彝、汉等民族制作豆腐已有400多年的历史,逢年过节,石屏人有做豆腐的习俗,豆腐被当做赠送远亲、招待客人的上好礼品。闲时,不管男女老幼,都喜欢带上家人,邀上亲朋到豆腐摊小坐。咬一口豆腐,品一口梭椤茶,其中滋味,不可言传。山里来的彝家汉子,卖掉手里的山货,必定相邀到集贸市场豆腐摊上,一碟豆腐,一杯老白干,就能让一群山里的彝家汉子活得比神仙还快乐。

石屏豆腐从原料、加工到食用,都是一门考究精致的艺术,奇特之处在于使用境内特有的天然井水(俗称"酸水")作凝固剂,营养丰富而不含任何有害物质,令人叫绝的是,这种"酸水"离开石屏无论如何也点制不出豆腐。曾有人用此"酸水",请石屏的师傅到外地点制豆腐,试了无数次都未成功,有人戏称石屏豆腐是带不走的石屏专利。

石屏街头巷尾,随处可以看到手拿蒲扇用木炭火精心烤制豆腐的街边小吃。用来烤食的豆腐,要将新鲜豆腐发酵2~3天,再用木炭文火慢慢翻烤,这样烤出来的豆腐皮黄而不焦,豆腐膨胀如馒头,掰开来,熟透的豆腐气孔如麻,清香四溢,配上精心调制的佐料,胃口大开。有文这样描写:"眉柳叶,面和气,手摇火扇做经纪,亭亭炕前立。酒一提,酱一碟,馥郁馨香沁心脾,回味涎欲滴。"

3.彝族坨坨肉

坨坨肉是小凉山彝族人吃肉食的基本制作方法。在制作上,不论猪、牛、羊,宰杀后均连骨带肉切成如拳头般大小的块,用清水煮至八成熟,便捞入簸箕内,撒上盐巴来回簸荡,使盐渗入即可食用。吃时不放任何佐料,也不用碗筷,直接用手取而食之。坨坨肉制作的诀窍是掌握适当的火候,火候不到不熟,过迟肉绵,特别是选用四五斤重的仔猪肉制成,则最是清脆可口,是用来待客的上品。

4. 糯米血肠

糯米血肠是纳西族普遍喜爱的食品,纳西语称为"麻补"。其做法是把蒸到半熟的大米或糯米趁热拌上鲜猪血或蛋清以及各种香料,灌入洗干净的猪大肠内扎紧、封好口,蒸熟即成。因制作的方法不同,用鲜血制作的叫黑麻补,用蛋清制作的叫白麻补。食用时切成圆片,或用油煎炸,或用甑蒸热,色泽油亮,异香扑鼻,脍炙人口。

5. 南诏冻鱼

冬季,在大理一带白族人民的餐桌上或饭店里,常常可以见到一种当地人十分喜食的冷菜冻鱼,它是白族人民招待客人的上等名菜之一。凉菜本该在夏季比较炎热的时候吃,然而,这道"冻鱼"却只能在寒冷的冬天吃,晒着暖暖的太阳吃冻鱼,才能又暖和又能品尝美味,于是便有了"吃冻鱼,晒肚皮"之说。冻鱼从南诏流传至今,闻名遐迩。

有高原明珠之称的洱海,盛产各种鱼类,当地居民挑选洱海产的二三两重的鱼,去鳞、肋、肠、肚,洗净,下锅用油煎黄(也可不煎),烹煮时加汤放入酱油、醋、盐、辣椒面、花椒、葱、姜、红糖等。煮到鱼入味,汤收浓,盛入大汤碗内,然后置于凉处自然冷冻,次日用餐时在盘中加入腌菜、芫荽,将碗中冻鱼翻扣盘中便可上席。

大理冻鱼鲜、辣、香、凉,是酒饭皆宜的佳肴。此菜一般在秋后至次年三月前靠低气温自然冷冻而成。特点是凉而不冰嘴,适口滑爽;冻汤汁有如琥珀般晶莹,色美味鲜。大理年平均气温15℃,最冷的几个月平均气温8℃~9℃,汤汁一夜间自然冻成,但不会深冻结冰,成菜入口即化。大理冻鱼是当地特定气温条件下形成的美味。春、秋季,当地群众为了吃上冻鱼,想出一个制作冻鱼的极妙方法:把烹制好的鱼盛在碗中,置于水桶内,傍晚时把水桶挂放入水井中。经过一夜凉水的降温作用,第二天早上冻鱼便制成了。

大理南诏冻鱼之所以味道甚佳,其奥妙在于:鱼鲜、味浓,自然冻。

6. 牛奶煮弓鱼

大理洱海鱼类资源丰富,有35种之多,以弓鱼(大理裂腹鱼)最为著名,其形如弓,常可跃出水面,鳞细肉实,鲜美异常,号称"鱼魁"。牛奶煮弓鱼是一道白族的著名药膳,取邓川牛奶、洱海弓鱼,加上大枣、桂圆、冰糖,有补气生血之效。白乳黑鱼、红枣冰糖,既赏心悦目,又具药效。

7. 大理"温泉菜"

云南大理山川秀美,温泉星罗棋布,有温泉城的美称。其中规模最大的是洱源温泉。这里的温泉炖鸡味道堪称一绝。洱源温泉中盛产天然硫黄和芒硝,用此泉水炖出来的鸡,不仅味美,而且药用价值很高。因肉嫩味美而闻名。

温泉炖鸡的制作方法,取嫩鸡一只,去毛洗净,挖去内脏,用纱布擦干鸡身上的水分。将鲜猪油、草果、花椒、辣椒、木瓜丝、姜丝、作料配好抹在鸡身上,放入陶瓷瓶中,瓶中不盛水,瓶口密封,然后放入咝咝发响的硫黄泉内,保持恒温,24小时后即可食用。温泉炖鸡吸收了大地的精华,是大自然精心烹饪的"杰作"。打开瓶口,把鸡肉放入盘中,骨肉分离,鸡肉喷香扑鼻,色香味俱佳,且滋补功效显著。

温泉蛋,又称气磺蛋,将鸡蛋放入纱布袋中煮20分钟,熟即取出,该蛋的特点是蛋白呈嫩花状,而蛋黄却是硬的,固体、液体皆存,敲开蛋壳,放入白糖搅匀趁热吸吃,其味鲜嫩可口,可称"琼浆玉液"。

8. 曲靖"富乐酥肉"

作为一个历史悠久的千年古镇,富乐出名的菜肴小吃很多,比如栈肉、牛干巴、凉粉、黄粉等。但其中声名远播、广受食客欢迎的首推富乐酥肉。

富乐酥肉之所以声名远扬,一是因为它货真价实,二是因为它精妙绝伦的制作过程。富乐酥肉的制作一般都在杀年猪时。把火塘烧得旺旺的,支上大铁锅,砍下一条猪腿来,先把肥肉剔来炼油,肉切块与蜜、姜汁、葱汁、鸡蛋、胡椒、八角粉等佐料搅拌均匀,下入油锅,待肉色变成枣色,就把它捞出来。这时用手抓起一块来细细咀嚼品尝,真是香到五脏六腑里去了。如果配之以一碗老白干,那可真是神仙过日子。

富乐酥肉的保鲜技术也是独一无二的。把做好的酥肉凝固在猪油中,哪怕三年五载后取出来,色香味全然不变。用富乐酥肉调汤煮的面条,更是鲜美无比,奇香无比。

9. 富源酸菜与酸菜猪脚火锅

富源酸菜成为地方特产,在于它独特的口味和与众不同的制作方法。通常酸菜是将青菜洗净晾晒切碎后加入盐、辣椒、花椒等诸多佐料揉搓,然后置于缸内密封,待微生物自然发酵形成一种爽口的酸味。这样的酸菜一般属于咸菜系列,用作开胃菜或其他菜的配料,像曲靖的酸菜剁肉、酸菜洋芋之类。从制作到食用一般在十天半月左右,并且是经久愈酸,风味愈好。

而富源酸菜的独到之处首先在做法上,地道的富源酸菜是取萝卜和小油菜为原料,萝卜缨也不扔掉。先烧一锅开水,加入少量淀粉和面粉,分别将洗净切成细丝和小段的萝卜、菜放进去焯一下,捞起装入缸内,然后盖好盖子置于火炉旁,一夜即酸,第二天便可食用。不但制作周期较普通的咸菜短了许多,而且用不着放任何佐料,纯粹是原汁原味。新做的酸菜里通常还要加入少许"引子",也就是陈酸菜的酸汤,当地人称之为"脚子"。各家酸菜味道各不相同,全是"脚子"使然。因为

"脚子"里各种微生物群落的生成复杂多样,做出来的酸菜自然也就各有差异,这与四川卤菜因那陈年老卤的不同而色香味各异一样。所以,初学做富源酸菜的人,一定去那做得好的人家要一碗酸汤作自家的"引子"。

做好后的富源酸菜,观其色,绿白相间;察其形,黏稠滑腻;品其味,酸纯无比。吃法上就更是与普通酸菜迥异了。富源酸菜是一种名副其实的"菜",而非咸菜或佐料。最有代表性的吃法是红豆酸菜汤,熬得烂熟的红豆和酸菜一起煮,吃时放点煳辣椒面和盐,轻软爽口。现在是火腿、猪脚、鸡或鱼加上酸菜一起煮,打出了"富源"招牌,成为独具特色的风味菜。

(二)面点小吃

1. 过桥米线

过桥米线起始于滇南蒙自、建水一带,已有百余年的历史,除米线之外,过桥米线还包括汤、肉片、蔬菜和调味品等四个部分。汤是由鸡、鸭和猪筒子骨熬制而成的;肉片则是鸡脯肉、猪里脊肉、云腿、鱼、水发鱿鱼和猪肝、猪腰、猪肚等切成的薄片;蔬菜则是豌豆类、黄芽韭、菠菜、甜笋、豆腐皮等;调味品有精盐、葱花、芫荽、味精、胡椒粉、辣椒油等。

过桥米线有高、低档次之分,高档次的,汤的质量高,肉片和蔬菜品种多;低档次的单纯使用骨头汤,肉、菜品种少。

吃过桥米线,要在保温的、高深的陶瓷碗内放入胡椒粉、熟鸡油,再把沸滚的汤舀入碗内,端到桌上。食者切莫以为汤不冒热气,急着品尝,这样会被烫伤的,正确的吃法是要把各种生肉片下入汤中烫熟,然后依次加入各种蔬菜和米线,再加入调味品,这时,碗内看起来五色纷呈,鲜艳美观,这一步骤有人形象的谓之为上桥。有上桥则必然要下桥,在各种食材全部入碗后,开始食用时,捧一大碗食之,则吃相不堪,需另取小碗一只,将大碗中之食材捞入小碗之中,此为下桥。装碗后缓缓食之,滑嫩爽口,油而不腻,清口醇和,鲜香异常,回味无穷。

2. 酸汤米线

风味独特的玉溪酸汤米线,以味美闻名全省,到过玉溪的人,不品一下酸汤米线的味道会使你后悔莫及。

杨才科的酸汤米线在新中国成立前的玉溪城众多的米线摊点中最负盛名,那时他在鼓楼下边(今新兴路北门街口)摆摊,选用玉溪大白米(老品种)做原料,自榨自销,米线细白,柔软而不烂。盛好一碗米线,先放入韭菜,盖上一片四指见方,约一厘米厚的豌豆凉粉,依次放入甜子(自制酸醋)、酱油、芝麻酱(自制)、香椿水、盐水等佐料,最后浇上一勺清亮、鲜红带有两三小点油渣的油辣椒,碗里雪白的米线、金黄色的凉粉、翠绿的韭菜、乌黑的酱油和鲜红的油辣椒(当天制作当天使用,故而辣油香味浓郁),五色焕然,整碗米线艳丽悦目,当米线送到食客面前时,浓郁的香味扑鼻,胃口大开。

米线就是昆明人的"麦当劳",米线吃法有无数花样,据说现在更流行小锅米线、铜锅米线、酸汤米线,具体情况,还是现场体会吧。

3.大救驾

"大救驾"是云南省腾冲县的名特小食。选用优质大米做成饵块,切成片,再配上鲜肉、火腿、鸡蛋、冬菇、泡辣椒等烹炒,味道软、香、爽口,既当菜也可以当饭,深受欢迎。

此小吃原名"炒饵块",传说明末永历帝朱由榔被吴三桂追赶逃到腾冲,又饥又累,村民当即用火腿肉、韭菜、酸菜等作辅料,炒了一盘饵块给皇帝吃,皇帝吃后赞赏不已,称说救了联的大驾,"大救驾"由此得名。

4.包烧和包蒸

包烧和包蒸是傣家的特色。西双版纳的包烧鸡脚筋又糯又脆,让人百吃不厌。包烧蚁卵是难得的美食,是用雨林中大树上黄蚁、黑蚁巢中取出的新鲜蚁卵做原料,拌上调料,用三四层芭蕉叶严密包裹后,在烤炉架上烘烤出来的;打开芭蕉叶,里面的蚁卵白中夹翠、芳香四溢,营养更兼美味,是傣味中的珍品。烧烤是傣味的招牌菜,香茅草烤鱼、香茅草烤鸡最为出名。用香茅草捆扎烘烤出来的鲜鱼、土鸡,带有香茅草特有的香气,融合葱、蒜、芫荽的清香,成品肉嫩味美、造型古朴。

包蒸猪脑、包蒸杂碎等用绿叶包蒸的食物,相对包烧,口味清爽温润。

5.傣族辣酱"喃咪"

喃咪首推"番茄喃咪",主料是特小特酸的番茄和"辣不怕"的小米辣,用火炭烧烤至皮糊、浓香袭人。去皮加入野芫荽(锯齿状革质扁叶,非平时所见"香菜")、香子(一种西双版纳特有的坚果香料)以及常用佐料剁碎形成酱状。也有把小螃蟹(河蟹)剁碎、腌渍、发酵后的蟹酱与辣酱混合,叫"螃蟹喃咪"。

6.剁生

剁生是将新鲜的生猪肉里要剁进大量的辣椒、大蒜等调料以渲染或压抑其血腥的味道。吃一口红兮兮的生肉,喝一口烈汹汹的烧酒,绝对够刺激。通常主人们会告诉你喝辣酒是为了杀菌,其实多数原因是引诱你多饮酒或者故意说给女士听,是嗜酒的借口罢了。

7.白旺

云南称血为旺子,傣族"白旺"即生血。就是用新鲜的血"料理"出来的菜。先将各种调料剁细放入盆内,置于待宰猪、鸡的颈下,抽刀时喷血注入盆中,用木勺不停搅拌直到沸腾的热血变成凝固的血块。这是一项体力加耐力的活计,寻常人通常不得要领,掌握不好就会产生孔洞,堕入下品。品尝的过程可称得"血淋淋"的恐怖历险,用勺一口一口送进嘴中,待美妙滋味弥漫整个口腔的所有味蕾后,喉咙一吸滑落下腹,虽有入口即融的溜溜香软,但见各人的腥唇血口,难免参照自误,大惊失色或花枝乱颤,划入土佬作风。轻则给以不屑白眼,重则讥讽。不妨把血淋淋的"白旺"幻化为"血色玛丽",饮之一变而为热血少年,胸中升腾起柔情万缕豪情万丈。

8. 生皮

白族有一道名菜叫"生皮",是生猪肉和着佐料酱入口的。制作时是将带皮猪肉在炭火上烧熟,极香,但是也只是烧烤皮面到酥脆,内里的肉还是生的。这与傣族"剁生"异曲同工,"饮血茹毛"有时可体验到对祖先饮食的纪念,未必就是不文明的表现。

9. 腌螺蛳

清明时节螺蛳肥,故有"清明螺,抵只鹅"之说。这个时节的螺蛳还没有繁殖,最为丰满肥美。螺蛳产自洱海,含有丰富的蛋白质和矿物质,有除风解毒、清凉利水的功效,还可治疗痢疾、痔疮、脱肛、子宫脱垂、胃酸过多等多种疾病。

将取出的螺蛳肉用大碱、香橡叶反复擦洗,然后用木瓜醋浸泡一个时辰,漂洗并沥干水分,以葱、姜、蒜、炖梅、芫荽、酱油、麻油、辣椒油等与糖调制为佐料,拌匀即可食用。

云南菜点丰富多彩,创新菜品层出不穷。传统的有吹肝、雕梅酸辣鱼、大薄片、邓川乳扇、巴夯火锅、红烧鸡枞、火烧乳猪、陆良板鸭、烤松茸、全羊汤锅、烧鸭、酸笋煮鱼(鸡)、香茅草烤鱼、香竹饭、宣威火腿、沾益辣子鸡。创新的有黑皮子酥肉、酱爆手撕肉、昭通卤腐肉、老酸菜丸子汤、脆皮回锅肉、水煮回锅肉、红酒香熏小排、红楼嫩排骨、老酸汤猪脚、酸汤脆皮腊肉、紫糯米扣肉、酸梅仔排骨、峨山刹车皮、荷香糯米骨、四方砂锅乳猪、糯米腊肉卷、啤酒神仙蹄、入口三颜色、滇味赛熊掌、火腿猪耳圈、海天神腿、金银宣腿锅仔、蘸水火腿皮、傣族撒达鲁、芭蕉叶烤猪脑、黄金炖猪爪、哈尼手撕牛干巴、芭蕉叶焖牛肉、苦水煮牛肉、酸菜跳牛肉、梅子干巴、酸笋牛干巴、石烹三脆、鱼腥草炒羊肉、火焰山烧羊肉、陈氏洋芋鸡、甜笋山鸡、老滇酱油凉鸡、天香神仙鸡、哈尼蘸水鸡、小米蒸仔鸡、地参炖乌鸡、永平辣子鸡、风味酱汁鸡、玉石薰鸡翅、景颇鬼鸡、普洱茶香鸡、酸多依煮山鸡、香椿花生春山鸡、红酒醉鸭舌、酸汤腊鹅、刺桐关辣子鸡、花椒叶炒子鸡、香柠辣鱼生、酸汤鲫鱼年糕煲、网油荷包烧鱼、铜锅挑花鱼等一大批创新菜肴。

此外,还有著名的"云南十八怪"之说,其中许多"怪"都是说饮食的。"十八怪"说法不一,不乏夸张谐谑色彩,但"怪"也正表现了鲜明的地域特色。总之,云南悠久的饮食文化,独具特色的主食,千姿百态的菜蔬,别具风味的小吃,香醇醉人的茶酒,成就了滇味的新奇。

五、云南乡土风味与民间宴席

(一)民间宴席的物质基础

少数民族的饮食风情常常表现在饮食活动上。居住在红河和澜沧江一带山区和河谷的哈尼族,在过十月年的时候,村寨要举行街心宴,即每家每户都要献上自己制作的拿手好菜,按顺序摆在早已铺好的长篾笆上,成为一条中国乃至世界绝无仅有的长筵席。大的村寨,其筵席长达百米以上。长筵席上的菜点非常丰富,鸡制的菜和糯米饭是必不可少的。炸竹虫、灰煨干巴、竹筒鸡、竹筒烧肉都是展示自家烹饪技艺的常见待客名菜。还有凉拌紫花、五香芭蕉花、舂野鸡、苦笋炒豆豉、清汤橄榄鱼等,简直就是一次烹饪技艺比赛。

(二)民间宴席的风味特色

为反映云南奇异食俗,设计出了整席"云南十八怪菜式",集中展示出饮食文化之美、民间食俗之美。其"十八怪"和菜式分别是:草帽当锅盖(小笼荷叶粉蒸牛肉),蚂蚱也作下酒菜(酥炸蚂蚱),竹筒能作水烟袋(竹筒烤童鸡),蚕豆数着卖(青蚕豆球),四个老鼠一麻袋(红烧竹鼠),三个蚊子一盆菜(酥炸蜂蛹),鸡蛋串看卖(红炖鸽蛋),石头长在云天外(卤味大拼盘),吃饭不用筷(手抓紫米饭),四季衣服同穿戴(凉拌四季花),青菜当苦菜(清水煮苦菜并配煳辣椒蘸水),青苔也作菜(油泡青苔),臭蕈卖到海内外(松茸鸡片汤),铁路不通国内通国外(越南小卷粉,造型成铁路),大米做成线(余肉米线或过桥米线、小锅米线),粑粑叫饵块(烧饵块夹卤牛肉或炒饵块),无辣不成菜(糍粑辣子鸡),茸菽作蔬菜(素炒青毛豆或素炒包谷,或两者相加)。上述十八怪菜点,碗盘中装进了浓郁的乡情乡味,生动的民俗民风,既是生理,也是心理的美食体验。

第三节 贵州地方风味

贵州菜又称黔菜,由贵阳菜、黔北菜和少数民族菜等数种风味组成,在明朝初期,贵州菜已经趋于成熟,许多菜式已有600多年的历史。西南地区普遍嗜辣,贵州菜口味与川菜一样以辣为主,但贵州菜的辣比川菜更甚,自成风格。

一、贵州风味的形成

(一)地理物产

贵州位于云贵高原东北部,山地和高原占全省总面积的97%。北部大娄山、东部武陵山、中部苗岭、西北部乌蒙山和西南部老王山构成贵州的地形骨架,因河流侵蚀切割作用,普遍形成崎岖不平的地貌。整体地势为西部高,中部稍低,并从中部向北、东、南三面逐渐降低。其一面高三面低的地形,使之与邻省交往比较便利,省内各地联系反而困难,由此决定了贵州居民生活方式具有明显的多样性。

贵州生物资源种类繁多,野生动物超过1000种,野生植物在3800种以上,是一个不可多得的绿色植物王国,漫山遍野的山珍野味,数不胜数的鱼虾鳖蟹,为贵州民族菜的发展提供了得天独厚的食材来源。主食原料有粳米、籼米、糯米、小米、包谷(玉米)、荞麦、红薯、洋芋(土豆)及豆类等。副食原料有猪、牛、羊、狗、兔、鸡、鸭、鹅和禽蛋。蔬果、菌类原料有青菜、白菜、莲花白、芹菜、厚皮菜、萝卜、辣椒、西红柿、丝瓜、黄瓜、豇豆、四季豆、芋头、魔芋、梨子、冬瓜、柿子、李子、柑子、柚子、西瓜、核桃、板栗、香菇、花菇、银耳、木耳、野生的竹笋、蕨菜、各种鲜野菜、大脚菇、奶浆菌、红菌、石膏菌、松菌、刷把菌、油桃(野核桃)、香瓜、猕猴桃、野葡萄、菜油苞、八月瓜等上百种栽培和野生原料。虫蛙原料有蛙类及石蚌、马蜂蛹、稻蝗虫、草蝗虫、松树虫、油茶虫、土狗崽、小米蝗虫、葛麻树虫、麻栗树虫等。油脂原料有猪油(板油、膘肉油、肠油)、清油(山区多茶油、平坝多菜油)。调味原料有生姜、葱类、大蒜、花椒、辣椒、五香、橘皮、木姜子、芫荽、野薄荷、折耳根等,还有经过加工的酸汤、盐酸、土醋、酸辣椒、米酒、豆豉及油盐酱醋等。贵州少数民族多以稻田、池塘养鱼,也在溪、河、湖、江中捕捞鱼鳖,时而捕猎些野猪、野羊、竹鼠和鸟雀。

近代以来,烤烟、油菜和蔬菜一直是贵州省重要的经济作物,其中最有特色的是辣椒,如遵义等地的朝天椒、大方的七寸椒、黔南的线椒等闻名中外,辣椒的产量也很大,常年种植面积约1670平方公里,年产干辣椒约40万吨,为贵州饮食具有辛辣风味奠定了坚实基础。

(二)文化经济

按照生产方式与所分布的民族划分,贵州经济可分为农业民族型、商业民族型、畜牧采集民族型等。由于受社会发展水平的限制,经济发展的滞后与不平衡,使农业、畜牧业、养殖业、采集和狩猎业等初级复合型经济,在很长的时期内是贵州重要的经济形态。初级复合型经济发展的水平不高,但具有顽强的生命力,在地形、气候条件复杂的贵州地区,初级复合型经济有很强的区域差异适应性以及整体经济成分的互补性。

初级复合型经济深刻地影响了贵州的饮食文化。长期以来,人们稍有温饱即告满足,对食物的款式、加工要求不高;在饮食方面讲究原汁原味,喜共食与共饮。一些地方的少数民族常以野菜、昆虫、花卉、苔藓与各种野生动物入席,并有喜爱生食、半生食和冷食的习惯。

(三)历史因素

从贵州发现的旧石器和新石器古代文化遗址证实,早在五六十万年前,贵州境内就有人类生活,经历过以采集、渔猎为生的漫长时期,古代的先民利用"烧塘"将获取的猎物加工成熟肉、腌肉、腌鱼、腊肉、腊香肠,或风干为风肉、风鸡、风鱼,后来则发展为腌制家畜、家禽、河鲜、野味。

到了汉代和三国时期,贵州与各地的交流日益频繁,烹饪文化也不断发展。特别是明朝的几次"平滇"战争,来自江南水乡的汉族屯军将士把江南的生产技术、生活习俗、文化礼仪带到贵州。

在明朝的两次移民中,四川、广东、广西、江西、江苏、湖南、湖北的人来到贵州,使贵阳、安顺、遵义、青岩、镇远等地逐渐商贾云集,政治、经济、文化繁盛,移民和商贾不仅带来了各地的商品,还带来了各地烹饪方法和南北佳肴,并融入民族禁忌内容,从而推动了贵州烹饪技术的发展。清末安顺积珍园大厨李兰亭留下的黔菜蓝本《黔味菜点》中大部分是民族菜点。使当时的民族菜奢香玉簪、镇远陈年道菜、思南甜酱瓜、安顺麻饼、夜郎面鱼、威宁荞酥、宫保鸡、状元蹄、鸡辣角等菜流传至今。

二、贵州风味区域划分

贵州饮食属于历史积淀较厚、民族特色鲜明,同时受外来文化影响较多的典型边疆区域性饮食。贵州饮食表现出受川味辛辣、注重小吃的深刻影响,菜肴讲究鲜嫩,原料采用及烹饪方式多样化等特征。

贵州饮食虽以本色突出、复杂多元和丰富多彩引人注目,但发展程度各异。各地的饮食特征,很难用简单的行政区划为标准来划分,也不能按照边疆各民族尤其是少数民族的分布来划分。普遍认为应该参照地域为基础划分为若干区域,而各地民族饮食方面的特色,成为划分时考虑的因素。

明代以前贵州部分地区分属今川、湘、滇管辖。唐代设置黔中观察使,治黔州(驻地在今四川彭水),管辖今普安以东的贵州大部分地区。北宋时期,贵州大部分地区隶属夔州路(治所在今四川奉节)、梓州路(治所在今四川三台)、荆湖北路(治所在今湖北江陵)等行政部门管辖;南宋时期,鸭池河以西之地,被罗殿国、石门蕃部占据。为保护元代开通的由云南入湖广的通道,明代以贵阳为治所设贵州省。千余年间,贵州地区的行政中心都在遵义,遵义与四川的关系十分密切。明代立省后,开始以贵阳为中心形成省级行政区。

黔西和黔中的社会经济以农业为主,明清以来贵阳、安顺等地成为重要的消费城市。因此,这一地区的饮食有汉族与当地少数民族文化交融的特点,玉米、洋芋、荞麦和壮鸡以及地方酿造酒,在当地饮食中扮演着重要角色。汤爆肚、酥红豆、竹荪、罗汉笋、火腿、牛肉干巴、肝胆糁等菜肴,远近闻名。

黔南和黔西南以布依族、水族、壮族等少数民族居多,该地区紧邻越南以及中国的广西与云南,深受上述地区风俗与文化的影响。黔南和黔西南地区的居民除喜食稻米外,还以玉米、荞麦等旱地作物为主食。布依族、水族、壮族等少数民族很早便种植水稻,各类稻米、狗肉、鸡肉等是常见的食品。因受汉族的影响,壮族地区也流行过春节、中秋节等节日,并讲究宴席的丰盛。

三、贵州民族风味

民族菜是黔菜的重要组成部分,以地理环境划分饮食可分为高原盆地民族型、山地民族型、高山峡谷民族型和低纬度平地民族型。贵州民族风味主要指居住在贵州境内的少数民族、特别是世居的 17 个民族的菜肴,尤以仡佬族、彝族、苗族、侗族、布依族、水族等菜肴为主。

(一) 仡佬族菜

45 万仡佬族约有98%居住在贵州的道真仡佬族苗族自治县、务川仡佬族苗族自治县及附近的正安、绥阳、遵义和仁怀。仡佬族是贵州最古老的民族,由于仡佬族与各族人民共居相处,交往密切,除民族习俗外,民族语言基本消失,但其饮食对贵州民族菜的影响和作用极大。聚族而寨居于溪沟河岸的仡佬族一般以大米、包谷混食,并兼以豆薯杂粮。喜食香油茶、包谷花,流传有"碗碗油茶香喷喷,男男女女都能饮,不吃油茶没精神,吃了油茶有干劲"的顺口溜。尤其喜食辣味食品、豆腐、糯食和甜酒(醪糟)、火酒(烧酒)。代表菜有道真香油茶、务川荞灰豆腐果、仡佬族灰团粑等。

(二) 彝族菜

贵州彝族居住在乌蒙山麓的威宁彝族回族自治县及毕节、六盘水等地。彝族地区至今仍将荞饭羊肉、麦饭鸡肉、米饭猪肉分别作为高山、沟坝地区具有代表性的最佳配餐格式。至今彝族的荞、麦、包谷系列和坨坨肉、烧烤肉、肉汤锅、酸菜干鱼汤、干煸猪肺、冻(腌、腊、阴干)肉、猪血炒豆腐、野菜汤、干拌水拌菜,以及酥点、火腿、炒米茶仍是贵州民族菜的重要组成部分。

(三)苗族菜

苗族是一个历史悠久、人口众多、迁徙频繁、支系繁多、分布辽阔、文化古朴的民族。我国有近半数约370万的苗族人居住在贵州各地,苗族的"吃姊妹饭""杀鱼节""苗年""七月半""清明歌会"等饮食文化习俗既反映出苗族文化的丰富多彩,同时也显现出苗族饮食习惯对贵州饮食的影响和作用。苗族酸汤鱼早就代表贵州民族菜被海内外所接受。苗族的腌鱼、腌肉、连心鱼、鱼冻、血灌肠、腌菜、咂酒、蚱蜢酱等系列家常菜作为贵州民族菜的特色菜肴已经走向市场。

(四)侗族菜

贵州侗族人口约160万人,占全国侗族人口的55%,侗族在漫长的历史长河中,为了生活和发展,依山傍水建造了山寨、鼓楼和风雨桥,他们以族姓聚寨而居,整个民族的历史和文化,由他们的歌声和饮食世代相传。如侗族有:"饭养人、歌养心""侗不离鱼""侗不离酸"等侗族饮食风俗。侗族的腌鱼、血红、白蘸肉、侗果、油茶、腌蛋,以及酸肉、酸鱼、酸鸭、酸萝卜、酸韭菜、酸豇豆等二十余种腌酸,代表了贵州民族菜系统、精细、豪放、独特的风格。侗族日常生活也较为简单,即大米饭、酸菜、鲜蔬。但节日喜庆或有客来访时较为隆重,并有相应的饮食方式和食物种类体现出相应的礼仪习俗。如"正月半"吃大年三十晚上留下的菜肴;"四月八"吃乌米饭和猪肉、忌吃牛肉;"牯藏节"吃牛肉;"秋收节"吃烤鱼等。

(五)布依族菜

布依族的祖先自古生息、繁衍于贵州南北盘江、红水河流域以北地带,是贵州的土著民族之一。布依族总人口约250万人,主要聚居于黔西南布依族苗族自治州,黔南布依族苗族自治州,安顺市镇宁、紫云,贵阳花溪、青岩、开阳一带。由于聚族杂居在河流交叉、群山丘陵的河谷坝子地区,肥沃的土地使布依族的菜异常丰富,有盐酸菜系列、花江狗肉、排骨棕粑、阴辣角、豆腐圆、牛肉火锅、血豆腐、狗灌肠、油炸花豆腐等特色菜肴。

(六)水族菜

水族居住于全国唯一的水族自治县——黔南布依族苗族自治州三都水族自治

县,以及都匀、独山、丹寨、荔波、榕江等市或县。地处云贵高原苗岭山脉以南的都柳江和龙江上游,这里山岭纵横、溪流交错,被誉为"凤凰羽毛一样的地方"。土地肥沃、资源丰富、气候温和、雨量充沛,农作物一年可二至三熟,山珍极多。为水家菜奠定了物质基础,除了极具神秘色彩的传统菜"鱼包韭菜"和待客的上品"鸡煮菜稀饭"及常年吃的"一锅香酸汤"外,水家人还喜食糯食、鱼虾、烧鱼、甜酒等,并以此作为祭祀和节日招待亲友所必需的菜食。

四、贵州风味特点

(一)烹饪技法

贵州受复杂的气候、地理环境、历史发展过程的影响,形成了贵州居民生产生活方式的复杂性,并在食物的材料、菜式、加工方法等方面表现出明显的多样性。

1. 主食

人们将稻米、黍、稷等谷物脱粒后,装入木质甑子蒸熟。木质甑子上覆以稻草编成的锅盖,以免蒸饭时甑子漏气。木质甑子蒸出的米饭颗粒分明、松软饱满,供即食或数日食用,无不相宜。大麦、小麦或磨粉制饼,或供酿酒之用。豆类可供主食,新摘时亦是重要的时鲜蔬菜。

2. 菜肴

贵州汉族烹饪有注重急火快炒、嗜食辣椒和各种泡菜的特点。少数民族则保留着因刀耕火种采集与山地种植畜牧采集等生产方式影响而形成的烹饪习惯,如布依族、壮族等农业民族习惯炒、煮、煎、烤兼用,稍正式的场合即端上"八大碗"。彝族等山地民族则保留带游牧生活烙印的重烧烤、烹煮的传统,一些民族还有嗜食凉拌菜的习惯。

山居民族的饮食,荤食除家畜外还打猎与捕鱼。兽肉即烹即食,所获鸟、鱼则由妇女整理洗净,和米粉及盐腌于坛中封紧,两月后可食。所种蔬菜除煮食,还可待酸后食用,方法是将青菜加入米汤封于坛中,数日后可食用。

(二)风味特征

贵州菜以酸辣、香辣闻名,其口味多变、口感各异,有的辣而酸、有的辣而香、有的辣令人大汗淋漓,有的辣让人回味无穷。

1. 食辣方法多样

俗话说"贵州一怪,辣椒是菜",贵州产辣椒,有朝天椒、牛角椒等著名品种。花溪的辣椒以香闻名,绥阳的辣椒以辣著称。由于众多的优质辣椒,使黔菜的辣不同于四川的麻辣、湖南的酸辣、江西的干辣、陕西的香辣，形成了独具特色的八大系列，即油辣、煳辣、糟辣、酸辣、青辣、麻辣、干辣、蒜辣等。

在烹饪中，以糍粑辣椒、煳辣椒作调料入馔更是别具风味。糍粑辣椒，因形似糍粑而得名。煳辣椒为贵州独有，全省各地均有制作。将辣椒在柴草火灰里烧煳，用手搓细即成煳辣椒面，大批量生产时可在小火净锅中煸炒至煳，再用刀剁或绞肉机加工，多用于凉拌菜和蘸水。

说起辣椒蘸水就不能不说说贵州的辣椒了。贵州各族人民所栽培的辣椒品种和食用辣椒的方法不计其数，民间家常菜几乎无菜不辣，而且近乎餐餐都要用辣椒蘸水。体现了黔菜（即贵州风味菜）善用蘸水的风格和"千滋百味、野趣天然"的特点。

贵州辣椒的种植规模、加工规模、产品集散规模等均居全国第一。油辣椒的国内市场占有率已达70%，全国辣椒产业大会授予了贵州省"中国辣椒之都"称号。贵州著名辣椒品种有：贵阳小河辣椒、遵义牛角椒、遵义虾子朝天小辣椒、贵州绥阳朝天椒、绥阳"小米辣"朝天椒、毕节大方皱皮椒、大方线椒、贵阳乌当线椒、独山基场皱椒、毕节线椒、山辣椒等。此外还有花溪党武辣椒，大方的鸡爪辣椒，绥阳子弹头辣椒，贵阳百宜、新场和安顺、都匀等地的辣椒。这些品种丰富的辣椒，为辣椒蘸水的制作提供了绝佳的材料，辣椒蘸水中必用煳辣椒面、糟辣椒、糍粑辣椒等辣椒制品。

（1）煳辣椒面。贵州大小餐馆的餐桌上，不仅有同全国相同的酱油、醋壶、蒜瓣碟"两壶一碟"，还有煳辣椒面，成为"两壶两碟"，沿袭至今。煳辣椒面为贵州独有，全省皆做。它是将干红辣椒在木炭火上烧（烘、焙）焦、烧（烘、焙）煳，用手搓细或用擂钵舂细成面。不愿用手搓又没有擂钵的家庭，可以将烧（烘、焙）焦、烧（烘、焙）煳的辣椒装入竹筒中用竹片绞碎。

（2）糟辣椒。糟辣椒是贵州民族特色显著的一种调味品，为贵州独有，全省均有制作。将肉质厚实、辣味不太重的新鲜小红辣椒洗净去蒂、晾干水分辅以鲜子姜、蒜瓣，在专用（不带油）木盆中用刀反复宰碎，边宰边翻动，使之大小均匀至米粒大小，按照辣椒、子姜、精盐、蒜瓣、白酒的重量比为"50∶5∶4∶2∶1"的比例装入土坛中加盖，坛沿注入水密封15天即可作为调料使用。糟辣椒色泽鲜红，香浓辣轻，具有微辣微酸而又香、鲜、嫩、脆、咸的风味特色。糟辣椒除用作蘸水外，还可用作调料烹调菜肴、作腌菜基料和拌菜佐饭。

（3）糍粑辣椒。糍粑辣椒是贵州独具特色的调味品，选用辣而不猛、香味浓郁的花溪辣椒，去蒂，淘洗干净，清水浸泡（如急用，可用热水），加入适量洗净的老姜、蒜瓣一起投入擂钵舂蓉。因辣椒擂出了黏性，故取名糍粑辣椒。酒楼大批量制作和辣椒食品厂批量生产时，也可用刀剁或用绞肉机绞。糍粑辣椒在贵州辣椒蘸水中主要用来制作红油和油辣椒。而制作红油和油辣椒往往是同步进行的，能达到综合利用的效果。

（4）贵州红油与油辣椒。贵州红油制作有别于其他地方，制作方法也有多种，最常见的是用糍粑辣椒提炼。红油味香色红、辣而不猛。用糍粑辣椒提炼，要选用优质植物油烧沸炼熟，稍凉后加入糍粑辣椒慢慢熬炼至辣椒酥香渣脆、色红味出时浸泡，隔夜分离出红油，渣就是油辣椒的一种了。根据用处的不同，炼制红油时还有加豆腐乳、甜酒汁（贵州称醪糟为甜酒的）。有些红油要在熬制辣椒时加些水煮，并使用混合油，如肠旺面所用的红油。另一种制作方法是用炼熟烧烫的植物油烫香红煳辣椒面，不加任何辅料而成，同样经浸泡，隔夜分离出红油，渣就是油辣椒的另一种。

油辣椒的制作方法也有多种，除用糍粑辣椒炼制和用红煳辣椒面烫制且提取了红油的油辣椒外，还有用刀口辣椒（即将干辣椒和少许花椒在油锅炝香，用刀铡碎）加热熟菜籽油烫香除去红油做成的油辣椒。这种油辣椒酥香渣脆，辣味适口。

（5）绥阳辣椒酱。绥阳辣椒酱因产自遵义绥阳县而得名。是当地老百姓在采收辣椒时，将新鲜子弹头朝天椒和小米辣椒朝天椒去蒂混合洗净，加入子姜、蒜瓣、鲜小茴香籽，用石磨磨细后放少许精盐装入带有坛沿的土坛中，加盖，在坛沿注入水密封30天后制成，可用作调料、蘸水，农村缺菜时可直接佐饭。随用随取。注意密封并置于通风干燥处保存，可1~3年不变坏，越陈越香。

（6）烧青椒。烧青椒选用绥阳青红海椒在草木灰（俗称子母灰）中烧至皮起泡时去皮去蒂剁碎即成。需要说明的是，在使用烧青椒时一定要辅以用同样方法制作的烧西红柿。

贵州辣椒蘸水常用的香料和辅料有折耳根，学名蕺菜，又名鱼腥草、臭根草、猪鼻孔。含有甲基壬酮、香叶烯、癸醛、槲皮贰化钾、硫酸钾等挥发油，不宜久煎，主要食用根部，有异香；苦蒜又名野葱，是沟渠田边、荒野菜园的一种野菜，既像葱又像蒜，故名苦蒜、野葱。有异香，多作蘸水，也可用来炒肉末等；鱼香菜，又名野薄荷、狗肉香，其叶大如拇指，绿色，常用作调料，味辛香浓郁，能压抑异味，增加香味，是贵州烹狗肉必不可少的调料之一，也是中华名小吃——遵义豆花面的必备香料。

2. 嗜酸制酸独特

贵州有句民谣"三天不食酸，走路打蹿蹿"，贵州的酸不是以醋闻名，而是以其别具风味的酸菜、酸汤、盐酸菜闻名。泡菜和腌菜也算其列。

（1）酸菜。在贵州家家腌制酸菜，人人喜食。腌制方法是将米汤或浆水晾凉后加入沥水的青菜、白菜等原料，不加任何添加剂、调料、辅料，经自然发酵而成。酸坛需置于干燥通风处，只要保管得当，经年不坏，越陈越香，随取随泡（腌）。直接食用、烹制菜肴均可,食之口舌生津、开胃消食、醒酒解腻。

(2)泡菜。泡菜是将新鲜原料(萝卜、胡萝卜、莲花白、甜椒等)洗净晾干投入加盐、冰糖、少许白酒的凉开水中密封,经自然发酵而成。

(3)腌菜。腌菜的取材更为广泛,萝卜、胡萝卜、莲花白、青菜、白菜、红菁、茄子等都可作原料,经洗净、晾干或晒干、搓盐、再晾干,装入坛中密封而成。

(4)酸汤。以黔东南苗族、侗族自治州最具特色。酸汤种类很多,以汤质亮度分有特级高酸汤、高酸汤、上酸汤、二酸汤、半清酸汤、浓酸汤、半浓酸汤等;以味道分有甜酸汤、咸酸汤、辣酸汤、麻辣酸汤、酸辣酸汤、甜咸酸汤等;以用料分有姜酸汤、鸡酸汤、鱼酸汤、蛋酸汤、蛋花酸汤、肉酸汤、菜酸汤、豆酸汤、豆腐酸汤、西红柿酸汤、青菜酸汤、参酸汤等。

酸汤的酸味由生物发酵而成,不加任何添加剂,现在鱼酸汤、西红柿酸汤最为民间喜食爱做。

(5)盐酸菜。它是黔南苗族、布依族自治州独山县特产,驰名中外,已有三百多年的历史。属青菜渍品,分为出口盐酸菜、冰糖盐酸菜、白糖盐酸菜三大类。以青菜为主料,加甜酒、大蒜、辣椒、冰糖等,采用民间传统工艺精制而成,可荤食、素食,也可作调味料烹饪菜肴。味甜、酸、辣兼备,开胃健脾助消化。酸菜小豆汤、苗人酸汤鱼火锅、盐酸豆花鸡即是分别用酸菜、酸汤、盐酸菜,烹制而成的地方风味佳肴。

此外,黔味蘸水堪称贵州菜一绝,品种极多,常用调料、辅料有盐、味精、香油、酱油、醋、各式辣椒、花椒、姜米、蒜泥、葱花等。适量添加折耳根、苦蒜、香菜、薄荷、黄豆、酥花生、水豆豉、豆瓣、青红椒、番茄等其味更佳。

五、贵州名菜小吃

(一)风味名菜

1. 乌江鱼(酸汤鱼)

苗族有句民谣:"最白最白的,要数冬天雪。最甜最甜的,要数白糖甘蔗。最香最美的,要数酸汤鱼。"贵州人喜酸,喜的是那种酸西红柿熬出来的酸,酸里带着甜,用此种酸汤来熬鱼,带着鱼香的酸汤沁人心脾,贵州人取名"酸汤鱼"。吃的时候先喝口汤,顿时两腮发紧口水横流,然后品尝鲜嫩的鱼肉。据说正宗的贵州老乡经常是一盆鱼一大碗白饭,酸汤泡着白饭吃得一干二净。

世人知道乌江,可能是从红军"突破乌江天险"开始。然而,这条发源于贵州,经四川流入长江的大河,最著名的还有乌江鱼。自古以来,乌江两岸的人们由于经常捕食,逐渐形成了乌江鱼独特的食用方法。乌江鱼其实就是酸汤鱼,佐以红油、辣椒、姜、蒜等多种调料炮制,具有鲜、香、嫩、滑等特点。外观上给人奇辣之感,红彤彤的红油让人产生无限联想,以为从此辣的嘴也合不拢。鱼肉的丝丝鲜滑,花椒的丝丝香麻,一寸一寸的肆掠你的舌头,酥软的麻辣,让人沉醉。

黔东南各地都有酸汤鱼,较好的有黄平酸汤鱼,原汁原味不施油脂,符合当今饮食潮流。凯里市的酸汤最为有名,麻江县的酸汤鱼获得过中国西部国际博览会精品菜肴暨美食文化展特金奖和中国名宴金鼎奖。

黔东南雷山县郎德苗寨,食"苗家酸汤鱼"时往往要配上苗家敬酒歌。如:"别的寨子没有客,我们寨子客人多。远方客人来不断,浩浩荡荡真热闹。水中鱼儿恋江河,世上人儿想朋友。朋友啊,请到我们寨子来做客,唱歌跳舞多快活。"苗家酸汤鱼,用苗族人自制的酸汤煮鱼,酸汤是用清米汤发酵后制成的,具有酸甜味,是一种极好的调味品。煮酸汤鱼的时候,将去胆的鲤鱼,放入已煮沸的酸汤中,熟透起锅前放入适量盐、姜、生花椒和香菜等调料,5分钟后把煮熟的鱼夹进菜钵,剔去鱼刺,再把胡椒面、盐、葱花、蒜泥、番茄(番茄先在火上烤去生味,然后剁成酱作调料)调匀,倒入鱼肉拌匀后食用,鱼肉鲜香细嫩,麻辣酸香多味俱全,营养丰富,增添食欲,帮助消化。

另外两种比较有名的酸汤鱼:一是取鱼数条,刮鳞洗净,开膛去脏,砍剁成坨,放入冷水锅中,加上生姜、食盐、大蒜、西红柿等作料及老坛子酸(用特制的老鱼酸代替坛子酸更佳),在火上煮沸,此种烹调方法称为冷水酸汤鱼;二是选用稻谷收割季节的稻田鲤鱼数条,不开膛破肚,也不取内脏,只从鳃边开个小孔取出苦胆,放进配好调料的沸水锅中煮至鱼背绽开,即可食用,此烹调方法称为连心酸汤鱼。

随着酸汤鱼店生意的火爆,酸汤狗肉、酸汤猪脚、酸汤排骨、酸汤牛杂等也应运而生,大大繁荣了餐饮市场,贵阳的大街小巷都飘荡着酸汤的滋味。

2. 花江狗肉

此菜出于贵州花江镇,俗话有"十月有个小阳春,花江狗肉胜人参"。花江狗肉,制法讲究,还具有滋补功效。吃花江狗肉要加一碗佐料丰富的辣椒蘸水,边蘸边吃,又烫又辣,又香又麻。

花江狗肉选用健壮的家狗,成菜汤鲜味美,皮滑肉嫩,油酥而不腻,久食而不厌的特点。《本草纲目》列举,常吃狗肉对腰酸、肾虚、阳痿、气血有益,具有和血脉、补肾、健脾、润肺之特效,是强身健体、驱热祛寒的滋补上品,现代医学证明,对消化不良、高血压、高血脂及肥胖等症状有疗效。

"贵州花江狗肉馆"的黎族大师傅介绍,做花江狗肉要选择30斤左右的成年公狗,才能保证肉质肥瘦均匀、嫩而不老。然后像杀猪一样的宰杀狗,把狗血全部放出来,不剥狗皮,要用开水把毛烫掉。狗皮香、薄,有咬劲、可美容,因此不能去掉狗皮。而其他地方在做狗肉时,一般是将活狗直接打死、吊死甚至毒死,再将皮剥下来,狗血全瘀在肉里,烧出来的肉不好吃。宰杀后将狗毛、狗骨、狗内脏完全除去,把肉放到特制的砂锅鼎罐中,加上贵州的花椒、生姜、陈皮、八角、山奈、砂仁、薄荷草等香料,和一些可以去掉狗肉土腥味的药草,用文火慢慢炖制。炖时用小火,要防止汤汁稠浓。水要一次性放足,中间不加水、保证原汤,把肉香都炖出来。一般炖到狗肉八九分熟就差不多了,出来后汤清爽而鲜美,肉细嫩而纯香。

花江狗肉的吃法颇为独特,炖好的狗肉被切成薄片或块状,整齐地排在盘子里,配上放有姜、胡椒粉、葱花、芫荽、味精的狗肉汤,并配以用几十种调料做成的蘸料。吃的时候,将狗肉放到滚烫的狗肉汤中,原本八九分熟的狗肉立刻被烫熟了,再舀点狗肉汤到蘸料中,蘸料立刻化开成汁,边蘸边吃,又烫又辣、又麻又香,真是"闻着狗肉香,神仙也跳墙""狗肉滚三滚,神仙坐不稳"。吃狗肉讲究喝汤润胃,汤是狗肉、狗骨制成的原汤,以清澈见底为最佳。

(二)风味小吃

1.贵州肠旺面

肠旺面是一款独特的美食,它有山西刀削面的刀法,兰州拉面的劲道,四川担担面的滋润,武汉热干面的醇香,以色、香、味"三绝"而著称,具有血嫩、肠脆、辣香、汤鲜的风味和口感,以及红而不辣、油而不腻、脆而不生的特点。

正宗的肠旺面煮面是十分讲究的,一碗一煮,抖散下入烧至微沸的开水锅中,煮至锅中翻滚时,用竹筷将面条捞起入漏勺中,再往漏勺中冲入冷水,并迅速将面条放入汤锅中烫热,让面条"收筋"后装入用豆芽垫底的碗中,灌入鸡汤,放入"三臊"淋上红油,撒入葱花即成。

有人认为肠旺面是废物的边际效用与灵魂的精神家园的完美结合。指出用经济思维可以推论"肠旺面的发端与发展,与困难时期有特定关联"。因为作为一种产品,它的用料几乎用尽了被视为是废料的一切资源。肠旺面是从资源内部,挖掘出了几乎是最后一点残值,去应对外部的艰难环境,从艰辛的视角参与创造了中国小吃的文化之美。

抗日战争时期,据说郭沫若在贵阳吃过肠旺面,他这样描写过:"一碗金黄金黄的面,红红的辣油、洁白的肠、豆腐一样鲜嫩的血旺、外加几根豆芽、翠绿的葱花,香气扑鼻,黄红绿白入眼,回味无限"。可以想象,抗战烽火下的贵阳,端一碗带有点肉味的肠旺面,会涌起何种感受。反衬出那个年代,一点肉腥,会让饥肠辘辘的人何等刻骨铭心。

肠旺面之所以出现在贵阳,首先源于贵州经济贫困;其次是它"螺蛳壳里做道场",在没有人要的"垃圾"上创新;再次,作为在战乱与贫困中出现的城市,贵阳是一个低端消费人群集聚的市场,在这个市场中,消费猪肉与消费猪肠子的价格差异,促成了人们的主观选择,造就了一个独特的供求市场。

对于身在异乡的贵州人,哪怕是挂在网页上的一碗面,都能起到滋养灵魂的特定作用,多少寄托了游子对精神家园的渴望,成为超度游子生命的扁舟,想来也能安慰一下路上啼叽号寒,辛苦奔波的回家人吧。

2. 丝娃娃

丝娃娃是一种贵阳街头最常见的小吃,猛一看颇似产房里初生的婴儿被裹在"褓褓"中。"褓褓"是用大米面粉烙成的薄饼,卷入了萝卜丝、折耳根(鱼腥草)、海带丝、炸黄豆、煳辣椒等食材,又名素春卷。贵阳市众多丝娃娃小食摊沿街而摆,摊位上摆满了各种各样的菜丝,菜丝切得极细,红、白、黄、黑,各色相间,有将近二十个品种。

当地人吃时,还要注入酸酸辣辣的汁液,俗称蘸水。摊主会在食客面前摆一些符合当地口味的调料,食客自行兑料。蘸水一般都要用油炸脆花生、油炸酥黄豆、折耳根、葱花、蒜水、姜末、盐、煳辣椒面、花椒油、麻油、酱油、醋、味精配制。丝娃娃蘸水中的煳辣椒面要在其他调料都配好后再撒到蘸水中,使其浮到上面,吃丝娃娃时煳辣椒面的特殊香味才能体现出来,如果要是先放,煳辣椒面被调料汁泡透,煳辣椒面的特殊香味也就消失了。丝娃娃蘸水的酱油或醋要用凉开水兑过,水与酱油或醋加凉开水的比例一般是1.5:1,否则味道就偏重了,要么太酸,要么就太咸,没有了香辣酸鲜的感觉,不是越吃越想吃,而是吃几个就再也吃不下去了。有时也可以加一点木姜子油,会有另一番风味。

木姜子,学名山苍子,又名山鸡椒,樟科,落叶灌木或小乔木。味辛辣,有较刺激的异香,贵州民间常采集作调味品。做蘸水香味突出,做腌菜或酸菜也常用,有缓辣增香避异味的作用。木姜子包括鲜木姜子花、干木姜子花、鲜木姜子果、干木姜子果、木姜子粉、木姜子油等。

吃丝娃娃,其包被方法也相当有学问。应该每样东西都放点,尽可能种类繁多,但不要装满,然后像包褓褓中的婴儿一样精心地把它们包起来,具体的包法就跟包婴儿一样,下面的"被子"要叠上去,上面还要有个"被角"立起来,这样包完后还能放上少许蔬菜而不会坍塌下来。

包好的丝娃娃很像褓褓里的婴儿,这就是名字的来源"丝状的东东包得像娃娃"。包好后,再优雅地拿起小勺舀一些自家配置的秘方蘸水,从"娃娃"头顶浇灌下来,如此一来,秘方蘸水就会贯穿整个"娃娃"的身体,咀嚼起来清脆可口、味道复杂、麻辣怡人。吃丝娃娃,一吃各种配菜的清香脆嫩,二吃蘸水的香辣酸鲜。素菜脆嫩,酸辣爽口,在入口的瞬间一股清凉沁入心脾,令人无比舒畅。

吃相比较好的是一口吞下,进嘴后闭着嘴慢慢咀嚼。吃相狼狈的就是一口下去,娃娃一半在嘴里,一半在外面,手中剩下的残皮剩菜一塌糊涂,令人尴尬。俗语有云:"丝娃娃好吃皮难包,想要来吃要趁早。"如今丝娃娃已登入了大雅之堂,婚嫁喜礼中也堂而皇之地上了酒桌,是发扬地方文化还是取其意义"娃娃",不得而知。

3. 豆花饭蘸水

"豆花饭"就是用豆花来当菜下饭,一般都不上别的菜,用油辣椒、姜末、葱花、酱油、盐、味精、猪肉末等配制就可以了。豆花是素食,"蘸水"中就得见油荤,所以一是要用油辣椒,不用煳辣椒;二是猪肉末是不能少的,加了猪肉末豆花就会更鲜美;三是酱油可以少一点,稍稍多一点盐,否则豆花和黄豆芽蘸了油辣椒后表面先蘸了油就不容易有咸味,吃不出咸味,一来不下饭,再就是口感会差很多。

4. 遵义豆花面

豆花,有的地方叫水豆腐,是用前一次点豆腐的窖水存放几天后成为酸汤。用这种酸汤点豆腐,使豆腐没有石膏或卤水的苦涩味,比一般豆腐细嫩,比豆腐脑紧实。

面条是面加适量土碱,用手工反复揉拉,做成薄而透的宽面条,下锅后煮熟不软不硬,以豆浆为汤,上盖嫩豆花。

豆花面配料,吃法特殊,需加辣椒水一碟,辣椒水讲究素、荤两种,素椒配有五种保密的佐料,荤椒另加瘦肉丁、鸡肉丁、花生米、豆腐皮、金钩等,其味鲜美,将豆花与面挑入辣椒碟中蘸食而吃,豆花面柔软滑爽,辣香味浓,风味特殊,是遵义人的一种独创。

5. 恋爱豆腐果

恋爱豆腐果这名字很浪漫,据说这种美食横空出世时,来品尝的大多数是成双成对的情侣,于是便有此雅称。"豆腐果"其实是铁板烤豆腐。

先把豆腐切成一寸见方的小块,沾点碱水,焐一焐,之后燃起锯末或糠壳,上面放抹过油的铁板,将豆腐块置于上面烘烤并不停翻动,至豆腐皮色黄酥便可,吃时另配有酱油、香醋、辣椒、香油、葱花、姜、蒜等佐料的调味小碟,掰开烤好的豆腐果,趁热蘸食,外脆里嫩,香辣爽滑,是夏日里的开胃小食。

贵州菜肴小吃异常丰富,民族菜有苗家八块鸡、侗家烧鱼、腌鱼、熏鱼、血豆腐、布依排骨、韭菜包鱼、阴辣椒,苗族腌韭菜根,布依族腌骨头酱,侗族腌汤、腌蛋、腌蕨菜等。民间菜有宫保鸡、传统辣子鸡、干椒豆豉回锅肉、遵义辣椒鱼、酸酢鱼、遵义酸酢椒等。火锅干锅类有传统酸汤鱼、花江狗肉、一锅香、花溪清汤鹅、乡村香辣鸡、水城烙锅、酸汤鱼火锅、火盆干煎蟹、晾杆肥牛火锅、吊罐牛筋干锅、土钵黄焖狗肉、方斗干笋腊肉火锅、鸭溪豆豉毛肚、乡村老腊肉豆米、红汤水饺鸭火锅、泼辣火锅蟹、白果圣泉鸡、童子鸡火锅、阳朗鸡、肉饼鸡火锅、原汤羊肉火锅、凯里酸汤羊排火锅、三椒带皮羊肉干锅、黄焖羊肉火锅、生爆羊肉干锅等。传统小吃有沓臊馄饨、布依族灰粽粑、恋爱豆腐果、豆腐丸子、碗耳糕、遵义羊肉粉、遵义鸡蛋糕、绥阳空心面、侗果、清明粑、侗乡油茶、铜仁社饭、绵菜粑、毕节汤圆、威宁荞酥、威宁小荞粑、茶食、布依族裰裰粑、刷把头、鸡肉汤圆、地米菜水饺、菜汁米豆腐、花溪鸡辣角、古镇猪脚、鸡煮菜稀饭、鸭肉糯米饭、安龙三合汤、糟辣卷粉、枇杷叶儿粑、红苕凉粉、双色豆花、金季龙眼、泡鲜花生等。

六、贵州乡土风味与民间宴席

(一)民族节日饮食

由于贵州少数民族节日的重点一般都侧重于歌舞游乐或宗教祭祀,不如汉族节日食品那么具有时令性,它的食物制作主要考虑祭祀的需要和外出游乐的携带方便。贵州少数民族具有代表性的节日有苗族的"苗年"、布依族的"六月六"、侗族的"侗年"、水族的"端节"、彝族的"火把节"、回族的"花儿会"、毛南族的"庙节"、土家族的"赶年"、仫佬族的"依饭节"等。除此之外,汉族的主要节日"春节"也逐渐被许多少数民族所接受,但在饮食上各民族则以自己的传统食品为主。

当前,贵州民族菜逐渐走向市场,在保留民族特色的基础上融合黔菜甚至各大菜系的菜肴风格。贵州民族菜在《黔味菜谱》《吃在贵州》《民族风味》等众多书籍中都有体现。近年来,以贵州民族菜中的苗族酸汤鱼、布依族花江狗肉等为主打菜赢得了市场。有的黔菜馆在经营餐饮的同时,辅以民族歌舞,充分体现黔菜的民族特色,从而成为黔菜的一个新亮点展现在世人面前。

(二)民间宴席

彝族在贵州分布甚广,内部支系众多,习俗亦不尽相同。居住在平坝的彝族,主要从事以种稻为主的农业生产,居住在山地的彝族多种植玉米、洋芋与荞麦,并大量饲养马、羊等大牲畜。饮食最具特色的是"坨坨肉",即割大块畜肉以大锅烹饪分食。彝族集会,常举办"四滴水"的宴席,原料有猪、羊、牛、鸡等畜禽肉,鹿、熊等野生动物肉,鱿鱼、海参、海鱼等海鲜,以及大枣、莲子、皂角米、桂圆等果品。以糯米、玉米、荞麦为主食,烹饪方法有烤、煮、炒、蒸、炖等。喜食以豆浆、豆渣、酸菜合煮的酸汤,主食为荞粑粑与米饭。过火把节时,必杀牛羊祭祀祖先,同时吃坨坨肉,男女畅饮酒类。

苗族也是人数较多的民族,多以稻米与粟米、包谷诸杂粮为主食。古时,苗族人民特别是居住在偏远山区的民众,生活很艰苦,少用匕箸与盘盂,常以手指摄取食物,饮食常用木器、瓷器。渴饮溪水,生啖蔬菜,得鱼为贵,获盐珍惜,食不兼味。食肉多以火燎去毛,烹而食之。平远州苗族人食鸡鱼猪羊肉,俱切大片而啗。喜食辛蔬,尤嗜辣椒,喜以酸菜为珍馐。苗族地区知名宴席菜肴有瓦罐焖狗肉、清汤狗肉、油炸飞蚂蚁、薏仁米焖猪脚、炖金嘎嘎、蒸糯米肠等。

特色宴席有安顺屯堡古宴、毕节"水八碗"、中国酒都宴、黄果树瀑布宴、黔东南酸汤宴、都匀毛尖茶宴、六盘水夜郎宴、干锅宴、迎宾宴等。

第四节　湖北地方风味

从地理位置看,湖北位于长江中游,华夏之腹心,"六山一水三分田"。大巴、武当、大别诸山护卫着坦荡肥美的江汉平原;长江、汉水贯通全境,洪泽、洞庭二湖镶嵌东南。境内河网交织,湖泊密布,是全国淡水湖泊最集中的省份之一,是名副其实的"千湖之省"。

湖北省地处亚热带,有着雨热同季、光照协调的气候资源。它四季分明,气候温暖湿润,热量、雨量充沛,大部分地区年平均气温在15℃～17℃,降水量为800～1600毫米,无霜期8个月以上,农、林、牧、副、渔各业的发展迅速,是中国名菜的故乡。

一、湖北风味的形成

湖北风味作为中国著名的地方风味之一,在地理、物产、经济、历史、文化、理论、技术、风味品种、群众基础与声誉等方面均具有独到的优势。

(一)地理物产

湖北是著名的鱼米之乡,粮食生产特别是稻谷生产在全国居于重要地位,早在明清之际就有"湖广熟,天下足"之誉。淡水产品极为丰富,主要经济鱼类有青、草、鲢、鳙、鲤、鲫、鳊、鮰、鳡、鳜、鳗、鳝等50余种,还富产甲鱼、乌龟、泥鳅、虾、蟹、蚌等水产,许多质优味美的鱼类如长吻鮠、团头鲂、鳜鱼、铜鱼等名闻全国,在2000年前的汉代就有"饭稻羹鱼"之称。

(二)政治经济

湖北是楚文化的发源地,自春秋战国开始,历史上湖北襄樊、江陵、江夏(今属武汉)等地曾是长江中游大部分地区(有几个时期辖区更大)的政治、经济、文化中心。如春秋战国时,江陵曾是楚都,是长江中下游及豫、徽、鲁、桂、云、贵、粤等大部分地区的政治中心。晋代,荆州治所襄阳,辖湖北大部、湖南全省、江西部分等地。元代,湖广行省治所江夏,辖湖北、湖南、广东、广西等地。明代,湖广布政使司治所江夏,辖湖北、湖南。可见湖北长期是大区政治中心。

从商业发展看,湖北"南援三州,北集京都,上控陇坂,下接江湖",是内地最大的水陆交通枢纽和物资集散中心。战国的郢都,为南方第一都会;汉魏的黄州,为日进斗金之地;宋元的武昌,"烛天灯火三更市";明清的汉口,曾名列"天下四大镇";近代的武汉,更是中部地区的特大都市。至于南襄隘道襄樊、川鄂咽喉宜昌、鄂东良港黄石以及轻工业城市荆州,商埠无不繁华。

一般说,菜点的发展与政治、经济是密切相关的,经济发展水平越高,菜点越向高层次发展。达官贵人较集中的政治、经济中心也是一个区域饮食文化和菜点发展的中心。湖北长期处于区域政治与经济的中心,因此湖北菜点的发展相对较快,品种数量丰富,不少菜点选料认真,工艺精细,质量上乘,在中国各地方菜中居于显要地位。

(三)历史文化

湖北省是我国历史上开发较早、发展较快、饮食文化萌生早、菜点历史较悠久的一个地区。湖北菜点在春秋战国时期就达到了辉煌,出现了《楚辞·招魂》《楚辞·大招》高水平的菜单。生于湖北或客居湖北的历史文化名人孟浩然、李白、杜甫、段文昌、皮日休、张景、陆羽、宋庠、欧阳修、苏轼、张居正、李时珍、袁宏道、袁宗道等,为湖北菜点的发展及文化品位的提高起了不可替代的作用。武当山的道教文化,陆羽的茶文化,李时珍《本草纲目》中所论述的食疗理论,五祖寺的禅宗文化,以及长期占主导地位的儒学思想等,对湖北菜点的发展起到了较大的推动作用。

唐代诗人张志和曾盛赞湖北鳜鱼,他在《渔父》词中写道:"西塞山前白鹭飞,桃花流水鳜鱼肥。"东坡菜点系列因苏轼的喜爱和苏轼的闻名而名扬神州,东坡肉、东坡羹、东坡饼等享誉各地。武昌鱼更是驰名中外,许多文人墨客都写下了赞美它的诗篇。

(四)群众基础

湖北处于"九省通衢"的地理位置,不断吸收周边省区的饮食特点,菜品雅俗共赏、南北咸宜。鄂菜有其稳定的消费市场,食用人口超过6000万,还越过省界,传播到安徽、江西、湖南、四川、陕西、河南等地,在北京、上海、广州、深圳等地也有一定的知名度。

(五)理论技术

湖北注重饮食质量,烹调意识强烈,具有较强的烹饪技术优势,有些烹饪技术还上升到理论的高度,并对烹饪实践起到了促进作用。早在先秦时期,楚人老子就用"烹小鲜"来比喻"治大国",表现出对烹饪的重视。关于技艺,则在庄子所著《庖丁为文惠王解牛》中,生动地描绘了精湛的刀工和熟练的分档取料技术,指出其技术要领在于能顺其自然,依原料的组织结构和性质而运刀的技巧。关于菜肴口味标准,《楚辞,招魂》中"食多方些""辛甘行些""孺若芳些""厉而不爽些"等,均是对口味的要求。

宋代苏东坡被贬到湖北黄州后对烹调菜肴进行了较深入的研究,将烧肉的诀窍总结为:"净洗铛,少着水,柴头罨烟焰不起。待他自熟莫催他,火候足时他自美。"他在《菜羹赋》中将食斋吃蔬看作是复归大自然的手段。这些著述对人们掌握烹调规律、明确制菜标准、领悟烹饪要领均起到了理论指导作用,也对多料合烹、营养搭配、素食的发展与流行起到了宣传鼓动作用。

明代湖北蕲春人李时珍所著《本草纲目》是我国历史上的医药经典著作,书中对食物的食疗保健功能做了全面介绍,对我国食疗与饮食保健理论的发展起到了巨大的推动作用。湖北历史上曾有一位工价高达百匹锦绢的江陵厨娘,《江行杂录》介绍她的刀具为白金所制,"缕切徐起,取抹批窠,惯熟条理",制出的羊头签和葱齑"馨香脆美,济楚细腻,难以尽其形容,食者举箸无盈余,相顾称好"。

二、湖北风味区域划分

从清末至今的近一个世纪是湖北菜点的繁荣时期。在急剧变化的社会环境中,湖北饮食文化得到了快速发展。区域内风味流派迅速发展,名菜、名点、名师、名店、名筵席层出不穷,逐渐形成了风格各异的四大流派。

(一)鄂西北风味

这一地区主要包括襄樊、随州、十堰、神农架等地,具有明显的中原风味特色,水稻与麦、玉米等旱粮平分秋色,面食小吃丰富,擅长炸、红扒、焖、回锅炒等烹饪技术。口味偏重,干香、酥脆、软烂菜较突出。獐、鹿、野兔、猴头、香椿、银耳等山珍野味,羊肉、槎头鳊等原料丰富为地方风味提供了丰富的食材。武当山处于本地域,武当山道教饮食文化影响也较为广泛。

(二)鄂东风味

包括黄冈、鄂州、黄石、咸宁等地。以水稻为主粮,甘薯、小麦、豆类等为辅。擅长烧、炸、煨、蒸、炒等烹制技术。整体上经济实惠,乡土味浓郁,咸鲜辣味突出,口味和色泽偏重。擅烹武昌鱼、石鸡、竹笋、猪肉、鸡鸭等水产畜禽及山珍,豆腐、萝卜、板栗等粮豆蔬果菜十分突出,五祖寺禅宗斋菜、东坡菜颇有声誉。

(三)江汉平原风味

江汉平原菜,以武汉、孝感、荆州、沙市、宜昌为代表,代表菜有"八宝海参""冬瓜鳖裙羹""荆沙鱼糕""皮条鳝鱼""蟠龙菜""千张肉"等。荆沙鱼糕制作技艺蜚声省内外,各种蒸菜最具特色,用芡薄,味清纯,善于保持原汁原味。口味讲究鲜、嫩、柔、软,菜品汁浓、芡亮、透味,保持营养,为湖北菜之精华。代表菜有"沔阳三蒸""粉蒸肉""蟹黄鱼翅""海参圆子""清蒸武昌鱼"等。广泛吸收国内外各种风味之长,融会贯通,自成风格,稻米占绝对优势,以甘薯、小麦、豆类为辅,米制小吃闻名于世。注重刀工、造型与火候,擅长红烧、黄焖、蒸及煨汤技术。咸鲜、咸鲜回甜及酸甜味菜突出。擅烹山珍海味,甲鱼、鲫鱼、鳜鱼、武昌鱼、青鱼等高档水产以及鸡肉、野禽、鱼、肉茸类等工艺大菜和花色冷拼,食疗保健菜居全省领先水平。

(四)鄂西南风味

以清江流域为主体的湖北西南部地区,包括鄂西土家族、苗族自治州和宜昌地区西部的广大地区。主要以玉米、薯类为主食,辅以稻米、小麦等。一些城镇和河谷地带以稻米为主食。该地风味古朴、粗放、自然,擅长腌鱼、腌肉、腌菜制作,多采用蒸、煮、烤、烧、炒法制菜,口味厚重,以酸辣最突出,以腌酸鱼、腌肉、腌菜的制作方法,以山珍野味与杂粮山菜的多样性取材为特色,另外鸡菜及糯米糍粑很有特色。

三、湖北风味特点

(一)烹饪技法

湖北菜擅长蒸、煨、炸、烧、烩、熘等技法,最具特色的是粉蒸、红烧、煨等。菜品注重鸡鸭鱼肉蛋奶粮蔬果合烹,制品突出体现在肉茸菜、鱼茸菜、蒸菜、瓤菜、煨菜、炖菜之中。由于多料合烹,可使多种营养素相互补充,色彩丰富,味道醇厚,有利于提高原料的食用价值,如荆沙鱼糕、烧三合、八宝饭、八宝鸭、排骨汤、粉蒸肉等均是多料合烹的典型。

酒楼宴饮菜式的烹调工艺精细,多选用山珍海味、畜禽水产,配以地产时令鲜蔬制成。家常宴席则烧、煮、蒸、炒并举,味浓、色重、量大,荤素兼备,朴实无华,经济实惠。此外,湖北菜形态千姿百态,菜肴中经常使用花刀技法,并将相当比重的烹饪原料加工剁制成茸、泥后再进行烹制,菜品追求艺术化,鱼糁技术冠绝天下。

(二) 风味特征

在菜品调味上,湖北菜以咸鲜为主,注重本味。咸鲜甜、咸鲜甜酸、微辛(众多菜肴添加生姜、葱、蒜、胡椒粉增鲜提香)、咸鲜甜辣菜肴很有地方特色。质感以嫩最为突出,湖北菜中长时间小火加热的菜占有较大比重,软烂、酥烂等质感的菜肴颇见功夫。

四、湖北名菜名点

(一) 湖北名菜

1. 武昌鱼

武昌鱼产于湖北省鄂州市和武昌县共管的梁子湖中,封建时代是贡品,现在是席上珍馐。武昌鱼,俗称团头鲂。据《武昌县志》载:"鲂,即鳊鱼,又称缩项鳊,产樊口者甲天下。樊口水势回旋,深潭无底,渔人置罾捕得之,止此一罾味肥美,余亦较胜别地。"同时,以"鳞白而腹内无黑膜者真。"武昌大中华酒楼用一公斤左右的活鱼作主料,辅以火腿、香菇、冬笋、鸡汤、绍酒、葱姜、胡椒粉等十多种配料,上笼旺火蒸 15 分钟,蒸好后再在鱼身缀上红、绿、黄各色菜丝,使之色彩艳丽,鱼肉细嫩肥美,汤汁鲜浓,香味扑鼻。1956 年毛主席视察武汉时,曾品尝过清蒸武昌鱼。

烹制方法有清蒸武昌鱼、花酿武昌鱼、蝴蝶武昌鱼、茅台武昌鱼、鸡粥奶油武昌鱼、红烧武昌鱼、杨梅武昌鱼、白雪蜡梅武昌鱼等三十多种,其中最负盛名的是清蒸武昌鱼。"风干武昌鱼"是黄鹤酒楼一道广为流传的创新菜,武昌鱼风干后旺火猛蒸,咸酸微辣,干香味浓,很有嚼劲,吃在口中有股浓浓的腊香味。

2. 武汉精武鸭脖

精武鸭脖是武汉最有名的菜品,因为起源于汉口的精武路而得名。精武鸭脖是将川味卤味配方改进后用在鸭脖上,成品具有四川麻辣风格,香味扑鼻,口感刺激,鲜美无比,所以很快成为武汉人喜爱的名菜,仅精武路一带就有十几家店。如今,精武鸭脖在全国各地随处可见,并且形成一些新的流派。鸭颈绝对是武汉人对中华美食的新贡献,遗憾的是,精武鸭脖商标在 1997 年就被他人抢注,并没有落户武汉。

武汉人喜欢吃鸭脖子,因为它味足够劲,回味无穷。鸭脖子,本身食之无味,弃之可惜。可是经过用红辣椒、花椒、八角等几十种纯天然香料进行精心烹制之后就完全不一样了,再剁成小段,大小刚好能在嘴巴里自由转动。鸭颈肉层次分明,颇有嚼劲,肉啃完后,接着吸吮骨节中间的骨髓。按照老一辈人的说法,鸭脖是活肉,鸭子整天寻吃觅食,纤长的头颈一伸一缩,肌肉纤维锻炼得非常有韧劲,所以味道格外的好。

鸭脖子之所以能脱颖而出就在于它的肉附于骨中,鸭肝鸭肠之类属于一口香,很易满足,而鸭翅、鸭掌骨肉较易分离,吃起来没有难度,只有鸭脖子骨肉相连,任你啃嚼吸嘬,也只能得其味之八九,让人总是难以充分满足,这便是鸭脖子的妙味所在。

3. 三蒸之争

湖北的"三蒸"存在极大的争论,有"天门三蒸""沔阳三蒸"和"二河三蒸"三种说法,且各有论据。

(1)天门三蒸。"天门三蒸",据说已有近两千年的历史。最初,居住在江汉平原的农民们在灾荒不断、战乱频发的境况下,为了填饱肚子,把一点点谷物磨成粉,弄点野菜拌成菜糊充饥;后来,又用蒸笼或甑蒸拌有谷物粉和作料的野菜(地米菜之类)或自种的蔬菜(茼蒿、白菜、萝卜等);再后来,逐步用谷物粉和作料拌动物的肉(猪、鸡、牛、鱼等)蒸熟了食用。这种蒸食方法,只是"天门三蒸"的一种"粉蒸"。其中最具代表性的是粉蒸茼蒿,颜色翠绿,清香鲜软;粉蒸猪肉,色泽棕红,滋味鲜美,肥而不腻;粉蒸鸡块,颜色微黄,软嫩味香;粉蒸甲鱼,色泽调和,肉质嫩软,胶质味鲜,已被列入《中国名菜谱》。还有一种在天门很有名的"竹篙打老虎",亦称"压桌"菜,是用莲藕、猪肉相混后拌上米粉、作料上笼蒸熟而成的,此菜既有莲藕的清香软和,又有猪肉的滑润。

"天门三蒸"的另一种蒸法是"清蒸",把食物放入调好作料的汤(水)中,再入笼蒸熟食用。其中最具代表性的是清蒸全鸡,成菜形态完整,原色原味,肉烂脱骨,醇香可口;清蒸甲鱼,汤清汁鲜,鱼裙软柔,肉松味美;清蒸鳊鱼,肉质滑嫩,香味浓郁。

"天门三蒸"还有一种方法叫"泡蒸"。这种方法据说是在粉蒸无鳞鱼类时,用滚烫的食油处理其表皮,使其表皮形成一些泡状。其中最具代表性的是泡蒸鳝鱼,该菜又以干驿地区做得最佳,滑腻爽口,鲜醇开胃,回味无穷。

(2)沔阳三蒸。仙桃,原名沔阳,是著名的"蒸菜之乡"。沔阳三蒸有粉蒸、清蒸、扣蒸、泡蒸、花样造型蒸等多种蒸菜技法。凡到过沔阳的客人,都会被主人热情相邀去品尝"沔阳三蒸"。但究竟是哪三蒸及其来历,却说法各异。实际上,几乎所有菜肴都可以入笼蒸制。三蒸比较普遍的说法是指"蒸鱼、蒸肉、蒸青菜"。同时,从蒸的方法来分,也有粉蒸、清蒸和扣蒸之分。

(3)二河三蒸。有人认为"二河三蒸"源于"沔阳三蒸"。但是二河却不认可。

尽管明清时,二河与沔阳同属沔州,其菜系为同根。但是"二河三蒸"继承了"沔阳三蒸"之长,却又有突破与发展。"沔阳三蒸"为蒸青鱼、蒸猪肉、蒸蔬菜,"二河三蒸"则以清蒸、粉蒸、泡蒸见长,其蒸法更讲究,菜肴更具特色。以清蒸甲鱼和武昌鱼为例,要求原料必须鲜活,现杀后抹盐、姜及部分佐料,用旺火蒸,熟后再淋油加佐料,其味肉质鲜嫩、不油不腻;粉蒸是将原料拌上米粉及姜、蒜等佐料,用旺火"干蒸",其菜味足味长;泡蒸则将蒸物和佐料泡油一次蒸成,成菜回味绵长。由于清蒸、粉蒸、泡蒸的方式不同,对时间、火候、用料极为讲究,故味道、色彩迥然不同,实乃上乘的美味佳肴。最有特色的是泡蒸,以自制的米醋调味后淋入蒸菜之上,味道独具。

现如今遍地开花的"三蒸馆",已经将"蒸肉、蒸鱼、蒸菜"或"荤蒸(肉鱼类)、素蒸(蔬菜类)、混蒸(肉、鱼、蔬菜合在一起蒸,现在流行于多宝、胡市等地,'甩蒸笼格子'就是最具特色的混蒸菜肴)"作为一种营销手段。"三蒸"已经成为一种经营方式,而不仅仅指烹调方法了。

4. 麻城肉糕

大别山南麓的麻城市,有以"肉糕"命名的宴席,宴席的十道菜里,头道菜就是肉糕。麻城肉糕为麻城传统名菜,将鲜鱼去刺去皮,猪肉去骨剔皮,均剁成肉浆,将苕粉、清水、食盐按比例放入盆内与肉浆搅拌,加入姜末、葱花等作料,制成圆形或方形,放入蒸笼,猛火蒸 15 ~ 20 分钟,肉糕出笼后切成片,码在花碗上,呈宝塔形。可熟食,亦可冷藏,其味鲜美可口。

5. 金牛千张皮

黄石市大冶金牛镇千张皮,人们习惯称为"金牛皮子",是黄石著名的特产,是鄂南的风味食品。制作千张皮的主要原料是黄豆。先将黄豆制作成豆腐脑,再用竹具搅匀,用瓢浇进专用木匣里,然后再用木杠将略小于木匣的木头压进匣内,将水榨干,成为豆皮。食用时,可切成丝条状煮鲜鱼,味道鲜美,尤以鳜鱼煮皮子远近闻名;或切成三厘米宽的条,结成皮子坨焖红烧肉。

千张皮吃法多样,能做出各种美味佳肴。凡来黄石的游客,除一饱口福外,总要带些回家与亲友分享,金牛人外出探亲访友,也要带些千张皮作为礼物。

6. 十堰竹山柳林腊肉

在竹山县柳林乡,几乎家家户户都有自制腊肉的习俗。柳林腊肉的制作方法很简单,将新鲜的猪肉用盐腌制 4 ~ 5 天后,就开始熏烤。据说有经验的柳林人,会选用松枝、桂枝、香椿枝等来熏肉。熏肉的火候是很有讲究的,火不能过大,更不能间断。待肉块的颜色变成黄里透红,就将其悬挂起来。

腊肉有很多种烹饪方法,炒、焖、蒸、炸、炖均可。其中,属腊猪蹄炖汤最令人难忘。用腊猪蹄炖汤,首先须用火将腊猪蹄烧好。烧制的火候及时间要不长不短,恰到好处。将肉剁成块后,放入冷水中,用大火烧开,撇去浮沫,再改用小火。加入柳林本地常用的作料,一般是葱、姜、蒜、辣椒、花椒、桂皮、八角等。炖的过程中,尽量不要去搅动,当肉熟至八成,加上柳林的笋干、洋芋、香菇等配料,待洋芋一熟,这道靓汤就可上桌。扑鼻的香味把"馋虫"都勾出来了,喝一口汤,醇厚绵长;夹一块儿肉,肥的不腻,瘦的贼香。若再来上一碗"面面儿干饭",更令人叫绝。

柳林腊肉开袋后把肉放在温水中浸泡15分钟以上,用温水淘洗两次下锅,用小火炖两小时即熟,再放入备好的配菜煮15分钟即可食用。建议少放笋干(笋干汤不好调味),多放香菇、洋芋干、洋芋粉条、胡萝卜、藕等常用的配料。腊肉开袋或破袋后应放入冰箱贮藏,塑封好的袋装肉在20℃以下通风干燥处保存最佳。

7. 随州广水滑肉

广水滑肉是湖北名肴,曾载入《三楚名肴》和《中国名菜谱·湖北菜系》两书中。民间传说,唐朝开元年间,有位应山籍詹姓御厨做滑肉的手艺很高。他将五花肉切成小块,用面粉拌和,加上蛋清、葱、姜等十余种配料,先炸,再熘,后烩,做出一道颜色金黄,外形很像豆腐的菜。唐玄宗吃这道菜时感到特别鲜美爽口,不用细嚼就滑入喉咙,称此菜为"滑肉"。不知为什么,詹厨师得罪了安禄山,他勾结内奸在唐玄宗面前谗言,詹厨师被杀。后来安绿山叛乱,唐玄宗发现自己误杀詹厨师,特追封为厨王,其忌日为农历八月十三日。以后每到这天,应山厨师们都要相聚一起,设酒宴祭奠他,第一道菜便是滑肉。

8. 宜昌三游神仙鸡

宜昌三游神仙鸡,是湖北宜昌市的一道传统菜,这道菜要选用肥嫩仔鸡为原料,经宰杀洗净后,将整只鸡放入砂钵,用多种调味料腌渍,再加高汤及香料、冰糖等调料烧沸,然后移到小火上烧至汁浓鸡熟,成菜色亮香醇,原汁原味。

相传,三游神仙鸡的得名,源于宋代"三苏"。早在北宋嘉裕元年(1056年)著名文学家苏洵、苏轼、苏辙父子三人,从故乡眉州(今四川眉山县)赴汴京(今河南开封),途经夷陵(今湖北宜昌市),被三游古洞的险峻所吸引,遂备上酒菜到此一游。对酒吟诗,胜似神仙。后人借此扬名,便将"三苏"所食之的鸡菜命名为"三游神仙鸡"。后来南宋诗人陆游,在宋乾道五年(1169年)亦慕名登三游洞,还汲水煎茶并题诗于三游洞石壁。传说也曾品食过"三游神仙鸡"。

9. 神农架懒豆腐

懒豆腐的由来,传说是一懒婆娘打豆腐,只把水浸泡过的黄豆磨碎,不再过滤豆渣,直接拌入切碎的青菜,然后煮着吃。做熟一尝,味道鲜美,后来这一做法就传了下来,并被命名为"懒豆腐"。

10. 荆州石首鸡茸鱼肚

此菜最难得的是它的主要原料"石首笔架鱼肚","此物唯独石首有,走遍天下无二家"。长江流域鮰鱼在石首市长得特别肥美,有一米多长,重达七、八斤至二十多公斤,质细嫩,味道鲜美,鱼鳔肥大厚实,独特别致,外形很像石首长江边的笔架山,鳔内有红色的笔架山图案,笔架鱼肚因而得名。

石首鸡茸鱼肚以笔架鱼肚和母鸡脯肉为主料烹制而成,味美可口,口感丰富。

11. 荆州藜蒿炒腊肉

当春风送暖之时,生活在水乡泽园的人们会结伴到湖畔采摘藜蒿。歌谣称:"正月藜,二月蒿;三月、四月作柴烧",采摘藜蒿的季节性较强。老中医有"正月仙草,二月蒿"的说法,意思是正月间的藜蒿采摘吃后,有祛湿、除毒功效。到阴历五月时,人们用蒿草挂在门口以驱蚊、蝇和避邪。

12. 荆门十里风干鸡

"荆门十里风干鸡"是湖北省荆门市沙洋县十里铺镇地方特色产品。"风干鸡"又名"刘皇叔婆子鸡",系刘备之妻孙尚香腌制发明,已有 3000 多年的历史。三国时期孙权为联令刘备破曹,将妹妹孙尚香嫁给刘备为妻,并将婚后的刘备夫妇安置在荆州古城城北外的十里铺。由于刘备爱吃鸡,尚香夫人发明创造了许多鸡的吃法,其中只有在冬天才能制作的腌鸡(也就是现在的风干鸡)是刘备最爱吃的。腌制手法独特,醇香软嫩,不油不腻,回味悠长,易保存又不失新鲜,老少皆宜,深受各地老百姓喜爱。十里铺风干鸡选取当地农家饲养的土鸡腌制而成,土鸡体形较大,体重超过普通鸡,肉质松软、肥厚,由手工制作,自然状态风干,色泽、肉质都保持原有状态。

13. 荆门钟祥蟠龙菜

蟠龙菜是湖北省钟祥市特有的名菜佳肴,俗称剁菜、卷切,是明朝时的宫廷御菜,如今已列入《中国名菜谱》。蟠龙菜造型美观,味道鲜美,油而不腻,营养丰富,"以吃肉不见肉而著称",蟠龙菜一年四季皆宜,但以秋冬时节最佳。

钟祥特产蟠龙菜背后更有一段历史,相传 1521 年(明正德十六年),明武宗朱厚照驾崩,无子继位,由其堂弟,湖广安陆州(今钟祥)兴王朱厚熜(cōng)进京继承皇位。相传在朱厚熜出发之前,郢中名厨采用瘦猪肉和鲜鱼剁肉馅,拌入肥肉丝条,加上淀粉、鸡蛋清、葱姜末、食盐等拌成馅料裹熟鸡蛋皮之内做成长约 30 公分、口径约 5 公分的扁卷筒形,置于蒸笼内蒸熟,然后将其切成薄片,摆成龙形于盘中回笼蒸热,成了色、香、味、形俱佳的上等菜肴,朱厚熜吃了赞不绝口,列蟠龙菜为御菜。

14. 天门捆蹄

捆蹄系卤制凉菜,制作精细美观,质地柔嫩香甜,富有胶质弹性,细嚼甚佳,佐酒最宜。其做法是将猪脚刮净,洗净,去掉蹄甲、蹄膀带肉的部分,用刀片刮净。剔除上膝骨肉,只剩下膝连着一张猪皮。接着一手紧抓已剥下的猪脚皮往下方拉,一手持尖口刀朝下将膝骨四周徐徐剥割至蹄跟,剔去下膝的骨肉,刮净油脂,留下蹄尖四块小骨和一张完整的猪脚皮,成为筒状待用。然后将猪腹尾皮刮洗干净,把猪腱子肉、猪皮、猪瘦肉均切块成 4 厘米长、1 厘米宽、0.3 厘米厚的片,把水发香菇切成粗丝,干虾米用清水泡软,沥干水分。干鳊鱼下油锅炸酥,取出研成末。将以上各种材料一并盛入盆内,加高粱酒、白糖、精盐、味精,搅拌成馅料,腌渍 1 小时。再将腌渍过的馅料装入筒状的猪脚中,边装边向蹄跟填实,并用钢针由皮外向里略戳小孔,使已填馅部分的空气流出,确保装灌进的馅料紧而实,当把馅料填满猪脚皮时,再用针线将口部缝密。用净纱布将装填好馅料的猪脚按原形裹密,再取同样长短的四条竹板夹住四周,然后用麻绳上下捆牢扎紧,即成捆蹄生坯。

往瓦钵内倒入卤水,加上清水 1500 克,用中火烧沸后,放入捆蹄,改用微火煮 1 小时后取出,用钢针在猪脚皮上下戳出小孔,放进瓦钵里,再用微火煮 1 小时,取出晾冷后,解去绳子、竹板和纱布,用芝麻油涂抹猪脚皮表面。食用时将缝线抽出,然后放于砧板上,先切成两半,再分别切成半月形薄片,叠放于盘中。上菜时根据宾客口味可适量饰配番茄片、酸萝卜、芥末酱、辣椒酱,分盛于小碟盏即成。

15. 仙桃沔阳珍珠圆子

“珍珠圆子”系著名的“沔阳三蒸”之一。“蒸”是湖北民间传统的一种烹调技法。蒸菜大都作为筵席中的大菜上席,故江汉平原素有“不上格子(指蒸笼格)不清客”的习俗。此菜多以小蒸笼上席,传统的蒸笼一般直径 17 厘米左右,小巧精制,俗称“垛笼”。沔阳大街小巷的饭馆一般都有一大蒸锅,上扣一有三个小圆孔的大木盆,每个小圆孔上放几层或十几层小蒸笼。蒸汽腾腾,满街飘香。

做珍珠圆子,最好用肥瘦三七开的肉做馅儿,太瘦不够滑润,太肥则口感油腻。圆子蒸熟之后,口感软糯适中,滋味鲜美可口,外层包裹的糯米粒粒竖起,晶莹洁白、油亮发光,真如颗颗珠圆玉润的珍珠一般让人不忍下筷。

(二) 名点小吃

湖北面点小吃用料广泛,且注重就地取材,制作精细,地方性突出。湖北的小吃以早点为主,武汉人把吃早饭叫“过早”。过早食品以米、麦、豆、莲、藕、薯、菱、菇、橘、野菜、桂花、木耳、鱼、虾、蟹、畜、禽、蛋等入厨,均是作小吃的原料,因此湖北小吃的花色品种繁多。

湖北面点小吃在工艺上能扬己之长,并广泛吸收外来技术。能广泛采用揉、搓、擀、切、叠、包、捏、嵌、擦、盘、削等操作技艺,以及煮、蒸、炸、煎、烙、烤、炒、煨、炖、烩、烧、炕等熟制方法。如三鲜豆皮,要求火功正、皮薄浆清、油匀形美、内软外脆;四季美汤包在包馅时讲究剂准、皮圆、馅中、花匀;枯炒牛肉豆丝要求一次只炒一盘,且火不宜过猛。

湖北面点小吃就成品而言,颜色上有白色、淡黄、金黄、褐黄、红色、黑色、绿色、花色等类别;质感上有软嫩、滑嫩、滑爽、松泡、酥脆、酥松、软糯、粉糯、肥糯、软烂、酥烂、柔韧、干香等类型;滋味上有咸鲜、咸甜、咸鲜酸甜、咸鲜酸辣、咸鲜酸辣麻、咸鲜麻、纯甜、纯甜酸等味型;形状上有圆饼、包子、饺子、面条、方形、菱形、球形、羹汤、丝形等种类。

煮制品有谈炎记鲜肉水饺、武汉热干面、孝感桃花面、襄樊酸浆面、荆州早堂面、襄樊胡辣汤、孝感糊汤米酒、武汉糊汤米粉、三合汤、厚生里什锦豆腐脑、阳逻汤圆、秭归粽子、咸宁桂花蛋、荆州鳝鱼米粉等。

蒸制品有四季美汤包、丰乐河包子、马口发面包子、一品香一品大包、黄州烧梅、荆州八宝饭、武汉重糖发糕、碗碗糕等。

烤烙制品有脉旺酥饼、九黄饼、马悦珍锅盔、天门猪油面排、应城砂子饼、高炉饼、小桃园油酥饼、青山麻烘糕等。

炸煎制品有三鲜豆皮、赤壁东坡饼、西山东坡饼、炸藕饺、红安绿豆糍粑、金丝徽、金牛糖麻花、荆州饼、鄂西油磙墩、沙市牛肉抠饺子、宜昌夹货、宜昌蜘蛛蛋、欢喜坨、糯米鸡、炸面窝、藕圆、豆瓣臭干、油糍、油条、桂花红薯饼、天门葱花油饼、铁锅饭、沔阳虾徽、武当草帽饼、江陵红菱麻团、西山软饼、腐衣卷鲜等。

其他制品有云梦炒鱼面、孝感麻糖、老谦记枯炒牛肉豆丝、桂花糖炒年糕、炒酥圆、碗碗酒、核桃糊、银耳柑羹、蜜汁山药球、浠水藕粉圆、蜜汁藕、桂花荸荠圆等。

五、湖北乡土风味与民间宴席

当人们厌倦了重油大荤,吃腻了南北大菜之后,不约而同地关注起乡土菜品与民间宴席。湖北民间宴席,指湖北城乡居民因为交往应酬而设置的酒宴,这类宴席根基深厚、朴实无华,因席而异,广为流传。

(一)民间宴席的物质基础

在湖北的乡村和城镇,遍布着难以数计的民间宴席。按其主要原料分,有荆沙鱼鲜席、樊口鳊鱼席、洪湖野鸭席、蔡甸莲藕席、孝感红菱席等,它们构思奇巧,工艺善变;按菜品数目分,有襄阳三蒸九扣席、仙桃八肉八鱼席、郧阳十大碗席、随县五福六寿席、荆州农家十圆席等,它们档次分明,搭配合理;按办宴目的分,有武汉四喜四全席、荆楚乡间贺寿席、汉川恭喜发财席、黄梅三姑守节席、天门唯楚有才席、蒲圻茶商订货席等,它们主题突出,气氛浓烈;按宴席特色风味分,有归元寺花素席、黄州东坡筵、武当山混元席、五祖寺素菜席、土家族赶年宴、麻城三道面饭席等,它们特色鲜明,乡情浓郁。众多的湖北民间宴席,是几千年荆楚饮食文化的积累,是物质文明、精神文明成果的总汇。

(二)民间宴席的风味特色

湖北民间宴席主要由丰盛大方的特色菜肴、风姿各异的面食点心所构成,其风味特色表现为如下两方面:

1. 擅用本地食源,广取山乡原料

湖北民间宴席多野味、小水产、用芡薄、味清纯,注重原汁原味,淡雅爽口。襄阳民间宴席以家禽为主料,杂以鱼鲜,精通烧焖熘炒,入味透彻,汤汁少,软烂酥香。鄂东民间宴席以加工粮豆蔬果见长,讲究烧炸煨烩,特色是用油宽,火功足,口味重,具有朴素的民间特色。据统计,湖北民间宴席上的常见菜品有 3000 余种,点心小吃 400 余种。

2. 宴席结构简练,宴饮气氛热烈

湖北民间宴席按其宴饮特性及接待规格分为两大类别,一是正式宴会席,二是简便餐席。宴会席气氛浓重,注重档次,其排菜格局通常是:冷菜—热菜—汤菜—点心—水果。这类宴席多流行于武汉、宜昌、荆州、黄石等大中城市,接待规格较高,使用频率较小。便餐席不属于正式宴会,其特点是排菜不必成龙配套,宴饮灵活自由,适于接待至亲好友,可以畅述亲情友情。这类宴席既经济实惠,又轻松活泼,属湖北民间宴席的主要办宴形式,应用范围相当广泛。例如咸宁四分八吃席,它是湖北咸宁一带民间纳福散喜宴席。此席 8 人一桌,开宴后先上四分菜,通常是麦酱宝塔肉、油炸三鲜圆、干烧酱鸭块、糖醋瓦块鱼,都用正料制成,每盘 32 块,客人从每盘中各取 4 块置于自带的食具中,带回家去由老小分享,意谓"散喜纳福"。接着上八吃菜,如干菜红烧肉、什锦杂合菜、脆炸小鲫鱼、烧烩猪肚肠、猪血烧豆腐、干笋炒肉丝、排骨煨莲藕、猪肠炖萝卜之类,都用次料(下脚料)制成,赴宴者当场享用,饮上几杯水酒,名曰"香辣现吃"。这种"请一人,吃全家"式的筵宴形式,流行了几百年,主客皆大欢喜。

又如仙桃八肉八鱼席,它是湖北荆州地区的民俗酒宴,以仙桃市为主要流行区域。每桌 10 道菜,由 8 斤肉 8 斤鱼作主料调制而成。通常是:瓜子、红蒸鱼、炒菜、鱼圆子、八宝饭、扣鸡、冰糖白木耳、油炸酥鱼、扣肉、肉圆子(每盘 30 个,又大又泡酥,每个重约 150 克,每位客人各取 3 个带走)等菜。这类宴席的最大特点是菜式简练,蒸扣为主,又吃又带,轻松愉快,体现出沔阳一带"无菜不蒸""省已待客"的饮膳风情。

湖北黄梅境内的五祖寺,是我国著名的古刹之一。该寺的素菜席清纯朴实,制作简练,特别强调"本色为贵"。该席经常使用的斋菜有"三春(煎春卷、烫春芽、烧春菇)""一香(桑门香)""一莲(白莲汤)",闻名遐迩,流传至今。宴席中的其他斋食,如凉拌莴苣、油淋黄瓜、嫩姜炒千张、八宝瓤豆腐、棉桃花菇、酥炸藕圆、豆芽汤、五味粥等,也都保持着香积厨中的古老传统,不事雕琢,突出原味。

湖北黄冈的黄麻地区虽是贫困的山乡老区,但其宴饮气氛热烈。红安、麻城的居民朴实豪爽、热情好客,他们请客设宴(如麻城三道面饭席),重气氛,讲实惠。选料大多就地取材,调理注重荤素兼备,排菜强调汤菜并重,宴饮追求以乐佐食。一场婚庆宴,洋洋洒洒几十桌,只需一头猪,几十斤鱼,另加一些当地的物产,选三两个厨师办酒,派自家亲属跑堂,请一乡村乐队助兴,三天九餐,欢快而又热闹。其接待规格虽然不高,礼节仪程也较简练,但是宾主们吃得轻轻松松,玩得快快乐乐。"富人有富人的活法,穷人有穷人的乐趣",这是流行于当地的一句俗语。

第五节　湖南地方风味

湖南位于我国长江中游南端,气候温润湿热,四季分明,雨量充沛,湘、资、沅、澧四水连接大小支流,纵贯全省,汇入八百里洞庭湖,素称"鱼米之乡"。

一、湖南风味的形成

(一)地理物产

湖南境内山川纵横、河湖交错,盛产稻米粮油、水产鱼鳖、家禽六畜、山珍野味、时鲜瓜果,品种丰富,质量优良。先秦典籍《吕氏春秋·本味篇》中记有:"鱼之美者,洞庭之鲋,东海之鲕,澧水之鱼,名曰朱鳖,六足,有珠百碧。菜之美者,云梦之芹……"其中"洞庭"即洞庭湖,澧水现为湘江的四大支流之一,多产鱼鳖。所以,湖南历来就盛产从农耕到渔牧多方面的食材特产,如桃源鸡、东安鸡、临武鸭、武冈鹅、宁乡猪、洞庭金龟、武陵甲鱼、浏阳黑山羊、沅江银鱼、南岳寒菌、益阳玉兰片、湘潭湘莲等。

湖南处于亚热带北缘,气候湿润,食物容易霉变、腐烂,湖南(包括西南地区的其他省、市)因势利导,发明了熏腊方法保存食物,夏日用熏,冬日用腊,制得各种各样风味独特的熏腊食品。

(二)人口迁徙

清代以前,水稻一直居于湖南农业生产的主导地位,米饭和米制食品是湖南的日常饮食,其次是荞麦、豆类、粟谷等杂粮和蕨、葛等度荒植物。清代湖南地区大规模移民,玉米和甘薯传入湖南,湖南食物结构发生革命性变化。在沅州府,"凡土司新辟者,省民率挈入居,垦山为陇,列殖相望,种植玉米"。在辰州,"旧邑新厅,居民相率垦山为陇,争种之(玉米)以代米",之后,玉米便成为湘西地区主要粮食。甘薯传入湖南始于平江县,"平江山中广(东)福(建)客民多种之……其利甚普"。不久又推广到其他县份,如巴陵,嘉庆年间民"赖以佐食"。玉米和甘薯这两种旱地高产农作物的传入,使湖南主副食结构得以优化,增强人们抵御灾害的能力。

(三)商业移民

明清以来湖南境内商业移民在促进湖南饮食的融合和进步中发挥了其他形式移民无法替代的作用,对与饮食及相关行业产生了深远影响。

1.酱园业

长沙制酱工艺来自苏州,开始苏贩携带酱菜,旅途自食,湘民品尝后盛赞其味,此后苏贩便制酱试销,有利可图,遂来长沙落户专营酱园业。继而又有南京、浙江和本地人开酱园作坊。到"民国"二十年,湖南酱园业分苏州、南京、浙江和湖南四帮。例如,苏帮明清时有玉和、集成、杜茂恒、蔡祥泰、马应懋、沈丰盈、源泰坊、元和坊等几家。大户玉和酱园采用上海制酱工艺,酿制干酱胚,比长沙制水酱胚工时短、色素深,味鲜甜,其销售区域达湖南"南半边",该店特色是只雇浙江人。在湘潭,乾隆末年,浙江吴兴县义皋镇人吴聘岩开吴元泰酱园,清咸丰初年又有义皋镇人吴风来开吴恒泰酱园,此为湘潭酱园业两大首户。如今风行湖南的湘潭龙牌酱油,便源自吴恒泰酱园,1915年获巴拿马赛会四等奖。由此可见,现在湖南烹调所用的重要调料酱油追根溯源是源于浙江风味。

2.南货业

清代湖南长沙南货业分酒酱斋馆、土产杂货、南货行号、糕点作坊、糖果食品等行业,晚清民初共100余家,遍布全城。其中许多风味点心和斋菜都融合了江浙风味,且多为江浙人经营。老字号名店九如斋便是江苏人饶菊生于"民国"四年(1915年)创办。三吉斋南货店,于清道光六年(1827年)浙江绍兴人徐氏开办,其所制绍饼、结糕、腐乳、梅干菜、芝麻酱,当时均博盛誉。稻香村食品店为浙江人朱友良于"民国"四年(1915年)所开,经营江浙风味的金钩鲜肉饼等苏式点心,其所产五香花生米对现今长沙炒货业产生深远影响,具体作法是:生胚去小粒阴子过沸水,趁热拌入精盐五香,勤换勤炒,盐味内蕴,香气外溢,色香味俱胜一筹。现风靡长沙的五香花生米仍沿袭该店工艺,颇受消费者青睐。而长沙糕饼业中的烘糕制法是于清乾隆年间(1736年)自江西传入,主要有奶糕、条子糕、盐瓦糕、白糖片等婴幼食品,除奶糕外,现大部分品种技术已失传。

3.酒菜馆

清末至民国时期,湘菜名店,不乏外籍商业移民来湘经营,要么业主为外来客商,要么聘请的名厨为异地厨师。徐长兴烤鸭店是南京的徐沛斋来长沙开设的,原名清真南京徐长兴烤鸭店,首创"一鸭四吃",即"薄饼烤鸭""鸭鲜小炒""鸭油蒸蛋""豆腐鸭架汤",其风格既有南京的鲜甜风味(薄饼烤鸭蘸甜面酱)又有湖南本埠的香辣风味(鸭鲜小炒为鸭肉丝同玉兰片和辣椒同炒),"一鸭四吃"现在成为湘菜的代表性菜肴。李合励则是长沙著名的回民餐馆,始于晚清,以出售牛杂起家。20年代名厨黄淮安创建"牛中三杰",发明了"发丝牛百叶""红烧牛蹄筋""烩牛脑髓",并著称于长沙市。其中发丝牛百叶的调制,融合了典型的湖南风格,在水发玉兰片中掺以红辣椒,以干红椒末、牛清汤、葱段为调料。菜吃到口中时,汁水从牛百叶中透入口中,酸、辣、咸、鲜、脆五味全部溢出,后成为融合穆斯林口味的湖南传统名菜。

此外,湘菜名店"玉楼东"名厨谭奚庭亦是江苏一盐商的私厨,他所制菜品兼有淮扬风味。而民国时期岳阳味月叟酒家亦为江苏扬州人开办,其浙江风味的小笼汤包扬名一时,对现今岳阳地区汤包的制作工艺产生深远的影响。

抗日战争时期,长沙沦陷后,湘西南偏安一隅,大量商人和难民拥入该地区,造成该地区商业的畸形繁荣。《津市志》载:抗战时期,津市偏安一隅,鄂、豫、赣一带难民大量涌入,汉口、沙市、宜昌等地商人抵津经商,街巷人满为患。芷江在抗战时期人口亦激增,饮食业盛极一时,其中著名的有大世界酒楼、天津饭店、无锡酒店、清溪面馆、冠生园、成渝川菜馆、长沙酒家,由于外地商人来芷江经营饮食业,传统的芷江风味融进了外来的烹饪法,促进了芷江饮食同外帮饮食的融合。在郴州,"民国"二十八年后,因郴州处于抗战后方,商业一度繁荣,汤点业发展到50余家,多为广东人经营,粤菜、广点风行一时,现在郴州糕点业很多仍沿袭广式做法,"广式月饼"便是其中的代表。抗战时期湖南饮食业的区域繁荣,尽管随着抗战的胜利而走向衰落,但是,毕竟给这些地区相对落后的饮食业注入了生机活力,为这些地区饮食风格的发展成型奠定了良好的基础。

(三) 湘菜嗜辣

"辣味烈性一相逢,便胜却人间无数"。辣椒种子在我国西南、西北和东南地区广泛传播后,开始正式落脚在湖南这片肥沃而湿润的土地上,并立即在这里迅速生根、开花、结果,繁衍扩张,赢得了这片土地上人民的酷爱。作为一种西来的洋货,辣椒在湖南不仅没有被排斥,或者遭到因洋葱、胡椒等农作物而被冷落的命运,反而得到了特别的礼遇,碰撞出激情的火花,究其缘由,可以从以下几点进行分析:

1. 地理气候

据说在全球同一纬度上,有一条"辣带",从南美经太平洋诸岛,贯穿亚洲大陆至东亚、东南欧、北非,湖南便是这条"辣带"上的一个点。湖南位于西南面的云贵高原与东北面的长江中下游地区的过渡地带,加上其正处于孟加拉湾暖湿气流与太平洋暖湿气流相抗衡之地,年降水量达 1300~1800 毫米之多,河流湖泊密布,水网连绵纵横,湘、资、沅、澧四水下泄洪水遭长江和洞庭湖的顶托形成内涝,或久旱不雨,或一雨成灾,温差大,湿度高,或炎热难当,或寒气逼人,人民常受寒暑内蕴之浸而易致湿郁。长沙太傅贾谊就云:"长沙为卑湿之地,不利于长寿。"在这片土地上,一方面适宜亚热带植物的生长与繁衍,辣椒的产量与品质都极可观;另一方面,辣椒祛寒去湿开郁的优点在这里大显身手,如英雄有用武之地一般。辣椒特别适宜在湖南本土食用,一般而言,外省人士入湘,半月以上便能接受湘菜辛辣的风味与口感,并无明显不良反应。有些进湘工作多年的江苏、浙江、上海、福建、广东乃至东北三省的人士,其嗜辣程度与本地湖南人毫无二致。台湾哲学家张起钧先生在《烹调原理》中也谈到这一点,称自己原先不吃辣椒:"不要说不吃辣椒,菜里放一点辣椒,整盘菜都不敢吃了。抗战兴起,到了湖南,看到湖南人辣椒做的菜好香。尝尝吧,愈尝愈勇敢,不到半年,则可以跟湖南人一样的吃辣椒了。"反之,湘人出湘,如进京或南下广东、海南、深圳后,其食辣欲望大为减退,抗辣能力逐渐退化,甚至因食辣出现唇裂、生疮等异常反应。这从正反两方面证明了食辣所具有的鲜明强烈的地域特征。

2. 经济流通

湖南地貌由"七山二水一分田"构成,地处偏远,土地贫瘠,远离东南沿海,地形、区位与交通的劣势,使古代湖南经济相对封闭落后,处于政治、经济、文化的边缘地带。舜帝南巡,崩于苍梧之野(今永州市),即为中原势力范围的边界。夜郎国(今湘西怀化一带)则为犯人流放发配之地。唐代诗人李白有诗云:"我寄愁心与明月,随君直到夜郎西。"今湖南黔阳的古芙蓉楼就是纪念这位当时著名的"西部诗人"的。这些地区至今仍属经济欠发达地区,集中了湖南省的主要贫困县区。交通不便造成流通不畅,这里一向海盐昂贵。即使到了近代井冈山革命斗争的峥嵘岁月,盐在湘赣山区仍是十分稀罕之物,而辣椒具有刺激口味和消毒的功能,恰好成为食盐的替代品。

省外时令蔬菜较难进入本地,乡村居民购买力较低,辣椒味美价廉,又在某种程度上替代了盐的食用甚至药用价值,是"送饭"的首选,从这一点看,一大碗白菜还不抵一小勺辣椒,辣椒是穷人的油,因而成为农家最实惠、实用的蔬菜。湘中宝庆(今邵阳市)一带农家有一担干辣椒接新年之说,可见其消耗量之大。永州江永大墟镇一带农家甚至直接用干辣椒下饭。据湖南省统计局调查,1999 年,全省辣椒种植面积为 115 万公顷,年产 30 余万吨,当年从海南等地进口反季节辣椒 30 多万吨,两项相加,全省男女老幼人均消耗辣椒每年在 10 千克以上。因经济发展而出现的全省整体食辣程度的衰减,发达城市和偏远农村居民食辣程度的明显差异,继续证明了辣椒消费量的多寡,尤其是食辣程度的高低与地方经济的相互关系。

3. 精神文化

"吾湘变,则中国变;吾湘存,则中国存""若道中华国果亡,除非湖南人尽死",湖南仁人志士以天下为己任的使命感,在中国各省份中极为突出。明初和清初两次大规模移民,对湖南人的性格和民风影响甚大。两次大移民,都是由于战乱导致人口锐减,十室九空,大批外地人移入湖南,这种人口的重新组合,使湖南出现新民风。因此,伍新福等人在《湖南通史》中认为,新移民的开拓进取精神,汉族与苗族等少数民族的融合,使湖南人逐渐形成了反抗坚忍、敢做敢当、忍耐刻苦、骁勇强悍的气质,常被人称为"骡子""蛮子"。这种人文特征与辣椒的精神内质相通,因而辣椒与"辣人"一拍即合。湖南人借辣椒的冲劲来抒情、寄意、壮怀,从一般的嗜辣发展到大规模种辣、制辣的过程,便不足为怪了。

二、湖南风味区域划分

饮食消费向来是分层次的,各地都是如此,湖南也不例外,高级市肆筵席菜、达官贵人私房菜、大众市肆筵席菜、家常菜和风味小吃是几种普遍的层次。但对湖南来说,清中叶以后,达官贵人家庭私房菜和风味小吃颇具特色,谭延闿的祖庵菜至今仍有很大的影响力。始建于明万历年间的长沙火宫殿小吃群,虽然几度兴废,但至今仍与上海城隍庙小吃、南京夫子庙小吃、苏州玄妙观小吃并称全国四大小吃群,姜二爹臭豆腐名闻遐迩,整个小吃群经营品种近百种,外地人到长沙,不进火宫殿是一大遗憾。

湖南各地物产及民风民俗的差异,形成了湘菜各具特色的地方风味和地方特色,散发出三湘四水浓郁的地方风情。湘菜由湘江流域、洞庭湖区和湘西山区为基调的三种地方风味组成。湘江流域菜以长沙、衡阳、湘潭为中心,其中以长沙为主,讲究菜肴内涵的精致和外形的美观,色、香、味、器、质的和谐统一,因而成为湘菜的主流。洞庭湖区菜以常德、岳阳两地为主,擅长制作河鲜水禽;湘西地区菜则由湘西、湘北的民族风味菜组成,以烹制山珍野味见长。

(一)湘江流域风味

以长沙、衡阳、湘潭、衡阳为中心的湘江流域,是湖南菜系的主要代表。它制作精细,用料广泛,口味多变,品种繁多。其特点是油重色浓,讲求实惠,在品味上注重酸辣、香鲜、软嫩。在制法上以煨、炖、腊、蒸、炒诸法见称。煨、炖讲究微火烹调,煨则味透汁浓,炖则汤清如镜;腊味制法包括烟熏、卤制、叉烧,著名的湖南腊肉系烟熏制品,既可作冷盘,又可热炒,或用作原汤蒸;炒则突出鲜、嫩、香、辣,市井皆知。著名代表菜有"海参盆蒸""腊味合蒸""走油豆豉扣肉""麻辣仔鸡"等,都是名菜佳肴。为中等程度的嗜辣地区,菜点制作比较精细,祖庵菜是它的代表。

(二)湘西山区风味

以湘西、张家界、怀化为中心的湘西山区,苗族、土家族饮食影响较大,是重度嗜辣地区。擅长制作山珍野味、烟熏腊肉和各种腌肉,口味侧重咸香酸辣,常以柴炭作燃料,有浓厚的山乡风味。代表菜有:"红烧寒菌""板栗烧菜心""湘西酸肉""炒血鸭"等,皆为驰名湘西的佳肴。

(三)洞庭湖区风味

这一地区风味是以常德、岳阳、益阳为中心,嗜辣程度较低,以烹制河鲜、家禽和家畜见长,多用炖、烧、蒸、腊的制法,其特点是芡大油厚,咸辣香软。炖菜常用火锅上桌,民间则用蒸钵置泥炉上炖煮,俗称蒸钵炉子。往往是边煮边吃边下料,滚热鲜嫩,津津有味,当地有"不愿进朝当驸马,只要蒸钵炉子咕咕嘎"的民谣,充分说明炖菜广为人民所喜爱。代表菜有:"洞庭金龟""网油叉烧洞庭桂鱼""蝴蝶飘海""冰糖湘莲"等,另外岳阳的水产鱼类菜、常德的钵子菜、娄底的全牛菜、邵阳的铜鹅菜、永州的蛇菜、郴州的野菜、南岳的素菜等,皆为有口皆碑的洞庭湖区名肴。

三、湖南风味特点

(一)烹饪技法

湖南菜的烹调技法主要可概括为三大特点。一是刀工精妙,形味兼美。名菜"红煨八宝鸡",整鸡出骨剥皮,盛水不漏。二是长于调味,以酸辣著称。"酸"是酸泡菜之酸,比醋更为醇厚柔和。还有许多特殊调料,如"浏阳豆豉""湘潭龙牌酱油",质优味浓,为湘菜增色不少。三是技法多样,湘菜技法早在西汉初期就有羹、炙、脍、濯(zhuó)、熬、腊、濡、脯、菹(zū)等多种技艺。到现代,技艺更精湛的则是煨制法,煨在色泽变化上又分为"红煨""白煨",在调味上则分为"清汤煨""浓汤煨""奶汤煨"等,都讲究小火慢烧,原汁原味。诸如"祖庵鱼翅"晶莹醇厚,"洞庭金龟"汁纯滋养等,为煨菜中的佼佼者。此外还有浏阳蒸菜技法,主要以蒸腊菜为主,基本菜品有:干扁豆蒸腊肉丁、清蒸火腿肉、剁椒蒸土豆、清蒸土家腊肉、清蒸鸡蛋、清蒸茄子、清蒸干豆角、清蒸芋头,以及清蒸白豆腐、干豆腐、黄豆腐、黑豆腐、臭豆腐、白沙豆腐、卤豆腐、清蒸青辣椒等。

（二）风味特征

湖南雨量充沛，多寒湿，常食辣椒能祛寒去湿开郁，故湖南菜中常将辣椒作为作料，食之开胃、开郁、提神。辣椒是近、现代湘菜的灵魂，是湖南菜的基本特点，湖南人素有"怕不辣"的美誉。长沙"山河剁椒厂"厂长陈爱国发起向全省征集有关辣椒的楹联，其中有一副大家公认的佳联："披红着绿占据东南西北，统牟领素贯辣春夏秋冬。"很形象地说明了湖南人对辣椒的推崇。至今在长沙流传的关于辣椒的一首打油诗："青辣椒，红辣椒，豆豉辣椒，剁辣椒，油煎、爆、炒用火烧，样样有味道。"形象地反映出湖南人对辣椒的喜爱。

湖南人不仅嗜辣而且还吃"苦"，苦瓜炒辣椒是一道湖南名菜，毛泽东也很喜爱它。湖南人说苦瓜是"君子菜"，尽管它自己很苦，但不去沾染其他菜，在调味过程中独树一帜，整个菜中吃到它便苦，不吃它就不苦。

湘菜历来重视原料互相搭配，滋味互相渗透。湘菜调味尤重酸辣，用酸泡菜作调料，佐以辣椒烹制出来的菜肴，开胃爽口，深受青睐，成为独具特色的地方饮食习俗。

四、湖南名菜名点

（一）湖南名菜

1. 祖庵鱼翅

1958 年 4 月毛泽东等中央领导人视察长沙火宫殿菜馆，并品尝了该店的名菜，给予很高的评价。品尝的主要名菜有"东安子鸡""红煨鱼翅""腊味合蒸""面包全鸭""油辣冬笋尖""板栗烧菜心""五元神仙鸡""吉首酸肉"等。其中"红煨鱼翅"又名"祖庵鱼翅"，是湖南地方名菜。祖庵鱼翅用料讲究，制作独特，选用鲨鱼脊翅，另用母鸡一只，猪前肘一个，用虾仁、干贝、香菇等作料。将母鸡、猪肘同时用中火水煮，小火煨好取汤。鱼翅胀发后用浓汤浸泡蒸制后，再加入虾仁、干贝、香菇等作料煨酥而成，此菜味道醇厚，鱼翅糯软，营养丰富，实为菜中珍品。

此菜是清末湖南督军谭延闿家宴名菜，谭延闿字组庵，是一位有名的美食家，他的家厨曹敬臣，跟随谭先生多年，摸透了谭的食好，经常花样翻新，他将红煨鱼翅的方法改为鸡肉、五花肉与鱼翅同煨，成菜风味独特，备受谭延闿赞赏。祖庵先生无论自己请客或别人请他吃饭，都按他的要求制作此菜，后来人们称为祖庵大菜，饮誉三湘。

2. 腊味合蒸

腊味合蒸是湘菜中的一道名菜，以各种腊熏制品同蒸，成菜腊香浓重，咸甜适口,色泽红亮,柔韧不腻,稍带厚汁,且味道互补,各尽其妙。

它的成名相传与一位乞丐有关。从前,在湖南一小镇上有家饭馆,店主刘七为逃避财主逼债流落他乡,以乞讨为生。一日来到省城,因时近年关,人家就把家里腌制的鱼肉鸡拿点给他。刘七见天色已晚,早已饥肠辘辘,便把腊鱼、腊肉、腊鸡等略一洗净,加上些许调料装进蒸钵,蹲在一大户人家屋檐下,生起柴火蒸开了。此时大户人家正在用餐,且席上嘉宾满座。酒过三巡,菜已上足,忽又飘来阵阵勾鼻浓香,主人忙问家童,还有何等佳肴,快快端来。家童明知菜全上完,怎会有遗漏,但还是跑进厨房,真的闻到一股浓香从窗外飘来。他赶紧打开后门观看,只见一乞丐蹲在地上,刚掀开热气腾腾的蒸钵盖,准备受用。家童二话不说,上前端起蒸钵就走,刘七一急,紧追而来。一客人见刚出炉的蒸钵,伸箸夹进嘴里,连说好吃。此客人乃当地富翁,在长沙城里开大酒楼。于是问明刘七身份,带他回去在自家酒楼掌勺,挂出"腊味合蒸"菜牌,果然引得四方食客前来尝鲜。从此"腊味合蒸"作为湘菜名肴留传下来。

3. 剁椒鱼头

剁椒鱼头这道菜,也被称作"红运当头""开门红",它的来历和清代著名文人黄宗宪有关。据说清朝雍正年间,黄宗宪为了躲避文字狱,逃到湖南一个小村子,借住在农户家。这家人很穷,买不起菜,幸好晚上吃饭前,农户的儿子捞了一条河鱼回家。于是,女主人就在鱼肉里面放盐煮汤,再将辣椒剁碎后与鱼头同蒸。黄宗宪觉得非常鲜美,从此对鱼头情有独钟。避难结束后,他让家里厨师加以改良,成就了今天的湖南名菜剁椒鱼头。

2013年第23届中国厨师节在长沙红星国际会展中心开幕,期间制作了"世界最大剁椒鱼头",这条鳙鱼王足有52千克、1.4米长,这道"剁椒鱼头"由湘菜大师许菊云领衔制作,现场成功申创世界吉尼斯纪录,并成功拍卖出13.2万元捐助给贫困山区,拍卖后的巨型"剁椒鱼头"被送给现场观众品尝。一盘剁椒鱼头用了直径1.68米的巨无霸盘子,剁椒7.5千克、油料2.5千克、香菜、黄贡椒等配料10余千克,经过120分钟猛火蒸制而成。

4. 口味虾

口味虾,又叫长沙口味虾、麻辣小龙虾、香辣小龙虾、十三香小龙虾,也被简称麻小,色泽红亮,口感香辣鲜浓。主料所用龙虾原产自北美洲,1918年由美国引入日本,1929年再由日本引入中国,生长在中国南方的河湖池沼中。随着湖南人遍布全国,特别是湖南卫视《快乐大本营》的传播,口味虾一时风靡全国,众多演艺明星来长沙做节目时必然忘不了吃口味虾。这种色泽红亮香辣鲜浓的口味虾传到合肥、上海、北京等地,让那些不太喜欢辣椒的人都变得异常疯狂。

5. 徐长兴烤鸭

徐长兴寓意"长兴久旺",由原籍南京的徐沛斋先生于清末光绪二十八年

(1902年)在长沙坡子街始办徐长兴,因选料考究、为商诚恳,一时声名鹊起,成为当时星城不可多得的美食。几年间迅速从家庭作坊发展成为大型酒家,在青石桥(今解放路)兴建三层楼房后,生意更为红火,开设堂菜,承办筵席,其主打产品烤鸭、桂花鸭、葱油鸡、溜胰子白、卤牛肉特色独具、风味别致。尤以"一鸭四吃、桂花鸭"最负盛名。

徐长兴的命运与长沙的兴衰紧密相随,抗日期间,"文夕大火"使青石桥一带毁于一旦,其店停业八年。抗战胜利后,由第二任掌柜徐祖生先生继承父业在坡子街围墙背重建徐长兴,使其发扬光大,新中国成立后加入公私合营,由第三任掌柜徐家麟继续经营,直至"文革"期间。

徐长兴烤鸭选料考究,制作精细,选用肥嫩活鸭,宰杀去毛及内脏,用毛笔筒(尖端穿孔)在鸭腿上吹气,鸭翅下开洞灌水,烤熟后皮伸(不绉)而脆,再将清汤倒出,拌和细盐、酱油、麻油淋在配盘烤鸭内,以保烤鸭鲜美。所谓一鸭四吃:一吃薄饼包鸭皮;二吃小炒鸭肉,即将鸭肉切丝或丁,镶以玉片尖或冬笋、辣椒、韭白或芹菜等,下锅精炒;三吃鸭骨菜心汤;四吃鸭油蒸鸡。物换星移,时至今日,"一鸭四吃",香脆鲜嫩,甜咸兼备,菜点两全,风味独特,久盛不衰。延续着长沙百年之说:"杨裕兴的面、徐长兴的鸭、德园的包子真好呷"!

6. 东安子鸡

据传东安子鸡始于唐代,相传唐玄宗开元年间,湖南东安县城里,有一家三个老年妇女开的小饭馆,某晚来了几位经商客官,当时店里菜已卖完,店主只剩下两只活鸡,马上宰杀洗净,切成小块,加上葱、姜、辣椒等佐料,经旺火、热油略炒,加入盐、酒、醋焖烧后,浇上麻油出锅,鸡的香味扑鼻,口味鲜嫩,客官吃后非常满意,事后到处宣扬,小店声名远播,各路食客都慕名到这家小店吃鸡,于是此菜逐渐出名。东安县县太爷,风闻此事,也亲临该店品尝,并为之取名"东安鸡"。传说,北伐战争胜利后,国民革命军第八军军长唐生智在南京设宴款待宾客,席中有"东安鸡"一菜,宾客食后赞不绝口。1972年2月美国总统尼克松访华,毛泽东主席宴请尼克松时,曾用东安鸡招待他。

此菜用嫩母鸡和红辣椒煸、烧而成,成品白、红、绿、黄四色相映,色彩朴素清新,鸡肉肥嫩异常、味道酸辣鲜香、香味扑鼻,是油重色浓、口味酸辣的湘菜代表。

湖南名菜众多,用家畜制作的名菜有瑶柱鹿筋、双味太极里脊丝、鸡汁素鲍鹿筋、发丝百叶、福寿千层肉、螺旋腊肉、金钱赛熊掌、霸王举鼎、酱汁肘子、太极里脊、桂花蹄筋、虫草三霸、牛中三杰、毛家红烧肉、滋阴补肾汤、贵妃牛鞭、明珠牛掌、富贵火腿、荷叶粉蒸肉、明炉黑山羊、美味牛排、纸包牛腩、苗家粉蒸肉、清蒸湘西腊肉、纸锅血燕、香辣口味蛇、船家红烧肉、湘西竹签肉串、香辣排骨、姜辣蒜茸排骨、手撕腊牛肉、龙马鞭花、鳅鱼蒸腊肉、富贵双夹、汤泡肚尖、芋仔牛腩煲、霸王肘子、一帆风顺、辣椒炒肉等。

用禽蛋制作的名菜有瓜盅鸡球、麻辣仔鸡、鸡汁鸭舌万年菇、棕叶粉蒸鸡、清蒸一品鸡、潇湘三味鸡、醋焖鸭三件、山珍烩鸭舌、红白鸡鸭块、银鱼蒸蛋、桃源鸡三味、清汤虫草柴把鸭、洞庭盐水鸭、油辣白鸡等。

用河鲜制作的名菜有柴把桂鱼、网油叉烧桂鱼、洞庭金龟、荷花鱼肚、洞庭龟鞭、双味桂鱼卷、瑶柱鱼肚、翡翠虾仁、雀巢虾仁、金盏菠萝虾、茄汁菠萝鱼、茄汁狮子鱼、潇湘响螺、芙蓉蟹盒、灌汤桂鱼球、酱椒鱼头、开屏白鳝、双果蛙腿、芙蓉虾排、纸包活桂鱼、生仁鱼排、湘北鱼片汤、软蒸火夹桂鱼、湘江鲫鱼、香辣黄鸭叫、子龙脱袍、金龙鳝段、豆辣活螃蟹、瑶柱鳅鱼羹、竹筒水鱼、油酥火焙鱼、桔洲河蚌、糟香鱼条等。

用海产制作的名菜有金鱼戏莲、酸辣荔枝鱿鱼卷、鸡汁透味鲍鱼、龙舟载宝、一品鲍脯、鱼翅蟹黄玉扇、鸡汁辽参、鸡汁鲍脯鸭舌、奶汤霸王鱼翅、生鱼裙边、兰花裙边、鸡汁霸王鱼翅、剁椒龙虾仔、寿桃海参、瑶柱参鲍羹、金银鱿鱼卷、大碗全家福、汤泡双味、丰收有余、干锅墨鱼仔、双龙相会、鱿鱼三丝等。

用蔬果制作的名菜有祖庵豆腐、双味素翅、香芋虎掌菌、猴头素烩、竹荪蛋烧菜胆、鸡汁一品素鲍、虎掌芥蓝、干煎八宝果饭、油焖烟笋、芙蓉脆皮冬瓜、什锦冬瓜盒、酱汁冬瓜、橙子南瓜、拔丝湘莲、金枝玉叶、川贝梨罐、手撕包菜、蜜汁玫瑰藕丸、一品豆腐煲、烧红辣椒、农家擂辣椒、脆香萝卜皮、湘西蕨根粉等。

(二) 风味小吃

长沙坊间传有："杨裕兴的面,徐长兴的鸭,德园的包子真好呷!"外地人来到长沙,也纷纷传说："到长沙没吃到德园包子,等于没来长沙!"

长沙市井吃面还有 18 种术语,将之相互组合引申,能有 108 种吃法,号称"吃面 108 变"。这些术语是:落锅起,面条浮起来就挑;带迅,熟而不烂;带迅干,带迅并且油稍多,免汤;二排,熟而不融;融排,融而不碎;轻挑,分量少一点;重挑,分量多一点;轻油,油少一点;重油,油多一点;宽汤,汤稍多;扣汤,汤稍少;免青,不放葱蒜;免色,不放酱油;过桥,面和码子分开;过桥加码,双份码子过桥;二排干,熟而不烂,不要汤;二排宽汤,熟而不烂,汤稍多;来原,不要码子,多放原汤。

湖南筵席点心的名品极为丰富,有姊妹团子、糖油粑粑、鸳鸯滚酥油饼、脑髓卷、马蹄卷、三丝春卷、银丝卷、瑶柱鲜肉包、瓜仁水晶包、千层糕、枣子糕、兰花卷、吉利玫瑰饼、长生酥、萝卜酥、蓉和麻球王、蒿子粑粑、蒸黄金糕、土豆饼、南瓜饼、寿桃包、蛋白冻、鸳鸯饺、雪云包点等。

风味小吃名品有火宫殿臭豆腐、龙脂猪血、双燕馄饨、荷兰粉、和记米粉、金钩萝卜饼、柳德芳汤圆、穿心葱油饼、口味蟹、唆螺、血肠粑、武冈卤干子、鸭血粑、擂茶、糯米撒子、桐叶糍粑、猪血丸子等。

第六节 江西地方风味

江西省简称赣,位于长江中下游南岸,唐代设江南西道而得名,境内丘陵起伏,平原坦荡。赣、抚、信、修、饶五河纵横境内,以赣江为主的水利动脉纵贯南北,并与鄱阳湖和长江含吻相接,形成了天然的黄金水道。江西省会南昌,省内著名城市有九江、景德镇、泰和、赣州、吉安、萍乡等。明清时的四大米市长沙、无锡、芜湖、九江,五大茶市杭州西湖龙井、苏州市吴县洞庭碧螺春、黄山毛峰、江西婺源的绿茶、浙江绍兴平水珠茶,四大名镇湖北汉口镇(今属武汉市)、广东佛山(今佛山市)、江西景德镇(今景德镇市)、河南朱仙镇(今属开封市),江西各占一席。发达的经济促进了文化艺术的昌盛,同时也带来了膳食饮馔的发展。

一、江西风味的形成

(一)地理物产

江西山川灵秀,江湖碧波,土地肥沃,雨量充沛,资源丰富,品种齐全,优异的山珍野味满山遍野。这些优越的自然和物产条件,不仅为江西菜点提供了充足的原料,而且也是赣菜风味特色形成和完善的一个重要因素。江西菜主要选用当地特产为原料,如驰名中外的广昌通心白莲,南丰蜜橘,南安板鸭,泰和乌骨鸡,万载三黄鸡,婺源荷包红鲤鱼、糊豆腐,峡江米粉,庐山石耳、石鱼、石鸡,鄱阳湖银鱼等,都是庖厨珍品,一经名师妙手烹制,就是地方特色浓厚的美味佳肴。

(二)历史文化

《滕王阁序》中称之为:"襟三江而带五湖,控蛮荆而引瓯越。"江西素有江南米仓、美酒故乡之称,自古以来,江西土著居民移居省外、海外的不多,祖祖辈辈一代又一代地在这块红土地上繁衍生息。

据史料记载,早在距今1700多年前的晋朝,因战事连绵,民不聊生,位于黄河流域一带的中原人背井离乡,先后多次迁徙,顺江而下,大多数人先在赣州登陆聚集,其中一部分定居下来与当地土著居民共同生活,一部分又继续往闽西、粤东方向迁移,最终在赣、闽、粤三省交界地区形成汉民族中八大民系之一的客家民系,统称"客家"。由于北方移民带来了不同的烹饪技艺、饮食习俗和生活方式,不仅催生并形成了在赣菜中自成一派的赣州客家菜,而且丰富了赣菜烹饪技法和品种,融入了脆、嫩、滑、爽、甜的味觉元素,使赣菜味型具有南北兼容、四方皆宜的风味特色。改革开放以来,由于人员流动频繁,合作交流增多,餐饮竞争激烈,为贴近市场、适应现代人的需求,赣菜开始注入了现代元素以及特种原料、调料,在色调、造型、味型、配比、厨艺和营养保健等方面进行创新和改革。"食景交融"是赣菜的一大创意,将赣鄱历史文化的人文和自然景观与菜肴、菜名交相辉映,让人们在品尝时油然产生"秀色可餐,品嚼不止"之感。

二、江西风味区域划分

江西风味从地域的划分上看,赣北、南昌基本同属一宗,花色品种繁多,讲究配色造型,可以说是赣菜的主流菜肴,名菜如干烧猪脚、三杯鸡等。赣南菜肴,因是客家民系的发源地,融入了客家饮食文化的元素,与粤东、闽西的客家菜有同祖同宗之源。然而,赣南菜肴仍有别于粤东、闽西,突显着赣菜的基本特征,赣南菜制作精细,注重刀工火候,讲究色鲜、汁浓、芡稠、味醇,对鱼的烹制有独到之处,如小炒鱼、鱼饼、鱼饺素有赣州三鱼之称,名菜还有爆满山红、糯米鸡等。鄱阳湖区的菜擅长烹制鱼、虾、蟹水产品,选料注意活生时鲜,烹调注重清鲜软嫩,名菜如春菜黄牙鱼、浔阳鱼片、绣球鱼丸等。整体来说,赣菜擅长烹制山珍、野味、水产,菜品色重油浓。

江西菜历史悠久,在继承历代"文人菜"的基础上发展而成乡土味极浓的"家乡菜",还有九江、景德镇以及井冈山等地方流派。如今九江"全鱼宴"中的"百浇雄鱼头"已成为嗜尝者的相思。浔阳是九江的古称,中国四大古典小说之一的《水浒传》中有个"宋江大闹浔阳楼"的章节,故事背景地是建于唐代的江南名楼"浔阳楼",这座名楼如今推出了"浔阳江头水浒宴"。

三、江西风味特点

(一) 烹饪技法

在烹饪技艺上,最能展现赣菜特色和精华之处的有三个方面:

一是瓦缸煨汤,以瓦缸为器,配以各种食材,加入天然矿泉水,锡薄纸覆盖,用炭火慢煨。此法煨出的汤料,不但口味鲜美、肉质细嫩,而且营养价值极高。

二是辣味适度,不管是用新鲜或干制辣椒,还是辣味调料制品,都要做到用量适当。同时,辣椒、蒜、姜等辛辣调料先在些许油中煸炒,将其煸出独特的香味物质,然后再经烧、炒渗透到菜肴中。

三是注重刀工,在刀工处理上,有三法十八种之说,要求厚薄均匀、长短一致,不能藕断丝连。刀工之妙,妙就妙在善于巧妙地将原料解体分档,切割成多种形状,经过挤、捏、压、搓、拉及冷热凝结,加上形态多样,造型美观,堪称赣菜烹饪技艺的一大亮点。

由于赣菜的风味讲究香鲜、味丰、质爽、偏辣,所以传统的赣菜烹饪方法以炒、煸、烧、蒸、焖见长。"三杯鸡""四星望月"等菜肴是典型的代表作品。从 20 世纪 90 年代以来,赣菜厨师在与中外烹饪同行的交流和合作中推陈出新,形成了瓦钵煨汤法、调料烧烤法、铁板烧烤法等。同时,一些菜肴还大胆选用了改善色、香、味和质感的西式调料,致使赣菜在不失传统烹饪技法的前提下,走上多样化、系列化、时尚化之路。

(二)风味特征

江西风味菜点形成了比较清晰的门类和体系,从味型上说,分为原汁原味、复合味、家乡味、特殊味四大类。原汁原味型是江西菜的基本特色,赣菜制作讲究原料本味,因为江西所产原料中,九成以上都具有自身的特殊风味,如"三笋"、竹荪、野菜、鱼类、菌类等。因此烧、焖、炖、炒等十八般烹饪技法归结到一点,就是要烹制出原汁原味。"汤为百鲜之源",赣菜的烹饪非常讲究汤的制作,风靡全国的赣菜瓦钵汤(瓦缸煨菜)可与广东一带的"老火汤"媲美。新开发的新派赣菜大多属复合味型,添加多种调料,产生特定的滋味。家乡味型多指民间家庭、村落区域世代传承沿袭的传统菜点制作的特色风味。近年延伸出的"农家菜""私房菜"均属此类。特殊味型则是添加了本地闻名的土特产原料形成的,比如加入茶叶、橘皮等。

江西菜还有一大风味特征是凸显香辣,赣菜属辣味一族,其辣味味型与川菜的麻辣、湘菜的辛辣、黔菜的酸辣不同,属于香、鲜、辣融为一体的味型,而且火辣程度也稍显温和柔顺,不仅江西人喜爱,外地人也能接受,即使到京城和外省开店,辣味也无须收敛,这就是赣菜辣味味型的魅力。

四、江西名菜名点

(一)名菜

1. 洪都鸡

洪都鸡的菜名为初唐四杰之一王勃所取,1400 年前,唐上元二年(675 年)绛州龙门才子王勃省亲路过南昌,恰逢重修滕王阁落成,洪州都督阎公于重阳佳节在阁上设宴祝贺,同时邀请了不少江西各地名厨做菜,其中有位南丰厨师,当他得知王勃当众挥毫,写下脍炙人口的《滕王阁序》后,非常高兴,想代表南丰父老乡亲做家乡菜送给王勃品尝,以表心意。无奈身边没有家乡原料,只有一串南丰特产蜜橘的干橘皮,想到橘皮不仅可以食用,而且味香色艳,于是将干橘皮取下泡软切丝与鸡一起做菜。当此菜端上席时,满屋桔香,阎公请王勃和众来宾品尝,大家一致赞许此菜色、香、味都俱佳。阎公告诉王勃,此菜是南丰厨师专门为他做的,还来不及取名。王勃听后十分激动,说道:"谢谢厨师一片心意,儒生不才,愿为此菜取名'洪都鸡',不知大家意下如何?"满堂宾客听后都齐声赞好。从此,"洪都鸡"便名扬天下,流传至今。

2. 米粉蒸肉

袁枚《随园食单》中记载:"用精肥参半之肉,炒米粉黄色,拌面酱蒸之,下用白菜作垫。熟时不但肉美,菜亦美,以不见水,故味独全,江西人菜也。"米粉蒸菜流行于江西婺源一带山区,它的做工虽然较为简便,但风味颇有特色,鸡、鸭、鹅、肉及蔬菜等都可用米粉蒸制,其共同的特点是粉香扑鼻、清雅鲜嫩、质地滑嫩、食而不腻。

3. 流浪鸡

此菜名与明太祖朱元璋关系密切,也只有历经坎坷的布衣皇帝才能取得出来这样的名字。流浪鸡制作时,要将鸡宰杀去毛,剖腹去内脏洗净,投入开水锅内煮至断生。取出后切成条状块,按照鸡的形态摆在盘中;将鸡肠、肫、肝都切成薄片,放入开水锅内煮熟,用小碗装好;将葱、姜、蒜头、干辣椒切成细末,连同芝麻油、味精、酱油、精盐放入鸡肫、肝、肠碗中,调拌均匀,倒在鸡上面即成。此菜特点是鸡肉鲜嫩,颜色淡红,是赣州地区传统名菜。

4. 四星望月

1930 年,时任兴国县委书记的陈奇涵将军请前来调研的毛泽东吃饭,做了一小笼粉蒸菜和四个小菜。毛主席说:"好啊,这是四星望月呀,星星盼月亮,广大劳动人民不是天天盼望共产党吗?"此语出自诗好词佳的开国领袖毛泽东之口,可谓相得益彰,豪气干云。

5. 藜蒿炒腊肉

藜蒿是一种带有特殊香气的绿色蔬菜,一般只吃它的嫩茎。藜蒿入口生脆,和肉类炒在一起的时候,味道鲜美,令人唇齿生香。

俗语有"鄱阳湖的草,南昌人的宝"。"藜蒿"是江西鄱阳湖滨的一种野生植物,春节时节上市。据传唐朝许逊随父避乱,由河南迁居南昌金田(今新建县西山),曾任旌阳县令,后弃官返乡,兴修水利,造福后人,足迹遍布江西诸县。许逊经常身带干粮,翻山越岭勘察地形。一年开春,他来到鄱阳湖一个地势高峻的孤岛上勘察时,突遇台风,在湖岛上被困了几天,所带干粮全都吃光,只剩下一点腊肉,许逊望着这一望无边的藜蒿草,自言道:要是这草能食就好了。站在一旁的家人接过话说,我们不如试试,挑点嫩草弄弄。于是就随手理出些嫩根加上剩下的腊肉一同烹制,谁知,其味极佳,又香又脆。许逊感叹地说:"真是天无绝人之路啊!我们现在可有救了!"待风平浪静,许逊归来时特地吩咐家人载运了一船藜蒿给乡亲们品尝。从此,南昌地区便有了藜蒿做菜的习惯,每逢开春,家家户户都爱用腊肉炒藜蒿,一来品尝此菜的风味,二来以纪念许逊对江西治水的功绩。

6. 南安板鸭

板鸭外形美观,色泽白净,皮薄肉嫩,尾油丰满,骨脆耐嚼,味香可口,诱人食欲。成为国内外市场上的腊味珍品。

清朝(1850年)时,南安府(即大余县南安镇方屋矿一带)就有板鸭生产。当时是一家一户加工,名曰:"泡腌"。人们为了提高加工质量和价值,对"泡腌"在色、香、味、形上不断摸索,改进生产工艺,研究毛鸭育肥,并用辅板造型,使鸭身成为桃圆形,平整干爽,因而得名"板鸭",由于板鸭生产发源于南安府,故定名为南安板鸭,至今已有近百年的历史了。

板鸭最通常的吃法就是清蒸,整个板鸭用开水烫一遍,切去鸭屁股,以免味道污染整只板鸭。切下脚爪,方便入盘,放进蒸锅,或者高压锅,大火蒸15～20分钟。取出,沥去蒸出来的油,再趁热将板鸭切碎,然后直接享用。板鸭油别倒掉,用来拌饭吃,香味诱人。板鸭也可炒食,将开水烫后的板鸭切碎,洗净新鲜的大蒜叶切段,油锅内倒入油,旺火烧,倒入板鸭爆香,加入料酒焖一会,起锅。再往锅里倒油,放入姜丝,豆豉,蒜叶炒一会,放盐,倒入炒好的板鸭,放味精,酱油少许,即可出锅了。此菜香气扑鼻,香脆可口。板鸭还可煮汤,板鸭用开水烫过后切碎放入汤锅,加水,小火煮半小时,注意,最好将鸭屁股切干净,而且第一次沸腾的水要倒掉,再加水,可在汤内加腐竹或萝卜块,味道鲜美。板鸭制作火锅也非常适合,将板鸭切碎,加入火锅中,火锅味道立刻鲜美,并且板鸭片吸收火锅中的味道,把板鸭本身的咸味冲淡了,味道更妙。

7. 瓦缸煨汤

高达三米多的瓦缸,着实让人吃惊,再往里看,瓦缸内一层一层摞着小瓦罐,内装土鸡、蛇、龟、天麻、猴头菇等原料,下以硬质木炭恒温煨制,达七小时之多。由于这缸中的罐是用气体的热量传递,故避免了直接煲炖的火气,煨出的汤鲜香醇浓,滋补不上火。

各色汤品煨好端上来,上桌后罐口仍封着锡纸,一揭开香气扑鼻,汤水特别浓且醇厚。瓦罐汤之所以味道特别好,奥秘在于瓦罐具有吸水性、通气性和不耐热等特点,原料在瓦罐内长时间低温封闭受热,养分充分溢出,因此汤品原汁原味而软烂鲜香。俗话说:陈年的瓦罐味,百年的吊子汤。所以瓦罐使用次数愈多,煨制出的汤品味道愈鲜美。

8. 文山肉丁

"文山肉丁"的创始人是南宋丞相文天祥。南宋末年,元军长驱直入南侵,赵氏王朝眼看面临灭顶之灾。江西吉水人文天祥赤胆忠心,率2000家乡子弟兵赶往临安。英勇作战抵御强敌,有力地保卫了南宋首都临安,还接连收复了许多失地,被人们誉为民族英雄,皇上钦封文天祥为"右丞相"。

有一次文丞相领兵作战,打到了江西老家。吉水县城轰动了。父老乡亲们争先恐后地走上街头,夹道欢迎胜利之师,感谢文丞相破敌有功。文天祥备受感动,走出军营,与百姓亲切交谈,慰问饱受战乱之苦的乡亲们,其情其景真正地表达了南宋军民同仇敌忾,奋勇抗击异族入侵者的坚强信念。为了答谢父老乡亲们的鼓励和支持,文天祥举行便宴,他亲自走入厨房,做了几样菜肴。这场"军民同宴"成为历史上的千古佳话。文天祥烹制的一道肉丁菜肴最受大众的喜爱,又因文丞相号"文山",后来江西人便把这道美味佳肴称作"文山肉丁",其传统的制作方法也完好地保留下来。

9. 清蒸荷包红鲤

荷包红鲤是江西婺源闻名全国的"池中芳贵,席上佳肴"。据有关机构研究,这种鱼原是明朝宫内的观赏鱼,神宗皇帝朱翊钧曾将此鱼御赐户部尚书余懋学。余告老还乡时,将此鱼一对带回老家婺源。由这一对鱼衍生繁殖,民间互赠,鱼多成群,世代延传,由于这种鱼背宽,头小,尾短,腹部肥大,立放在桌子上,活像个红色荷包,因此称为"荷包红鲤鱼"。

清蒸荷包红鲤鱼是婺源传统名菜,其制法是将红鲤鱼去鳞挖鳃除去内脏,洗净沥干水分,在鱼身两边剞斜一字刀形花刀,放入器皿内,在鱼身上均匀地撒上盐、料酒腌渍片刻。将腌好的鱼入盘,在鱼身上摆好香菇,淋入熟猪油,放上葱、姜,上笼大火快蒸15分钟,至鱼眼突出时出锅,拣出葱、姜即可,成品特点是色泽红亮,肉质细嫩,香鲜微甜,诱人食欲。

10. 庐山三石

庐山石鱼体色透明,无鳞,体长一般为30～40毫米,同绣花针长短差不多,故又名绣花针。石鱼长年生活在庐山的泉水与瀑布中,把巢筑在泉瀑流经的岩石缝里。其肉细嫩鲜美,味道香醇,因而闻名遐迩。石鱼不论炒、烩、炖、泡都可以,营养成分丰富,尤其是产妇难得的滋补品。"辣子石鱼"为庐山特色名菜,成菜鱼鲜味厚,颜色金黄,外脆里嫩,是佐酒佳肴。

庐山石鸡是一种生长在阴涧岩壁洞穴中的麻皮蛙,又名赤蛙、棘脑蛙,体呈赭色,前肢小,后肢强壮,昼藏石窟,夜出觅食。它的形体与一般青蛙相似,但体大肉肥,一般体重三四两,大的重约一斤左右。因其肉质鲜嫩,肥美如鸡而得名。庐山各大旅馆饭店中以石鸡为原料的菜肴比比皆是,其中"黄焖石鸡"是庐山的名菜。此菜的做法:将石鸡斩头去爪,洗净内脏,切成块状过油,加葱、姜、黄酒、酱油、盐、高汤,用小火焖熟,用旺火收汁,淋鸡油即可。此菜醇香,肥美,味道十分可口。

庐山石耳与黑木耳同科,是一种生长在人迹罕至的悬崖峭壁上的菌类植物,由于它形状扁平如人耳,又附着在岩石上生长,所以称之为"石耳"。石耳片形较大,可制作如意石耳等菜肴。如意石耳的制作方法是将鱼肉、猪肥膘分别制成茸,下葱、姜、料酒、蛋清搅打上劲。把洗净煮软的石耳放平,糊上鱼肉茸,两边对卷,接口处放上火腿丝,卷好后上笼蒸熟。取出石耳卷改刀,再整齐地码入碗内,再加入高汤,上笼再蒸一会,取出后扣入盘中。倒出汤汁,收芡,将熟鸡油淋在上面即成。特点是形似如意,整齐美观,黑白分明,鲜嫩清爽。

江西名菜还有三杯鸡、稻香鸡、秘制浪子鸭、炒双臣肉、志士肉、脆皮粉蒸肉、铁板菊花牛鞭、船板肉、桔香血狗、绉纱扣肉、水浒肉、健身白切羊、石烹腰花、全家福、东坡肉、乡村大肠、荷包扎、秘制猪手、龙锅羊腩、酥肉抱烟笋、玲珑水晶兔、菜汁手撕骨、干烹牛肉串、辣子羊腿、乐平狗肉、酱汁叶卷肉、药都荷仙菇、香粉扣猪尾、酱香肘子、弋阳鸡、雪里送炭、南丰肉丝、鄱湖鹤鸡、清炖乌骨鸡、瓦罐老鸭肚块汤等。

用河鲜制作的名菜有神龙雄风、脆炸纸包石鱼、鱼鳅钻豆腐、绣球鱼丸、农家腌渍鱼、云雾虾仁、黄龙游瑞金、鸡汤香菇烩鱼饼、宫灯浔阳鱼丝、粉皮烧甲鱼、辣子福寿螺、赣味烧石鸡、原味卵石鸡、鄱湖银鱼丝、香辣炒河蚌、鲶鱼柚子皮、双龟过江、金钱鱼饼、乡村鱼、竹节鱼、小炒鱼、白浇鳙鱼头、游龙吐珠、金蟾戏莲、橙香第一鲜、糟鱼、怀胎鱼丸等。

用海产制作的名菜有海参眉毛丸、菜汁金钩翅、至尊鲍汁鳖掌、香卤虾拼杏香球、双叶豆腐虾、龙腾富贵虾、明虾荔枝皇、鸡汁扒海参、桔蓝虾仁、腐皮海参、滋胶鱼翅、凤翅蹄筋、鲍汁刺参等。

用蔬果制作的名菜有鲍辣腐竹、多味藕片、葵花莲子、鸳鸯双色糊、上清宫豆腐、金板搭银桥、四星望月、荷包炸、菊花萝卜、难忘岁月、鲍汁素东坡、双喜齐临门(芦苇)、金鼎南瓜糊、脆皮腐、金味霸王芋、农家烧豆腐、田园农家乐、清汤扎素、连皮菊花芯、焦头笋、客家豆腐酿肉皮、客家蒜包鸭等。

(二)名点小吃

江西地方面点小吃,分筵席点心、风味小吃等类型,多以米粉(干)、糯米、面粉为原料,以各种烹制方法制成糕、团、饼、饺等品种。

传统名点有麻团、白糖糕、棉花糕、虾仁海棠饺、蝴蝶鱼饺、冰糖糕、咸士成糕、荞头包、鱼皮烧卖、脆皮汤圆、芋包、香糯甜薯糕、金丝蜜枣、南瓜酥、三丝孩儿饼、七彩煎饼、黄元米果香、活鱼饺、葡香米发糕、牛舌头、糯米卷、韭菜烙、神农八宝饭、油香、木耳芋糕、菜汁煎包、香棕粉蒸肉、艾米果、赣味饺、金钱吊葫芦、冲天炮、艾饺、炸藕饼等。

传统小吃有炒米粉、信丰萝卜饺、井冈山的红薯丝饭、景德镇冷粉、景德镇饺子粑、寒婆粑、金线吊葫芦、石头街麻花、芥菜团子、酿冬瓜圈、家乡锅巴、大回饼、木瓜凉粉、伊府面、吊楼烧饼、状元糕、如意糕等。

【思考题】

1. 理解、归纳、掌握四川风味饮食的主要思想。

2. 如何梳理四川地方风味,使其构成更加合理?

3. 理解四川火锅的文化内涵。

4. 如何理解四川地方风味与川湘风味系统的渊源?

5. 掌握少数民族文化与云南的地方风味的关系。

6. 理解云南风味的地方区域划分。

7. 如何理解贵州地方风味与中国南方风味体系的渊源?

8. 掌握贵州地方风味的构成的特点。

9. 掌握湖北饮食史与饮食思想。

10. 结合湖北名菜,阐述湖北地方风味的特点。

11. 了解湖北风味的煮制、蒸制、烤烙制及炸煎制的小吃类型。

12. 理解湖南地方风味的区域划分。

13. 掌握湖南地方风味形成的原因。

14. 结合湖南地方名菜,阐述湖南地方风味的特点。

15. 如何理解江西地方风味与中国南方风味体系的渊源。

16. 掌握江西风味辣味形成的原因。

17. 尝试分析江西地方风味烹饪特点与四川地方风味烹饪特点的关系。

第三章 鲁豫风味体系

【本章教学导读】

　　鲁豫风味体系以北京、天津、山东、山西、河南、河北及东北三省为主要风味区域。属于北方菜集聚区,也有将这一风味区域称为酱文化区域。在这一区域中,山东风味的影响巨大,山东菜精于火候,烹饪技法全面,以炸、熘、爆、炒、烧、扒、蒸、塌见长,勺工堪称一绝。在学习鲁豫风味时,要特别注意山东、河南在地方风味形成中所产生的饮食思想。

【本章教学目标】

- 理解并掌握山东风味的饮食的主要思想
- 理解并掌握河南地方风味与中国南方风味体系的渊源
- 了解河北地方风味的构成特点
- 掌握山西面食形成的历史背景及主要特点
- 理解晋商文化与山西风味的关系
- 掌握元、明、清对北京风味形成的影响
- 理解天津地方风味烹饪特点与东北地方风味烹饪特点的关系

第一节　山东地方风味

　　山东风味的悠久历史与丰厚积累,是中国烹饪的重要组成部分。山东菜点从属于齐鲁文化,具有正统观念和传统思维,饮食文化以地域偏好、民众习惯、饮食倾向和理论支撑为基点,根植于山东全境及中国北方的广大区域,形成强大的传统力量,以儒家思想为背景,讲究礼仪和谐,追求民生完美。又以功底扎实的烹饪技艺为基础,食不厌精,推崇自然本味,形成返璞归真的烹饪本色和味兼四海的饮食内涵,中规中矩,厚重大气,以至于对中国北方众多地区的烹饪技艺都产生了决定性的影响。

一、山东风味的形成

（一）地理物产

山东省地处我国东部沿海，黄河自西向东横贯全境，气候温和，胶东半岛突出于黄海、渤海之间，形成长达 3000 多公里的海岸线。境内山川纵横，河湖交错，沃野千里，物产丰富，粮食蔬菜种类繁多，品质优良，与加利福尼亚、乌克兰并称"世界三大菜园"。其中胶州白菜、章丘大葱、苍山大蒜、金乡大蒜、莱芜生姜、潍坊萝卜等食材蜚声海内外。水果产量居全国之首，仅苹果就占全国总产量 40% 以上。泰山盛产各种菌类、蔬菜，以泰安地区的素菜制作尤为美味，如著名的泰山三美（豆腐、白菜、泉水），爱国将领冯玉祥隐居泰山时，每天食豆腐、白菜、山泉水，并赋诗作画，对此倍加称赞。代表菜有"锅塌豆腐""软烧豆腐""炸豆腐丸子""炸薄荷""烧二冬""三美豆腐"等。

山东水产品产量全国第三，其中名贵海产品有鱼翅、海参、大对虾、加吉鱼、比目鱼、鲍鱼、天鹅蛋、西施舌、扇贝、红螺、紫菜等驰名中外。如鲁菜中的葱烧海参，就是选用山东沿海所产的刺参。海参名贵的原因，在于海参生于浅海礁石的沙泥海底，喜在海草繁茂的地方生长，采捞时需人工潜水逐个捕捞，费力而且得之很少，故物以稀为贵。袁枚《随园食单》记载："海参无味之物，沙多气腥，最难讨好，然天性浓重，断不可以清汤煨也。"葱烧海参采取了"以浓攻浓"的做法，以浓汁、浓味入其里，浓色表其外，达到色、香、味、形四美俱全的效果。山东菜中有近百例以海参为原料的菜肴，如"扒肘子海参""烩鸭丁海参丁""雪花海参""糖醋活海参"等。

（二）历史因素

《尚书·禹贡》中记载"青州贡盐"。这说明至少在夏朝，山东已经用盐作为调味品。相传是夏代历书的《夏小正》，谈到了农、牧、渔等知识，还记载了蔬菜有韭菜和芸（即油菜），瓜果有梅、杏、枣和桃，粮食有黍、穈（粟）、稙（稻）和麻等。

春秋时期，齐国着重发展海洋渔业，所以齐地富鱼盐之利。胶东以海鲜闻名，承袭了海滨先民食鱼的习俗。内陆人们喜欢淡水鱼，《诗经·陈风》："岂其食鱼，必河之鲂。岂其食鱼，必河之鲤。"这说明鲂鱼和鲤鱼早在西周就已经成为众所周知的美味。现在糖醋黄河鲤鱼还是鲁菜的代表，山东大部分地区办宴席必上鲤鱼来扫尾，结婚谢媒必送大鲤鱼。《论语》记载了孔子的饮食原则，"食不厌精，脍不厌细"以及《论语·乡党》篇中的"十三个不食"，表现了孔子对人生和饮食的态度。具体说，是孔子对烹调的火候、调味、饮食卫生、饮食礼仪等诸多方面提出的主张和认识,为鲁菜烹饪思想的形成和发展奠定了基础,对北方菜中的精品菜和孔府菜的形成和发展,产生了深远的影响。

秦汉时期,山东地区的经济空前繁荣,地主和富豪出则车马交错,居则亭台楼阁,过着"钟鸣鼎食,莺歌燕舞"的奢靡生活。此时大量海味进入齐鲁居民饮食中。汉武帝到山东半岛沿海吃到渔民腌制的鱼肠,有奇异香味,于是命名为鳁鲰。《盐铁论·通有》中记载了"菜黄之鲐,不可胜食。"说明当时东莱郡的海产品十分有名。

两汉时期,出现了"文景之治"和"光武中兴",官僚地主和寺院地主庄园也随之兴起,使北方中原烹饪文化有了较大的发展。山东沂南出土的庖厨画像石,诸城前凉台西村发掘出汉墓《庖厨图》。画像石中可以看出从原料筛选、宰杀、清洗到切割、烧烤、蒸煮过程中精细的分工和熟料的整个烹饪操作的全过程,以及饮宴的场面。

北魏贾思勰的《齐民要术》对黄河流域的农业生产、菜肴烹饪等做了记录。该书对北朝以前的北方饮食文化进行了总结,"当时的烹调方法已有:蒸、煮、烤、酿、煎、炒、熬、烹、炸、腊、泥烤等,调味品有盐、豉汁、醋、酱、酒、蜜、椒,且出现了烤乳猪(炙豚)、蜜煎烧鱼、炙肠等名菜"。

唐朝临淄人段成式在《酉阳杂俎》中记载了当年烹调水平之高:"无物不堪食,唯在火候,善均五味。"段成式在书中还记载了大量有关齐鲁烹饪技艺、食料使用的资料。宋代汴梁、临安有所谓"北食",即是指以鲁菜为代表的北方菜。

元朝北方民族进行了一次大融合,北方菜受到"清真菜"影响,现如今在许多老北京风味中,还可以找得到草原饮食的痕迹。明朝鲁菜形成了以济南、福山等地为主的地方风味,也形成了孔府菜精细豪奢的体系。清王朝创建之初宴会分为汉席和满席,其中汉席就是以山东海味为主体,以"鲁菜"命名的文化体系出现并定型于这一时期。与此同时,山东民间风味也在蓬勃发展,《金瓶梅》小说中名目繁多的菜点和茶酒的描写,就是晚明市井饮食文化的典型写照。

二、山东风味区域划分

山东风味的构成众说纷纭,《中国鲁菜文化》将山东风味流派分为鲁西风味菜、鲁北风味菜、鲁中风味菜、鲁南风味菜和胶东风味菜;较为流行的说法是将山东风味论述分为济南风味菜、胶东风味菜和孔府菜三个部分。还有从菜肴主体内容来进行分类的,即内陆风味派、沿海风味派、运河风味派和孔府风味派,这四大风味流派虽没有明显的界线,但各自拥有较为密集的风味区域,内陆风味、沿海风味、运河风味和孔府风味各以其风格鲜明的风味特征、烹调技法,交错体现在饮食生活之中,并通过饮食渠道互通有无,从而形成了山东风味陆海交融、水陆交错的饮食格局。综合上述观点,可以将山东风味划分为以下四个风味。

(一)内陆风味

内陆饮食风味从农业文明中走来,以农产品、畜牧产品、淡水产品为主要烹饪原料。从区域占有量来看,内陆饮食风味在山东的辐射面最广,接受者最多,受传统思想影响也较深,以济南、曲阜、泰安、德州风味为代表。

泉城济南,自金、元以后便设为省治,全面继承传统技艺,广泛吸收外地经验,把东路福山、南路济宁和曲阜的烹调技艺融为一体,将当地的烹调技术推向精湛完美的境界。济南菜取料广泛,高至山珍海味,低至瓜果菜蔬,就是极为平常的蒲菜、芸豆、豆腐和畜禽内脏等,一经精心调制,即可成为脍炙人口的美味佳肴。菜点讲究清香、鲜嫩、味纯,有"一菜一味,百菜不重"之称。济南的清汤、奶汤极为考究,独具一格。《齐民要术》中制作清汤的记载,是味精产生之前的提鲜佐料,"厨师的汤,唱戏的腔"语出山东。经过长期实践,现已演变为用肥鸡、肥鸭、猪肘子为主料,经沸煮、微煮等,使清汤清澈见底,奶汤色如白乳,且味道鲜美。用"清汤"和"奶汤"制作的数十种菜,多被列为高级宴席的珍馐美味。

济南为首的内陆流派烹饪技法全面,巧于用料,注重调味,适应面广。其中尤以"爆、炒、烧、塌"最有特色。清代袁枚称:"滚油炮(爆)炒,加料起锅,以极脆为佳。此北人法也。"瞬间完成,营养素保护好,食之清爽不腻。烧有红烧、白烧之说,著名的"九转大肠"是烧菜的代表,清代光绪年间,济南九华林酒楼店主将猪大肠洗涮后,加香料用开水煮至软酥取出,切成段后,加酱油、糖、香料等制成又香又肥的红烧大肠,闻名于市。后来在制作上又有所改进,将洗净的大肠放入开水中煮熟后,入油锅炸,再加入调味和香料烹制,味道更鲜美。文人雅士根据其制作精细如道家"九炼金丹"一般,将其取名为九转大肠。"塌"是山东独有的烹调方法,其主料要事先用调料腌渍入味或夹入馅心,再蘸粉或挂糊。两面煎至金黄色,放入调料或清汤,以慢火收尽汤汁,使之浸入主料,增加鲜味,山东广为流传的锅塌豆腐、锅塌菠菜等,都是久为人们所乐道的名菜。另外善于以葱香调味,在菜肴烹制过程中,不论是爆、炒、烧、熘,还是烹调汤汁,都以葱丝(或葱末)爆锅,就是蒸、扒、炸、烤等菜品,也借助葱香提味,如"烤鸭""烤乳猪""锅烧肘子""炸脂盖"等,均以葱段为佐料。

(二)沿海风味

山东沿海地区受大海的滋润和恩惠,以"鱼盐之利"为其经济要素,在饮食方面明显向海洋倾斜,由此形成了涉海性极强的重海产、重海味、重鲜味的饮食特征,又因半岛地形而将海域划分为北海(指滨州沿海和潍坊沿海)、胶东沿海和鲁东南沿海三个海洋区域,因此山东海洋饮食区域也随之划分为相应的三个地域。从菜点风格方面来看,北海居民尤嗜咸味,喜欢吃腌制的海产品,在烹饪菜品中投放的食盐量最多,烹调的菜肴咸香油重。胶东沿海居民追求"鲜"味,特别爱吃活海鲜,他们擅长使用煮、蒸、焖、拌等方法来烹制海鲜,制作出的海鲜菜肴多为原汁原味。鲁东南沿海居民与淮海风味接触较多,且又善于航海,思想活跃,因而在涉海性饮食方面比较容易接受外来文明,其海洋饮食风格更显时尚,尤其在青岛一带,其海洋烹饪兴起之初就以内外兼备、中西合璧的姿态而彰显特色。

山东沿海风味独特的海鲜菜,烟台可称代表,仅用海味制作的宴席,如全鱼席、鱼翅席、海参席、海蟹席、小鲜席等,构成品类纷繁的海味菜单。胶东菜源于福山,距今已有百余年历史,福山地区作为烹饪之乡,曾涌现出众多名厨高手,通过他们的努力,使福山菜流传于省内外。福山地区烹制海鲜亦有独到之处,特别是对海珍品和小海味的烹制堪称一绝,无论是参、翅、燕、贝,还是鳞、蚧、虾、蟹,经当地厨师妙手烹制,都可成为精彩鲜美的佳肴。仅胶东沿海生长的比目鱼(当地俗称"偏口鱼"),运用多种刀工处理方法和不同烹饪技法,可烹制成数十道美味佳肴,其色、香、味、形各具特色,百般变化于一鱼之中。以小海鲜烹制的"油爆双花""红烧海螺""炸蛎黄"以及用海珍品制作的"蟹黄鱼翅""扒原壳鲍鱼""绣球干贝"等,都成为独具特色的海鲜珍品。

(三)运河风味

运河饮食风味产生于京杭大运河畅通时期,并在今天仍保留下明显的文化脉络。由于大运河的南北牵引,饮食风味纵线贯通,徽商把醇厚口味,晋商把酸咸口味带到了运河两岸,最终影响到山东运河两岸的烹饪与饮食方式,其用火腿、绍酒作为调配料在炖菜、扒菜、蒸菜、烧菜等菜肴中的制菜方法,传之于鲁西广大区域。从饮食趋向来看,山东运河沿线的风味特点是味喜咸鲜,质喜嫩爽,菜肴味道追求醇厚,尤其在烹制河湖水产品及肉禽蛋品上最为见长。

(四)孔府风味

在山东风味体系中,孔府菜是一个非常特殊的存在,其官府菜的典型性,在全国乃至世界都具有极高的知名度。由于历史地位等诸多原因,孔府菜以其特定的文化魅力一直保持着强盛的生命力,成为中国饮食界中经历年代最久、文化品位最高的食馔世家。尤其是孔子的形象始终闪烁在孔府菜的核心区域,秉承了孔子"食不厌精、脍不厌细、不得其酱不食"等古老遗训,以做工精细、善于调味、讲究盛器、烹调技法独到而著称。孔府菜在食料选择、菜肴烹饪、宴席设计、糕点制作以及饮食礼仪等方面都达到了极高的境界,形成了清淡鲜嫩,软烂香醇,汁味厚重的风味特点。清高宗弘历曾八次驾临孔府,并在1771年第五次驾临孔府时,将女儿下嫁给孔子第72代孙孔宪培,同时赏赐一套"满汉宴银质点铜锡仿古象形水火餐具",把孔府菜推向高、精、尖。

三、山东风味特点

山东风味偏重于本味的体现,追求的是饮食领域中的天人合一,通过精烹细饪创造菜肴,可以用"长年积累的文化底蕴、返璞归真的烹饪本色、味兼陆海的食料选择、出神入化的艺术操作"四句话来概括山东菜点的整体风格。

(一)咸为根本,各味兼备

人们常说"东辣西酸,南甜北咸"。山东濒临黄、渤海,绵延广阔的海岸滩地,取之不竭的海水,多晴的天气,所以当地盛产盐。再加上,山东冬季寒冷干燥,过去蔬菜很难过冬,只好把蔬菜腌制起来冬天吃,也因此养成了吃咸的习惯,长期发展形成了以咸味为基础,咸、鲜、酸、辣、甜等为主要味型的调味特色,讲究味纯正浓厚,即便是复合口味也是以咸味为主。

山东菜的咸味调味料包括精盐、酱、酱油。酱是具有齐鲁特色的调味品,鲁菜善于用酱,这里包括甜面酱、豆瓣酱、鱼酱、虾酱、辣酱等。在烹调当中还会采用"飞酱"的做法,即用面酱,炒至放香,然后再下主料烧炒,在用"酱爆""酱焖""黄焖"等技法烹制的菜肴中均需要使用。有些菜肴还需要将主料(如肉块)放入酱中腌一段时间,使其入味,然后再进行烹制,味道更加浓郁,如"秋季酱肉"。鲁菜带"酱"的菜肴有"酱爆鸡丁""酱焖加吉鱼""酱汁鸭子""酱汁活鱼""五香酱肉"等。鲁菜还有用大葱蘸甜酱的饮食习俗。酱及酱油,不仅在山东饮食中占据着其他调料所不可替代的重要地位,而且在制酱、吃酱、用酱、论酱过程中对山东人的思维方式、民族性格和人文精神也产生了重要影响,形成了独具特色的酱文化。

烹调中擅用醋,不仅用其酸味,还要取其香味。这里的酸味分为"咸酸"味型的,如"炒腰花",用热油先把醋烹制放香时再加主料,酸味甚微;有"甜酸"类型的,如"糖醋黄河鲤鱼",先把葱末、蒜末炸过,用热油烹醋,再加糖、水等;还有"酸咸"味型的,如"招远蒸丸",在汤汁中直接加醋,使其酸味浓重。

生食葱蒜以取其辣,熟食葱蒜以用其香。山东章丘大葱最佳,在享用烤鸭、锅烧肘子、清炸大肠等菜肴时,一般生吃大葱。山东人还生食大蒜,夏日的凉菜、凉面中都要拌以蒜粒、蒜泥,取其辣味。在调香方面,山东人喜欢多用葱、姜、蒜,尽可能地增加芳香力度。大葱还能作为菜的配料烹饪成菜,如"葱烧海参""葱爆羊肉"

"黄葱扒鱼唇"等。大蒜切片作配料可烹制"蒜爆羊肉";切丝或末以其为主并配以葱、姜丝或末,是"炒腰花""炒肝尖""爆炒肉片"等菜肴炝锅的必须小料。

(二)技艺全面、精于制汤

山东菜点烹饪技术全面、功力扎实、巧于用料、精于制汤、注重凋味等特点,其工艺制作之水准,享誉海内外。山东人擅长"清汤"和"奶汤"的调制,每每以汤调菜,不失其本味原色。在灶台上,山东人擅长爆、烧、扒、塌和拔丝,并且在烹饪技法上划分甚细,比如说"爆",山东就有油爆、盐爆、酱爆、芫爆、葱爆、汤爆、水爆、火爆、宫爆、爆炒等多样手法,充分体现出鲁菜的烹饪能力。烹制甜菜方法也很特殊,淄博地区的甜菜,往往用"拔丝"的方法,还有在拔丝基础上发展起来的"琉璃"菜;胶东风味的甜菜一般用"挂霜"法,即将改刀后的原料下入油中炸制熟脆后,再用白糖加水熬化后,下入原料挂匀出勺,或炸熟脆后蘸上白糖。前者有"拔丝山药""空心琉璃丸子"等,后者有荣成"挂霜丸子"、烟台"酥白肉"等。

(三)吉祥高贵、追求财富

中国几千年的封建等级社会制度和纲常伦理影响,人们对地位和权力有着特殊的追求,这种思想在山东菜中的体现,就是把各种代表地位、权力、富贵的字眼加入菜肴名称中,用来满足人们对高贵生活的追求。

孔府菜最具代表性。孔府又称为"衍圣公"府,是孔子嫡系后裔承袭居住的地方,有着浓厚的文化背景。这里是名副其实的"道德文章""诗礼传家"的府第。在这种历史文化的氛围中,孔府菜菜点的命名被赋予了一定的文化内涵,形成了孔府饮食文化独特的美学风格。孔子的成就得到历代帝王的推崇,他的后代有了先祖的余荫显赫近百代。孔子的后裔对历代帝王所给予的恩宠无不感恩戴德,并借助于各种形式来表达感激之情。这在菜名上也有体现。如"带子上朝""一品寿桃""诗礼银杏""御带虾仁"等,一是为了炫耀孔府的尊荣与显贵,二是竭心尽力表达孔府对皇帝的感恩与忠诚。

追求财富的心理在菜名中的表现有两方面,一是利用"鱼"和"余"的谐音来表达对生活富足的向往,如"连年有余";一是直接用"金银"象征财富的词汇来给菜命名,如"金银鸡""金钱海参""银丝金鱼""银珠鲍鱼"等。

(四)小吃丰富、面食繁多

小吃多源于沿海渔民。比如,现在福山沿海一带的饭馆里还保留着一些原始传统的饭食,像"鱼面条""蟹蒸包子"等,这种面条是将"红鞋鱼""辫子鱼"整尾或大块放在清水里煮,煮得滚开,再将少许面条放入水中,鱼多面少,连汤带面地吃起来,这边嘴角大口扒进,那边嘴角不断地吐出鱼刺来,内地人看了,目瞪口呆。再例如,用"鲅鱼"包包子、用"偏口鱼"包水饺。这些传统吃法本源于民间,形成固定做法后,流入正规饭铺。落潮时"赶小海"赶来的海味,开水一煮,带着海腥味,来到街头小巷,叫卖起来,这种小吃的独特风味,是内地人所享受不到的。集市上,叫卖海鲜小吃的比比皆是,春天,有"桃花虾""乌鱼""海螺""板虾",蘸盐大嚼,或捧在手中,边走边食。夏季,有消暑的"海菜凉粉""海带""海红肉(贻贝)"。到了秋冬季,味道鲜美的"大螃蟹""海蛎子""大海螺""海胆""寄活蟹""海爬狗""海蜇"等都是争食对象。这些小吃食法简单,风味源于"原味",海鲜味浓,现在的胶东菜系中,仍保持这种做法,如"清水大虾""清蒸螃蟹""清炖海参""清煮海螺"等。

山东面食种类繁多,其高桩馒头、硬面馒头、胶东饽饽、福山拉面、周村烧饼、糖酥火烧、水饺草包,还有福山三大名面食,"杈子火食""福山大面""硬面锅饼"等都曾驰名海内外,为人们所喜爱。

四、山东名宴名菜

(一)地方名宴

1. 四四席,吃是讲究

"四四席"1919年由博山创制,融入了中国古代"天圆地方、四面八方、对称平衡"的宇宙观和审美观。宴请宾客时主宾席皆用圆桌,圆桌大都采用方形盘子陈列。一般宴席则用方形八仙桌,方桌多用圆形盘子陈列。诸食客席踞八仙桌,坐大漆木圈椅,两两相对,宾主有序尊卑自知。显示个"四面八方"的开头,合出个"四红四喜"的吉数,品的是味道,要的是感觉,从中国传统观念上理解,"四"字的含义,多有"四红四喜、四平八稳、四方宾客、四世同堂、四乐人生、四季来财"等吉祥寓意。因此,"四四席"的叫法也就自然让人们充分地展开联想,把菜品和器皿的数值含义与社会理念进行了丰富的延伸。单就数理而言,八人用餐,"四四"规制恰到好处,少一个则不足,多一个则有余。

如宴请重要客人,多以配备"四押桌、四干果、四鲜果、四蜜钱、四点心"为"预席"之仪,不仅以此彰显对客人的尊重,而且符合不使主客空腹饮酒的养生要求,坐席之间专留两个空座以备敬酒之人随时入席敬酒,谓之"敞口席",(少一人为"缺口席",多一人为"挂角席"),以示待客的隆重与礼数的周全。"四四席"不仅是单纯的餐饮文化,而且还在融合了当地俚俗的基础上,派生出酒文化、孝义文化、礼仪文化、婚庆文化、师承文化、厨艺文化等丰富内容,以及"长尊幼卑、主客有序、先干为敬、离座敬酒"等传统礼仪规制的约束,还有食客们席间作诗劝酒、逊谢酬答的现场唱和,更令"四四席"在燕乐餐饮过程中少了几分粗俗,多了几分优雅。"四四席"历经百年,传承至今,从无断档,堪称餐饮业的"活化石"。

2. 金瓶梅宴,明代市井

《金瓶梅》是我国第一部由文人独立创作的长篇小说,也开启了此后以世情风俗为主流的小说创作方向,清代丁耀亢曾说:"一部《金瓶梅》说了个色字。"实际上,《金瓶梅》对"食"的描写,篇幅和精彩程度,丝毫不亚于色,所以说是一部张扬世俗享乐、市情趣味的巨著。提及的饮食行业有20多种,其精细程度让人惊叹,仅以蛋的做法为例,《金瓶梅》中就有摊蛋、煨蛋、酒蛋、糟蛋、蒸蛋、煮蛋等。西门庆家的厨娘宋蕙莲从她的前夫蒋聪那里学得了一手好厨艺,最拿手的烹调绝活是烧猪头。她烧猪头时只需一根柴火,"上下锡古子扣定那消一个时辰,把个猪头烧的皮脱肉化,香喷喷五味俱全"。这道菜做起来很怪,怪就怪在只用一根柴火就把一个猪头烧得酥香味美,宋蕙莲的烧猪头吃起来也是很怪的,必须像吃烤鸭一样,要配上葱、酱和薄饼,这种怪怪的烧猪头入口即化、肥而不腻,是李瓶儿、潘金莲这些美人爱吃的一道菜。

3. 水浒宴,侠骨柔情

水浒宴以《水浒传》为蓝本而提炼出美食情节,以历史故事为背景延伸出美食效果,通过宴会杯盏的传递,再现当年梁山好汉大块吃肉、大碗喝酒的气氛。品尝水浒宴,首先要感受水浒气氛,要进入阳谷水浒宴的"聚义厅",要被水浒气息所笼罩,要迎面刀枪剑戟,要感受寒光凛烁,还要耳边萦绕传递好汉歌的旋律激昂。水浒宴要使用专制餐具,粗陶大碗是其风格,杯盘色泽或红或黑,粗中有细,黑里透光,一端酒碗,顿生豪饮之气,一动筷箸,便来朵颐之风。

水浒宴菜肴共有108道,像那108名好汉。"大块吃肉",首先要吃"武松牛肉",当年武松打虎,不仅仅是因为喝了好酒以壮胆气,更在于他吃了好牛肉以增体力,不然那斑额猛虎,来势凶恶,没有强劲体力,怎能将其制服?吃了"武松牛肉",还要尝一尝"时迁鸡"。读过《水浒传》的人都知道,时迁偷鸡,引发了梁山好汉们火烧祝家庄的大搏杀,这也是《水浒传》中的重点情节。"时迁鸡",或以火烧,或以汤炖,用料有差别,风味不相同,可以挑选所好。但不管你怎样品尝"时迁鸡",那种传奇风情始终会缠绕你的思绪,让你产生联想。

4. 运河风情宴,道道典故

京杭大运河的开通和兴盛,为聊城提供了一条开放交流的通道,给聊城带来了空前的经济繁荣,曾把临清、阳谷等地的商业文明推入了鼎盛时期,当时便有"南有苏杭,北有临(清)张(秋)"之说。

运河文化风情宴以清康熙、乾隆沿运河南下视察,途经临张的历史文献资料为依据,每道菜品都配有历史与文化典故,充分体验"色、香、味、形、器、艺、养、文"的境界。菜单设计为"一凉拼、八大菜、双面点、双小吃、一汤、一果盘"。八道大菜都是匠心独具、精雕细刻而成。如"御液一品翅",鱼翅虽为海中珍品,但本身不具有特殊的鲜味,采取本味不足、后味补的方法,用上好的顶汤,加入金华火腿等提香之料,与发制好的鱼翅共同蒸制而成,该菜具有火候十足、汤鲜味醇、清香滑嫩的特点。还有"洪福齐天、玉带龙骨、一品夫人、挂剑台、运河甲鱼、古阿贡梨"等菜品,讲求"一道菜就是一朵花,一桌菜就是一幅画"的文化意境。

(二)传统名菜

山东传统名菜遍布齐鲁大地,在济南,有葱烧海参、清汤什锦、奶汤蒲菜、九转大肠、糖醋鲤鱼、油爆双脆、氽芙蓉黄管、奶汤八宝鸡、滑炒里脊丝、牡丹干贝、拔丝苹果、清汤布袋鸡、挂霜丸子、蟹黄鱼翅、爆大虾、锅塌豆腐等名菜支撑业界。在淄博,有怀胎鲤鱼、拔丝地瓜、拔丝山药、麻花肘子、博山豆腐箱等名菜闪耀光泽。在胶东地区,有糟熘鱼片、熘虾仁、炸蛎黄、清蒸加吉鱼、煎烹大虾、浮油鸡片、清炒腰花、油爆乌鱼花、芙蓉干贝、红扒大排翅、扒原壳鲍鱼、油爆海螺、清氽天鹅蛋、芙蓉大蛤、火烧海螺、金银蛎子、菊花蟹斗等名菜。在潍坊,有朝天锅、海米炝芹菜等土制名菜。在鲁西,有红烧金刚脐、清蒸白鱼、鸾凤下蛋、炸鹅脖、蜜汁荸荠丸子等地方名吃。另有德州扒鸡、莱芜香肠、聊城瑞香村炸肉等,以熟食的形式彰显为山东名菜。

1. 葱烧海参

以水发海参和大葱为主料,海参清鲜,柔软香滑,葱段香浓,食后无汁。海参列为中八珍之一。分为刺参、乌参、光参和梅花参多种,山东沿海所产的刺参为海参上品。

2. 爆大虾

使用的虾又称对虾,不是因为它们雌雄成对,是因为过去在市场上出售此虾时,常以对为单位来计数计价,久而久之,对虾之名便成公认的了。又因虾体色呈青白、光滑透明,所以又称为明虾。爆大虾是胶东地区的名菜,突出之处,在于保持了对虾的原汁、原味、原形。把新鲜整尾的对虾,放入调好味的汤汁中,用小火焖熟,成对摆在盘中,再浇以鲜亮的浓汁,成菜后虾形完整、色泽艳丽、口味香鲜。

3. 扒原壳鲍鱼

是山东青岛沿海的一道名菜,此菜将鲍鱼肉制熟后,又分别盛入原来的壳内,造型美观又名贵,是一种造型和盛器双重配合的杰作,原壳置原味,面目清新。

4. 清蒸加吉鱼

原汁原味,鲜嫩爽口,久食不腻,常作高档筵席之大件菜。吃时外带姜末、醋碟用以蘸食,口味尤佳。食毕,以头尾及骨氽汤,二次上席,开胃醒酒,品味胜过全鱼。

此种吃法独特,其他菜系甚为少见,可谓食苑中的一朵奇葩。

5. 醋椒鱼

醋椒鱼是一道汤菜,以丰泽园饭庄做得最出名,制作"醋椒鱼",鳜鱼、草鱼、青鱼均可,但必须是活鱼,讲究现杀现做。此菜鱼肉鲜美,汤色乳白,酸辣开胃,解酒醒腻。

6. 炸蛎黄

是青岛饭店菜谱里的常见菜。炸蛎黄口味咸鲜,菜品色泽金黄,外焦里嫩,营养丰富,健脾开胃,对预防骨质疏松非常有好处。

7. 韭青炒海肠子

为烟台名菜,海肠肉质特别鲜脆,与嫩韭青同炒,鲜美适口,是胶东地区的著名小海鲜。

8. 糖醋黄河鲤鱼

糖醋黄河鲤鱼,黄河鲤鱼生长在黄河深水处,头尾金黄,鳞亮肉肥,是宴会上的佳品。《济南府志》上早有"黄河之鲤,南阳之蟹,且入食谱"的记载。据说:"糖醋黄河鲤鱼"最早始于黄河洛口镇。厨师在制作时,先将鱼身割上刀纹,外裹芡糊,下油炸后,头尾翘起,再用著名的洛口老醋加糖制成糖醋汁,浇在鱼身上。成菜香味扑鼻,外脆里嫩,且带甜酸。糖醋黄河鲤鱼以济南汇泉楼所制的最为著名。该店厨师将黄河鲤鱼养在水池里,顾客当场挑选,活杀制菜上席,颇得食客青睐,闻名遐迩。

9. 德州扒鸡

古城德州,九省通衢,京杭大运河贯通德州城南北。早在清朝乾隆年间,德州扒鸡就被列为山东贡品送入宫中供帝后及皇族们享用。50年代,国家副主席宋庆龄从上海返京途中,曾多次在德州停车选购德州扒鸡送给毛泽东主席以示敬意。德州扒鸡因而闻名全国,远销海外,备受中外人士的青睐,凡品尝者无不拍手称绝,被誉为"天下第一鸡"。

德州扒鸡,一讲究整形,将鸡双腿盘起,双爪插入腹部,两翅从嘴中交叉而出,形似"鸭浮水面";二讲究烹炸,将鸡全身涂匀糖色,然后入沸油锅中炸制,至鸡身呈金黄色时捞出;三讲究料焖,煮时用旺火煮,微火焖,浮油压气,雏鸡焖6～8小时,老鸡焖8～10小时,扒鸡焖煮以原锅老汤为主,并按比例配制新汤,配料有花椒、大料、桂皮、丁香、白芷、草果、陈皮、三萘、砂仁、生姜、小茴香、酱油、白糖、食盐等16种。

10. 锅烧肘子

这是一道酥炸类的传统冬令菜,宴席上的大件。吃到嘴里外焦里嫩,肉香可口,肥而不腻。制作的关键在于挂糊和火候。挂糊时要用蒸肘子的原汤调糊,不能只加面粉和鸡蛋。炸时先用中火,再用小火,后用急火和微火,才能炸透炸酥,呈现金黄色。用荷叶饼卷食、佐以椒盐、白糖、面酱、葱段,味道更佳。

11.锅塌豆腐

这是著名的山东菜,成菜金黄,外形整齐,入口鲜香。最早的锅塌系列菜是来自山东地区,早在明代,山东济南就出现了锅塌豆腐,此菜到了清乾隆年间荣升为宫廷菜。后传遍山东各地,又传入到天津、北京及上海等地。之后在各地不断改良,如锅塌银鱼、锅塌里脊,成为天津独特的做法。

12.奶汤蒲菜

奶汤蒲菜,是济南著名的风味菜,蒲菜产于大明湖畔,为天南星科多年生植物香蒲的假茎。用奶汤和蒲菜烹制成的"奶汤蒲菜",早在明清时期便极有名气,至今盛名犹存。汤呈乳白色,蒲菜脆嫩鲜香,入口清淡味美,是高档宴席的上乘汤菜,素有"济南汤菜之冠"的美誉,历来被人们誉为济南第一汤菜。

13.拔丝苹果

作为熟食水果类菜肴,不但味道独特,而且可助兴席间之乐。此菜呈金黄色,外脆里嫩,香甜可口。一上桌,你拔我拽,金丝满布,笑语不绝。

(三)传统名点

山东传统名点遍布省内,济南有油旋、草包包子、荠菜春卷;胶东有海鲜馄饨、虾汤面、蛤蜊面、鲅鱼水饺、大卤面;潍坊有糖酥杠头;淄博有周村烧饼、肉火烧。山东小吃以临清最为火爆,热销者有保良第一家饼卷肉、老时鲜楼羊汤、李家烧鸡、景家砂锅、东云阁烤鸭等,就连临清城外的乡镇村庄,美食亦如珠玑散落,知名者有刘垓子镇的白仁、金郝庄乡的鬼子鸡、石槽乡的赵家辣子鸡和石槽包肉等。临清著名的面食四大名吃是窦家蒸包、徐家煎饼、王家烧卖和武德魁肉饼。

孔府糕点以其精美风味而享誉食界,其中应时糕点,春有藤花饼、百合饼,夏有薄荷饼、荷花饼、绿豆饼,秋有菊花饼、桂花饼,冬有萝卜饼、豆沙饼,可谓四季常新。乞巧节用的"巧果"面点更是造型多样,有花鸟、仙桃、鱼形、福寿字等,既是食品,也是观赏品。至于常年食用的大酥合、菊花酥、百合酥、枣煎饼,均为食客称道。

(四)创新名品

随着市场经济的活跃,山东厨界积极开发研制味美适口的新馔佳肴,近几年来在山东境内掀起高潮,新菜名品层出不穷。在济南,舜耕山庄一派创新最多,舜和一派创新最精,中豪一派更新最快。舜耕创新名品有砂锅海参、杏酪血燕、治河速熏鱼、布郎汁鱼翅、蟹子牡丹虾、清汤鱼茸蛋、舜帝石烹鱼、舜耕咸肉等。舜和创新名品有红蒸江鲥鱼、金丝富贵虾球、白玉瑶柱羹、肉末烧海参、鲜虾蟹斗王、鸡汁煮干丝、蟹油狮子头、铁板煎黄鱼等。中豪创新名品更是层出不穷,有山珍戏海味、大汉烤羊肉、秘制海鲈鱼、北风皇上皇等。

胶东海鲜逐渐风靡山东,创新菜品屡奏奇效,著名的"四大拌"成为典型代表。著名菜品有向婆一锅鲜、向婆煮海参、焖大鱼、香辣菜卷、海鲜疙瘩汤。在泰安,豆腐菜异军突起,调味淡雅,口味滑嫩,烹制尤为巧妙,创新菜有软烧豆腐、炸豆腐丸子、三美豆腐等,另有炸薄荷、烧二冬,亦为素菜名吃。

运河沿线也有很多新品,如济宁和微山湖的清蒸鳜鱼、红烧甲鱼、奶汤鲫鱼、油淋白鲢等。临清有桃花两吃虾、卫河四扣碗、翡翠腰丝、特色飘香兔、饼卷粉蒸肉、酥皮肉卷、菊花里脊、四味豆腐皮、香糟活鳜鱼、五彩青丝、酱焖素天花、发财鱼钱羹、黄瓜杏仁羹等。

第二节　河南地方风味

地处黄河中下游的河南省,沿黄河七百余公里,是我国民族饮食文化的重要发祥地之一。在河南的仰韶文化遗址中曾出土了可以利用蒸汽把食物蒸熟的炊具——甑,距今已有6000多年历史,这说明当时人们已经可以吃到干饭了。在四千多年前,大禹之子夏启在今禹县设"钧台之亭",是我国最早有记载的宴会。《礼记·王制》载:"凡养老,有虞氏以燕礼,夏后氏以飨礼""殷人以食礼",这是我国古老的宴会制度,现有虞氏便在河南省的虞城县。出生于河南伊川县一带的商朝开国宰相伊尹,史载擅长烹调,被称作"宰相厨师",我国最早的烹饪学理论《本味篇》,就是伊尹初见商汤时的谈话内容,他被后代尊称为烹调始祖。

河南作为我国古代中原文化中心,其饮食文化自古就很发达,尤其是北宋时期。北宋在我国饮食文化史上占据了重要地位,这个时期随着商品经济的发展和商业及对外贸易的繁荣,北宋的饮食文化也迎来了发展的高峰,代表了中国饮食文化的极高成就。

北宋都城东京汴梁(今河南开封)地处中原,盛产小麦,又在黄河之滨,鱼类丰富,这决定了北宋都城人以面食为主食,以各类肉食和蔬菜为副食的特点。宋代的面食有很多种,包括面、饼、馒头、包子、饺子和馄饨等。在早期的文献中,面食被统称为"饼",这个字最早见于《墨子·耕柱篇》。东汉刘熙在《释名》中说:"饼,并也,溲面使合并也。"在宋代,饼已成为百姓餐桌上不可缺少的一部分。宋代的饼主要是指用面粉做成的食品,烤制而成的叫烧饼。《水浒传》中武大郎在街头叫卖的"炊饼",在北宋时其实指的是馒头。

宋代是面食充分发展的时代,"面"已作为这类食品的名称出现。在《东京梦华录》《武林旧事》《梦粱录》等书中记载的面的品种就有百种左右。吴自牧《梦粱录》卷十"面食店"有一条说明:"向者汴京开南食面店,川饭分茶(饭店),以备江南来往士人,谓其不便北食故耳。"包子在宋代时已有这个称谓,据《梦粱录》《武林旧事》等书记载,包子这时的品种已有十余种。饺子和馄饨也是这时的主要食品了。馄饨的制作工艺已与现代非常相近。宋代的饺子又叫角子或者角儿,在很多文献中都有记载。宋代东京,"夜市直至三更尽,才五更又复开张,如耍闹去处,常通宵不绝"(《东京梦华录》卷三"马行街铺席")。夜市的繁荣,带动了饮食的发展。《东京梦华录》卷二记载,东京夜市从食丰富,价钱便宜。"鹅、鸭、鸡、兔、肚、肺、鳝鱼包子、鸡皮、腰、肾、鸡碎,每个不过十五文"。

一、河南风味的形成

(一)地理物产

河南古称中州,地处中原,北、西、南三面有太行山、伏牛山、桐柏山、大别山环绕,中部和东部为一望无涯的黄淮大平原。境内有黄河、淮河、海河、汉水四大水系,大小河川 1500 余条。这里土地肥沃,气候适宜。山珍有猴头、鹿茸,药材有怀庆山药、林县党参、商城茯苓、新县白果、伏牛百合,花卉有牡丹、芍药,佳蔬有香椿、韭黄,还有闻名遐迩的黄河金鲤、宽背淇卿、南阳黄牛、马蹄鳖和固始三黄鸡,以及南阳老姜、林县花椒、永城辣椒、密县大蒜、辉县大葱、商丘麻酱、彭德陈醋、开封料酒、祥符三酱等。小麦、玉米、豆类、芝麻等农产品和肉类、禽蛋、奶类等畜产品产量均居全国前列。这些因素为豫菜的发展提供了丰厚的物质基础。

豫菜始于夏商,经周、汉、魏晋直至隋唐五代不断充实、发展,到北宋时已形成颇具规模的,并具有独特地方风味的重要菜系。北宋初,宋太祖赵匡胤"恩施于百官者惟恐其不足,财取于万民者不留其有余",东京汴梁城(今开封)即是全国的政治、经济和文化中心,也是全国最大的消费城市,饭店酒楼遍布大街小巷,大菜小吃的品种品类不胜枚举,有"集天下之珍奇,皆归市易;会寰区之异味,悉在庖厨"之说。为豫菜形成色、香、味、形、器五性俱佳的完整体系提供了有利条件。作为豫菜基础和源头的河南民间菜,它的原料取自中原地区历代劳动者培植、饲养、采集、渔猎和不断选优的本地产品;它的烹调方法也不断改进和创新;其特点较为突出,即"色重、味浓、汤满、熟透、热吃"。

(二)历史因素

中原地区是我国文明的发祥地,也是农耕文化的摇篮。在距今 7000 ~ 8000 年前的裴李岗文化遗址中,曾发现大量的农业生产工具和谷物加工工具,那时候,人们已经学会种粟（小米），将野生的狗尾草培植为农作物。在距今 5000～6000 年的仰韶文化遗址中，出土过粟粒、大麻籽、莲子和高粱、稻谷。当时，人们已经成功地驯化了六畜——狗、猪、羊、鸡、牛、马。农业和家畜饲养业的发展，为饮食业的进步提供了物质基础。河南各地出土过新石器时代大批陶制的炊器、饮食器和酒器，其中陶灶是现代炉灶的始祖，鼎、釜、鬲相当于后世的锅。春秋战国时期的铜鉴，在河南境内屡有出土，鉴是古代的"冰箱"，表明当时的人们已知利用天然冰来延长肉类和蔬果的贮放时间。所有这一切，为河南菜的发展创造了良好的条件。河南的人文历史为豫菜的形成发展起到了重要作用。九朝都城洛阳、七朝都城开封除汇集了达官显贵、富商大贾，也汇集了天下名厨和高超的烹饪技能，可谓名师、高手集一体，名料、名宴汇一炉。这些名宴、名菜在竞争中创新，在盛世中发展，在选择沉淀中淘汰，直至将精华世代传承下来。如隋代宫廷名菜"软竹雪龙"、唐代名菜"洛阳牡丹燕菜"、宋代的"蟠龙珠"，以及名士菜"霍香鱼""东坡豆腐""东坡肉"等。发展到了清末，豫菜以其博采众长的"三大烤"（烤鸭、烤鱼、烤方肋）和兼收并蓄的"八大扒"（扒鱼翅、扒广肚、扒肘子、葱扒鸡、扒素什锦、扒素鸽蛋、扒铃铛面筋、扒海参）及独树一帜的"四大抓"（抓炒里脊、抓炸丸子、抓炒腰花、抓皮春卷）而闻名全国。所谓"抓皮"，非手抓皮之意，而且既不是摊成的，也不是烙出的，而是用冷水和面制成软面团，制皮时，手抓面团，放在热鏊子或贴锅上，旋转一下，面团随即离开，揭起鏊面上的面皮就做好了。此皮卷包用春韭，开封人称其为韭头，和肉丝制成馅料，经油炸而成，故名。

中国有八大古都，河南便有其四。平王东迁建都洛阳后，宫廷膳食制度进一步建立，设有膳夫、疱人、腊人、食医、酒正职等官，专职负责天子的膳食和祭祀供品。历史上有名的"周王八珍"便在此时形成，并对以后豫菜的发展影响较大，经过历代厨师的继承和发展，其内容不断丰富，技巧也更加精益求精。武则天临朝称帝也定都洛阳，征召附近山区的民间汤菜进贡宫廷，后经御厨高手加工升华，形成著名的"洛阳水席"，成为豫菜中的一朵奇葩。北宋的言、汝、钧、哥、定五大名窑，河南有三。三窑的瓷器，是饮食文化活动中不可或缺的器具，提高了百姓的生活水平，也发展了中原地区的饮食文化。《梵天庐丛录》载："晋、鲁、川、滇、豫、粤、苏、浙等省，食各有味道，菜各有拿手，人各有异，处处不同……"这点出了豫菜的地位。此外，北宋汴京（河南开封）是我国餐饮业的肇始，张择端的《清明上河图》画载了首都汴京的城市一隅，街两边的茶坊、酒肆、脚店、肉铺等鳞次栉比，据《东京梦华录》载，当时的菜点已达数千种。这些菜点名品为后来豫菜的发展提供了强有力的阶梯。

（三）乡风民俗

进入奴隶制社会以后，河南是夏朝人活动的中心区域。在此期间，中国烹饪初步确立了食法、食制等烹饪文化范畴的雏形。后来商汤在伊尹的帮助下推翻夏朝，建都及迁都也都在河南境内。五代宰相伊尹擅长烹饪，其五味调和论、火候论等烹饪理论被记录在《吕氏春秋·本味篇》，对中国烹饪发展的贡献和对后世的影响都是极其巨大的，被尊为烹饪业的始祖。其"久而不弊，熟而不烂，甘而不哝，酸而不酷，咸而不减，辛而不烈，淡而不薄，肥而不腻"的八定之规和关于取材、调味、加工过程的理论思想至今还深深地影响着中国的饮食文化。

河南人文荟萃，古代伟大的思想家老子、庄子、韩非子，政治家商鞅、李斯，科学家张衡，医圣张仲景，文学家韩愈、蔡邕（蔡文姬之父），哲学家程颢、程颐，军事家范蠡（后去经商，为中国商业的祖师爷）均是河南人。加上北宋前历代名人雅士、皇宫贵族汇聚河南，必然给河南饮食习俗带来重要影响。例如：这些社会高层人士，已知晓养生之道，懂得喝汤、吃面食养人的道理。因此，将汤以及用熬吊的好汤烹菜视为上品，面食易消化吸收，面食制品成为日常主食。传流至今，河南人喜食汤面，烹汤、制面仍是豫菜的一大主流。

此外，从南北朝时起，中原佛教盛极一时，仅嵩洛一带，就有古寺名刹1000多个，大批僧尼潜心研究素斋，寺院菜流传至今，成为豫菜传承中不可或缺的一部分。

二、河南风味区域划分

豫菜由于其发展历史悠久，构成从地理上讲以洛阳、开封、郑州三个地区为主，形成了豫菜完整的风味体系，这个体系由筵席菜、宫廷菜、大众便餐菜、风味小吃、家常菜等构成。其风味特点是甜咸适度，酸而不酷；鲜嫩适口，酥烂不碎；色彩典雅，鲜香清淡。不同的地区有不同的风味特点，洛阳人爱喝汤，有驴肉汤、牛肉汤、羊肉汤、胡辣汤等，其中最著名的是洛阳特有的"水席"，它以其蕴含的悠久历史文化积淀而驰誉四方。

开封菜在豫菜风味体系中占有很重要的地位，有许多菜肴是从开封菜发展而来的，如"软熘黄河鲤鱼焙面""烤方肋"等。开封的小吃也很有名气，每当夜幕降临，鼓楼广场的小吃生意异常火爆。自从20世纪50年代，河南省会由开封迁至郑州后，郑州迅速成为河南的政治、经济和文化中心，在烹饪上也成为豫菜发展的主力军。此外，寺院菜、清真菜也是豫菜的重要组成部分。

三、河南风味特点

河南菜经过长期的发展，形成了自己独特的风格，概括起来说，河南菜的特点是：取料广泛，选料严谨；配菜恰当，刀工精细；讲究制汤，火候得当；五味调和，以咸为主;甜咸适度,酸而不苦;鲜嫩适口,酥烂不浓;色形典雅,淳朴大方。

（一）菜讲渊源,具中和美

河南饮食在长期发展中形成了官、商、寺、民肴馔的完整体系。七代王朝在开封建都,皇亲国戚、达官显贵、名流高士、富商大贾云集汴京,从而使官府肴馔应运而生,官府肴馔,高雅清淡,鲜奇滋补。商业性质的中小型店铺遍布全城,提篮推车的串街小卖更是不计其数。汴京佛寺、道观百所之多,素馔斋食是寺庙观庵的主要饮食。民食丰富多彩,具有浓厚地方特色。如果说官府肴馔是精华,那么市肆、民间的肴馔则是肴馔发展的基础。明清两代,开封是"中原首邑",民国时期,开封是河南的省会,仍然是南北商贾交流贸易的热闹地方,成为豫菜的代表,被誉为"汴梁风味"。

河南地处中州,素有"菜具饮食中和之味"之说。"中和之味"适合中州人的生理习惯等方面的需要,利于人体五脏六腑的调和滋养,确属美味中的上乘。河南菜坚持"五味调和制汤提鲜,技法讲究刀工精湛,选料精细取料广泛"的特色,强调色、香、味、形、器、营养六要素有机的结合。烹饪之圣伊尹在《吕氏春秋·本味篇》中提出"调和之事,必以甘、酸、苦、辛、咸,先后多少,其齐甚微,皆有自起",要做到"甘而不浓,酸而不酷,咸而不减,辛而不烈,淡而不薄,肥而不腻"。开封菜调味的尺度一直承袭这一宗旨,形成了不可过咸、过辣、过甜,要求亦甜、亦咸、亦辣,不偏不倚,不藏不露的中和之美。

（二）取料精细,技法高超

河南在我国也是盛产烹饪原料的省份,在河南的西部山区,盛产猴头、鹿茸、拳菜、羊肚菌和蘑菇;在河南北部出产全国著名的怀庆山药、宽背淇鲫、百泉白鳝和青化笋;南部的鱼虾,平原的禽、蛋,其资源都相当丰富。在长期的烹饪实践中,河南厨师总结出许多选料方面的宝贵经验寓于谚语中,如"鲤吃一尺,鲫吃八寸""鸡吃谷熟,鱼吃十月""鞭杆鳝鱼,马蹄鳖,每年吃在三四月"等。其菜的辔头,有常年辔头与四季辔头,还有大辔头与小辔头之别,素有"看辔头下菜"的传统。严谨的选料,不仅便于切配烹制,而且使菜肴具有色形典雅、配料恰当、常食常新、百尝不厌的风味格调。

河南菜长期根据时令变化,更替不同的原料。任何时令鲜料,仅选用精、鲜之时,过时者不用。开封菜技法全面,烹调细致,刀工精湛,河南厨师刀功十分高超,有"切必整齐,片必均匀,解必过半,斩而不乱"的传统技法。经厨师切出的丝,细可穿针,片出的片薄能映字,用花刀法可以表现多种形态,达到了出神入化之境。煎、炸、熘、炖、烧等皆有所长,其中特别讲究火候的运用。火力可大可小,火势可猛可缓,火度可高可低,火时可长可短,变化颇多,不一而足。如传统名菜扒广肚,讲究文武用火、锅内成形,号称"无芡自来黏"。而熘可使油水交融,用油不见油,如传统菜糖醋软熘鲤鱼焙面,将炸好的鱼对入清汤熘制,烘出的"活汁",酸、甜、咸三味俱全。河南厨师不论采用哪些烹调技法都必求做到"烹必适度",使菜肴质地适中。在调味上"调必匀和",淡而不薄,咸而不重,用多种多样的佐料来灭殊味,平畸味,提香味,藏盐味,定滋味,各种味料益损得当,浓淡适度,使菜肴五味调和。

(三)风味菜点,讲究制汤

河南风味菜点历史悠久、品种丰富、制作精美。即便小吃,也极为讲究。开封不仅有名扬全国,被评为"中华名小吃"和"中国名点"的开封第一楼小笼灌汤包子,还有著名的五大卤味:开封桶子鸡、道口烧鸡、五香牛肉、五香羊蹄、熏肚。十大名菜:糖醋软熘鱼焙面、煎扒青鱼头尾、炸紫酥肉、扒广肚、牡丹燕菜、清汤鲍鱼、大葱烧海参、葱扒羊肉、汴京烤鸭、炸八块。十大面点:河南蒸饺、开封灌汤包子、双麻火烧、鸡蛋灌饼、韭头菜盒、烫面角、酸浆面条、开花馍、水煎包、萝卜丝饼。十大风味名吃:郑州烩面、高炉烧饼、羊肉装馍、油旋、胡辣汤、羊肉汤、牛肉汤、博望锅盔、羊双肠、炒凉粉。五大名汤:酸辣乌鱼蛋汤、肚丝汤、烩三袋、生氽丸子、酸辣木汤。

河南受历代显贵需求影响,特别讲究制汤、用汤。所谓"无鸡不香、无鸭不鲜、无皮不稠、无肚不白",可见汤是菜味之源。"唱戏的腔,厨师的汤",这是句流传于河南烹饪界的口头禅。河南菜的汤,常有头汤、白汤、毛汤、清汤之分。制汤的原料,须经"两洗、两下锅、两次撇沫"。若需高级清汤,还要另施原料,或"套"或"追",务必使汤色达到:清则见底,浓则乳白,清香挂唇,爽而不腻。

四、河南名菜名点

(一)地方名菜

以家畜为原料的有爆里脊丝、炸紫酥肉、烤方肋、烤臆子、炸核桃腰、油爆肚、桂花皮丝、烩三袋、葱爆羊肉。以禽蛋为原料的有汴京烤鸭、套四宝、熬炒鸡、炸八块、铁锅蛋、炒三不粘、爆鸡片、料仔鸡。以河鲜为原料的有果汁龙磷虾、糖醋软熘黄河鲤鱼焙面、清蒸头尾炒鱼丝、葱椒炝鱼片、烧淇鲫。以海产为原料的有大葱烧海参、扒广肚、清汤鲍鱼、牡丹燕菜、桂花干贝、爆鱿鱼卷。以山珍为原料的有扒猴头、清汤竹荪、烧羊素肚。以蔬果为原料的有清汤素燕菜、扒酿菜心、红袍莲子、琥珀冬瓜。

1. 糖醋软熘鱼焙面

又称熘鱼焙面、鲤鱼焙面,此菜闻名,首先在鲤鱼,河南得黄河中下游之利,金色鲤鱼,历代珍品。"岂其食鱼、必河之鲤",此鱼上市,宋代曾有"不惜百金持于归"之语,可见之珍。其二是豫菜的软熘,他以活汁而闻名。所谓活汁,历来两解,一是熘鱼之汁需达到泛出泡花的程度,称作汁要烘活;二是取方言中和、活之谐音,糖、醋、盐三物,甜、咸、酸三味要在高温下,在搅拌中充分融合,各物、各味俱在但均不出头,你中有我、我中有你,不见油、不见糖、不见醋,甜中透酸,酸中透咸,鱼肉肥嫩爽口而不腻。鱼肉食完而汁不尽,上火回汁,下入精细的焙面,热汁酥面,口感极妙。

2. 炸紫酥肉

炸紫酥肉号称赛烤鸭,此菜选用猪硬五花肉,经浸煮、压平、片皮处理,用葱、姜、大茴、紫苏叶及调料腌渍入味后蒸熟,再入油炸四五十分钟。炸时用香醋反复涂抹肉皮,直至呈金红色,皮亦酥脆,切片装碟,以葱白、甜面酱、荷叶夹或薄饼佐食,酥脆香美、肥而不腻,似烤鸭而胜烤鸭。

3. 牡丹燕菜

牡丹燕菜,原名洛阳燕菜。洛阳之外多称素燕菜或假燕菜,也是洛阳水席的头菜。此菜制作十分精细,它以白萝卜切细丝,浸泡、空干、拌上好的绿豆粉芡上笼稍蒸后,入凉水中撕散,码盐上味,颇似燕窝丝。此时配以蟹柳、海参、火腿、笋丝等物再上笼蒸透,然后以清汤加盐、味精、胡椒粉、香油浇入既成。其味醇、质爽,十分利口。1973 年周恩来总理陪加拿大总理食此菜,见洛阳名厨王胡子将蒸制雕刻而成的牡丹花点缀其上,遂戏言道:"洛阳牡丹甲天下,菜中生花了",自此,更名为牡丹燕菜。

4. 扒广肚

唐代广肚已成贡品,宋代渐入酒肆。千百年来均属珍品之列。此物入菜,七分在发,三分在烹。烹制的最佳方法是扒。豫菜的扒,以算扒独树一帜。数百年来,"扒菜不勾芡,功到自然粘",成为厨师与食客的共同标准与追求。扒广肚作为传统高档筵席广肚席的头菜,是这一标准和追求的完美体现。此菜质地绵软白亮。将广肚片片,氽水后铺在竹扒算上,用上好的奶汤小武火扒制而成。成品柔、嫩、醇、美,汤汁白亮光润,故又名白扒广肚。

5. 炸八块

响堂报菜,多出妙语。河南酒楼堂倌"一只鸡子剁八瓣,又香又嫩又好看"的唱词便是其一。这八瓣鸡就是叫响了二百余年的炸八块。此菜是用秋末小公鸡的两腿四块,鸡膀连脯四块,以料酒、精盐、酱油、姜汁腌码入味后,旺火中油入锅,顿火浆透,升温再炸,使其外脆里嫩。食时佐以椒盐或辣酱油,极其爽口。此菜是鲁迅当年爱吃的四个豫菜之一,作家姚雪垠有"我最喜欢河南的炸八块又香又嫩"的赞语。

6. 开封桶子鸡

开封马豫兴桶子鸡是河南开封的传统历史名产,它创始于北宋年间。清咸丰三年(1853 年),桶子鸡技艺的传人马氏后裔在开封古楼东南角设"马豫兴鸡鸭店"沿袭至今,因其形似圆桶而得名。马豫兴桶子鸡以制作精细、选料严格、味道独特而久负盛誉,历经一百多年而久销不衰。

马豫兴桶子鸡有三大特点:①形体丰满,造型独特;②色泽金黄诱人食欲;③肥而不腻,嫩而香脆。它制作工艺考究,选料严格,一律选用生长期一年以上,三年以内,毛重在 1250 克以上的活母鸡,要求鸡身肌肉丰满,脂肪厚足,胸肉裆油较厚为最佳,用百年老汤浸煮,约两小时即可,食用时,把鸡分为左右两片,每片再分前后两部分,剔骨斩块装盘,吃起来脆、嫩、香、鲜具备,别有风味。

7. 道口烧鸡

道口烧鸡已有三百多年的历史了,创始人叫张炳。"要想烧鸡香,八料加老汤"。八料就是陈皮、肉桂、豆蔻、良姜、丁香、砂仁、草果和白芷八种作料;老汤就是煮鸡的陈汤。每煮一锅鸡,必须加上头锅的老汤,如此沿袭,越老越好。人们喜爱道口烧鸡,是因为它香味浓郁、酥香软烂、咸淡适口、肥而不腻。这些特点说起来容易,但做起来就比较困难了。就拿香味浓郁这一点来说,道口烧鸡需要用陈皮、肉桂、豆蔻、白芷、丁香、草果、砂仁和良姜八味作料,缺一不可。酥香软烂是道口烧鸡最受欢迎的原因之一,光是煮鸡这一道程序,就需要花上 3～5 小时,再加上火候的调整,制作技术要求很高。刚做好的烧鸡食用不需刀切,用手轻轻一抖,骨和鸡肉自动分离。

(二)地方名点

传统名点有萝卜丝饼、水煎包、开花馍、开封灌汤包、佛手酥、菊花酥、月牙卷、郑州烩面、高炉烧饼、鸡蛋灌饼、蔡记蒸饺。创新面点有五彩樱花饺、丰收南瓜、象生雪梨等。

1. 开封灌汤包子

灌汤包子就是包子里面有汤,灌汤包子是北宋皇家食品。开封灌汤包子不仅形式美,其内容也精美别致,肉馅与鲜汤同居一室,吃之,便可将吃面、吃肉、吃汤三位一体化,是一种整合的魅力。

吃开封灌汤包子,看是一个重要的过程。灌汤包子皮薄,洁白如景德镇细瓷,有透明之感。包子上有精工捏制的皱褶 32 道,均匀细密。搁在白瓷盘上看,灌汤包子似白菊,抬箸夹起来,悬如灯笼。这个唯美主义的赏析过程,不可或缺。吃之,内有肉馅,底层有鲜汤。唯要记住,吃灌汤包子注意抄底,横中一吃,未及将汤汁吸纳,其汤就顺着筷子流至手上,抬腕吸之,汤沿臂而流,可及背心。吃灌汤包子烫着背心,在理论上是存在的。所以,吃灌汤包子必须全神贯注,一心在吃,不可旁顾。吃灌汤包子,汤的存在列第一位,肉馅次之,面皮次之。汤如诗歌,肉馅是散文,面皮为小说。因为小说是什么都包容的,散文精粹一点,诗歌便是文中精华了。故此,吃罢灌汤包子,率先记住了汤之鲜,肉馅是近乎于汤进入味觉感观的,面皮除去嚼感,几乎可以忽略。

小笼包子最初是由黄继善主持经营,他博采各家之长、制成的包子色白筋柔,独具风味,很受食客赞誉。小笼包子原为大笼蒸制,后经黄继善改进,成了小笼包子。并对包子的面和馅进行了革新。原来的面是三分之一的发面和三分之二的死面,后改为只用死面,不用发面,使皮更薄,且不掉底。和面工艺要求颇严,要经过搓、甩、拉、拽,几次贴水,几次贴面的"三软三硬"的过程,才能达到要求。包子馅原掺有肉皮冻,吃多了腻口,后去掉,又以白糖、味精调馅,去掉了甜酱,馅内只放姜末,不放葱。打馅很下工夫,一直要把馅打得扯长丝而不断才行。小笼包子随吃随蒸,就笼上桌,其形"提起一绺丝,放下一薄团,皮像菊花心,馅似玫瑰酒"。吃时要轻轻提、慢慢移、先开窗、再喝汤、一口光、满口香。

2. 烫面角

传统风味小吃新安烫面角,创制于"民国"三年(1914 年),已有 80 多年的历史。是有开封人任老大与新安县人王金斗,于新安县火车站开设餐馆,出售"老任烫面角"。所制烫面角,角软皮紧,晶莹欲滴,状如新月,色如琼玉,鲜香不腻,味美可口,时有"名扬陇海三千里,味压河洛第一家"的美誉。

3. 郑州烩面

大兴于 20 世纪 80 年代,得益于改革开放、流动人口大量增加、餐饮业需求大增,先是老字号"合记"的羊肉烩面独领风骚,然后是萧记三鲜烩面异军突起,并快速发展,二十年间成为郑州市餐饮的城市名片,一碗在手,酣畅淋漓的烩面别具各种风情。

烩面之香,功夫在于汤,汤是由小山羊肉和腿骨熬成的,加入党参、当归、黄芪、白芷、枸杞等中药熬上一天,既去了羊肉的膻气,又消减了羊肉的火气,十分滋补。舀上几勺高汤,把新鲜烩面和少许红薯粉直接放入高汤中煮,烩面盈润如百合瓣,外滑内韧,汤的鲜味丝丝渗透进面里,鲜香扑鼻;加上几块羊肉,配以枸杞、黄花菜、木耳、鹌鹑蛋等。上桌时外带香菜、辣椒油、糖蒜等小碟,其味更鲜。把面一小段一小段咬下,喝口汤,夹片羊肉,色、香、味足了。

第三节　河北地方风味

河北是中国文化,同时也是中国饮食文化的发祥地之一,在中国饮食文化史上有着很大的影响。从 200 万年前的阳原县泥河湾古人类算起,燕赵大地见证了人类的进化和历史变迁。

一、河北风味的形成

(一)地理物产

河北地处华北平原,西倚太行山,东临渤海。据考古发掘,生活在距今 50 万年前旧石器时代的燕赵大地上的"北京人"最早懂得用火熟食,是名副其实的发明加热制熟技术的先祖。地处黄河流域的河北,四季分明,自然地理地势多种多样,有山、海、河、淀、湖泊,山上的、丘陵上的、坝上草原的、平原的、海里的、河淀湖泊里的农牧渔产品丰富,原料繁多,为河北饮食的发展提供了坚实的物质基础。

(二)历史因素

殷商时代,古冀州是全国九州之首,是最开化的地区,市、镇已具有相当的规模,饭铺、酒肆已经出现。春秋战国时期,河北当时被分成燕、赵、中山诸国,已经有了"六禽""六畜""六兽"之说,繁多的水产品也已被采用入馔。当时全国境内的大都市有七座:宋国的定陶,燕国的下都,赵国的邯郸,魏国的大梁,东周的洛阳,齐国的临淄,楚国的郢。当时的大都市河北境内就有两座,邯郸还是黄河北岸最大的商业城市。据有关部门从"赵宫膳谱"中搜集整理的美馔佳肴就有百种之多,其中著名的菜肴有炮豚、炮胙、羊羹、脯、渍、修等。《战国策·中山策》中有中山君"一杯羊羹亡国"的记载。燕国因有"鱼盐之饶",成为"渤碣之间"一大商业都会。兴隆的红果最早载于《礼记》,中山国已能养鱼。《东周列国志》中记载燕"太子丹有马,日行千里,轲偶言马肝味美,须扈夫(厨子)进肝,即所杀千里马也"。西汉时期,许多西域的烹饪原料传入了中原地区,"柴案佳肴,银杯绿茶,金樽甘露,玉盘黄瓜"。胡瓜(黄瓜)引进后率先开始种植的是河北一带。

南北朝到隋、唐、宋这 800 年间,由于陶瓷业的兴起、大城镇的兴建和佛教、寺庙的兴盛,又大大推进和拉动了河北菜点文化的发展。隋开皇六年,在真定(现正定县)修建隆兴寺(俗称大佛寺),素食文化兴起。当时豆腐、豆油等素食原料已广泛使用,名菜"张民炸豆腐"深受食客欢迎。唐朝,保定、赵州、定州、真定(正定)、大名府等为河北餐饮业发展提供了广阔的市场。各州、各府饮食市场不仅有酒楼、饮食店、茶坊,还有夜市。据《真定县志》载:"优肆娼门,酒炉茶灶,豪商大贾,并集于此,极为繁丽。"河北的传统菜"崩肝""热切丸子""敬德访白袍"等就是当时有名的菜肴。著名的"枸杞扒鸡"一菜即源于宋代,表明河北人已开始讲究膳食营养和饮食养生,将饮食和烹饪技艺推向了一个更高的层次。

自 1271 年元朝定都北京以来,北京一直是我国的政治、经济、文化活动中心。河北省处在北京的周围,发展饮食业,得天独厚。到清代,河北菜点流派已初步形成,烹饪技艺独特,名师、名菜、名店构成一体,菜肴的结构和宴席的规格形成一定的格局。

二、河北风味区域划分

河北风味又称冀菜,主要由冀中南菜、塞外宫廷菜、冀东沿海菜组成,保定、承德、唐山是冀菜的三大重点,冀菜的鼎足态势也是这样形成的。

(一)冀中南菜

冀中南菜涵盖了保定、石家庄、邯郸、邢台、衡水等地的地方菜,以保定、石家庄、邯郸菜为代表。从整体上看是传承冀菜的主要平台。宋元以来,保定就是北方的战略要地和区域性政治、经济、文化中心,一直是河北首府所在地。自金以后,保定长期处在天子脚下,与京畿近在咫尺,唯京师马首是喻,很多保定人在京城从事服务业,包括在餐饮业偷师学艺,返乡后对京菜的饮食理念与烹饪技巧进行整体移植,京菜和宫廷菜对保定的饮食有很大影响。作为文化陪都的保定,讲究情调、突出氛围是其餐饮业吸引顾客的不二法门。

由于保定是北京的南大门,南来北往的富商巨贾、文人骚客、达官贵人、绿林好汉均汇集于此。清末民初,除东三省外各省都在保定设立了同乡会馆,会馆类似现在的办事处,是展示各地饮食风貌的一个窗口。当时保定餐馆星罗棋布,有名的饭店就有一百多家,可容纳近一万人就餐,从业人员达一千五百多人,保定成为华北厨师的摇篮,保定菜成为冀菜最重要的根基。

保定菜的原料以山货和白洋淀水产为主,顺平的山药干粥、涞源的山野菜、白洋淀的小熏鱼、高碑店的豆腐丝、市区的卤煮鸡都非常有名。烹调技法突出熘炒、酱烧、蒸涮,调味以香为主。名菜有六百多款,网油鸡丝、玉带鱼卷、如意海参等是其代表。具有保定特色的李家疙瘩汤、老保定包子、牛肉罩饼、老豆腐、牛肉罩火烧等都是久负盛名的传统美食。

俗话说"保定府三件宝,铁球、面酱、春不老"。铁球是在手掌玩耍的健身器材。面酱主要是指甜酱,是北方面食中一种不可或缺的作料。在吃烙饼、薄饼、家常饼的时候涂上一层甜酱,裹着大葱,就会吃得有滋有味,情趣盎然。慈禧太后爱吃的酱肘子、酱羊肉,非用正宗的保定甜酱不可。如果用别的酱代替,老佛爷一尝便知真伪,甜酱只是保定诸多酱品中的冰山一角而已。黄豆酱、虾米酱、蚕豆酱……让人眼花缭乱。春不老在南方叫"雪里蕻",因为这种芥菜被冰雪覆盖,不见阳光,经历严冬冷雪过后依然青翠不减,脆嫩如常,于是被称为"雪里蕻"。而在北方,暮春三月,冰雪消融,它才露面,颇有凌霜傲雪的高士风骨,故名"春不老"。春不老有一点辛辣的味道,南方叫"冲菜"北方叫"辣菜"。在保定春不老有两种吃法。一种是腌菜,保定菜馆做的雪菜笋干,以口蘑配味,鲜美爽口;还有肉末春不老、春不老红烧肉、春不老米粉肉更是餐桌上必不可少的保留菜品。另一种是鲜菜生拌,摘下它的菜心,焯水或蒸一下,半生半熟时分,用好酱油、小磨麻油凉拌,带一点芥辣的气味,常常刺激得人喷嚏连连,下面条或就稀饭,非常提味。

　　冀中南菜除了保定菜外还有邯郸菜和石家庄菜。石家庄虽然是河北的首善之区,但它只是在新中国成立后才发展起来的一个新型移民城市。石家庄的金毛狮子鱼是河北的招牌菜也是迄今为止国宴菜谱中唯一的河北菜。它以鲤鱼为主料炸制而成,因鱼丝披散如雄狮俊毛,故有此名,其特点是刀工细腻、色泽金黄、外焦里嫩、味道鲜美,长期独霸河北名菜的第一把交椅。

　　(二)塞外宫廷菜

　　塞外宫廷菜以承德宫廷菜为代表,涵盖承德、张家口等地的菜肴。承德宫廷菜有别于京城御膳,是满、汉、回、蒙等民族菜点的集萃。原料以山珍野味为主,技法独特考究,以炸、烤、煨、熘、炒、泥烤等制见长,刀工精细,注重火候,风味独特,以香酥、鲜美、咸香为主。

　　"热河行宫"的建立,使承德成为清朝政治、文化的亚中心,每到酷暑季节天皇贵胄来到这里消夏纳凉。清东陵、清西陵是帝王陵寝的聚集地,每年均有隆重的祭祀盛典。使得宫廷和民间烹调技术不断交流,形成地方风格。塞外宫廷菜虽与北京的宫廷菜有相同之处,也有口味香酥鲜咸、讲究造型和器皿独到的特色,但它惯于选用当地原料入馔,善烹山珍野味。宫廷菜无疑是一块金字招牌,做惯了山珍海味的御厨并非曾经沧海难为水,而是举重若轻,对付一般的肴馔自是游刃有余,像柴沟堡熏肉距今已有二百多年的历史,它用柏木熏制而成,色泽鲜亮,爽淡不腻,味道独特。品种主要有燕猪肉(五花肉、槽头肉、排骨、下水均可)、熏羊肉、熏鸡肉、熏兔肉、燕狗肉等。又如张家口的传统名菜"烧南北"也很有意思,所谓烧南北就是以口蘑和江南竹笋为主料,将它们片成薄片,入旺火油锅煸炒,加上一些调料和鲜汤,烧开芡汁,淋上鸡油,成菜鲜美爽口香味浓烈,回味无穷。河北俗语"察哈尔三件宝,山药、口蘑、大皮袄",口蘑是坝上出产的一种名贵蘑菇,白蘑如雪、黑蘑似炭,形如伞盖、个大肉肥、富含营养,因为这种蘑菇通常被运到张家口加工,再销往内地,故称口蘑。口蘑是直接食用的名贵真菌,主要品种有白蘑、青腿子、马莲杆、杏香等,明朝以后就一直是御膳房里的必备品。口蘑用来清炖、红烧、做汤均可,其味清香、鲜美,历来为席上珍馐,汪曾祺先生笔下的坝上羊肉口蘑臊子面曾经让读者流出了不少"哈喇子(口水)"。

承德还有一道非常独特的菜——"老虎菜"。老虎是受国家保护的珍稀野生动物。老虎菜并不是从老虎身上取料做出的菜。老虎菜准确地说不是一种菜,而是类似于西南地区的蘸水,承德一带的人用青尖椒、大葱、香菜等切成细末,纳入碗内,加入酱油、醋、味精调成一种蘸汁,因这种蘸汁味辛辣,故称为老虎菜。其特点是尖椒、大葱、香菜的香味融为一体,香中带咸、咸中透酸。而用炸干辣椒、大葱、香菜剁成末纳入碗内,加入酱油、醋、辣椒油、味精调味,因辣味十足,又称为"母老虎菜"。另有用芹菜、大葱、香菜剁成末,纳入碗内,加入适量清水、精盐、白醋调制而成,因其清爽故称为"公老虎菜"。

(三)冀东沿海菜

冀东沿海菜以唐山菜为代表,包括秦皇岛、沧州、廊坊等地的地方菜。冀东沿海菜以烹制鲜活水产见长,将冀东民间文化、地方特产与烹饪技艺有机融合,口味清鲜,讲究清油抱芡,明油亮芡,配以精美唐瓷,别具风格。代表菜中凉菜有唐山熏鸡、肖胡子驴肉、沧州鸡肠、沧州冬菜等;热菜有群龙戏珠、酱汁瓦块鱼、玉带腰子、熘腰花、白玉鸡脯、百花大虾、烹虾段、清蒸海蟹、芦花鸡、京东板栗鸡、炒全蟹、栗子鸡块、栗子扒白菜、鸡茸菜心、焦熘嘎渣、铁锅熬小鱼、炸虾葫芦、蜜汁金丝小枣等。

三、河北风味特点

(一)物产丰富,应季选材

河北省自然地理条件优越,物产丰富,可供烹调的原料极其丰富。如张家口的口蘑、白鸡、胡麻油,宣化的牛奶葡萄,承德的蕨菜、山鸡、鹿肉、大扁杏、无角山羊,渤海的对虾、梭子蟹、海蜇,白洋淀的鲫鱼、甲鱼、青虾、鸭肝,胜芳的河蟹,京东的板栗,石门薄皮核桃,兴隆的红果,徐水的贡白菜,赵县的雪梨,深州的蜜桃,望都的辣椒,保定的春不老、甜面酱,沧州的金丝小枣、冬菜,芦台的银鱼、海盐,定州的猪和小磨香油,永年的大蒜,涉县的花椒,隆尧的鸡腿葱等,举不胜举,丰富的物产资源为河北菜就地取料、应季选材奠定了物质基础。

名优物产入馔的品种有,用蕨菜配以山鸡脯制作的滑炒如意菜,以外脊配以保定酱瓜制作的勺拌肉瓜,以及"烹虾段""一品寿桃""天桂山鸡""烧南北""山庄鹿肉""常山甲鱼"等。应季选材的品种有"白玉鸡脯",必须选用鸡芽子,再配以时令蔬菜;白切肉必须肥瘦相间。就鱼类来说,有春银、夏刀、秋厚、冬鲫和冬吃头、夏吃尾、春秋吃分水之说,当季应时。

(二)刀工考究,刀法绝伦

冀菜刀工考究精细,各种刀法使用娴熟自如。尤其是切肉丝的甩刀法、砍刀法和连片法颇有特色,堪称"三绝"。所谓甩刀法,就是以剁、推、甩的技法切肉丝。剁、推、甩这三个步骤几乎是同时进行,需要密切配合。砍刀法是用砍、拉的技法切肉丝。连片法是将原料用批刀法片成极薄且连成一体的大条片。这些刀技不仅切时姿势美观,而且切割原料速度快、形状整齐划一。此外,经刀工处理后的原料形状美观、称谓多样,尤其是花刀的形状更加逼真。如片状有柳叶片、月牙片、大小单双象眼片、骨排片、木渣片、大小火镰片、夹刀片、抹刀片。块状的有滚刀块、劈柴块、菱角块、枕头块、板指块、象眼块、骨排块以及马牙段、大寸段、小寸段、车键条、骰子丁、冬子丁、蚂蚱腿、香炉腿等。花刀有麦穗、荔枝、蓑衣、菊花网眼、鱼鳞、梳子、佛手、蜈蚣、人字、牡丹等形状。原料成形的多样化,使菜肴造型更加丰富多彩。保定的抓炒鱼、唐山的爆鱿鱼筒,石家庄已故名师袁清芳创制的金毛狮子鱼等就是刻意于刀工的典型菜式。

(三)技法全面,熘、炒著称

冀菜使用的烹调方法有30多种,其中以熘、炒、炸、爆、烧、扒、拔丝、涮、烤等方法为主,尤以熘、炒更为见长。熘炒菜是速成菜,急火快速,对火候、糊浆、调味、芡汁等工序有着严格的要求,必须基本功扎实,动作敏捷,干净利落。在具体制法上有滑炒、清炒、软炒、抓炒、干炒、软熘、焦熘、糖熘、醋熘、炒熘等16种方法之多。这些技法对河北厨师来说,均需运用自如。此外,还擅长酱、卤、腌。酱驴排堪称一绝,饱满香郁的驴肉汁液横溢,酱味十足,可充分领略"天上龙肉,地上驴肉"的内涵。

(四)讲究芡汁,擅长糊浆

冀菜讲究芡汁,对不同类的菜肴有着不同的要求。如熘炒菜讲究旺油爆汁,清油爆芡。滑炒菜又有勾芡不见芡、吃芡不见芡之说。制法上要求碗内兑汁,勺内烹汁或卧汁,一次成功。这需要掌握好菜品、汤(水)和粉芡的比例及炒菜的火候,因而技术要求颇高。烧、扒、熘菜讲究明油亮芡,这就必须正确地掌握汤汁的多少、芡的浓度和勾芡的时机。

糊浆的使用在冀菜中非常广泛,菜肴原料在烹调之前,根据原料的性质和菜肴质地、色泽等方面的特点,进行挂糊和上浆,虽然糊浆的原料相同,但在使用上有着严格的区别。如滑炒菜要上蛋白浆,滑熘菜则挂蛋白糊。

（五）口味丰富、坠汤取胜

喜爱咸味,是河北人口味的特点,总体来说,冀菜注重口味,以鲜咸醇香为主,追求咸淡适度。冀菜的口味虽然以咸鲜为主,但不拘一格,口味多样化。如甜酸、甜香、香辣、酸咸、怪味等诸味并非少见。

冀菜的厨师熟悉用汤技术,而且根据菜肴的质量、档次分别选择使用头汤、二汤、套汤、坠汤。河北的坠汤制法独具一格,与众不同。其制法是将鸡鸭肉等蛋白质、矿物质含量丰富的原料洗净,用开水打焯后放入清水中(不放调料),用小火烧开后慢火煮,使营养素溶于汤中,待汤浓时舀出一半,此汤称为头汤;而后原汤内再放入原料,加水继续小火煮,汤浓时再舀出一半,与头汤混合,此汤称为套汤,剩余部分称为二汤。将所取套汤倒入锅内加热,取鸡脯肉、猪外脊肉剁成茸,捏成饼状坠入汤中,待汤近开肉饼渐渐浮起时,撇去浮沫,捞出肉饼,进行过滤,即成坠汤。此汤味道鲜美、醇厚且清澈见底,高档菜肴借助此汤,可以说是锦上添花。

四、河北名菜名点

（一）地方名菜

冀中南著名菜品有抓炒鱼、金毛狮子鱼、干烧划水、油爆肚仁、清蒸圆鱼、干煸肉丝、芙蓉鸡片等。宫廷塞外菜名品有叫花子山鸡、烤全鹿、香酥野鸭、烤乳猪、涮羊肉、改刀肉、烧南北等。京东沿海菜名品有酱汁瓦块鱼、烹大虾、熘腰花、京东板栗鸡、白玉鸡脯、群龙戏珠等。

1.金毛狮子鱼

金毛狮子鱼,始于民国初期。最早由石家庄市的中华饭庄名厨袁清芳创制。因成菜色泽金黄,形似狮子,故得此名。1952 年在河北八大城市烹调技术表演赛中,袁清芳烹制的"金毛狮子鱼",获得了高度评价,该菜是河北参加 1983 年中国烹饪鉴定会的名菜。

2.烧南北

烧南北是河北张家口一种传统风味菜肴,所谓烧南北,就是以塞北口蘑和江南竹笋为主料,将它们切成薄片,入旺火油锅煸炒,加上一些调料和鲜汤,烧开勾芡,淋上鸡油即成。此菜色泽银红,鲜美爽口,香味浓烈。

（二）地方名点

传统名点有保定义春楼白肉罩火烧、白运章包子、老驴头驴肉火烧、石家庄缸炉烧饼、祥记肉火烧、中和轩包子、赵州石塔油酥烧饼、藁城宫面、冀州烧饼、饶阳金丝杂面、承德油酥饽饽、混糖锅饼、驼油丝饼、口袋饼、唐山九美斋棋子烧饼、邯郸老槐树烧饼、一篓油水饺、大名县的郭八火烧、秦皇岛"老二位"牛肉蒸饺、张家口的莜面窝窝、阳原圪渣饼、一窝丝、油炸糕、邢台威县"牛舌头"（吊炉火烧)）、广宗"猴爬杆"（薄饼)、黑家水饺、邢台馓子、沧州杜生包子、海兴煎饼、任丘茄子饼、京东马蹄烧饼、廊坊大城窝头、香河肉饼等。

（三）地方名宴

1. 石家庄黄瓜宴

整个宴席全以黄瓜为主料，分为八道冷拼、十二个热炒。冷拼首菜名为"青龙卧雪"，两条青龙盘卧于白雪（白糖）之上，昂首翘尾，生动可爱。其余七道冷拼，风味各异，分为香甜、麻辣、清香、咸香、酸甜、葱油、酥脆，色彩和谐、搭配匀称。十二个热炒是珍珠海参、龙须瓜条、瓜丝鱼、烩黄瓜鸡托、金钩翡翠、炸瓜枣、二龙戏珠、凤尾瓜条、金钱瓜盅、雪山银瓜、瓢汁锦瓜、金盅瓜衣，款款色彩鲜艳、味美可口，从菜名就可以知道，制作者的构思是匠心独运。

2. 白洋淀全鱼宴

白洋淀全鱼宴有广义与狭义之分，广义全鱼宴包括鱼虾、蟹等水产品在内，而狭义的专指鱼类。不同规格的全鱼宴有四凉四热、六凉六热、八凉八热之分。凉菜中有凉拌鱼丝、芝麻鱼条、香辣鱼肝、蛋皮鱼卷、酥炸鱼块、烧拌鱼丝，热菜里有酥鱼片、炒鱼片、熘鱼片、清燕甲鱼、爆炒圆鱼、清蒸鲴鱼、鲇鱼豆腐、金毛狮子鱼、小白龙过江和什锦脱骨鱼等，都是颇具乡土风格，而又口味不俗的鱼宴佳品。高品位的全鱼宴则包括八凉八热、两个饭菜、一个汤菜，共十九个品种的菜。常常是吃鱼而不见鱼，造型别致，充满灵动之美。此外，狗肉全席、全羊席，正定三八席（八凉、八热、八燕碗）均有极高的声誉。

第四节　山西地方风味

山西地处内陆高原山区，位于东亚季风区北部边缘，季风性大陆性气候显著，大小旱灾多易发生，有十年九旱之谓。除汾河两岸外大都为山区，适宜耐旱的五谷生长。早在周代，并州即以五谷为主要农作物，《周礼·职方》："豫州、并州宜五种。"使山西成为举世闻名的杂粮王国，稻、谷、黍、麦、玉米、高粱、莜麦（燕麦）、荞麦、糜子、豆类、薯类等数十种之多的物产既当粮又当菜，这种盛况在全国是独一无二的。

一、山西风味的形成

(一) 地理物产

山西土地贫瘠,居民的生存条件比较恶劣。尽管晋南临汾盆地被称为鱼米之乡,也只是相对于山西其他地方而言的,放眼全国,这样的称呼毫无疑问是会招惹众怒的。山西东有太行悬崖万丈、西有吕梁蜿蜒千里、北边恒山山势嵯峨、南部中条山山体逶迤,这种呈自然封闭状态的地貌影响了它与外部世界的沟通,因而山西人在食物原料的选择上比较被动,没有挑剔的资本,家畜家禽、山珍野味、淡水鱼鲜、时令果蔬无一不是盘中圣物。

独特的地理环境,造就了独特的、较为丰厚的动植物资源,为晋菜提供了较为广泛的烹饪原料。如河津的"龙门鲤鱼"、保德天桥的"石花鱼"等曾被指定为朝廷的贡品;在广阔山区生长的动植物、食用菌,如山鸡、石鸡、野猪、野兔、岩鸽、山羊;五台山的香蕈(又称"台蘑")、垣曲的猴头、上党党参、雁北黄芪等。干鲜水果如葡萄、苹果、梨、枣、柿子(柿饼)、核桃等颇丰,有名的如稷山的小枣、柳林的大枣、汾阳的核桃均闻名全国。蔬菜原料也很丰富,如应县的四六紫皮蒜、代县的二金条红辣椒、大同的黄花菜、晋城的巴公大葱等都是各具特色的名特产品。山西的汾酒、老陈醋更是世界驰名。如山西清徐的老陈醋是全国名醋之一,此醋醇厚沉郁、酸而不酷,深受当地人民的喜爱。晋菜中有相当多的菜都是因为用了此醋来调味而成为地方名菜。这些丰厚的物质资源,为丰富多彩的晋菜发展提供了雄厚的物质基础。

(二) 历史因素

山西省是中华民族的发祥地之一,也是饮食文化较有特色的地区。从春秋战国开始,山西就已成为各民族大交融的地区;汉代山西的文水、清徐、太谷等地的葡萄酒已闻名全国并被视为珍品;唐之后,由于手工业与商业在该地区的发展而使其成为当时中国经济的支柱,李世民"视河东殷富是京城财源"之库,进而促进了三晋烹饪业的兴旺发达;至明代,山西中部、西南、东南部民族南迁,形成民族大迁移,中原文化迅速向外传播。清代,山西票号业经营活动已扩展到莫斯科和南洋各国,外邦的饮食文化又通过商人传入山西,为晋菜的发展融入了外来品种。

悠久历史的积淀使山西饮食文化达到了令人难以想象的程度。山西沁水下川文化遗址是目前所知山西境内旧石器时代晚期最后一处有代表性的文化遗址,距今有两万年左右。这里出土了与原始农业相关的几种生产工具,其中就有用于粮食加工的石磨盘、石磨棒等,可以推知,山西境内的粮食加工始于旧石器时代晚期,开面食文化之先声。面食的出现最迟在汉代,至今已有2000多年的历史。据史料记载,面食在汉代已经是上至皇宫,下至百姓的普遍性食品。宋代开始,面食发生变化,有了炒、熰(即焖)、煎等方式,而且还在面中加入或荤或素的浇头。最迟在明代,面食的制作就已经很精美了。明代程敏政的《傅家面食行》中有:"美如甘酥色莹雪,一匙入口心神融。"对山西面食大加赞赏。经过历朝历代的演变,山西面食整合了诸多地区的面食特点,形成了今天的面食文化。

(三) 乡风民俗

1. 嗜好面食

山西人嗜好面食,尤其喜食汤食,这种习惯由来已久。除晋南部分地方外,各地居民大多如此。因为山西绝大部分地区常年干旱多风,百姓"日出而作,日落而息",赤身露体,每天"面朝黄土背朝天""一滴汗珠摔八瓣"的辛勤劳作,绝少有饮水啜茗的条件,全靠吃饭时的汤水一并补充,且山西人过去吃饭少有蔬菜,全凭盐、醋相佐,口味明显偏重,从生理上需要大量水分,形成了喜汤食的习俗。山西民间有这样的说法:"吃饭先喝汤,一辈子不受伤。"吃干面条后喝点面汤是山西居民最为突出的饮食习惯。"原汤化原食",据说是传统饮食古训。许多农家代代相传,至今仍保持这种习惯。

2. 民间高手

山西任何一个地区的百姓,特别是农家妇女,都能做一手漂亮的面食。看起来非常单一的面食,在勤劳智慧的农家妇女手里,竟变得多滋多味,通过煮、蒸、炸、烤等手段,把单调烦琐的家务,变成了诗化的劳动,让你从心底赞叹!《河东备录》曰:"并(并州)代(代州)人苦于嗜面。"可见,古时并州面食是民间的家常便饭,不然绝不会"苦于嗜面"。正由于有了广泛的群众基础,才产生了精美无比的制作技术和品种,以至形成了独特的面食文化。从文化人类学角度看,提高饮食文化的生产技术并丰富有关知识,是每一个文化社会赖以存在并成功的基本保证,而这个基本保证是得力于广泛的群众基础,孕育出山西特殊的饮食习俗。

3. 居家饮食

古人一般是一日两餐,即朝食(又称饔)和铺食,这是与古人"日出而作,日落而息"的劳作制度与当时食源不充足相适应的。山西不少地区仍保持着这种习惯。不过,由于地区不一,季节不同,亦有差别。山西北部居民一向遵循"夏秋日食三餐,冬春日食两餐"的传统习惯。《山西通志》有"天镇诸地,冬春坐食,一日两餐"的记载,讲的就是这种习惯。只有夏秋两季,因忙于农事,才改为三餐。农忙季节,许多农村都习惯往地头送饭,或带干粮在地头休息时进食,民间俗称"打尖"或者

"打饥儿"。

一些农村在夏秋暖和时节,有站街吃饭的习惯。人们盛一大碗饭走出院门,或站或蹲在门口,或到街中碾盘上、大树下,聊天吃饭两不误,趣闻笑谈、家长里短得以交流。这一风俗的形成,大概与农村信息长期闭塞,农民文化生活单调有关。天寒季节,一家老小盘腿上炕就餐,长辈居中央,子女坐两旁,媳妇边上坐,方便盛饭、添菜。

4.晋商票号

山西曾经是中国商业的中心,山西商人在我国资本主义的发展过程中有着特殊地位。他们由行商到坐贾,由封闭式经营到联合的垄断性经营,由纯坐贾发展到专事金融的票号,反映着封建末期经济演变的轨迹。通过衣食住行这些活跃的事项,可以窥见传统习惯和文化特征。山西商家的饮食中,主食也以面食为主,有烧(包括烤、烙)、蒸、煮、炸的多种面食,山西商家长年漂泊在外,熟悉外埠的饮食习惯,整合其他地区的饮食,巧妙制作,化平庸为神奇,形成以"八碗、八碟"为代表的晋菜。近年来,随着经济的发展,晋菜又创制出"面菜合一"的菜肴,为晋菜的蓬勃发展增添了魅力,充分体现了山西人的聪明才智。

二、山西风味区域划分

晋菜是在官府菜、市肆菜、商贾菜、民间菜、寺院菜的基础上发展而成的,在原料的选择上、调料的运用上、烹调方法的工艺上都有自己的特点。山西菜肴善于把普通原料通过精湛的技艺加工形成美味佳肴,主要是由晋中、晋北、晋南、上党等地方菜肴构成,并且各地都有自己的特点。

(一)晋中菜

晋中菜是以省府太原市为中心,汇集平遥、祁县、太谷、榆次、寿阳、阳泉等地,具有浓厚的地方特色。菜肴的选料、口味可适应南北往来之客,具有广泛的适应性。菜肴的风格构成以"行菜""庄菜"为主。所谓"行菜"是指楼、堂、馆、所等经营的市肆菜,高、中、低档全面发展。"庄菜"是由祁县、平遥、太谷、灵石等各大商贾、钱庄、票号的私家菜发展而成。商家为了互相得宜,方便商业贸易,不惜用重金聘请国内高厨掌勺制作,其盛器之讲究、饭菜之精良,与"官府菜"近似,但常常又具有浓郁的地方家常特色。晋中菜用料广泛、选料考究、烹调技法全面、制作精细、注重色泽、讲究造型,菜品强调营养保健,喜好用醋调味。明末清初大名士傅山(字青主)先生留下的"太原头脑"的八味配方(又称八珍汤),是当地特有的冬令保健食品,系由黄芪、煨面、莲菜、羊肉、长山药、黄酒、酒糟和羊尾油配制而成,外加腌韭菜作引子,经常食用,有益气调血、健胃滋补的功效。傅山在发明太原头脑之后,还特地给这家经营头脑的饭馆题写了店招"清和元",在这三个大字的上面又写了一行小字:"头脑杂割",合起来就是"头脑杂割清和元",时刻提醒人们,要宰割清和元统治者的头,坚持民族气节。这便是太原清和元头脑的来历,傅山本人的知名度让"清和元"这块老招牌经久不衰。

山西名菜"过油肉"曾在京都占有一席之地,乾隆三年(1738 年)京城御赐字号的"都一处"餐馆就是经营地道的山西菜,"过油肉"作为该店的传统菜肴,在京城脍炙人口、名噪一时。而广大农村的"十大碗"则近似于四川的"田席",以蒸菜为主,流行于民间。

(二)晋北菜

晋北菜源于雁北、忻州一带,是以大同、忻州、朔州、五台寺院菜为主。此地气温较低,历史上属于半农半牧区域,并且由于接近少数民族地区,食俗亦受其影响。晋北菜以羊肉为主,盛行炖、蒸、烧、焖等烹调技法,比其他地方的晋菜更加油重火强、口味浓而醇香。五台寺院菜则信奉佛家"斋饭能益寿、素食可养生"的理念,崇尚饮食补养保健,以选料讲究、制作精细的传统菜肴流传于世。

(三)晋南菜

晋南菜是由临汾、运城、侯马等地方菜发展而来。口味偏甜而略带酸辣,以汤菜为主,擅长烹制"水席"。名品有油纳肝、蝴蝶海参、苏三鱼等。

(四)上党菜

上党菜是由长治、晋城等地方菜发展而来。工艺考究、制作精巧,多留古风。如白起豆腐,传统的做法是用桑枝烤灼豆腐,不加作料,烤至皮色发黄时蘸蒜泥、豆腐渣等调味品食之。相传是象征战国时秦将白起的肉和脑子,以示不忘当年四十万赵国士兵被杀之仇。另外,还有栗子烧大葱、羊肉罐、芙蓉鸡等菜肴,皆为其他地方所罕有。

三、山西风味特点

(一)技法全面、喜用葱酱

从严格意义上说晋菜是从属于鲁菜系的。它承袭了鲁菜借葱提味的传统,不论是作为调味品还是主辅料,葱都占有十分重要的地位。如葱爆羊肉、葱爆蹄筋、葱扒鱼唇等。这些菜用葱量较大,许多菜肴在起锅时还要浇上特制的葱油,葱香、醋香、油香、菜香使人胃口大开。在晋南临汾、上党一带人称无葱不成菜。洪洞生产的大葱葱白粗长,肥大脆嫩,乃葱中极品。

酱作为中国最古老的调味品在晋菜里更是得到了最完美的体现,浓油、重酱是晋菜的主要特色,曲沃的酱业生产可追溯至汉晋时期,"曲酱"名满华北、西北,被誉为酱中珍品。曲酱有面酱、豆酱、果昔、肉酱之分,无论哪种酱都是质地细腻,稀稠适度,久存不坏,其黑酱着色力强,甜面酱浓郁芳香,晋菜厨师巧用酱的色、香、味来改变原料,制作出了诸如酱汁鱼、酱爆肉丁、京酱肉丝之类的名馔和包馅类食品。

晋菜刀工不尚华丽但精细扎实,对于一般的蒸、炸、焖、煎、烩、炒、爆、烧、扒烹调技法均十分熟稔,尤其擅长酿菜制作,利用猪肉、鸡肉、鱼肉等原料制成肉茸,再用填、裹、叠等手法与其他原料进行巧妙的组合,这是晋菜酿菜的独特制作技法。这类菜品在成熟的手段上多用蒸来减少营养成分的流失,其名菜有酿猴头、酿海参、酿粉肠、酿黄瓜、酿莲藕等。

(二)擅用盐醋、又喜辛辣

山西民间百姓有爱吃盐、醋的习惯,历史悠久,区域广泛。这同当地的水土特征、自然气候和多数人以杂粮为主的生活条件有着直接关系。如贫乏的餐桌上,全靠盐、醋来调味。山西百姓艰苦的劳作之后,身体需要大量盐的补充。山西"水硬",即碱性强,加上山西人以杂粮为主,如高粱、莜面等,都是不易消化的,需靠醋来中和、助消化。醋的营养价值颇高,并有一定的食疗作用。山西各地几乎都有自己的名醋,其中"山西老陈醋"味道最好,堪称调味佳品。

晋菜中的用醋,没有固定的模式,而是因菜而异,因料而异,决不拘泥于程式化的教条。但大体上是在烹制蔬菜时须在原料下锅均匀受热后及时烹醋,且醋量较大,突出其醋香风味,如炒莲菜、炒豆芽、醋熘白菜就是如此;而做汤菜如酸辣肚丝汤,则是在快起锅时加入老陈醋,以防止醋味蒸发;对付腥味较重的荤腥类食物,则是先用醋腌渍以去腥臊,保脆嫩,提鲜增香,达到酸而不浓的效果;对浇汁类菜品,则要把醋用文火"熬"制,使其浓而不烈,如晋菜中的名菜糖醋鱿鱼卷、糖醋里脊、糖醋丸子、糖醋排骨、醋浇羊肉、醋椒鱼等莫不如此。

山西民间百姓日常饭菜用盐量也非常大,民间有"咸香咸香,无盐不香"之说。民谣云:"能说会道离不了钱,五味调和离不了盐",人们对盐的重视由此可知。山西民间百姓喜食味重食物还表现在佐餐小菜上。普通农家的餐桌上,常有一两样咸菜或酸菜佐饭,四五口人的家庭,一顿饭吃掉一两个大头咸菜或五六条腌黄瓜可算常事。酸菜则要整盆调和,作为"浇头",有的地方甚至与饭合二为一,更是一种特殊的饮食风俗。以前没有保鲜手段的时候,冬春季没有新鲜蔬菜,全靠咸菜和酸菜佐餐。各种各样的咸菜和酸菜,几乎是山西百姓常年的必备之物。

山西人吃"味重"食物的习惯至今仍无多大变化。除了盐醋之外，人们一向将大葱、韭菜、花椒、大蒜、辣椒乃至生姜等视为必不可少的佐餐小菜和烹调作料。晋北中部居民有用大葱、大蒜直接佐餐的习惯，将辣椒切碎，调以盐醋佐餐更为普遍，有的地方甚至每餐都离不开辣椒面，里面加盐拌成佐餐小菜。喜食辛辣食物，晋南较普遍，晋中一带当属平遥、介休、灵石、汾阳诸县居民。

(三)面食成系、一面百样

山西面食自成体系，由四大板块和四大类别构成。四大板块包括：晋中以小麦制品为主，技术多样，面品精细；晋东南以玉米、小米、豆类为主，粗粮细作、花样繁多；晋南以馍、饼为主，多用蒸、烙、烤、泡等技法；晋西北以耐寒、耐旱、生长期较短的莜麦、荞麦及土豆、豆类植物为主。四大类别是指面宴类、面饭类、小吃类、点心类。

1. 粗粮细做、细粮精做

山西百姓制作饭菜较为讲究，花样多，品种全，饮食丰富多样。即使家常便饭，也非常讲究烹饪技术，善于粗粮细做，细粮精做。民间经常食用的面食就有五六十种，令人眼花缭乱。尤其是杂粮面食，堪称山西面食一绝。例如，风靡山西的包皮面就是山西人民智慧的结晶，单纯的粗粮面涩黏，入口难以下咽，而将白面与粗粮面合二为一，既解决了粗粮面的难以入口，又解决了吃饱的问题，一举两得。直到现在，尽管生活已经大大改善，但包皮面还是山西百姓喜食的面食。

2. 品种丰富、细致讲究

山西面食的品种，就目前有据可查的资料来看，已经达到1000多种。蒸、炸、煮、煎、烤等诸般手段样样俱全。那些以不同材料和成的面团，在农家妇女手里，经擀、削、拨、抿、擦、压、搓、漏、拉等手段，施之以不同的浇头，魔术般地变幻出姿态各异，色、香、味俱佳的面条来。主妇一般能做出数十种面食，如刀拨面、刀削面、包皮面、拉面、转面、焖面、擦面、剔尖、拨鱼、烧卖、抿蛐、花馍、水饺、角儿、馄饨、油条、煎饼、春饼、粑饼、脂油饼、掐疙瘩、猫耳朵、小窝头、莜面栲栳等。在专业厨师手里，面食品种更是如玉盘珠玑让人眼花缭乱，能叫上名来的就有四百多种。如刀削面的制作需要钢片制成的瓦形刀，将手中的面团削入沸水锅中，成品要求削成20厘米长、3厘米宽的三棱或扁条形状，熟练的厨师能飞刀削面每分钟达120刀，1小时可削完25千克面粉制成的面团。又如刀拨面，一刀接一刀连续拨出，刀案相碰发出如骏马奔腾般的声响，随刀而出的面条好似银燕出巢，盛上一碗，汤清、面白、油红、菜绿、醋香；吃上一口，柔滑筋道，回味无穷。设在北京的晋阳饭庄，以经营三晋面食"拨鱼儿""猫耳朵"等闻名京城。名流学者频频光顾，文学泰斗老舍先生曾挥毫泼墨，写下了"驼峰熊掌岂堪夸，拨鱼猫耳实且华"的赞语。南菜专家宋宪章也赋诗褒奖:"天下面食数太原,山珍海味难比鲜;味压神州南北地,舌上经纬天上天。"

山西面食最令人称道的是煮制类面食,在山西人心目中所谓的面食特指带汤类的煮制面食。山西的四大招牌面食刀削面、拉面、刀拨面、剔尖,全部是这类面食。尤其是刀削面,因其风味独特,驰名中外。它同北京的打卤面、山东的伊府面、河南的鱼焙面、四川的担担面一起被誉为中华五大面食。有顺口溜赞曰:"一叶落锅一叶飘,一叶离面又出刀。银鱼落水翻白浪,柳叶乘风下树梢。"山西面食有三大讲究,一讲浇头,二讲菜码,三讲小料。浇头有炸酱、打卤、蘸料、汤料等。菜码很多,山珍海味、土产小菜等可以随意而定。小料则因季节而异,酸甜苦辣咸五味俱全。除了特殊风味的山西醋,还有辣椒油、芝麻酱、绿豆芽、韭菜花等。正因为如此,受到中外游客的赞赏,各种史籍亦不乏记载。

四、山西名菜名点

(一)地方名菜

传统名菜有过油肉、虎头肉丁、锅烧羊肉、糖醋鱼、鹌鹑茄子、清蒸羊肉、冰糖肘子、蜜汁铁棍山药、涮羊肉、全家福、什锦火锅、烧羊肉等。

1. 过油肉(晋中菜肴)

过油肉是山西的名菜之一,最初它是一个官府名菜,后来传到了太原一带,并逐渐在山西传播开来。经过历代厨师的改进,此菜已达到了比较完善的程度。山西"过油肉"选用猪元宝肉、冬笋、木耳等过油而成,从选料到刀工,从腌浸到烹制,特别是在调料的运用上,都有它的独到之处,明显体现了山西地方风味特色。山西人好吃醋,醋的使用在烹调中很有讲究,此菜的用醋方法便是一例。

2. 拔丝葫芦

拔丝葫芦是晋南菜中很有特色的菜式之一,拔丝葫芦以山药为主要材料,方法以拔丝为主,口味属于甜味,色泽金黄,鲜艳透亮,造型精致美观,绵绵金丝吊起葫芦一串,外甜内甘,外脆内软,久嚼有味,是山西风味甜菜中的珍品。

3. 锅烧羊肉

锅烧羊肉是晋北菜中清真菜的珍品,此菜选用肉质细嫩的羊头肉和小麦粉、鸡蛋,油炸而成,口味咸鲜,色泽金黄,外酥焦,内松软,咸鲜香醇,不膻不腻。尤其适合寒冷的冬天食用。此菜用山西面点空心小饼夹食,更是另有一番风味。

4. 酱汁鸭(上党菜肴)

上党菜以上党盆地(中心长治)和晋城菜为主,此地生活习俗与豫北地区相仿,酱汁鸭既是鲁菜也是晋菜,只是因地域不同口味略有不同。酱汁鸭选用鸭肉和甜面酱等蒸制而成,鸭肉肥嫩,有浓郁的酱香味,色泽红亮,熟烂不腻,可作为宴席中的大件,是健脾开胃、补虚养身的美味菜品。

(二)地方名点

山西地方名点以面食小吃为主,传统名点有拉面、刀削面、剔尖面、刀拨面、揪片、猫耳朵、荞面碗托、蘸片片、烤姥姥、一窝酥、千层饼、锅贴、太谷饼、家常饼、烧卖、玉面饺、拨烂子、油糕、孟封饼等。

1.刀削面

刀削面是山西人民日常喜爱的面食,用刀削出的面叶,中厚边薄,棱峰分明,形似柳叶,入口外滑内筋,软而不黏,越嚼越香。

2.猫耳朵

猫耳朵是流行于晋中、晋北地区的风味面食,口感筋滑利口,制作简便,适合用多种面粉和浇头。晋中一带人们用白面、高粱面制作;雁北高寒地区,人们用莜面、荞面制作。如今这种面食已经进入"大雅之堂",成为宴席上的佳味。

3.山西头脑

"头脑"是山西特有的小吃,为汤状食品,在一碗汤糊里,放上三大块肥羊肉,一块莲菜,一条长山药。汤里的佐料有黄酒、酒糟和黄芪。品尝时可以感到酒、药和羊肉的混合香味,味美可口,越吃越香。与头脑搭配的主食有烧饼、烧卖等。

(三)山西宴席

1.高平十大碗

高平十大碗是晋东南高平一带的独特宴席,共有十道菜:水白肉、铬桃肉、碗子肉、川汤肉、肠子汤、豆腐汤、鸡蛋汤、天河丹、软米饭、扁豆汤。一碗一个味道,之所以餐具不用盘而用碗,是因为碗中之菜可以盛"汤",素有"碗汤菜"之说,其做工、用料、质量、味道、色彩不比"宫廷大菜"差。

"十大碗"做工十分精细讲究,选一头上好的肥猪,杀洗过后,厨师把鲜嫩的猪肉分成三六九等。瘦肉切成一条条,用于做"铬桃肉";肥肉用刀削成一片片,做"水白肉";猪肚猪肠也要全部派上用场。厨师把切好的肉用油、盐、酱、醋、生葱、姜、淀粉等作料拌好,下油锅炸成焦黄,再用大笼锅蒸,蒸熟之后放到凉处存放沉淀一天后,第二天上席味道更美。"十大碗"有荤有素,素菜的原料大都是当地土特产。最有代表性、最好吃的当数"天河丹"之菜,这道菜工序繁多,选料也须十分精细。即使在冬季制作,也必须有在地窖保存好的新鲜红薯。制作时先把红薯煮烂,然后扒去皮,把甜甜的内瓤和"软米面"、玉米面、淀粉等糅合好,放少量的糖,用手揉搓成鸡蛋状或小圆形,然后放到油锅炸。恰到好处时炸出的"天河丹"才会焦黄鲜嫩,上桌前,再用大笼锅将一碗碗"天河丹"蒸透,用冰糖、红糖、蜂蜜等制作成的"糖稀"热腾腾地往上一浇,再洒一些五色糖丝,其色娇艳、其味绝佳。

2. 平定四套席

四套席是平定著名的传统筵席,有"满汉全席"之称。明清时期,平定的筵席就很讲究。如"满汉席"在当时的县城里只有三大翰林家有资格享用。遇喜庆婚嫁请姑爷,主宾席才可排"四套席"。四套席下还可设"三八席"为辅席相配。此外还有五台八大碗、晋商宴的八碗八碟、三台和十五圆等宴席。

第五节　北京地方风味

北京菜,俗称京菜,又称京帮菜、京朝菜。在长达千年的历史进程中,北京一直是全国的政治、文化中心,由此形成了北京菜荟集全国之大成的得天独厚的优势,也形成了北京菜雍容华贵、技术精良、风味隽永的特点。在我国饮食文化的发展中,北京有着举足轻重的地位。

一、北京风味的形成

(一)历史因素

早在战国时期,北京地区属于燕国范围,历史上著名的侠客荆轲曾经与好友高渐离时常"饮于燕市",说明那个时候北京地区在饮食上应已初具规模。从秦汉到隋唐,北京作为北方重镇,成为中央王朝威慑大漠游牧民族、控制东北的军事要塞。随着政治地位的提升和作为华北平原商品集散地这一区位优势的加强,饮食市场更加繁荣。到了宋代,鲁菜进入北京,对北京食馔产生了革命性的影响。与此同时,东北崛起的辽金政权影响到了长城以南,东北和内蒙古草原上的饮食习俗大举入侵北京,使得北京居民的饮食习惯中和了鲁菜与北方游牧民族的饮食风格。13世纪,成吉思汗大举西征,先后征服了葱岭以西、黑海以东信仰伊斯兰教的各民族,随着战争转移,大批波斯人、阿拉伯人、中亚细亚人被迁徙东来,人数多达数十万之众,大批西域人入籍中原后形成回族。作为元大都的北京有很多像牛街这样的回民聚居区,随着他们的迁入,内蒙古食品、回族食品、女真食品像变戏法似的在北京登场。如今,北京人喜吃羊肉,应是辽、金、元时代的遗风。元代营养学家忽思慧在《饮膳正要》中就列举了大量羊肉类菜肴,北京现有的曾被称作"帐篷食品"的烤肉以及名满天下的被外国人称为"蒙古火锅"的北京涮羊肉,都是从元代蒙古菜师承过来的。

明王朝建立以后,北京的居民既有随朱明大军来北京定居的南方人,又有从山西等地迁来充实京畿的大批移民。《明经世文编》上说:"京师之民,皆四方所集,素无农业可务,专以懋迁为生。"由于居民来自四面八方,饮食也就兼收各地之长,江南各路菜肴乘机北伐,占据要津。北京最老的便宜坊烤鸭店就是从南京迁来的。作为"国菜"的北京烤鸭,其烤制技术也是来自金陵明宫的御膳房。明清时期山东人在北京做官的增多,鲁菜成为北京菜的基础。山东菜馆随之大量涌现,北京有名的"十大堂""八大楼"几乎都经营山东菜,使山东风味菜肴的影响越来越大。山东菜浓少清多、醇厚不腻、鲜咸脆嫩的特色,为北京人所接受。不过,在北京的山东菜经数百年的演变改进,已与原来的山东菜有明显区别,成为北京菜体系的一大组成部分。

至满族入主中原,北京居民再次大变。内城(北城)成了旗人的天下。饮食上,满族饮食文化与汉族饮食文化又产生了大交融,满族的饮食习惯、烹饪技术传入北京,一些古朴的烧、燎、白煮等烹调技法使人有了返璞归真的感觉。随着满族人口在京城的急剧增长,满族风味菜不仅满足了满族统治者和八旗子弟的需求,也让汉人大开眼界,各民族各地方饮食技术的合流造就了蜚声中外的满汉全席、全猪席、全羊席、全蟹席、全鸭席之类的饮食极品。

北京是典型的移民城市,作为都城,在历次改朝换代中遭受战争洗劫最为惨重,北京居民的更新率极高,饮食习俗也因此而不断丰富发展。人口的迁移变化和习俗尚好,对北京菜的形成与发展起着至关重要的作用。五方杂处的各民族饮食文化相互渗透、相互影响,北京菜汇集了汉、满、蒙、回等许多民族的灿烂文化而形成今天的局面。北京菜终于在清朝中后期完成了蜕变,使北京菜在吸取其他菜系精华的基础上,又脱离了它们的窠臼,变成了自成一格的、充满了京韵京味的京菜。

(二) 地理物产

北京西北为燕山山脉,东南是肥沃的华北平原,河流交错,湖海相通,果蔬丰盛,水产禽畜品种多、品质好,远在清代就有"帝京品物,天下无双,饮食佳品,尽在都门",这就为北京菜在原料使用上广收博取提供了丰厚的物质基础。京菜在选料上精益求精,甚至有些过于挑剔,比如鸭馔必用肉质肥嫩细腻的北京填鸭;涮羊肉则首选内蒙古集宁的小尾巴绵羊,而且只用其"上脑""小三岔""大三岔""磨裆""黄瓜条"等部位的肉,并剔去筋膜和骨底;烤牛肉则用体重150公斤以上的西口羯牛;淡水鱼鲜则以来自白洋淀的为佳;口蘑之类的果蔬大多出自张家口地区。

二、北京风味区域划分

明清时期是北京菜的成熟鼎盛期,宫廷菜、官府菜为其最高成就,满汉全席是其典型代表,并逐渐形成了荟萃百家、博采众长、格调高雅、风格独特的"北京菜"。新中国成立以后尤其是改革开放以来,京菜更是海纳百川、兼收并蓄,八方美食荟萃,各地高手云集,成为了汇集各国、各地风味的美食博览会。

北京菜是以北方菜为基础,由仿膳菜、官府菜、清真菜、民间菜和改进的山东菜五大板块架构而成。

(一)仿膳菜

仿膳菜也就是仿制的宫廷菜,有八百多个品种。北京作为我国六大古都之一,仰承千余载帝京的润泽,使得皇城根下的京菜占有近水楼台之便,继承了元代以来宫廷菜的衣钵。人称仿膳菜是"稀贵、奇珍、古雅、怪异",它取料严苛,所用物料多是取自天下的稀世之珍,燕窝、鲍鱼、鱼翅、鱼肚、海参、蛤蜊、对虾、干贝、竹荪、鹿筋、鹿脯、鹿尾、熊掌、驼峰、猴头、雄鸡、蛤士蟆之类皆为席上美味。菜品做工精细,注重保持原料、原汤、原味、味道鲜醇、软嫩清淡。追求色、质、味、形、器的极致,特别注重造型的精奇和命名的典雅,富有艺术美感。给食客以强烈的视觉震撼,具有皇家雍容华贵的气质。比如一款普通的荷包里脊就极具韵味。它是模仿王公们佩戴的"荷包"创制的,将鸡蛋用手勺摊成皮包上猪里脊丁、香菇丁、兰片丁和成的馅,表面再抹上鸡蛋糊,并点缀上火腿末、油菜末,做成荷包形状,放入五成热的油中炸熟,外皮金黄酥脆,肉馅软嫩鲜香,食后余味悠长。

(二)官府菜

官府菜又叫官邸菜、功夫菜,功夫两字道出了它的不凡身手,北京作为首善之区,自是冠满京华,王侯贵胄、达官显贵交错于途,官府门第蓄养名厨,竞相比富。官邸菜多以乡土风味为旗帜,用料上乘,工艺独特,注重摄生养身,讲究清淡、精致。在诸多官邸菜中,名头最响的无疑是有三百多个款式的谭家菜。谭家菜出自清末翰林谭宗浚家,谭氏父子酷爱珍馐,经常宴请四方名士,交流美食心得,辛亥革命后谭家家道中落,一身厨艺在身,却放不下仕子的架子去执业,只得悄悄承办家庭宴席变相经营以补贴家用。谭家菜选料精、下料狠、火候足、讲究慢火细做,追求香醇软烂,食客往往要提前个把月预订。谭氏来自广东,烹制海味是其拿手好戏,今日驰名中外的燕翅席就是北京饭店谭家菜的镇店之宝。谭家菜讲究美食美器,就餐环境古朴典雅,片句碎文丹青古董放眼皆是书香盈盈,意境和菜品浑然天成,妙到毫巅。

(三)清真菜

京式清真菜作为华北地区清真菜的代表,乃是我国清真菜的三大流派之一,它源于唐代的胡食,发展于元代的回回菜,它在烹调原料上除了取自传统的牛羊肉外,海味、河鲜、禽蛋、果蔬均可入馔,它以咸、鲜、爽、嫩、少汁、少油、清淡和色美而饮誉四方。

(四)民间菜

民间菜是京菜的基础,具有浓郁的乡土气息。从京城的地理环境上看,它是四季分明,老百姓的吃也烙上了这一物候特征,创制了既合乎时令又美味可口的民间佳肴。初春的炒合菜、香椿菜,寓意和和美美、顺顺当当;夏日的炒什锦豌豆、毛豆烧茄子以及水晶菜,令人胃口大开;金秋的坛儿肉、清蒸鲜肉,"谓之贴秋膘";寒冬的炒咸什以及各种锅子菜,吃客众人围坐一炉,暖意融融,情趣和欢乐洋溢其间。

(五)改进的山东菜

明、清之际,山东菜兴盛于北京。经过几百年不断的改良创新,山东的胶东派和济南派在京相互融合交流。卖炒菜的盒子铺,卖烧鸭的鸭子铺,卖烧肉的肘子铺,"堂子号"不接待散客的大饭庄,逐渐被"居子号"的饭庄取代。民国初年楼字号、春字号兴起,有"致美楼"等八大楼、"庆林春"等八大春。经营者不固守鲁菜的营垒,入乡随俗在使用原料、操作方法等方面加以改进,以适应北京人的口味和习俗,与济南、胶东两派均已大不相同,以爆、炒、炸、熘、蒸、烧等为主要技法,口味浓厚之中又见清鲜脆嫩,堪称北京风味的山东菜。

三、北京风味特点

(一)讲究刀工、技法多样

在京菜行当有"七分墩,三分灶"这样一个说法,意思是说菜肴烹制质量的高低,七分功夫在刀上,而灶上烹调和火候的运用仅占三分功力,由此可见京菜对刀功的重视程度。比如涮羊肉要把羊肉片切得薄如纸片,一烫即熟,一个好的厨师能将一斤羊肉切出 80～100 片 20 厘米长、5 厘米宽的羊肉片;片烤鸭能把 2 公斤左右的熟烤鸭片出 120 片左右的带皮鸭肉,大小匀称、厚薄均衡,形如瓦楞。

京菜菜品繁多,四季分明,其完善、独特的烹调技法是重要保障,可基本概括为:爆炒烧燎煮,炸熘烩烤涮,蒸扒燀焖煨,煎糟卤拌氽。尤为擅长的烹饪方法是炸、熘、爆、炒、烤、涮等。每种方法又可细分,如"爆",在京菜技法中特别突出,可分为油爆、芫爆、酱爆、葱爆、水爆、汤爆等,每种"爆"法都各有很多名品。"熘"又可分为焦熘、软熘、醋熘、糟熘等。还有锅塌、醋椒、拔丝等特色技法。颇有心得的烤、涮、扒、燎、爆、酱、白煮等技法足以傲视同侪,烤鸭、烤肉闻名中外。而燎法对于其他菜系而言可能还是一个很陌生的名词。京菜中的燔肘就是燎法的代表菜之一,它是先用火将猪肘子皮燎煳,使之起小泡,再放入温水里泡30分钟,刷去煳皮,放入清水锅内,煮熟切成厚片装入盘内,连同酱油、蒜泥一起上桌,吃起来有一种独特的煳香味。

(二)名菜众多、融合创新

北京作为有国际影响的大都市,其政治地位之显赫和文化氛围之浓郁在中国独领风骚,借助这种政治和文化的影响力,北京的许多菜肴名震寰宇,如北京烤鸭、北京涮羊肉、烧羊肉、糟熘三白、酱汁活鱼、葱烧海参、三不粘等名菜就是其中的佼佼者。北京烤鸭更是有"国菜"之誉,对于到北京游玩的外地人来说,游长城、吃烤鸭,似乎是不二之选。我们说北京名菜众多,并非诛心之论,也许口说无凭,且举一例为证:三不粘是一道风味独特的甜菜,呈软稠的流体状,入口绵软,滋味香甜,营养丰富,用羹匙舀着吃,一不粘盘、二不粘匙、三不粘牙,故称"三不粘"。其制法是:用鸡蛋黄12个,加上白糖250克、干淀粉150克、清水600克搅匀过细箩,勺内放熟猪油40克烧热,将蛋黄液倒入,迅速推炒,并淋入熟猪油,一手淋油、一手推炒,至蛋黄液柔软有劲、色泽黄亮、不粘炒勺时即可。此菜用料简单,属于软炒,类似北方"熘黄菜"的制法,但制作技术要求很高,火候、用料比例和推炒手法都很关键。乾隆年间出现的"全羊席",用羊的各个部位做出多种美味佳肴,有"汤也、羹也、膏也、鲜也、辣也、椒盐也","或烤或涮、或煮或烹、或煎或炸",使烹羊技术达到了一个高峰。宫廷中传出的抓炒鱼片、荷包里脊、熘鸡脯等也很有特色;谭家官府菜,不惜用料,火候足到,选料精细的"黄焖鱼翅"敢居众鱼翅菜之首。

受国都文化传统与庄重气氛熏陶,京菜雍容华贵、融会贯通。中国烹饪大师董振祥先生将中国水墨绘画写意技法、诗词歌赋、陶瓷文化及中国盆景拼装技法运用到菜肴的制作和呈现中,以菜品为媒介,表现出情景交融、虚实相生、生命律动的韵味和无穷的诗意。大董中国意境菜以"中国菜的定位不动摇,中国文化的体现不动摇,中国烹饪的技艺不动摇"为核心,开创了中式烹饪发展的新流派。

四、北京名菜名点

(一)地方名菜

用家畜制作的名菜有涮羊肉、砂锅白肉、烤肉、烧羊肉、葱爆羊肉、油爆肚仁、燔肘、炸鹿尾、它似蜜、筒子肉。用禽蛋制作的名菜有北京烤鸭(便宜坊焖炉烤鸭及全聚德挂炉烤鸭）、葵花鸭子、白露鸡、糟熘鸭三白、炒生鸡丝掐菜、熘鸡脯、芙蓉鸡片、草菇蒸鸡、柴把鸭子、三不粘。用河鲜制作的名菜有潘鱼、酱汁活鱼、干煎鱼、豉油活鱼、醋椒鱼、抓炒鱼片、荷花鱼丝、焖酥鱼、罗汉大虾、炸烹虾段。用海产制作的名菜有砂锅通天鱼翅、黄焖鱼翅、葱烧海参、锅塌鲍鱼盒、清汤燕菜、蚝油鲍片、龙井鲍鱼、扒大乌参、清汤冬瓜燕、百花鱼肚。用蔬果制作的名菜有栗子烧白菜、海米拌芹菜、糟煨茭白、桃花泛、翡翠羹、核桃酪、琥珀莲子、银耳素烩、干烧冬笋、罗汉菜心等。

北京是菜肴创新的中心之一，创新名菜层出不穷，最值得一提的当数"大董中国意境菜"，其创新菜品不胜繁举。

另外值得一提的还有北京烤鸭。北京烤鸭享誉海内外，距今已有 160 多年的历史，号称天下第一吃，是清代宫廷御菜。

北京烤鸭的起源，到现在也没有一个定论。大致有五种传说。

第一种是杭州说，也叫元代说。南宋时，临安食肆林立，饮食业异常发达。浙江是著名水乡，产佳鸭。以火炙之，便成炙鸭。当时已是临安名馔。元灭宋，临安破，元兵虏临安百工到大都，便含厨工。炙鸭因此落户北京，经历代改良发展，成为今日之北京烤鸭。

第二种是南京说，也叫明代说。朱明建都南京，南京盛产湖鸭，御膳房便精心研究鸭菜，盐水鸭、香酥鸭、腊鸭、烤鸭，一鸭百味，均由此出。明成祖迁都北京，将烤鸭也带到北京，又由宫廷传入民间，成为北京名菜。

第三种说法是北京说，也叫土生土长说。八百多年前金朝建都北京。当时燕地林茂山青，溪沟环绕，有白鸭，肉厚嫩肥。女真人善猎，猎得后即煺毛烤食。后经宫廷厨师增加烤炙程序，精其味料，成为最初的烤鸭。白鸭经历代驯养，进化成现在的北京填鸭。历经北京厨工改良烤法，形成一套固定工艺，终成一代名馔。北京烤鸭实在是土生土长的北京菜。也有说是元朝从欧洲的烤鹅发展而来。

第四种说法是西安说，张鷟的《朝野金载·卷二》引证《太平广记》的记载，早在武则天建周政权之后（690 年），武则天宠臣张易之为控鹤监时，与其弟张昌宗竞相豪侈。张易之用大铁笼将鹅、鸭置于其内，笼中生木炭火，用铜盆盛五味汁，鹅、鸭绕火走，渴了喝五味汁，火烘的鹅、鸭不停地来回走动，逐渐羽毛尽落，烤炙而死，其肉肥嫩可口。据此，早在一千三百多年前，唐都长安已有了原始做法的烤鸭。

第五种说法是开封说，早在北宋时期，炙鸡、烤鸭已是汴京市肆中的名肴，这在《东京梦华录》中早有记载。金兵攻破汴京城之后，汴京的大批工匠艺人和商贾，随着康王赵构逃到建康（南京）、临安（杭州）一带，烤鸭这一美食又成为南宋民间和官宦之家的珍馔。南宋文人洪遭在《夷坚丁志》中，就记载了最擅长烤鸭技艺的名厨烤鸭能手王立,这是我国见诸于经传的第一位烤鸭名师。元灭南宋,元将伯颜曾将临安的百工技艺带至大都(今北京),这样,汴京的烤鸭技术就传到了现在的北京。

北京烤鸭的烤制方法:一是焖炉法,烤炉有门,用秫秸先将炉壁及炉内铁箅子烧热,待无明火时,将处理好的鸭子放在铁箅子上,关闭炉门,故称焖炉;二是挂炉法,炉口拱形,无门,将处理好的鸭挂在炉内铁钩上,下面用果木(梨、枣木最佳)火烤,不关门;三是叉烧法,与叉烧肉相似,需逐只手工操作,因产量低,费工时,已逐渐淘汰。

(二)地方名点

北京名点中属于筵席点心的名品有豌豆黄、芸豆卷、沙琪玛、小窝头、艾窝窝、麻茸包、糖茶菜、三鲜烧卖、甜(咸)卷果、烫面炸糕、开口笑、炸三角、蛤蟆吐蜜、千层糕。属于风味小吃的名品有褡裢火烧、片丝火烧、墩饽饽、蜜麻花、姜汁排叉、焦圈、驴打滚、茶汤、豆汁、爆肚、炒肝、灌肠、白水羊头、羊霜肠等。

第六节　天津地方风味

天津东临渤海,北枕燕山,海河穿境而过,河海相连使之成为华北内外交通的枢纽,河海沿岸的广阔滩涂又使天津占有渔盐之利。明初朱棣在此地起兵,批亢捣虚,夺取政权,随之在直沽设衞筑城,并赐名"天津",意为天子"车驾所渡处",天津成为了新兴的商业城市。元、明、清三代和北洋政府相继建都北京,天津成了拱卫京师的门户,这一特殊地位的产生给津菜的形成、演变和发展带来了转机。元朝时京师人口猛增,因河道漕运困难转用海运,天津遂成为海运漕粮入京的必经之地,沿河一带呈现出"东吴转海输粳稻,一夕潮来集万船"的繁荣景象。元中叶,直沽侯家后一带"商号麇集,歌馆楼台相望,琵琶门巷,丛集如薮。斜阳甫淡,灯火万家,辫丝帽影,纸醉金迷"。这种盛况对饮食服务业产生了特别的需求,帮助津菜完成了由简便质朴的民间本色到都市化的嬗变,津菜以此为契机开门立户。

一、天津风味的形成

(一)地理物产

天津东临渤海,有大沽、北塘两大渔港,境内河流渠道纵横交错,港塘淀洼星罗棋布。清代诗人就有"十里鱼盐新泽国,二分烟月小扬州"和"七十二沽沽水阔,一般风味小江南"的赞誉。

在海河入海口附近的渤海海域盛产对虾、晃虾、毛虾、黄鱼、鲅鱼、目鱼、平(鲳)鱼、鲈鱼、带鱼、墨鱼、银鱼、面鱼、海刀鱼、海梭鱼、河豚及海蟹、海蜇等;在浅海滩涂上还出产栉孔扇贝、青蛤、麻蛤、蛏子等贝类;在港洼、河流、养殖水面,则出产港梭鱼、港虾钱、鳜鱼、鲤鱼、鲫鱼、黑鱼、河刀鱼及鲢、鲂、鳙等鱼类;天津的蟹(尤其是冬令紫蟹)、金眼银鱼、对虾,更是闻名全国。明正德皇帝曾派人来天津督办海鲜水产,进贡京师。

乾隆时,天津诗人于扬献在《津门食品诗序》中曾说:"津邑人濒海,号鱼米之乡,鳞介鲜肥,四时继美,允足脍炙人口。"清代天津著名文学家华长卿在评点此序文时也写道:"北方食品之乡,以津门为最。"张焘在光绪十年(1884年)写的《津门杂记》中也有记载:"津沽出产,海物俱全,味美而价廉。春月最著者,有岘蛏、河豚、海蟹等类。秋令螃蟹肥美甲天下。冬令则铁雀,银鱼驰名远近,黄芽白菜嫩于春笋,雉鸡鹿脯野味可餐。而青鲫白虾四季不绝,鲜腴无比,至于梨、枣、桃、杏、苹果、葡萄各品,亦以北产者为佳。"天津丰饶质优的物产为天津饮食文化的繁荣、发展,为津菜的产生与发展,提供了丰厚的物质基础。

栽培的农作物中有著名的天津小站稻米、朱砂红小豆、御河青麻叶、卫青萝卜、"津研"黄瓜、卫韭(天津韭黄)、荸荠扁葱头、实心芹菜、宝坻大蒜、鸡腿葱、天鹰椒等,均享誉全国,远销海外。畅销国内外的还有许多冠以"天津"字头的干鲜果品,如板栗、核桃、鸭梨、红果、小枣、盘山柿子、苹果,以及品质优良、产量大、供酿酒和生食的葡萄等。

(二)历史因素

明王朝迁都北京,天津成为首都东大门,漕运繁忙,这里不仅是产盐地,也是北方销盐中心,盐商巨贾开始出现。随着海河交通的发展,天津商业贸易日渐繁荣,成为北方商品的集散地,北门外、东门外早期商业区已成雏形。此时的天津名虽曰卫,但其实不亚于一个大都会。漕运不仅是物资的交流,也是文化的交流,漕运给天津带来了大运河流域苏杭水乡、江淮平原、齐鲁大地及京师王都先进的饮食文化、各地的乡风食俗。天津作为新兴的商业城市,尤其作为一个高速发展的移民城市,少保守,不排外,对外来饮食文化兼收并蓄。明王朝灭亡后,宫廷御厨流落民间,天津作为首都的门户,广为收纳,这些技术精湛的厨师为津菜平添了活力。雍正时,天津改卫为州,后设府置县,漕运的规模也远远超过明代。由于清王朝取消了海禁,东北的黍、米、豆类从辽东大量转运到天津,使天津很快成了华北地区的粮食集散市场。与此同时,闽、粤航线开通,广东、福建、浙江、江苏一带经商的海船纷纷来到天津,其中以广东和福建的船队规模最大,每年有 200 艘以上的大船驶至北门外的钞关等待验关纳税。大批的洋广杂货、南北物资源源到来,吸引了各地的行商坐贾,促进了天津与沿海各省以及华北、东北、西北地区商业贸易的发展,天津作为区域性经济中心的作用日益明显起来,成为"蓟北繁华第一城",从而为天津带来了"万商云集,百货罗陈"的繁荣景象。商业的发展繁荣带来了餐饮业的空前兴盛,使津菜的发展由量变积累发展到质变,完成了从起源到形成的过程。

据传康熙元年(1662 年),天津"八大成"饭庄的第一家——聚庆成饭庄开张营业,它标志着津菜已经形成。道光年间,通庆楼开业,是天津餐饮史上第一家有记载的成规模的饭庄。之后,名满津门的"八大成",在尔后 200 多年里对津菜的发展起着博采兼收、创新完善、传承推广、承前启后的巨大作用。雍乾年间,天津大盐商查日乾父子建设了水西庄,聘请南北名庖二百余人,极尽美食精品接驾,成满汉全席之雏形。又接纳天下名士,诗酒唱和,奠定了津菜河海两鲜的基础。《红楼梦》作者曹雪芹原与查家有旧,曾两次长住水西庄。受水西文化影响,曹雪芹笔下的大观园亦有水西庄饮食与建筑文化的影子。至清同治、光绪年间,津菜的发展形成高潮,达到鼎盛时期。据《津门小志》载,清末天津餐馆"约五百有奇",其最著名者为侯家后红杏山庄与义和成两家,其次则为第一轩、三聚园,足见津菜发展之势迅猛,盛极一时。名馆、名师迭出,津菜之影响在漕运一线的枢纽之地保持了烹饪技术中心的优势。

纵览天津菜点文化历史,之所以能在数百年间迅速发展至鼎盛,享誉中国烹坛,皆因得"天之厚、地之华、人之灵"。清道光年间,宝坻县张光庭著《乡言解颐》"食工"中载:"有位梁五妇,善炙肉,不用叉烧,釜中安铁衾,置硬肋肉于上,用文火先炙里,使油膏走入皮肉,以酥名上,脆次之。蟹肉炒面亦佳。还有一位孙功臣,善于办一桌、两桌的精致酒菜,有人要吃全羊,羊刚杀毕,客人已登席,他不慌不忙地先烧羊尾、熘腰、爆肚之类,让客人下酒,渐次地烹煮羊肉,一一上桌,极有条理,他的子孙继承烹事,也有拿手菜闻世。"正是这些民间的能工巧匠一代一代的传承,天津饮食文化才得以被搜集积累、改进创新。正是这些烹坛魁首、厨艺巨匠打破门第帮派界线,干到老学到老,博采众家之长,以"改革创新、超越前人"的进取精神和"站碎方砖,靠倒明柱"的敬业精神,操厨刀、站墩立案,切柳叶象眼千变万化,抖大勺"五鬼闹判儿",烹珍馐美味代有创新,才成就了天津菜点高超的烹饪技艺。

(三)乡风民俗

产量丰富、质优价廉的河海两鲜,养成了天津人爱吃鱼虾蟹的习俗,以"吃鱼吃虾,天津为家"自诩。天津人吃河海两鲜,不但春夏秋冬各有所食,而且讲究时令节气,即老天津卫说的"应时到节"。一种水产品一上市,数日之内,购者趋之若鹜,烹时处处炊烟,食后膏腴腥唇,几天之后,即使质同价低,也很少有人问津。这种以先尝为荣的习俗由来已久。津门诗人于扬献在乾隆三十二年所作的《津门食品诗序》中就曾说:"凡海鲜河淡应时而登者,素封家必争购先尝,不惜资费;虽贫窭士亦多竭绵尤效,相率成风。"乃至文人雅士"亦资贪馋,其未能免俗,与标犊鼻者同辙也"。这种风气沿袭到民国以后,就演变成"当当吃海货,不算不会过"的食俗谚语了。天津人由于"五方杂居"的多元化风格,而产生"好美食,喜尝鲜""俗尚奢华"的食俗民风。更有甚者是"讲究吃、研究吃、自己动手会做吃",而且是吃得明明白白,菜烧得地地道道,既得味又得法。民间的出色厨师更是不乏其人,此风亦沿袭至今,使天津饮食文化在渐进与形成中更具广泛的民众性。天津的餐饮文化是由厨师、民众、文人、官吏、寓公、商人等经若干代的整合,创造的一种宝贵的精神与物质文明财富。这是津菜起源于民间,形成于"市肆烹饪"的又一原因。

二、天津风味区域划分

天津菜起源于民间,得势于地利,发展于兼取,凭借天津地区富饶的物产,特别是质优量大的河海两鲜,在明末清初逐渐形成天津独特的津菜体系。津菜是一个兼容并蓄的文化体系。它以徽、齐、鲁菜打底,以大运河交流为脉,体现了"九河下梢、九方杂居、九国租界、九五之门"的文化特色。以河海两鲜、蒸煮文化、特色小吃为主要内容,既包括天津本地传统的汉族菜、清真菜、素菜和风味小吃,又包括用天津独特烹饪技法研制出的适合津沽民众口味的现代新派肴馔。其菜品高、中、低档共达 5000 余种,粗细面点、风味小吃 800 余种,风格由简便、实惠、质朴的民间本色发展成为以咸鲜为主、酸甜为辅、小辣微麻的津菜风格。

三、天津风味特点

(一)技法全面、勺扒一绝

天津菜除见长于烹、炸、蒸、烧、煎、爆、扒、熬、烩、汆、焖等烹调技法,还有勺扒、软熘、清炒、油爆的技法最为独特,尤以勺扒堪称津门烹调之绝技。勺扒,不同于其他菜系的扒制方法,它采用大翻勺,使主料软烂入味、汁明味厚、造型完美,有"一菜一扒一翻勺"的特点。大至整鸡、整鸭或四五条鱼齐烹一勺,小至一两白肉丝的烧三丝盖帽,无不可用此法。以最具代表性的"扒全菜""罗汉斋"为例:将原料初步加工、加热处理后,整齐反码于盘中,熘入勺内,烧爆入味,勺内转动勾芡,淋明油,大翻勺,使其光面朝上拖入盘中,原形不散不乱。勺扒技法,因其成菜色泽和选用调味的不同,又分为"红扒""白扒""奶扒"等;又因所用原料和形状的不同,还分为"单一扒""盖面扒"(辅料垫底、主料盖面)、"拼配扒"(两种以上原料拼码制成)。勺扒技法,最关键是大翻勺,津门厨师的大翻勺技术十分娴熟,讲究上下翻飞、左右开弓、前后自如。此外,津菜技法中的黄焖、软熘、烧、煎、锅塌等大部分菜品,也都是采用大翻勺,这早已成为津门厨师入道必学之绝技。

津菜的软熘技法,是以原料质地软嫩来区别于其他熘菜的。采用软熘技法烹制的菜肴,质地松嫩,口味以小酸小甜为主。油爆菜肴成馔后,汁抱主料,主料脆嫩爽口,菜净盘中无汁无芡。清炒类菜品的成菜特点必须是清汁无芡,主辅料分明,干净利落,口味多以咸鲜清淡为主。笃法,是烧、焖、扒多种技法的结合。所谓笃,用天津地方方言解释,就是"咕嘟",此种烹调技法最适合重色、重味菜肴,其成菜入味醇厚,汁芡明亮。如笃面筋一菜,尽管主料档次很低,但却是大众最喜食的风味美馔。

(二)河海两鲜、调味精妙

津门物产丰富,盛产咸和淡两水的鱼、虾、蟹等。因此,津门厨师对烹制河海水产品极为讲究,数十种烹调技法无所不用,仅鱼、虾、蟹菜肴即各达百余种,且按季选取,适时推出。论鱼,讲究春吃黄花、鲅鱼;夏吃鲶鱼、目鱼;秋吃刀鱼;冬吃银鱼。论蟹,又有春吃海蟹;秋吃河蟹;冬吃紫蟹之别。论虾,又分为对虾、晃虾、青虾、港虾等多种。代表菜品有软熘黄鱼扇、清蒸鲶鱼、高丽银鱼、煎转目鱼、白崩鱼丁、天津熬鱼、罾蹦鲤鱼、煎烹大虾、荷包牡丹虾、炒青虾仁、芙蓉蟹黄、烹大虾、炒全蟹、熘河蟹黄、酸沙紫蟹、金钱紫蟹、紫蟹银鱼火锅等。其中的"罾蹦鲤鱼"一菜,是采用全鳞活鱼烹制而成,炸好的鱼,端到桌面上浇上烧好的酸甜汁,发出"吱吱"响声,鳞酥肉嫩,颇具特色,别有情趣。

在扒、炖、烧各式菜肴中,不用或少用酱油,而以嫩糖色挂色,使菜品既保持应有色泽,其本味又不被破坏。常在扒、烩、熬、炖部分菜品中调以甜面酱、酱豆腐,使成品具有独特浓厚的清香气味。很少用熟芝麻油、熟猪油作明油,而惯用芝麻油炸成的花椒油代之,以其焦香、辛香除腥解腻,为菜肴提味,促人食欲。善用"大作料"(行业俗称),即以蛾眉葱丝、一字姜丝、凤眼蒜片炝锅,烹制风味浓厚的菜肴(如熬鱼和突出酸甜味的菜肴),以增特有风味。凡清淡菜品(尤其两鲜),多用鲜姜泥加水浸成姜汁,适当加入食醋调味,不仅有食姜不见姜之妙,更有去腥、增味、解腻、开胃、散寒、增食欲、促消化之功能。

天津菜较常见的味型有酸甜(又分大酸大甜和小酸小甜)、酸甜咸、酸辣、咸甜、咸甜辣、酸咸辣、甜酸辣等数十种,以适应八方食客的需要。此外,"津菜"各工序均十分注意保护原料应有质地,讲究软、嫩、烂、脆、酥、素,有软而不绵,嫩而不生,烂而不松,脆而不艮,酥而不散之妙。

(三)蹲汤熥卤、注重搭配

津菜讲究制汤,有"无菜不用汤"之说。津菜的汤有多种,一是清汤(高汤),以鸡、鸭炖制,用途较广;二是白汤,用猪、鸡、鸭骨,以旺火熬制,用于白汁菜和汤;三是素汤,用黄豆芽熬制,并下苹果、香蕉提味,用于素席菜。不同的汤要用不同的臊子加工。毛汤要吊,清汤要蹲,白汤要焖,素汤要提。高档清汤,即以清汤加牛腱子肉、鸡肉茸提制,因汤不见大开,故称"蹲汤",因用火时间长,又称"熥卤",又因制作此汤需两遍提制,故又称"双套汤"。此汤透明如水,无渣,鲜醇浓酽,回味香甜,凉后成"冻",可插住筷子,主要用于燕窝等贵重原料所烹制的高级汤菜。故《津门竹枝词》有"海珍最属燕窝强,全仗厨人兑好汤"句。津菜讲究制汤,也始终注重因菜用汤、分别调制,传统上很少用味精,以保制馔鲜美醇厚、本味纯正。

单一原料烹制的菜品,注重保持本菜应有的色泽不受破坏,以体现各种原料固有的颜色;多种原料配伍入馔的菜品,不仅讲究色泽协调,而且讲究荤素搭配合理,给人以美好的享受。

四、天津名菜名点

(一)地方名菜

传统名菜有一品官燕、氽菊花燕菜、鸡茸燕菜、蒸燕菜把、扒通天鱼翅、蟹黄鱼翅、原汁鱼翅、清炒翅针、软炸鱼翅把、扒海羊、扒鲍鱼龙须、红烧唇尾、奶汁炖鱼唇、氽鸡茸鲨鱼尾、桂花鱼骨、清炒鱼信、扒鱼皮鸡肉、扒蟹黄鱼肚、扒参唇肠、鸡粥哈什蚂、扒猴头蘑、桂花干贝、一品海参、高丽银鱼、朱砂银鱼、煎烹大虾、牡丹大虾、炸晃虾、晚香玉炒虾片、煎炸虾饼、炒青虾仁、直腰虾仁、七星紫蟹、酸沙紫蟹、雪衣油盖、炸熘蟹油、熘河蟹黄、炸蟹盖、炒全蟹、银鱼紫蟹火锅、扒蜇头、散花蟹黄、烧熏鳜鱼、清蒸快鱼、脱骨鲤鱼、醋椒鲤鱼、烩滑鱼、软熘黄鱼扇、烩花鱼羹、碎熘鲫鱼、煎转目鱼、官烧目鱼条、白崩目鱼丁、油爆目鱼花、酒醉玉带白鳝、软熘金钱鱼腐、面鱼托、清炒面鱼、天津熬鱼、姜丝鱼、清汤氽鱼穗、鱼白、炖淡菜、爆蛤仁、爆炒虾腰、玉兔烧肉(天津烧肉)、天津坛肉、虎皮肘子、酱豆腐肉、瓜姜里脊丝、氽白肉丝、炒腰丝、烹蹄筋、烹拆骨肉、氽脊髓脑、羊三样、红烧牛舌尾、芜爆散丹、口蘑烩全羊、珍珠葫芦、扒羊蹄、黄焖鹿筋、清蒸鹿尾、鸡茸菠菜、桃仁鸡、朱砂鸡丁、黄焖栗子鸡、正阳烧鸡、炒熏鸡丝、鸡丝银针、丁香雏鸡、荷花鸭子、烩玉米全鸭、腰果鸭方、麻栗野鸭、拆烩鸭膀、华洋鸭肝、麻辣野鸭、金钱雀脯、炸熘飞禽、炸熘软硬飞禽、扒蟹黄白菜、栗子扒白菜、一品豆腐、对虾烩豆腐、油盖扒茄子、炒鲜黄花菜、美宫山药、余甘果、焦炒面筋丝、虾籽笃面筋、全家福、炸三台、烩三泥、扒全素（罗汉斋）、扒全菜、高丽澄沙、熘松花、熘黄菜、炒荤素、扒素鱼翅、菊花火锅、什锦火锅、酸辣汤等。

1. 挣蹦鲤鱼

选用带鳞的活鲤鱼炸熘而成，其特点是鳞骨酥脆、肉质鲜嫩、大酸大甜。尤其是上桌后趁热浇以滚烫的卤汁时，热气蒸腾、香味四溢，热鱼吸热汁，"吱吱"声不绝，视觉、听觉、嗅觉、味觉俱佳，格外增添食趣。

2. 贴饽饽熬鱼

贴饽饽熬鱼是一道最普通的天津家常小吃。特点是饽饽颜色金黄、底面焦脆，小鱼味鲜汤浓，鱼骨酥软。具体作法是：用新玉米面加酵面、碱、清水揉成面团，用两手拍打，以使面团光滑；把新鲜小鱼刮鳞去鳃，洗净，蘸上面粉后放入油锅炸至金黄捞出，再放入用葱、姜、蒜、大料炝锅的大锅中，加酱油、醋、精盐等作料，并注入清汤，待汤沸时，把先前作好的饽饽贴在铁锅壁上，盖严盖后烧 10 分钟，二味俱熟。

3. 罗汉肚

罗汉肚属酱制食品，由天津狗不理包子总店采用传统的酱制方法研制生产。因肉皮层次分明，形似罗汉的肚皮而得名。

特点是紧固不散，光泽透明，口感咸鲜，适口不腻，酱香醇厚。

（二）地方名点

传统名点有龙须面、津门什大酥、龙须鸭丝饼、香桃满园、莲藕酥、佛手酥、芹香夏果酥、椒盐核桃酥、海棠酥、孔雀开屏、青蛙酥、养生萝卜、快乐家园、晚秋金瓜、荷塘鹅趣、蛋莲南瓜、澄面果蔬、津菜包、白菜虾饺、酿馅银丝卷、梅花煎饺、双影鸭饺、水晶花、新的乐章、蛋黄饼、清油饼等。

（三）其他名品

乡土地方特色菜有"八大碗"、海蜢楞汤、油炸蚂蚱、河蟹汤面、萝卜拿糕、金边扣焖、五香芽乌豆、金塔皮米、千张茄子、糖醋咯炸、大米面素饺子、散不散。冷菜类有宁河醉蟹、凉拌海蟹、炝青虾、猫耳蜇皮、酥鲫鱼、金鼎罗汉肚、酿馅酱猪蹄、五香面筋、炒红果、炒海棠果、琥珀桃仁、冰碗、白蜢鱼丁、椒盐鲜鱿、扒素鱼翅、芙蓉牡丹贝、杏仁豆腐、栗子扒白菜、葱烧海参、麦香鳜鱼卷、松子鱼条、极贝珍珠映明月、葱烧蹄筋、鸡丝银针、鱼香脆皮豆腐、手抓羊肉、锅仔滋补乳鸽等。

(四)流行宴席

天津民间宴席流行"四大扒""八大碗",内容丰富,变化多样,不拘一格,适应各阶层享用。四扒多为熟料,码放整齐,兑好卤汁,放入勺内小火爆透入味烧至酥烂,挂芡,用津菜独特技法"大翻勺"将菜品翻过来,仍保持不散不乱,整齐美观之状。八大碗用料广泛,技法全面,有素有荤,分为粗、细、高三个档次。且有"素八大碗"和"清真八大碗"之分。天津的素席是以蔬菜、果品、菇耳、粮豆等植物性原料为主题制作的筵席。老天津人遇到喜、寿宴请,喜爱吃面席,讲究用喜面、长寿面来庆贺,为此产生了不同的面席,有四碟捞面、家常捞面、五卤面等。

第七节　黑龙江地方风味

黑龙江有一望无际的平原沃野,数以百计的大小河流,星罗棋布的湖泊沼泽,绵亘千里的丘陵,自古以来就是天然优越的采集、狩猎、农牧之地。鲜卑、女真、蒙古族和满族这四个少数民族都是以黑龙江为发源地,先后入主中原或君临全国,使黑龙江地区同内地保持着紧密、频繁的经济、文化、政治上的联系。同时,黑龙江也受周边国家、地区和各民族文化影响。

一、黑龙江风味的形成

(一)地理物产

黑龙江自有史以来一直是地广人稀,从未因食物的压力造成生态系统的失衡。"棒打狍子瓢舀鱼,野鸡飞到饭锅里"的自然生态也一直持续到20世纪60年代,直到今天,黑龙江人所食用的食物种类及其质量仍居全国之首。

日常的烹饪原料大体可分为五大类:一是粮食类,主要有小麦、水稻、稷子、糜子、高粱、玉米、大豆、小豆、绿豆、芸豆、芝麻等十几种。二是蔬菜类,品种主要有豌豆、蚕豆、红豆、扁豆、菜豆、刀豆、韭菜、葱、蒜、白菜、小白菜、生菜、菠菜、土豆、萝卜、水萝卜、茼蒿、芹菜、南瓜、角瓜(西葫芦)、番茄、大辣椒、小辣椒等几十种之多。三是肉与水产类,黑龙江不仅有天然的良好牧场,还有悠久的养殖历史。这里养的猪、牛、羊、鸡、鸭、鹅,数量多、品种好。这里自然水域辽阔,境内遍布江河,盛产淡水鱼,生长着105种鱼类,其中经济鱼类有40余种。在这些鱼类中不乏特产和名鱼,如大鳇鱼、大马哈鱼、大白鱼、滩头鱼、哲罗、同罗鱼等,都是黑龙江的特产鱼。除此,还盛产河虾、河蚌等。四是野生动植物类,现在一些野生动物已被列为保护动物,所以野生的以植物为主,如猴头蘑、松茸、榛蘑、元蘑、白蘑、榆黄蘑、鸡腿蘑、黑木耳、韭菜花、黄花菜、婆婆丁、小根蒜、老山芹、刺嫩芽、季季菜、柳蒿芽、刺五加、薇菜、黄瓜香等有上百种之多。五是瓜果类,黑龙江的瓜果主要有沙果、山梨、苹果、葡萄、稠李子、香瓜、西瓜、松子、榛子、都柿、山丁子等几十种。

(二) 历史因素

在先秦以前,黑龙江地区就形成了肃慎、秽貊和东胡三大族系,他们过着狩猎和游牧的生活,食物以肉食为主,这种食俗一直被后人延续。例如挹娄、靺鞨人"好养猪,食其肉,衣其皮"。《史记·匈奴列传》中也载:"其畜之所多,则马牛羊……儿能骑羊,引弓射鸟鼠,少长则射狐兔,用为食……自郡王以下,咸食畜肉。"后来的满族也喜欢食用猪肉。由于受内地的烹调工艺和俄罗斯食俗的影响,龙江菜在烹制肉类,尤其是猪肉上更为擅长。在当今的菜谱中,肉食仍占具龙江菜的重要位置。

黑龙江地区游牧和狩猎生活,其烹饪不可能像内地农耕民族那样,有固定的居所,对食物精烹细调。所以烧烤、炖煮是其主要的烹调方式,这就为黑龙江风味的形成奠定了食物加工方式的基础,至今炖菜及烧烤仍是龙江菜的特色。

黑龙江虽地处边塞,但自古以来就是一个文化的开放带,生活在旧时代晚期的"哈尔滨人",就是由华北平原进入黑龙江大地的,他们过着集体围猎、共同分配的原始公社母系氏族生活。其主要食物是游荡在草原上的猛犸象、野牛、野猪、鹿、羚羊等动物。到了新石器时代,黑龙江出现了新开流文化、昂昂溪文化、莺歌岭文化,形成了早期的农业和定居的生活方式,石器、骨器、陶器被广泛使用。狩猎、渔猎、采集、种植成为食物生产的主要方式,食用方法也不再是单一的烧烤或生食。到了隋唐时代,由于与中原地区往来日益密切,封建的儒学思想被当时黑龙江的统治集团所崇奉和倡导,并逐步成为整个社会的统治思想。其农业、种植业都有了较大的发展,农作物主要有黍、麦、稷、菽、麻、稻、豆类等,并培育出优良的"卢城之稻";蔬菜品种日益丰富,在饮食方式上也受到"饮食类皆用俎豆"等中原文化的影响。因此,黑龙江的整个社会生活都带有中原地区的色彩。从宋代到清末民初,由于金、蒙古族、满族先后入主中原,以及内地的汉人流入黑龙江,给黑龙江带来了先进的内地文化和饮食时尚,加之外族的入侵与通商,外域的饮食习俗融入了当地的饮食当中。

(三) 乡风民俗

黑龙江地处东北亚核心地带,19 世纪末至 20 世纪 40 年代,与内地"江河日下"的趋势相反,黑龙江呈现出小区域文化活跃上升的现象,大批的俄国人、法国人、希腊人、犹太人、德国人、日本人、朝鲜人等外籍人员涌进黑龙江的哈尔滨地区，啤酒、面包、香肠、西餐及进食礼仪逐渐成为哈尔滨饮食文化的一部分。19 世纪末，"关东"封禁政策完全打破，内地人纷纷涌到东北地区"闯关东"，出现了前所未有的经济开发和饮食文化交流局面。融汇了当地少数民族的饮食文化，山东的饮食文化，外域饮食文化，特别是俄罗斯的部分饮食文化集于一体的龙江菜基本形成。如黑龙江《呼兰县志》（第八卷，1920 年哈尔滨铅印本）载：该县饮食"近年奢风日启，酒坊林立，如官燕鱼翅，各色筵席，客人座咄嗟可办（尝历辽、吉各属县、酒肆尽有，而官燕鱼翅等品多不预备，无食之者故也。亦可见风俗质朴之一斑矣）。士大夫宴客必以华筵重簋相征逐，一席恒费数十元"。由于汉民族逐渐成为黑龙江的主体民族，正如《奉天通志》中说："满汉旧俗不同，久经同化，多以相类。"所以，其食俗和菜肴带有浓厚的地域色彩。

黑龙江是一个地大物博的省份之一，有着温带湿润、半湿润的季风气候，平原、山水并存的地貌，这些自然条件，使黑龙江食物原料丰富，品质优良，生活在这样食物乐园里的人们，固然不艰于生计，对待他人也从不"斤斤计较"，对待客人更是慷慨大方，充分显示着龙江人的殷实和富有。至今黑龙江无论家庭还是饭店所用的还是大盘大碗，饭菜码大量足。

二、黑龙江风味区域划分

黑龙江菜的构成与发展，与全省各主要地区的饮宴需求和少数民族的风味菜点的兴起密切相关，从盛唐和金代起，以牡丹江地区、齐齐哈尔地区、佳木斯地区、哈尔滨地区为中心的四种地方风味和少数民族菜点，汇成了黑龙江菜的独特格调。四个区域性地方风味的共同特点是开埠较早，物产丰聚，交通发达，枢纽四方，经济先导，商业繁荣，成为黑龙江省饮食文化的发祥之地。

（一）牡丹江风味

牡丹江地区濒临乌苏里江、兴凯湖、镜泊湖，盛产各种名鱼；境内山多林密，盛产动、植物类山珍和菜蔬；境内还有上京龙泉府、宁古塔，是龙江菜起源之地，该地区以烹制地产名鱼肉菜和"火锅"技艺名传省内外。特别是改革开放以来，他们以兴凯、镜泊两湖产的白鱼、鳖花、鲤鱼、湖鲫等为原料，以镜泊湖中"八大景"为依据，创制了"镜泊宴"，菜品"菊花银鲫""白龙大虾""凤尾猴蘑""松仁豆腐"和"龙凤酒锅"，可谓是步入"品尝盘中馔，身在湖中游，佳肴不忍箸，八景眼底收"的诗情画意之中。这些菜肴都以选料鲜活、细嫩，刀工精巧，调味适度，火候独到而著称，以蒸、炖、煨、烤、炸等技法制作，颇具原汁原味。

（二）齐齐哈尔风味

齐齐哈尔地区地处大小兴安岭和嫩江流域，盛产山珍野味和牛、羊。该地区以烹制肉菜和"龙江四珍"佳肴技艺著名。其代表菜肴有"飞龙珍珠汤""八挂鹿筋""松子鲤鱼""浇汁鲤鱼"和省内外闻名的"扒猪头"（又名"天蓬下凡"）等珍馔佳肴。其"扒猪头"一菜，有赛"红焖肘子"之美誉。省内各宾馆饭店纷纷学习引进。在烹饪技法上善于煨、焖、扒、汆、烧、蒸、炖，讲究刀工、调味、火候；菜肴咸香、鲜嫩、酥烂、味醇。

（三）佳木斯风味

佳木斯地区地处"三江"平原，盛产鲟鳇、鲑和"三花五罗"等名鱼，该地区以烹制江河鱼类和禽类菜肴技艺扬名省内。特别是历史上曾为辽朝都城的依兰县，以及临江的富锦、同江、抚远各地，还盛行"拌生鱼""烤鱼"等菜，味辣酸咸，鲜香爽口。这一地区的代表菜有"白扒熊掌""龙江四扒""鱼茸豆腐""酱爆鸡丁"和"五福映照鸿运鸡"等。

（四）哈尔滨风味

哈尔滨是全省政治、经济、文化、交通中心，是集省内各民族食俗、各地区风味和俄、法大菜交流融汇之地。帝俄侵华修建的中东铁路于 1903 年通车后，哈尔滨为此路南支线起点，且濒临松花江，外商接踵而至，遂使哈尔滨发展成为我国东北的中心城市和初具规模的国际贸易城市。至 1931 年"9·18"事变日本侵占东北前，当时的报刊把哈尔滨称为"东方莫斯科"和"东方小巴黎"。

随着工商业的发展，中外餐饮业亦急剧增多。当时的大型名店创造制作了许多菜肴精品，如新世界饭店制作的名菜"爆双脆""烩鸭丁浮皮""醋烹笋鸡""干烧鳖花"等；厚德福饭店的名菜"糖醋瓦块鱼""炸核桃腰""扒熊掌鹿筋"和"铁锅蛋"等；马迭尔西餐厅和铁路俱乐部餐厅制作的俄、法大菜"烤奶猪""烤小牛肉""拌香鸡""奶汁山鸡汤""奶汁鳜鱼""罐焖牛肉""罐焖羊肉""土豆饼"和"法国蛋"等。这是哈尔滨市餐饮业中西合璧和较为兴旺发展的时期。伪满洲国至新中国成立前，哈尔滨涌现一批名店、名厨、名菜。这时期先后开业的大中型饭店有"十楼""一号""一处"。福泰楼的"溜黄菜""鸡茸苞米""奶汤鲍鱼猪肚"、各式造型的鱼翅、"生菜大虾""家常熬鳜鱼""碎烧鲤鱼"和"烧头尾"等；永安号适应季节需要的"涮肉火锅""鸡茸豆腐""葡萄鱼""红烧开江鲤""炒肉拉皮"和"芝麻香蕉"等；老都一处的"三鲜饺子"和用酱、熏、罐、卤、烤技法制作的"松仁小肚""干肠""烧鸡"和酱肉、酱肚、猪蹄等。新中国成立以后，周恩来总理于 1959 年 12 月亲临三八饭店,以同人民共甘苦的作风,品尝了哈尔滨三八饭店的"友谊三鲜""炒渍菜粉""炖冻豆腐"和"茄子炖土豆"等大众便餐,并鼓励餐饮人员说:"服务事业是崇高的事业,要好好为人民服务。"

(五)少数民族风味

黑龙江是一个多民族的省份,居住着汉族、满族、朝鲜族、回族、蒙古族、达斡尔族、鄂温克族、鄂伦春族、赫哲族、锡伯族等十几个民族。这些民族在长期的生活中相互交流、相互影响,在相互融合的同时又各自保持着特色。例如满族的烀肉、猪头焖子、白肉血肠、蒜泥白肉、白肉火锅、小豆腐、冻白菜蘸酱、老黄瓜汤、饭包、豆面卷子、黄米饭、黏豆包、黏糕饼子等;赫哲族的生鱼片、刨鱼花(将生鱼肉冷冻后,刨成很薄的片,蘸调料食用)、拌生鱼丝、烤鱼、炒鱼毛、炸鱼块(用鳇鱼油炸)、蒸鱼干、腌鱼子;朝鲜族的煎牛排、涮狗肉、凉狗肉、拌狗皮、辣白菜、大头鱼萝卜咸菜、大酱汤等;达斡尔族的柳蒿芽(是一种野菜,可以炖、做汤、做馅、蘸酱等)、稷子米饭鲫鱼汤、土豆酱、米汤炖菜、小豆腐炖冻白菜等。这些少数民族风味至今仍是脍炙人口的美味佳肴。

三、黑龙江风味特点

(一)讲究基本功、注重工艺过程

烹饪以手工操作为主,一般菜肴的形成要通过不同的工艺流程,从选料、初步加工到勾芡出勺、装盘,忽略任何一个环节都不能烹出色香味俱佳的菜肴。龙江菜选料要适宜,初加工要得当,刀工要精细,火候要适应原料的性质,芡汁要做到明油亮芡,装盘要突出主料,显得丰满。历代黑龙江厨师都十分重视厨艺的基本功,行业内将厨师的基本功归纳为"刀工、勺工、原料的初步加工"。讲究"七分刀工、三分勺工"。用刀的功夫主要表现在切肉丝上,行业内称为"扶肉丝",是厨师晋级考核的必考项目,技术过硬者,可将纱布铺在菜墩上,在其上面切肉丝,既能将肉丝切得均匀利落,又不将纱布切透。除刀工之外,最值得黑龙江厨师骄傲的则是大翻勺,功夫讲究动作优美大方,快捷实用,原形不乱,利于造型。

(二)烹制方法多样、善于运用火候

在烹调菜肴时,掌握好火候是决定菜肴质量的关键。龙江菜在制作过程中,使用火候相当考究,有旺火速成的菜,如熘腰花、爆双脆等;有用小火长时间烹制的菜肴,如小鸡炖蘑菇、红焖肉等;也有旺火与小火并用的菜肴,如红烧鱼、鸡茸扒猴头

等。龙江菜选用原料广泛,与之相适应的制作方法也是多种多样的。目前,普遍运用的烹饪方法就有 38 种之多,其中热菜达 24 种(炒、熘、炸、烹、爆、煎、贴、塌、爆、烧、焖、炖、瓤、蒸、烤、氽、涮、煨、烩、扒、熬、挂浆、挂霜、蜜汁),凉菜 14 种(拌、炝、熏、腊、冻、卤、酱、糟、油炸卤浸、油焖五香、腌、白煮、卷、酥),如果再细分可达为近百种。在这些烹调方法中,炝、酱、熏、卤、熬、炖、拌、扒等方法都有独到之处。

(三)甜咸分明、味道浓郁

龙江菜在以咸为基本味的同时,对甜味菜肴也情有独钟,但是,龙江菜的甜味与南方菜甜得不同,多数都是纯甜口味的菜肴,例如挂浆土豆(即拔丝土豆)、酥黄菜、挂霜白梨、挂霜丸子、蜜汁苹果、蜜汁莲子等。这种甜咸分明是龙江菜有别于其他地域菜肴的突出特点。味道浓郁是对清淡而言,是指菜肴的味道醇厚,回味无穷。例如龙江熏卤酱的菜肴,都具有浓郁的香味。但是,浓郁并不意味着油腻,即使像氽白肉、血肠白肉、蒜泥白肉之类的菜肴,由于搭配合理、调味得当、烹制适宜,也一改五花肉油腻之旧,让人食后也有回味三日之感。

(四)用料量足、质地酥烂爽脆

龙江菜主配料分明,每种菜放什么配料,放多少,都有约定俗成的规定,例如"青椒肉段"中的青椒,不能超过主料的五分之一;"葱烧海参"的葱只是起调味作用。量足是指盛器容量大、分量足,这是龙江菜最典型的特点之一。龙江菜在菜肴质地上主要追求的是酥烂和爽脆这两种口感。酥烂具有代表性,无论是动物性原料,还是植物性原料,都可以烹制成酥烂的菜肴,如酱焖茄子、炖豆角、熬白菜、葱扒鸡、红焖肘子、四喜丸子等都以质地酥烂、口味浓郁而成为大众喜爱的菜肴。生脆爽口是黑龙江传承下来的饮食习惯之一,如蘸酱菜、炒肉拉皮、拌生鱼、爽口白菜、家常凉菜等菜肴都是以清淡爽口而著称。

四、黑龙江名菜名点

(一)地方名菜

黑龙江菜的传统名菜有三丝扒鱼翅、鸡茸扒猴头、葱烧海参、红烧鳇鱼唇、鳇鱼炖土豆、煎焖大马哈、生熏大马哈、糖醋瓦块鱼、浇汁鱼、清蒸白鱼、油浸白鱼、清蒸鳊花、干烧鱼、扣肉、红焖肉、清炸里脊、锅包肉、焦熘肉段、香酥鸡、油淋鸡、酱爆鸡丁、扒肘子、熘腰花、滑熘里脊海米葱、干炸里脊、干炸丸子、拔丝丸子、杀猪菜、猪肉炖粉条、氽白肉、拼白肉、煸白肉、酥白肉、白肉血肠、渍菜粉、溜三样、熘白肚、白肉火锅、羊肉火锅、烧鸡、罗汉肚、红肠、干肠、粉肠、炒肉拉皮、炝三鲜、酱肉、酱牛肉、五香鱼等。

龙江菜的创新名菜有海参蘸酱、油浸蝶鱼、松花鸡腿、椒盐小排、鸳鸯鹿血糕、手撕大鹅肉、四味带鱼等。

1. 锅包肉

哈尔滨建埠之初,清末滨江道台府招待俄方领事,为了适合西方人饮食习惯,在菜品上动了许多脑筋,熘肉段是咸鲜口,西方人多喜欢酸甜口,经过改良最终成为今天的锅包肉。

锅包肉成菜与山东菜的糖醋里脊非常相似,将猪肉大片(清真菜则使用牛肉)用湿淀粉拌制上糊,经两遍油炸而成,一炸熟,二炸色,采用烹汁法成菜,成品外酥脆、味酸甜,内嫩香,料头佐以香菜、葱、姜和胡萝卜。

2. 酥黄菜

拔丝甜菜在黑龙江人的家庭中占有极为重要的位置,一般规模比较大型的宴席或是家庭聚会,都要制作一道甜菜,而"拔丝土豆、拔丝地瓜"是应用最为广泛的菜品,酥黄菜则是饭馆中最受欢迎的菜品,此菜用 2 ~ 3 个鸡蛋,混合等量的湿淀粉,摊成蛋饼,刀工处理后油炸、拔丝而成,成品甜脆,被称为儿童、女士菜。

3. 小鸡炖蘑菇

东北人吃"小鸡炖蘑菇"是有一个说道的。这个说道来源于东北的一句俗话,那就是"姑爷领进门,小鸡吓掉魂"。说的是,新姑爷到丈母娘家,老丈母娘一定要用老母鸡炖蘑菇来招待。小鸡炖蘑菇选用农家小笨鸡和新鲜的榛蘑再加上宽粉一起炖制,可以说是鲜上加鲜。东北人讲究"宁吃飞禽三两,不吃走兽半斤",小鸡炖蘑菇就是东北地方菜中的精华。

4. 杀猪菜

地道的"杀猪菜",是由多种菜品组合成的系列菜的总称,几乎把猪身上所有部位都做成了菜。讲究从头吃到尾,用猪脊骨、排骨、猪头肉、五花肉、猪血肠,还有"灯笼挂"(即全套猪下水的俗称)等部位制作。"杀猪菜"里最具代表性的,莫过于以下几味:

(1)蒜泥白肉,大块的猪肉焯熟后切成大片,蘸着盐面或蒜酱吃,解腻增味,最是原汁原味的鲜香。

(2)蒜泥护心肉,就是猪心脏和肝脏之间的那部分肉,口感筋道,同样要蘸蒜酱吃才好。

(3)柴骨肉,也作拆骨肉,是从大骨头上剔下来的纯瘦肉。说"拆",是指大块的瘦肉要用手撕开;说"柴",是因为这肉焯熟后肉丝分明卖相好看,像木柴的纹路。蘸料由酱油、醋、辣椒油、蒜泥、芥末、腐乳、麻酱等调制而成。

（4）酸菜炖白肉血肠，酸菜要用东北长白菜靠自然发酵变酸渍成，色泽微黄透亮儿；白肉是带皮的五花肉大片儿；血肠要用新鲜的猪血，加入葱花、盐等调味后灌入肠衣，煮时掌锅的要拿根长针，不时地在血肠上扎一下，待到针眼不冒血时立即出锅才能保证血肠的鲜嫩。这三味共入一锅咕嘟炖制，猪肉中的肥油与酸菜融合后，滋味奇美，最是解馋。

5. 炒肉拉皮

炒肉拉皮是黑龙江传统名菜之一，是脍炙人口的冷食佐酒佳肴，选用猪精肉、绿豆淀粉和时令蔬菜为原料，辅以多种调味品，用拌的技法制成。此菜原料不名贵，但是拉皮透明光亮，入口筋道，口味别致，成为四季皆宜的菜品。

6. 熏大马哈鱼

熏大马哈鱼是黑龙江省传统风味菜肴，烹制技法起源于濒临黑龙江、乌苏里江的同江县、抚远县聚居的赫哲族。他们用野生的杏树、椴树木炭做燃料，将洗净、加工调味后的大马哈鱼架在铁棍或铁丝网上熏制，用这种方法制成的鱼外焦里嫩，鱼肉味鲜清香。是黑龙江省宾馆、饭店必备的冷菜。大马哈鱼又名鲑鱼、三文鱼、大麻哈鱼。是世界著名的淡水鱼类之一，主要分布在太平洋北部及欧洲、亚洲、美洲的北部地区。鲑鱼体侧扁，背部隆起，齿尖锐，鳞片细小，银灰色，产卵期有橙色条纹。鲑鱼肉质紧密鲜美，肉色为粉红色并具有弹性。鲑鱼以挪威产量最大，名气也很大，质量最好的三文鱼产自美国的阿拉斯加海域和英国的英格兰海域。黑龙江大马哈鱼是鲑鱼的一种，属回游性鱼类，每年9～10月从海洋进入江河产卵，9～10月是捕捞的最好时机，产地在黑龙江、乌苏里江以及松花江上游一带。

7. 罐焖羊肉

哈尔滨几乎所有的西餐馆都供应这道菜，有的甚至是以罐焖系列来进行宣传的，"罐羊、罐牛和罐虾"，依此类推。主要原料是羊肉、土豆、胡萝卜、番茄、黄油及多种香料。烹调方法为先焖后罐烤，成菜酥烂，奶香浓郁。

8. 油浸白鱼

黑龙江省江河、湖泊所产的鲌鱼分三种：一称松花江鲌鱼，学名"翘嘴红鲌"；一称兴凯湖鲌鱼，学名"青梢红鲌"；一称镜泊湖鲌鱼，俗称"红尾鲌"。其中以兴凯湖鲌鱼的鱼肉最为鲜嫩，它与"黄河鲤鱼、松花江鲑鱼、松江鲈鱼"合称为我国"四大淡水名鱼"，当地人叫"大白鱼"。此鱼以鲜美著称，可蒸、可煮、可炖、可烧、可炸、可熘、切片成形、制作茸泥也是最鲜。但在黑龙江制作此鱼的常用方法是汤浸和油浸两种技法。

（二）地方名点

龙江菜的传统名点有老都一处三鲜水饺、小笼包子、清糖饼、草帽饼、丝饼、椒盐烧饼、水煎包、金丝卷、银丝卷、搅面馅饼、锅烙、肉火烧、玉米面条、鸳鸯盒子、蔬菜饼、冰花煎饺等。

1. 老都一处水饺

老都一处水饺是哈尔滨特色小吃,老都一处饺子馆始建于1923年8月,特点最突出的是三鲜饺子,三鲜指的是海米、干贝、海参,这三样海鲜均为干货,其涨发后所余之汤,也被拌入馅中,不但使肉馅异常鲜美,而且成就了东北"水馅"的大名,现在的饺子馆还用鸡汤发制干货,使馅心品质更上一层楼,引得中外宾客的交口赞誉。

2. 东方饺子王水饺

东方饺子王经过十几年的艰苦创业,一个以中华传统美食——"饺子"为主打食品的全国十佳餐饮连锁知名品牌在中国北方蓬勃壮大。目前,东方饺子王已拥有黑龙江、吉林、北京、广东四个区域公司,市场辐射北京、黑龙江、吉林、辽宁、河北、贵州等地区,拥有40余家直营店,3个配送中心,3000余名员工,营业面积15 000余平方米,年营业收入近4亿元。2006年10月,公司代表黑龙江省参加第二届中国餐饮业博览会,并获得中华人民共和国商务部授予的"中国十大餐饮品牌企业"提名奖称号。

第八节 吉林地方风味

吉林菜简称"吉菜",是利用吉林省特产原料或主产原料,运用吉林特有的烹调工艺,结合吉林省各族人民饮食文化而形成的风味菜点。

一、吉林风味的形成

(一)地理物产

吉林省地处我国东北中部,有广阔的黑土地,有巍峨的长白山,有辽阔的西部大草原,还有美丽的松花江、图们江。盛产山珍野味、五谷鲜蔬、淡水鱼鲜和牛羊禽畜。诸多条件都为吉菜的形成与发展提供了坚实的物质基础。这块有3000多年历史的文化边陲地域,是清朝皇族的发祥地,是无数"闯关东"移民的沃土,是满、汉、蒙、回、朝鲜等多民族文化交融的吉祥地。

吉林冬季漫长,气候寒冷,特殊的地域与气候决定了人们的饮食以肉类居多,炖菜为主。人们住火炕,吃炖菜,从而形成了民间简单的烹饪技法,"一炖、二烀、三蒸、四贴"。每到农历腊月临近过年时,要杀猪,做豆腐,蒸黏豆包,后经演变产生了氽白肉、猪肉炖粉条、白肉血肠、东北火锅、东北饺子等典型的民间菜点。

(二)历史因素

清朝咸丰年间(1852 年),大批朝鲜族难民涌入吉林东部山区集安、临江、延吉、图们一带,使朝鲜半岛文化在吉林地区得以发扬光大。西部草场、湖泊、湿地纵横交错,是蒙汉民族杂居的地区,他们邻里相望,互助耕耘,饮食文化相互借鉴,相互融合,相互渗透,形成了粗犷、豪放的饮食风格,善烹牛羊肉,善于烤、烧、煎、炸、煮等烹调方法。

19 世纪末期,关内大批移民冲出山海关来到吉林谋生,所谓"闯关东",带来了历史悠久、极具影响的鲁菜文化。许多山东招远地区的厨师纷纷落脚在哈大铁路各主要城镇,如四平、长春、德惠等地,他们大都在高档酒楼执灶,善烹山珍海味,如海参席、鱼翅席、燕翅鸭全席,将齐鲁饮食文化带入吉林。

伪满时期(1934—1945 年),长春市(伪满称新京)成为伪满洲国的政治、经济、文化中心,长春、四平、通化、辽源、德惠、吉林、白城等地出现了一些高档酒楼,推出了一些山珍海味高档菜肴,如葱烧海参、扒通天鱼翅、绣球燕菜、八宝鱼翅、烧鹿筋、扒熊掌及满汉席、全羊席等。

新中国成立后吉菜经过"继承、挖掘、整理"传统经营品种,全省整理出了上千个传统品种,出现了上百个风味小吃店及"名菜、名点、名宴",如清蒸松花江白鱼、蝴蝶海参、白扒猴头蘑、炸铁雀、神仙炉、口袋鸡、脱骨鸡、荷包鲫鱼、李连贵熏肉大饼、杨麻子大饼、三杖饼、真不同酱肉、回宝珍饺子、吉林白肉血肠、带馅麻花、长白山珍宴、松花江白鱼宴、长白野味宴、清宫宴、聚仙宴、农家宴、龙凤宴等。

改革开放以后,吉林省政府做出"开发吉菜"的战略决策,使吉菜跨进"天然、绿色、营养、健康"的绿色餐饮通道,出现了"生态餐饮""连锁经营"等模式。同时,吉菜又借"振兴东北老工业基地"的强劲东风,吸纳各种风味流派之精华,使吉林农家风味菜、吉林家常风味菜脱颖而出,以崭新的姿态冲出吉林,走向全国。

(三)乡风民俗

吉林省是多民族聚集的地区,除汉族、满族,还有朝、蒙、回等多个民族在这里繁衍生息,他们有各自的民俗、民风、文化传统及饮食习惯。朝鲜族酷爱泡菜、拌菜、冷面和狗肉,口味以酸辣为主;蒙古族喜食牛羊肉及烧烤制品;汉民族在保持原有饮食习惯外,又融合了其他民族的饮食习俗。各民族在饮食、文化上相互借鉴,相互影响,相互融合,使吉菜形成了特有的体系和风味。

二、吉林风味区域划分

纵观吉菜历史发展,可以清晰地发现吉菜风味体系是由本地风味、山东风味、宫廷风味、少数民族风味四个部分组成。

(一)本地风味

本地风味是由活跃在沈吉铁路沿线各城镇当地的肆食和窝子行中的厨师(承办红、白事的厨师)创造的,他们善烹满、汉、回族的风味菜,如火锅、白肉血肠、鸡里爆、腰里爆等,讲究"响堂响灶"(展示灶,由服务员报菜)、"麻利快"(速度快),逐渐成为吉菜发展的一大支柱——此地帮,它是土生土长的满族家常风味与汉民族家常风味的结合,历史源远流长。

(二)山东风味

山东风味源于鲁菜而又不同于鲁菜,主要由山东招远一带"闯关东"的厨师结合吉林地区人们的饮食习俗创新发展而来,与本地饮食风味融为一体,形成吉菜发展的主力军——山东帮,它对吉林风味体系的形成与发展起到主导作用。

(三)宫廷风味

宫廷风味是清宫御膳与山东风味、民间风味相互交融而成,它对吉林风味体系的形成具有重要影响。

(四)少数民族风味

少数民族风味主要由朝鲜族风味、蒙古族风味、回族风味组成,它们分别活跃在吉林省的东部、北部和中部地区,对吉林风味体系的形成与发展起到了推动作用。

吉菜属于东北风味体系的范畴,同龙江菜、辽菜一样都经过了清末、民初、伪满时期的历史传承与积淀,但是很多肴馔的制法、口味,乃至饮食习惯在一定程度上有别于辽宁和黑龙江两省的菜肴,饮食文化具有共性,但也有其特殊性。

吉菜积极利用当地物产资源,挖掘地域饮食文化,不断加以研究、改进、创新,推出了很多地方风味名菜,如"人参鹿茸羹""葱油鹿筋""冰糖田鸡油""三塌三酥"(锅塌里脊、锅塌豆腐、锅塌鱼卷、香酥鸡、香酥肉、香酥鱼),这些都为吉菜风味体系的形成奠定了基础。

三、吉林风味特点

吉菜是以民俗、民族菜为根,承袭鲁菜、东北菜为脉,以"天然、绿色、营养、健康"为理念,烹饪技法精细求新,菜肴口味增鲜趋淡,原料广泛精选,注重营养平衡,追求健康时尚。

(一)发挥资源优势,精选"天然""绿色"

"天然"指野生,"绿色"指无污染。由于吉林省生态环境好,水土肥沃,气候条件适宜,农作物生长期长、品质好。自然生长的山珍野菜和人工栽种、养殖的物产种类非常多,常用的烹饪原料有 400 余种。人参、鹿茸、林蛙、猴头蘑、榛蘑、蕨菜、薇菜、刺嫩芽和天然牧场养殖的梅花鹿、飞龙、牛肉、大鹅等闻名遐迩。近年来,人工养殖远离添加剂,种植施用有机肥,绿色基地和产品越来越多,这为吉菜的发展提供了资源保障。

(二)注重创新,追求"营养""健康"

吉菜遵循继承、发扬、创新的方针,师传统而不拘泥,崇时尚而不脱俗,学他人而不照搬,"集千家炊烟为一缕,移万店清新为一堂",不断创新菜点,满足消费者需求并引领绿色消费时尚。创新菜肴在口味上改变了过去那种汁浓、色重、油腻、偏咸、不利健康的弊端,在传统菜醇香咸鲜的基础上向清淡型方向发展,注重四季人体需求变化,科学配膳,追求弱咸强鲜,淡而不寡,咸淡分明。

(三)刀工精巧,讲究"火候""勺工"

吉菜由本地菜、山东菜、少数民族菜组成。本地帮厨师擅用"片刀",精于急火快炒。如"丝炒、片炒"(炒肉丝、熘肝尖、熘肉片之类),操作干净、利落。山东帮厨师擅长用"大方刀",精于扒、烧、爆等菜肴的烹制,大翻勺的功夫令人叫绝,如扒三白、扒二白、扒通天鱼翅,个个做到不散不乱,分毫不差,汁明芡亮,晶莹剔透。

(四)民族菜肴,"清秀""素雅"

吉菜民族风味众多,朝鲜族的咸菜、泡菜、冷面、石锅拌饭,古拙朴实,肥硕醇厚;蒙古族的烧烤菜肴,无论在原料的选择、调味料的搭配、品种翻新、器皿的使用上,都承袭了当地的民俗、民族传统饮食习惯,吸纳了各民族风味之所长,不断创新发展繁荣。

吉菜乡土文化气息浓郁,定位大众,讲究"好吃不贵,精细实惠"。吉菜的许多菜点源于农家餐厅,易于被广大群众所接受,具有扎实的群众基础。吉菜也体现了民族文化,在众多的菜点中,满族、朝鲜族、蒙古族、回族等少数民族菜点占据很大的比例,具有鲜明的民族特色。同时,吉菜的追求符合时代特点,注重营养,科学配膳,讲究健康。吉菜在不同时期推出不同的品牌,逐渐向荤素搭配、低糖、低脂方向转化,并以"绿色餐饮"为理念,重点突出乡土民间特色。

四、吉林名菜名点

(一) 地方名菜

著名菜肴有铁锅里脊、冰酥羊尾、白扒鸭掌、翡翠人参茅台鸡、百花大虾、香酥沙半鸡、香酥鸡、山东酥肉、抽刀白肉、脱骨鸡、真不同酱肉、烧驼鞍、扣鹿三宝、果味人参、长白三珍、松茸两吃、参杞田鸡油、烤羊腿、庆岭活鱼、五彩鱼丝、双味血肠、一品鹿盅、鹿血羹、拔丝脆皮打糕、红扒猪手、民俗狗肉、软煎鱼子、珍珠鹿筋、葵花千层肉等。

朝鲜狗肉是吉林最负盛名的名菜,主要内容包括手撕狗肉、狗杂拼盘、带皮狗肉、糯米血肠、蘸酱菜和狗酱。"狗肉滚三滚,神仙站不稳。"这是在延边朝鲜族中广为流传的一句谚语。意思大概是说狗肉在锅里滚开了之后,把神仙都馋得站不稳了。狗肉在朝鲜族同胞心目当中的地位可见一斑。朝鲜族爱吃狗肉,认为吃狗肉可以清热解毒,特别是在夏天三伏天,天热出汗消耗体力,吃狗肉是快速补充能量的上佳方法。朝鲜族狗肉的吃法非常多,狗肉火锅、狗肉汤、红烧狗肉、手撕狗肉……样样都玉盘珍馐、凤髓龙肝。

(二) 地方名点

著名面点品种有李连贵熏肉大饼、石锅拌饭、回宝珍饺子、三杖饼、杨麻子大饼、清糖饼、银丝饼、带馅麻花等。

1. 李连贵熏肉大饼

李连贵熏肉大饼是清光绪二十年(1895 年)河北滦县柳庄人李广忠(乳名连贵)在四平梨树首创,距今已有 100 多年的历史。当年李连贵逃荒到梨树后,开了"兴盛厚"生肉铺,主要经营生猪肉、酱肉、大饼和酒类。据传说老中医高品之把祖传的用中草药熏肉的秘方告诉了李连贵,并在老中医的指导下,李连贵对配药、选肉、切肉、养汤、和面、火候等工序进行了潜心研究。由于李家的酱肉干净、烂乎、浓香,大饼柔软、层清、酥香,吃的人都称道:"大饼卷熏肉,吃起来没够"。因此在梨树镇常是座上客满,门庭若市,深受群众欢迎。

1924 年,李连贵病逝,其养子李尧(李连贵的侄子,因李连贵无子过继给李)继承父业,带着老汤从梨树迁入四平,办起四平李连贵熏肉大饼铺。后在四平道东北市场增设一分店。1950 年,李尧之子李春生继承祖业,背着一坛老汤,把李连贵熏肉大饼迁到沈阳,在繁华的中街西头营业。李连贵熏肉色泽棕红,皮肉剔透,肥而不腻,瘦而不柴,熏香沁脾,余味悠长;大饼色泽金黄,层次分明,外焦里软,焦而不硬,软而不黏。

2. 朝鲜石锅拌饭

石锅是陶做成的,厚重的黑色陶锅可直接放在炉具上烹煮,而且保温效果好,细嚼慢咽的人可安心享用,不用担心饭菜变凉。石锅拌饭材料并不新奇特别,主要为米饭、肉类、鸡蛋,以及黄豆芽、蕈菇类和各式野菜。菜的种类并无标准,采用当季最对味的季节蔬菜去调配即可。烹饪方法虽不难,但有两种不同的做法,一种是将所有的食材统统放入石锅内摆放整齐并保持美观,再将石锅拿到炉具上烤,烤到锅底有薄薄的一层锅巴就算大功告成;另一种则是事先将石锅烧烤至滚烫之后,再放入米饭及菜肴。上桌后,可依个人的口味酌量添加辣椒酱,其辣椒酱为特制的拌饭酱。食用前,要用长柄汤匙或铁汤匙趁着高温,将饭、菜、酱料全部搅拌均匀,搅拌的时候,石锅会发出滋滋的声响,饭、菜、酱料的味道也会随着热腾腾的蒸气飘散开来。此时,石锅里的菜肴已呈现缤纷斑斓的色泽,在色香味俱全的情况下,往往饭还没入口,就已垂涎三尺。细细品味时,特殊的锅巴香伴随着温和的微辣味与淡淡的甜味在口中释放,口感与风味都是很好的。

第九节　辽宁地方风味

辽宁省是我国的文化大省,有着悠久的历史传统和地域文化的积淀,辽宁餐饮文化在中国饮食文化史上占有重要的地位。

一、辽宁风味的形成

(一)地理物产

辽宁省南临渤海,东靠长白山脉,中部为肥沃的松辽平原,物产十分丰富,熊掌、罕鼻、蛤什蚂、鹿筋、红燕、天鹅、鹌鹑、辽参、紫鲍、千贝、松茸、猴头蘑、银耳等山珍海味供应充足,为辽菜的形成和发展奠定了坚实的物质基础。

(二)历史因素

东北是个多民族杂居的地方,周秦以前就有汉人、肃慎人、东胡、回纥、貉人等,已有 3000 多年历史。据《周礼·职方氏》记载:"东北曰幽州,其山镇曰医巫闾(今辽宁省北宁市),其利鱼盐……其畜宜四扰……马牛羊豕……其谷有三种……黍稷稻……"可见当时农业已有一定的发展。辽宁南部沿海的捕鱼、晒盐等自然资源的开发和利用,在当时已有一定水平,为古代烹调用水产品和调味品食盐提供了良好条件。战国时期,辽宁纷争不断,战火频繁,《史记·匈奴列传》称:"燕有贤将秦开……袭破走东胡,东胡却千里。"史称秦开为开拓辽东史第一位汉人。自此,中原之汉人北徙者益多,带来了中原的饮食文化。战国以后,辽阳已成为东北政治、文化、经济中心。在辽阳棒二台子出土的东汉一号墓的庖厨壁画和二号魏晋壁画墓,均有当时庖厨烹调的盛大场面和原料画面,生动地反映了当时的烹调技术已达到一定水平。内蒙古昭盟敖汉旗出土的辽代壁画,绘有契丹人围坐在一起吃"涮肉火锅"和"炙羊肉"的情景。这些文物都代表着同时期的辽宁饮食文化。

唐朝末年,原居于辽河上游的契丹族崛起,他们过着游牧生活,草原上毡庐棋布,牛羊遍野。宋时,北方人喜食牛羊肉,受辽、金人饮食习俗影响较深。《松漠纪闻》称:"金人旧俗,凡宰牛羊但食其肉,贵人享重客间,兼皮以进曰'全羊'。"到了元代,蒙古人食羊之风更甚,北人以羊为贵之食俗延续甚久。

辽菜的最终形成是在清末民初之时,并且深受满族饮食影响。盛京(今辽宁沈阳)是清朝的留都,沈阳故宫是清太祖努尔哈赤、太宗皇太极两代帝王的宫殿。1635 年,皇太极亲自在崇政殿内举行宴会,招待来自黑龙江上游外兴安岭进贡的索伦部长达斡尔族首领巴尔达奇等人。清入关后,从康熙皇帝开始,五代帝王共 11 次东巡盛京等地,曾在故宫大政殿多次举行盛大宴会,山珍海味,百鲜俱全。这一带的风土人情、饮食习俗均受满族影响。满族有自己的语言、文字、宗教(萨满教)、艺术和饮食习惯,且定居生活较早,重视农业生产,以渔猎、畜牧、采集为副业,擅长养猪,喜食猪肉。民间、酒肆、王府、宫廷菜等多以猪肉为主料,烹调方法独具特色。清代袁牧《随园食单》说:"满菜多烧煮,汉菜多汤羹。"据《满洲祭神祭天典礼》所载:每逢"萨满"祭祀时,皇帝、皇后祭神毕,都要食白水煮熟的猪肉,不加盐酱,名曰"白肉"。"血肠"也是祭祀中的食品,"司俎满洲一人进于高桌前,屈一膝跪,灌血于肠,亦煮锅内"。这就是白肉血肠的来历。"全席"中除"满汉全席""全羊席",尚有"全猪席"亦出于满菜。清代何刚德《春明梦录·客座偶谈》称"满人祭神……未明而祭,祭以全豕去皮而蒸,黎明时,客集于堂,以方桌面列炕上,客皆登炕坐,席面排糖蒜、韭菜末,中置白片肉一盘,连递而上,不计盘数,以食饱为度,旁有肺、肠数种,皆白煮,不下盐豉,后有白肉末一盘,白汤一碗,即可下老米饭者"。把官府菜中食"全猪席"的盛况描写得淋漓尽致。除此,满人尚喜食牛、羊之肉和野味。

清末民初,正值南北接交、满汉大融汇时期,辽宁的饮食市场十分繁荣,食肆林立,"酒肆及千家,三春(明湖、洞庭、鹿鸣春)、六楼(德馨、龙海楼等)、七饭店(公记、丽华、沈阳饭店等)"争相媲美,奉天名馔上百种,烹艺高超,味美绝伦。每逢张作霖帅府举办"堂会"时,多特邀明湖春名厨王庆棠等去帅府烹制"堂会宴席",可与王府菜媲美。至此,满族人的民间菜点(家常菜),华丽珍贵的王府名菜,至尊无二的宫廷菜,在辽宁厨师几代人的不懈努力下,结合成盛京时菜,自成一派,这就是极富地方风味的辽菜。

二、辽宁风味区域划分

辽宁是多民族地区,在清朝时,盛京(今辽宁沈阳)又是清朝的留都,使得满族饮食影响深远,特别是王公贵族的王府菜成为了辽菜的基础。厨师们在烹制菜肴时,首先考虑的是满族人喜食猪肉和在口味上嗜酸、咸、肥、脆等食俗特点,按他们的需要来选料、调味及烹制。这种实际需求,使满族的食俗不可避免地影响了辽菜的形成和发展,自清以来,大体可分为三大类:民间的生活饮食、王公贵族所享用的王府佳馔和餐馆酒楼所烹制的菜品,三者相互影响、不断发展。其中,王府菜是构成辽菜的重要基础。

(一)王府菜

沈阳曾为清立国之初首府、两代君王之都,清入关建都北京后,沈阳便是清一代陪都,是清王朝发祥之地,设"盛京将军"府和户、礼、兵、刑、工部等衙门,城内官府林立。王公贵族和官僚们,非名菜不食。厨师为了维持自己的生计,挖空心思变换烹制花样,出现了王府鸭、王府砂锅、王府鹿尾等诸多名贵佳肴,此间还盛行着全羊烧烤、燕菜席等。清代徐珂《清稗类钞·饮食类》载:"烧烤席,俗称满汉大席,筵席之中无上上品也,烤以火干也,于燕窝、鱼翅诸珍味外,必用烧猪烧方……"熊掌也是清代王府名菜,捕熊难,烹制熊掌更难。光绪、宣统年间,"有张金坡者,其庖人治此(熊掌)甚精,饫之者且谓口作三日香也"(清代徐珂《清稗类钞》)。王府菜肴直接影响到辽菜的形成和发展,从某种意义上讲,辽菜是在王府菜基础上发展起来的。

(二)酒楼菜

清末民初,开设高级餐馆的股东多为贵族和官僚地主,来就餐的也多数是贵族、官僚地主。奉系军阀张作霖为招待西北军阀马福祥来沈阳,就专门在庆仙楼设宴。当时的高级餐馆就是贵族、官僚、地主互相宴请进行政治交易的场所。这种宴请进一步把王府、官僚、各高级餐馆联系起来,也就使厨师的烹调技艺和菜肴品种得到了交流。在这种高级餐馆中,民间菜是不能登大雅之堂的,只有王府美味菜肴才有资格出现在盛席之上,王府菜肴成为高级餐馆、酒楼菜肴产生与发展的基础。

(三)家常菜

王府菜与宫廷菜有着天然的联系,正如王府和皇宫有着千丝万缕的联系一样,盛京所设机构,视中央而微,所烹菜肴自然受宫廷菜影响,康、乾、嘉等皇帝多次东巡祭祖,都在辽宁用过膳,这使宫廷菜直接影响到王府菜,还有蒙受清皇帝赐宴的宗室觉罗和王公大臣,他们常出任盛京各衙门的官员,另有一些受贬斥而遣归故里盛京的官员,他们的食俗都曾受宫廷菜的影响。辽宁的王府菜始终处在宫廷菜的不断影响之中,进而传入高级餐馆。

宣统元年(1909 年),御厨李德胜从北京皇宫中逃命至宁远(今辽宁兴城),收高云峰为徒,传授全羊席等一些宫廷菜技艺和经验。1945 年,伪满政权瓦解,伪皇帝溥仪身边保留的一批御厨四散,其中有些人流入辽、吉两地,在落脚的城市传授宫廷菜技艺。他们将宫廷、王府的烹调技术与民间烹调技术相融合,对辽宁家常、民间菜产生了深刻的影响。

三、辽宁风味特点

辽菜从选料、刀功、勺功、火候到调味都有自己的特点。辽菜取材广泛,大量使用山珍海味。南有大连海鲜美馔,北有沈阳珍馐佳肴。在烹饪方法上,以炸、熘、炖、煮、烧、扒、焖等见长,特别重视烧、爗、扒。

烧、爗是东北地方土语,意思是炖煮肉类和蔬菜时把汤汁用火慢慢蒸发耗掉,使菜肴味道更浓香,色调更美观,既无多余的汁水,又易咀嚼,成为大宴中珍馐必用的烹调方法。

扒是"辽菜"又一独特的烹调和运勺方法,是将精品原料切配整齐,用上汤小火慢煨,使其酥烂入味,此时移旺火,边上芡边晃动大勺,旋转勺中菜品,待芡足、实熟后,厨师大翻勺,拉、送、扬、接四个动作,一气呵成,优美娴熟。"望月大合勺",勺中的造型菜品整齐如初的翻转过来,令人叫绝,真正的辽菜厨师必须是烧、扒的高手。此外,辽菜在口味上以"重油偏咸,脆嫩鲜香,酥烂味浓,色艳清雅"而著称。

四、辽宁名菜名点

(一)地方名菜

传统名菜有烧猴头、什锦火锅、红娘自配、宫门献鱼、雪梅伴黄葵、元宝鱼翅、红烧海参、酿扒辽参、扒原壳紫鲍、八卦鱼肚、红烧鹿鞭、酱焖哈什蚂、扒鹿舌、扒裙边、烧海杂拌、鲤鱼戏金钱、罗汉斋、核桃酪、麒麟送子、红焖甲鱼、烩乌鱼蛋、上汤野山菌、扒锅酱肉、熘里脊、干炸丸子、四喜丸子、煎丸子、扣肉、炸铁雀、木樨肉、炒肉渍菜粉、炒鲜边、醋熘白菜、小鸡炖蘑菇、氽白肉、氽锅、熘腰花、烧肥肠、熘肝尖、烧茄子、烧羊肉、扒牛肉条、土豆片炒榛蘑、肉丁脆皮蛋。

1. 宫门献鱼

宫门献鱼是一道色香味俱全的御膳名菜。它是选用整条鲜鱼治净后,斩成头、身、尾三段,将头、尾两侧剞兰草花刀,身段剥皮,剔去骨刺切成片,配以熟瘦火腿、大海米等,经分别烹制后,头尾放盘的两侧,白色鱼片码头尾中间,两色两味,形如宫门中跃出条鱼。据传此菜肴为清朝康熙皇帝亲笔命名,且是清宫迁大典中必须备有的菜点之一。

2. 红娘自配

相传,清同治年间,宫廷内规矩重重,其中一条就是:每年引选一批宫女,同时赶走一批超龄宫女。同治皇帝驾崩之后,光绪皇帝继位,慈禧太后为了全面控制皇帝,责令光绪皇帝从超龄宫女中挑选偏妃。光绪皇帝不干,反而传下圣旨,让超龄宫女一律离宫回家。当时,慈禧太后身边有四名超龄宫女,名厨师梁会亭的侄女梁红萍是其中之一。慈禧使用梁红萍得心应手,执意不放。梁会亭心想,侄女这么大了,再不离宫岂不误了终身大事,急得不知如何是好。但是,作为一名御厨怎敢向太后进言。于是,梁会亭根据《西厢记》中的一段故事情节,做了一个"红娘自配"的菜奉上,意欲打动慈禧太后的心,使之快点放走超龄宫女。

超龄宫女离宫,这是皇帝的旨意,可又实在舍不得放走身边的宫女,一直拖延三年。后来皇帝几次追问此事,慈禧才不得不答应放她们出宫。一天梁会亭遵照口谕,又做了一个"红娘自配"送上,慈禧随即唤来身边四名超龄宫女说:"红娘自配,其意何如?"宫女故意装作不懂,同时跪答:"奴婢无才,不解其意。"慈禧太后又说:"尔等可以随时出宫,各自选配如意郎君去吧!"四名宫女听了大喜,再次拜倒在地,口呼:"谢谢老佛爷,恩德齐天。"从此,"红娘自配"这道名菜便在民间广泛流传。

（二）地方名点

传统名点有萨其马（也称沙琪玛）、喇叭糕、丝饼、煸馅蒸饺、羊肉葱花煮饺、朝鲜冷面、李连贵大饼、牛庄馅饼、马家烧卖、豆沙包、四喜烧卖、酿馅丝饼、什锦煸馅蒸饺、吊炉饼、圆路元宵、玉米面野菜团、杂粮开卤面、香菇牛肉打卤面、海鲜韭菜盒、如意煎饼卷等。

1. 马家烧卖

位于中街的马家烧卖是沈阳最早的回民饭店，始创于清朝嘉庆元年（1796年），最开始只是创始人马春以手推独轮车的方式来往于热闹街市，边做边卖。马春做烧卖选料十分严格，制作精细、讲究，并不认为是小本生意而掉以轻心，自然造型美观，口味好，吃的人多，生意就开始好起来了。马家烧卖馆连续荣获沈阳市十佳"最佳风味"食品奖、辽宁省清真大赛"优质风味"奖、全国首届清真食品大奖赛"优质风味奖""金奖"。1997年12月由中国内贸部、中国烹饪协会在杭州举办的首届"中华名小吃"认定会上被认定为"中华名小吃"，同月被沈阳市人民政府评定为"沈阳市风味名品""风味名店"。2006年马家烧卖被商业部认定为首批"中华老字号"。

2. 老边饺子

老边饺子是驰名中外的沈阳市传统名小吃，它历史悠久，从创制到现在，已有180多年历史。老边饺子之所以久负盛名，主要是选料讲究，制作精细，造型别致，口味鲜醇，它的独到之处是调馅和制皮。我国著名的艺术大师侯宝林先生亲临老边饺子品尝，吃得兴致勃勃，称赞不已，席间余兴未尽，挥毫写了八个大字："边家饺子，天下第一"。

（三）传统名宴

传统名宴有"三套碗"席、"八大碗"席、海参席、通天燕翅全席、全猪席、全羊席、满汉全席。创新名宴有满汉全席至尊宴、满汉全席贵宾宴、满汉全席嘉宾宴、素筵席、鹿鸣筵、"海八珍"宴、九龙宴、全鹿宴、老边饺子宴等。

【思考题】

1. 理解、归纳、掌握山东风味饮食的主要思想。

2. 山东地方风味的构成是否合理？还可以如何进行梳理？

3. 理解山东地方风味的特点及其与风味宴席的关系。

4. 尝试论证山东名菜与孔府菜的关系。

5. 如何理解河南地方风味与中国南方风味体系的渊源？

6. 掌握河南饮食史与饮食思想。

7. 如何理解河南地方风味与中国南方风味体系的渊源？

8. 掌握河北地方风味构成的特点。

9. 掌握河北地方风味的特点，并分析其形成的原因。

10. 论述山西面食形成的历史背景及主要特点。

11. 论述山西使醋的特点与方法。

12. 论述晋商文化与山西风味的关系。

13. 元、明、清对北京风味形成的影响。

14. 论述山东风味与北京风味的关系。

15. 仿膳菜、官府菜的区别在哪些方面？

16. 论述天津风味形成的原因。

17. 尝试分析天津地方风味烹饪特点与东北地方风味烹饪特点的关系。

18. 论述东北地方风味的构成及其烹饪特点。

第四章
苏浙风味体系

【本章教学导读】

　　苏浙风味体系主要包括江苏、安徽、浙江和上海四个区域的风味菜点,从苏浙风味形成的历史观察,苏浙风味体系实际上属于淮扬菜集聚区,其物产、历史、方言、民俗与人文特质都存在着非常明显的趋同性。在研究苏浙风味时,一是要有全局性的观念,二是要理解四个区域存在的差异,特别是在当前地区发展出现不十分均衡的情况下,要区别地加以研究。

【本章教学目标】

● 掌握江苏方言在不同区域饮食之间的影响及江苏四个区域性风味之间的区别

● 掌握徽州民俗与徽商文化对安徽风味及宴席的影响

● 理解美食家、迷宗菜、新杭帮菜与浙江风味的关系

● 理解上海菜的风味构成及其"精细"的内涵

第一节　江苏地方风味

　　中国菜肴有四大菜系之说,已经众所周知。现在能在媒体上见到的最早的四大菜系划分的代表者是姚依林,20世纪60年代,时任商业部部长的姚依林在会见一位外国代表团时说:"在我国,菜肴风味有四大菜系。在北方,黄河上下、长城内外属京鲁菜系;在西南,川、滇、湘、黔属湘川菜系;在岭南,珠江、粤、桂及闽台地区属粤闽菜系;在东南、两淮、长江中下游属淮扬菜系。"1987年中国烹饪协会成立前讨论中国有哪几个大菜系时,出席会议的江苏代表认为,淮扬菜历史悠久,曾对江苏菜乃至国内外饮食文化都有过较大影响,但现在仅可与南京、苏锡、徐海并称,是江苏菜的一个分支。因此会议讨论的结果,江苏菜进入四大菜系。但这一结果既没有得到民间的公认,也没有得到学术界的公认。

淮扬菜系也好,江苏风味也罢,自《尚书》"淮海惟扬州"始,史载扬州已是"熟食遍列"。特别是大运河开凿以后,扬州成为盐漕两运、物资集散和进出口口岸的水陆交通枢纽,八方辐辏,帆樯林立,商贾麇集。文士如云,经济、文化高度发达,史有"扬一益二"之称。素有"扬州三把刀"美誉的厨刀,已是布艺四方,在西方知道"清炖狮子头""扬州炒饭"者大有人在。

一、江苏风味的形成

(一)地理物产

江苏地处我国东部温带,位于长江下游,气候温和,地理条件优越,东濒黄海,南临太湖,西拥洪泽,浩浩长江东西贯穿,滔滔运河南北相通,境内大小湖泊星罗棋布,河汊港湾纵横交错。长江以北平原广阔,河流纵横,长江以南丘陵起伏呈现一派山明水秀的景象,加之土地肥沃,物产丰富,交通便利,动植物水产资源十分丰富,各种粮油珍禽、鱼虾水产、干鲜名货、调料果品罗致齐备,素有"鱼米之乡"之称。"春有刀鲚夏有鲥,秋有肥鸭冬有蔬",江鲜、湖鲜、河鲜、海鲜,一年四季联翩上市。遍布南北水乡的鹅、鸭、茭白、藕、菱、芡实等令人目不暇接。

据清朝李斗《扬州画舫录》记载:"淮南鱼盐甲天下(扬州),黄金坝为郡城鲍鱼之肆,行有二,曰咸货,曰腌切",这说明,在清朝,扬州已有了"以盐渍鱼"的腌腊方法。所谓"水落鱼虾常满市,湖多莲芡不论钱",正是扬州水产丰富的生动写照。因为是鱼米之乡,所以扬州菜蔬中水产多于海鲜,家禽多于山珍,主食点心米麦并用。这些富饶的物产为江苏烹饪技术的发展和菜品的制作提供了良好的物质条件。

(二)历史因素

南京古为六朝金粉之地,茶榭酒肆屡见于古今诗文。"夜泊秦淮近酒家",秦淮画舫之船宴,也曾"万声齐沸,应接不暇"而为人称道。古城扬州是一座具有2500多年历史的文化名城,随着运河的开凿,隋唐时期扬州则是重要商埠,是对外贸易的港口之一,被誉为"扬一益二",经济繁荣程度,超过了天府之国的成都(益州),宋朝被誉为"淮左名都"。

隋炀帝"三幸"江都,不仅将北方烹饪技艺带到扬州,而且由于沿途"献食",各地厨师刻意求新,争奇斗艳。明朝正德皇帝朱厚照多次来扬州,清帝康熙、乾隆六下江南,扬州屡次接驾,大摆盛宴,山珍海味,力求精致,促进了南北厨艺的交流。特别是清朝江、浙、皖多有富商来扬州经营盐业,他们蓄养家厨,讲究饮食,使扬州烹饪技艺日趋精益。菜肴风味长期交流,博采众长,消化融汇,著名的"黄桥烧饼"

"蟹壳黄"就是吸取阿拉伯民族"胡饼"的制作方法发展而来的。名点"千层油糕""翡翠烧卖"是客居扬州的福建人、惜余春的老板高乃超首创;"扬州饼"是徽州人首创,后经扬州师傅改进而成为扬州名点。

同时扬州是文人荟萃之地,大批文人学者居住在扬州,写下了 100 首歌咏扬州的诗词歌赋。曹雪芹、施耐庵、吴敬梓、孔尚任等都与扬州有千丝万缕的联系。袁枚是著名的"美食家",他所著的《随园食单》介绍了数十种扬州菜点。他虽然客居金陵,但"每逢平山堂梅花盛开时,往来邗上",《随园食单》中记载了若干维扬菜点的选料、特色和制作方法,赞扬扬州点心发酵最好。

《扬州画舫录》有 30 余处记载扬州饮食业,其中列举的名饭庄有 50 余家,这些饭庄各有自己的经营特色和擅长的品种,还流传下了满汉全席菜单这一珍贵的资料。乾隆年间扬州盐商童岳荐撰写的《童氏食规》,又称为《北砚食单》,收入《调鼎集》一书中,现存于北京图书馆,记录扬州肆食 2000 余种,为国内外所罕见。

(三) 乡风民俗

流经江苏的长江、淮河两条大河,把省境分为三块,现在这三块区域正好各有一种方言,大体上说,长江以南主要是吴方言,分布于苏州、无锡、常州市的全境和南通、镇江、南京三市的一部分,使用人口 1800 余万。江淮方言区主要是长江以北至淮河两岸,分布于南京、扬州、镇江、淮安、盐城市的全境和南通、连云港两市的一部分,使用人口 3600 余万。淮河以北约一百公里以外是北方方言,分布于徐州市的全境和连云港、宿迁市的一部分,使用人口 900 余万。

对江苏省境内文化区域的划分,学术界意见目前还未统一,其中以王长俊主编的《江苏文化史论》为代表的五分法影响较大,他把江苏境内的区域文化分为五大块:吴文化,以苏州、无锡、常州地区为中心;金陵文化(宁镇文化),以南京、镇江为中心;徐淮文化(楚汉文化),指徐州、淮安、宿迁以及连云港、盐城的部分地区;淮扬文化,以扬州及泰州为中心;苏东海洋文化,指南通、盐城全境及连云港的海岸区域。

苏州、无锡、常州与吴语区、吴文化区是比较吻合的,而其他地区菜肴风味与文化区并不吻合,而与方言区的分区却是比较一致的。实际上这种情况的形成与历史上北方居民大规模南迁有关。据王长俊主编的《江苏文化史论》介绍,江苏地区的方言多次受到中原地区居民大规模南迁的影响。江南宁镇地区和苏北扬淮地区原为古吴语区。因江南山清水秀,安定平静,故凡中原动乱,中原士族往往循运河一线而下,或滞居江淮,或南渡建康,使这一地区逐渐变成古代中原汉语区。宁扬地区历经战乱,人口迁移频繁,语言演变速度加快,使该地区成为江淮方言中最接近现代北方话的方言区。尤其是南北朝时期和北宋末年北方居民的大规模南迁,促使江苏语言的第二次和第三次中原化。

其实这种大规模南迁带来的不仅是语言变化,民俗与饮食也带来了较大的变化。江淮方言区对偏甜口味的扬弃和对发酵面点的接受与吴方言区对糕团的爱好和偏甜口味的保留就形成鲜明对比。

二、江苏风味区域划分

尽管在有没有一个统一的江苏菜问题上学术界还存在分歧意见,但在江苏境内存在四大地方风味菜似乎并没有什么分歧,它们分别是:淮扬风味、苏锡风味、金陵风味、徐海风味。

(一)淮扬风味

淮扬风味以扬州为中心,以大运河为主干,南起镇江,北至两淮(指安徽的淮南市和淮北市),东及于沿海。淮扬菜的风味特点是清淡适口,主料突出,刀工精细,适应面较广。制作的江鲜、鸡类菜肴很著名,肉类菜肴名目之多,居各地方菜之首。面点小吃制作精巧,品种繁多。

(二)苏锡风味

苏锡风味包括苏州、无锡一带,西到常熟,东到上海、松江、嘉定都在这个范围内。苏锡菜中鱼馔很著名,有松鼠鳜鱼、清蒸鲥鱼、煮糟青鱼、响油鳝丝等名菜。苏锡菜肴特点是甜出头、咸收口,浓油赤酱,近代已向清新雅丽方向发展,甜味减轻。苏州糕团品种丰富,以技艺精、用料广、造型巧和口味全的特色扬名于世。

(三)金陵风味

金陵风味又称京苏大菜,是指以南京为中心的地方风味。金陵风味兼取四方之美,适应八方之需,以滋味平和、醇正适口为特色,尤擅烹制鸭馔,金陵叉烤鸭、桂花盐水鸭、南京板鸭以及鸭血汤等颇具盛名。清真菜在南京也颇具特色。

(四)徐海风味

徐海风味指徐州、连云港一带的地方风味。徐州菜历史悠久,彭祖被称为"中国第一位职业厨师",相传彭祖曾制作过雉羹,被誉为"天下第一羹"。其名菜大多有历史渊源,如沛县狗肉、东坡回锅肉等;传统风味小吃有辣汤、羊肉汤、包子馄饨、冯天兴肴馔等,普遍带有北方色彩。徐州菜受黄河文化的影响较大,倾向于京鲁菜系,由于行政区域划分的人为因素,被纳入江苏境内,但其菜肴特色与鲁菜接近,可以看成是鲁菜的一个分支。连云港菜除原料有海鲜特色外,在制作上属于淮扬风味。徐海菜以鲜咸为主，风格淳朴、注重实惠、菜名别具一格，霸王别姬、沛公狗肉、羊肉藏鱼、红烧沙光鱼等名菜为其代表。

综上所述，可以看出四大风味菜除当地原料特色外，在制作上以淮扬菜和苏锡菜比较精致，徐州菜比较质朴，在口味上苏锡菜偏甜，徐州菜偏咸，淮扬菜与南京菜咸甜适中，适应面较广。

淮扬菜、苏锡菜与徐州菜、南京菜相比有以下几个不同的特点：

一是影响地域较广，不局限于本地。徐州菜和南京菜都局限于一座城市，而淮扬菜和苏锡菜都是一片相当大的地域的菜肴风味。

二是特色鲜明，容易归纳。"长江北岸的扬州菜和长江南岸的苏州菜，口味上有明显的不同，苏州菜口味趋甜，扬州菜清淡适口，咸甜适中"。淮扬菜细点以发酵面点取胜，苏锡菜则以糕团为特色。

三是品种繁多，自成系列。以淮扬菜为例，仅扬州一地就有著名的淮扬三头（折烩鲢鱼头、扒烧整猪头、蟹粉狮子头）、清汤三套鸭、大煮干丝、扬州炒饭等众多名菜，有小笼包子、千层油糕、三丁包子等众多名点，还有场面盛大、名菜众多的宴席，如扬州的满汉全席、红楼宴、三头宴、鉴真素宴、清真宴，两淮的长鱼席，靖江的全羊席，宝应的全藕席，高邮的全鸭席、汪氏家宴、兴化的板桥宴，泰州的梅兰宴等。每一种宴席都有数十道菜，如清代的满汉全席共有86种菜肴和食品，从早到晚，吃不终席。

研究淮扬菜的菜肴品种通常需要分为风味菜肴、风味小吃、药膳、贡品膳食几个系列。家常菜的制作水平也普遍较高。以扬州家常菜肴制作为例，扬州家常菜的季节性，春季有韭菜炒螺蛳肉、蚕豆瓣炒觅菜、春笋烧刀鱼；夏季有毛豆米烧仔鸡、干咸菜烧肉、丝瓜豆腐汤；秋季有菱白炒肉丝、藕夹、螃蟹斩肉；冬季有雪里蕻炒冬笋、慈姑烧肉、羊糕、老鸭汤等。

民俗节庆有相应的民俗节庆菜，如端午节时吃烧黄鱼、烧牛肉、炒虾、炒红觅菜、咸蛋等十二种带"红色"的菜肴。

三、江苏风味特点

（一）选料广博，取料谨慎

江苏地处东南之地、长江下游，江湖河海交错，用料以水鲜为主，著名的海产品有竹蛏、海蜇、文蛤、对虾等；淡水产品有长江鲥鱼、刀鱼、白虾、梅鲚、银鱼、大闸蟹、龙池鲫鱼等。一年四季蔬菜野味种类繁多，著名的有野蔬芦蒿、菊花脑、茭儿菜、木杞头、马兰头、矮脚黄青菜、金针菜、白果、板栗、毛笋、油面筋、小箱豆腐、茭白等。至于调料，如海盐、香醋、糟油、酱菜、麻油，皆是个中佳品。

在选料方面极其讲究,一般从六个方面进行选择:

1. 季节性,又叫"赶季",即原料应是什么季节的产品就应按季使用,即使有大棚培育或养殖方面的反季节原料,一般也很少使用,有人认为反季的原料在风味上远逊于当季之品,在必熟季节上更有"抢鲜"的习惯,即新蔬和鱼品赶抢在刚上市的初期供应,是谓"品鲜"。例如:蔬菜以上市前半月为上品,韭菜用"喜鹊尾",蚕豆用"樱桃米",油菜有"鸡毛菜"等。"刀鱼明前骨刺软,盛暑要吃'笔杆青',绣球花开鲥鱼肥,螃蟹'九月团脐十月尖'"等不一而足。

2. 活与鲜,江南一带对水产品看重鲜活,冻品少有问津者。市场上鱼虾鲜活与否价格悬殊,讲究者非活烹不食,尤其是鳖、鳝、蟹,更是如此。并且活与死的原料烹成菜后一吃便知,神乎其觉。

3. 养生性,有道是"药补不如食补",有人认为只要饮食得当就会收到四时疗补的最佳效果。因此并不刻意追求"药膳"之补。例如:童鸡未鸣尚雄,肥鸡尚雌而未蛋;老鸡炖汤以雌为好,老鸭炖焖以雄养身。鳖不过拳不食,夏日吃羊上火等,食料平和养生的例子随处可见。

4. 完整性,选料注重其完整性,崇尚原形本色,如整鱼、整虾、整鸡、整鸭,皆选光鲜丰满健全者,如虾脱头、蟹掉爪、鸡跳足、鱼断尾皆不被入选。

5. 质地性,因质做菜,因材质的老、嫩、肥、瘦、干、湿优质取料,例如:鸡腿宜烧焖以显其肥,鸡脯宜炒以显其嫩。再如大蟹宜蒸不宜炒,小蟹宜炒不宜蒸。再例如籽虾宜氽不宜炸,大虾宜烹不宜氽等。

6. 产地品牌,选料注重产地的优质性和名优品牌性,除海产外,淡水产以江湖为上,河产次之,沟塘最次。禽类以放养为上,圈养次之。名特蔬菜亦各有出地,如南京的芦蒿,扬州的豆腐干,无锡的油面筋,常熟的血糯,泰兴的银杏,浙江的扁尖,福建的茶树菇等。

(二)注重火工,擅长炖焖

江苏菜点重视火候,讲究火功。江苏宜兴为中国之陶都,所产砂锅焖钵,为炖、焖、煨、焐提供了优质工具,还有蒸、烤、熏、熬等烹饪技法,均可见火功精妙。江苏菜点在菜品的制作中,重视调汤,其汤清则见底,浓则乳白;在火功的把握上,强调浓而不腻,淡而不薄,酥烂脱骨而不失其形,滑嫩爽脆而不失其味。著名的有"镇扬三头"(扒烧整猪头、清炖鳖粉狮子头、拆烩鲢鱼头),"苏州三鸡"(常熟叫花鸡、西瓜童鸡、早红橘络鸡)和"金陵三叉"(叉烤鸭、叉烤鱼、叉烤乳猪)等均堪称众多菜品的代表菜。

凡鲜嫩之物先重在蒸、炒,次重烧、烤,再次重炸、熘是也。凡肥厚之物先重炖、焖,次重烧、烤,再次是熟而烩之。凡老韧之物,皆十焖九炖使之烂(摘自《履园丛语·治庵》)。

酥烂是淮扬菜中最重要的滋味。"东坡回赠肉""扒猪头""狮子头"要嫩比豆腐,乃极烂所至。"京葱鸭""富春鸡"要不费刀叉,肉脱于骨,入口即化,有"一烂胜三味"之说(摘自《履园丛语·治庵》)。

(三)口味平和,原味本真

菜品注重口味平和,以原料主味为主,辅之以五味的适中调和以及对香料的清淡使用,一般不强烈突出某一调味品之味或使用多重复合调味,从而显得极清极淡极鲜,真实地接近于自然。淮扬重汤,上汤三吊,力求清醇甘洌的最高境界,用以增味补质,虽炒爆亦必辅以汤增鲜。对鲜活原料都极讲究原汁原味,甚至在炖焖时亦密封器口,不使本味散失。

淮扬菜有时也十分的浓郁,但不是调味品的浓郁,而是多种鲜活原料同炖一锅的本味互补的浓郁,谓之醇厚。如"黄焖野鸭""八珍鱼头""鸡火鳖"等菜式就是如此。追求"本真"是指"吃鸡不失鸡味,吃鱼不失鱼味"。这里的味不是纯指口味,而是滋味,包含鸡鱼应有的自然本质。例如鱼肉嫩白鲜美,不管怎样加工都应使之突现本质特点,如将其炸至焦脆则鱼味尽失,非死鱼而不为之。清代钱泳曾说:"同一菜也,而口味各有不同。如北方人嗜浓厚,南方人嗜清淡;北方人以肴馔丰、点食多为美;南方人以肴馔洁、果品鲜为美,各得妙处,颇能自得精华。"(《履园丛语·治庵》)《清稗类钞》曾对清末的饮食状况作了记载,说:"各处食性之不同,由於习尚也。则北人嗜葱蒜,滇黔湘蜀嗜辛品,粤人嗜淡食,苏人嗜糖。"此话总结得很有道理。北方以牛羊为主要原料,故膻味重,必以辛咸克之。南方水产多而重水腥,必以酒酸和之。前者味质浓厚统一,后者质味浓淡相济,皆为顺应天时地利而为人之习俗。

(四)清淡入味,咸甜适宜

江苏菜点以清鲜平淡为菜品的基调,有大味至淡之说。江鲜、河鲜、湖鲜、海鲜及多种鲜蔬、瓜果,都突出主料的一个"鲜"字。荤素组合,合理配料,咸甜醇正,都注重调味技法的一个"清"字。淡用淮盐,间用五香、椒盐和糖醋,常用葱、姜、笋、草和糟油、酱醋、醇酒、红曲、麻油、虾子以及鸡汁肉汤等,以出味提鲜,皆显示了江苏风味的丰富内涵。江苏各地的口味风格以清淡见长,多突出咸甜之淡雅,并注意咸甜之不同特色,鲜咸味醇、咸中稍甜,甜咸适中、甜出咸收等不同变化,菜肴力求保持原汁,强调本味,讲究一物呈一味,一菜呈一味。形成清鲜爽适、浓浓相宜、味和南北的独特风格。江苏小吃广集原料,具有浓厚的乡土风味,且一向以制作精巧、造型讲究、馅心多样、各具特色著称。

经过大量的实践与比较研究,调味的一般规律是,用盐旨意在脱去加味增鲜;用糖旨意在收口回甜,提味起鲜;用醋旨意在平衡口味,去腥起香;用辛辣意在除臊、膻之味,微带刺激;不尚麻味,用花椒只为取其悠然之香,不得已不用浓香药料。即使用香料也只五香为限,决不滥用,力求清幽,点到为止,突出主香,在于似有似无之间,犹如风下桂花香,飘然又散去的韵味。清代顾仲说过:"凡烹调用香料,或以去腥,或以增味,各得所宜。用得不宜,反以拗味。"(《养小录》)袁枚亦云:"求香不可用香料,一涉粉饰,便伤至味。"(《随园食单》)淮扬烹调大师认为用香的道理是,提取食料本身的香为上乘,用清香药料佐之为次,轻易不用浓香掩饰本味。凡上等原料,皆不用香料,或改用荷叶、桂花、白菊、棕叶等清香增其味,只有次等原料才用浓香掩其味,起香全在火候与酒的调节。淮扬菜尤擅香糟、酒酿、南卤、桂花、霉菜、臭腐之香,但不滥用,贵在"清"字。

　　菜点味型的基本规律是:咸鲜为一,咸甜为二,甜酸为三,咸甜微辣为四,一般咸辣、麻辣、酸辣、甜辣较少使用,即使使用也尚清爽,在四种主体味型之中都以清幽的增香取胜,如在椒、胡椒、咖喱、香菇、鲜奶、辣椒、白酒、姜、葱、蒜等,尤以花卉型秀为特色,如珠兰、茉莉、桂花、杏仁、松针、薄荷、金橘、茶叶、白菊、玫瑰等清香暗袭,贵在含蓄,没有痛快淋漓之乐,但有幽赏自得之趣。

(五)文人气质,色调雅丽

　　刘凤诰在《个园记》说:"广陵甲第园林之盛,名冠东南。士大夫席其先泽,家治一区,四时茶木,容与文宴周旋,莫不取适其中。"这段话点出了三个主题词:园、文、宴。园林、文人、饮食,从来就是三位一体地鼎立起淮扬烹饪文化的特殊构架。除了歌咏扬州美食,不少文人亲自烹调,他们一改烹饪的匠气,将文化植入饮食之中,使之气韵生动。清代扬州有一大批文人对饮食之道兴致盎然,多有擅长,不仅名传于其时,而且成为后世之绝响。据李斗《扬州画舫录》卷十一记载,家庖实指儒家文化造诣颇深的文人,或精于烹饪之道,或指导厨师进行菜品设计,以擅长菜品流传于官商士绅之间,以诗文书画会友,以求传韵流觞之乐。许多菜品流传于世,至今仍为淮扬风味的经典之作。文人菜点以风味雅致而精湛,菜品的色调上风格清新、多姿多彩,四季菜品应时迭出,注重造型,讲究美观。

四、江苏名菜名点

(一)地方名菜

　　家畜制作的名菜有清炖蟹粉狮子头、酱汁排骨、水晶肴蹄、蜜汁火方、酱方、松子肉、樱桃肉、糟扣肉、腐乳汁肉、扁大枯酥、扒烧整猪头、风蹄、翡翠蹄筋等。用禽、蛋制作的名菜有叉烤鸭、盐水鸭、香料烧鸭、三套鸭、母油船鸭、南林香鸭、馄饨鸭、荷叶煏鸡、叫花子鸡、清炖狼山鸡、西瓜童鸡、早红橘络鸡、五子蒸鸡、松子鸡、清炖鸡浮、贵妃鸡翅、拆骨掌翅、涟水鸡糕、云林鹅、鸡茸蛋、蛋烧卖、豆苗山鸡片、麻花野鸭等。用淡水水产制作的名菜有松鼠鳜鱼、红松鳜鱼、松子鱼米、荷包鲫鱼、白汤鲫鱼、五柳青鱼、菊花青鱼、青鱼甩水、拆烩鲢鱼头、炒软兜、炖生敲、大烧马鞍桥、炝虎尾、清蒸鲥鱼、干炸银鱼、糖醋活鲤鱼、将军过桥、彭城鱼丸、莼菜氽塘鱼片、霸王别姬、白汁鼋鱼、八宝刀鱼、凤尾虾、碧螺虾仁、虾仁锅巴、鱼皮馄饨、雪花蟹斗等。用海产制作的有蟹粉鱼翅、稀卤鲍鱼、虾子明玉参、天下第一鲜、干贝绣球、黄焖着甲、芙蓉海底松、跳竹蛏等。用果蔬制作的有炖菜核、鸡油菜心、大煮干丝、镜箱豆腐、文思豆腐、芦蒿炒香干、桂花白果、蜜饯捶藕、拔丝楂糕、杏仁葛粉包、虾子茭白、琥珀莲子等。

（二）地方名点

属于宴席点心的名品有三丁包子、千层油糕、翡翠烧卖、蟹黄汤包、文楼汤包、素菜包子、牛肉锅贴、酥油烧饼、黄桥烧饼、鸳鸯酥盒、四喜汤圆、松子枣泥拉糕、玫瑰方糕、玉兰饼、苏式船点、萝卜丝酥饼等。属于风味小吃的名品有桂花糖芋艿、锅盖面、奥灶面、绿豆糕、生煎包、王兴记馄饨、梅花糕、虾蟹两面黄、桂花糖年糕、淮安茶馓、常州大麻糕、藕粉圆子、麻油干丝、鸭血粉丝汤、脆皮臭豆腐、炸海鲜卷、状元豆、烧小龙虾等。

第二节 安徽地方风味

安徽省因为江北有安庆，江南有徽州，取两地之首字合成"安徽"。徽州历来人文荟萃、文风鼎盛。以学进仕、以文垂世的思想，造就了徽州神奇的"连科三殿撰，十里四翰林""父子丞相""兄弟翰林""四代一品"等现象，要走出徽州，成为徽州人深层的思想。经商，徽商是行商，通过各种水道走向江浙、华北与西南，以致漂洋过海。一批批外地人，都"祖籍徽州"。安徽饮食文化也是徽州文化的一部分，与徽商的兴起和发迹有着密切的关系。

一、安徽风味的形成

（一）地理物产

安徽省跨长江下游、淮河中游，以长江、淮河为界，形成了淮北、江淮、江南三大地域。安徽以淮河为分界线,北部属暖温带半湿润性季风气候,南部属亚热带湿润性季风气候,气候温和,日照充足,物产丰富。境内不仅有黄山、九华山和明堂山,皖西边沿还有大别山和天柱山两大天然屏障,五大淡水湖中的巢湖横卧江淮,素为长江下游、淮河两岸的"鱼米之乡"。江南地区盛产竹笋、香菇、木耳、板栗、石鸡、鳜鱼等山珍野味;淮北平原盛产粮食、油料、蔬果、禽畜,特别是砀山酥梨、涡阳苔干等闻名海内外;江淮之间的沿江、沿淮和巢湖一带,是我国淡水鱼重要产区之一,例如长江鲥鱼、巢湖银鱼、淮河淮王鱼等,久负盛名。

独特的地理环境、自然资源为徽菜的形成提供了客观条件和物质基础。据史料记载,仅徽州境内就有各类植物 200 余科、3000 多种,其中可食用的蔬菜、果品、菌菇、植物淀粉、竹笋、野菜、鲜花、药材八大类共 800 多个品种,仅竹笋一项就有 17种,且品种有异,吃法不同。

春季,一场暖雨过后,漫山遍野的竹海里毛竹笋竞相生长,随之又有燕笋、江南笋、金笋、水笋、木笋等先后出山。毛竹笋又称苗笋,以歙县问政山所产的最为著名。因土质之因,其笋呈象牙色,笋质细嫩,掷地即碎,此为徽菜腌炖鲜的好原料;燕笋以绩溪大障山产的为笋中佳品。这里的高山均在海拔千米以上,终年云遮雾障,光热适宜,笋质鲜嫩,肉头厚实,居家每每用腌煮烘干的方法制成干笋,以便于储藏,因笋色黄中透绿,故名大障绿笋。绩溪的王干笋也甚为出名,这里的干笋上市早,每根七八寸长,色黄质嫩。在徽州民间的食谱中,有干笋炒肉丝、干笋炒辣椒、笋丁八宝酱、竹笋老鸭煲及干笋炖猪蹄等笋菜。徽州有的县每到大年初一,早餐便要食用长寿面,其浇头菜必用干笋丝与肉丝、豆腐干丝烹制。

在海拔 800 米以上的山崖上,还生长着灰褐色石耳。以绩溪百丈崖为例,每三五年采摘一次,可收获石耳 800 ~ 1000 斤。徽菜中有石耳炖鸡、石耳老鸭煲、石耳豆腐丸等地方名菜。此外,在高山的峡谷地带的水溪石洞中,还栖息着与蛇为伍的石鸡,其肉既鲜且嫩。用它可做红烧石鸡、清蒸石鸡、石鸡两吃等名菜。在徽州东部的沙质河道清凉的深水中,还有一种生长缓慢的石斑鱼,其重最大不过半斤,长不过 20 公分,全身有斑马纹,故名石斑鱼。石斑鱼肉质厚实、细腻,此鱼红烧、清蒸皆可。石耳、石鸡、石斑鱼被称为著名的徽州"三石",以"三石"烹制而成的菜肴达数十种,皆为徽菜中的上品。

(二)历史因素

徽菜发端于东晋,形成于南宋,兴盛于明清,其历史甚至可追溯至更远。早在春秋战国时期,我国著名的思想家、安徽涡阳人老子就提出了"五味令人口爽"的思想,齐国的政治家、安徽颍上人管仲"淡也者,五味之中也"的观点,至今对现代人的科学饮食具有指导意义。西汉时期,淮南因豆腐的发明而闻名遐迩。三国时,曹魏经营江淮,徽菜的雏形渐已显露。曹操、曹植父子的《求贤宴》和《平乐宴》,强调突出宴席主题,注重环境气氛渲染,成为中国宴席设计的基本指导思想。魏晋时期,养生大家、安徽宿州人嵇康所撰《养生论》,是我国现存古代文献中最早的养生学专著,在中国养生学史上占有极其重要的地位。到了宋代,北人大批南迁,以皖南菜为代表的徽菜迅速发展,徽菜业已成形。此时,以徽州山区特产为原料制作的菜肴"沙地马蹄鳖""雪天牛尾狸""问政山笋"等闻名全国,并在各地广泛流传。

至明清时,徽商经营四方,辕辙天下,徽菜更是传遍神州大地,享誉大江南北。据明史记述,当时"大商人中以徽商和晋商最为突出","富商之称雄者,江南首推新安"。徽商称雄中国商界300多年,其经商人数之众,经营行业之多、开拓能力之强,活动范围之广,资本实力之雄厚,皆居当时商人集团前列,有"无徽不成镇""无镇不徽商"之说。随着徽商的兴起,为商业交流服务的饮食业也日渐发展起来,徽菜馆开始出现并迅速扩张,从而进一步促使徽菜走向全国,最终形成了"无徽不成镇,无镇不徽馆""凡有徽州会馆处,必有徽州徽菜馆"的徽菜繁荣局面,徽菜馆也遍及江浙一带及武汉、洛阳、广州、山东、北京、陕西等全国各地,尤以上海最多,直至新中国成立前夕,上海的徽菜馆仍有130多家。

(三)乡风民俗

徽州古为吴越之境,吴俗相沿,民风淳和敦朴,民众聚族而居。自唐宋来,"奉先有千年之墓,会祭有万丁之祠,宗祐石有百世之谱",宗族制度十分严密。境内形成了时节多、神会多、礼仪多的风俗,沿袭两千多年。在徽州名目繁多的时节中,正月有初一的春节、初五接财神、十三接灶神、十五元宵节,二月有二月二土地节,三月清明节、祀社神,四月立夏节、初八浴沸节,五月端午节,六月有六月六民俗节、安苗节、长工节,七月半中元节,八月有八月十五中秋节,九月有九月九重阳节,十月半下元节,十一月冬至,十二月腊八、二十三谢灶、二十四烧年、三十除夕等。神会有花朝会、保安会、赛花台、呼猖、花灯会、滚瘟车、拍寒山、城煌会、火把会、三元会、善会、观音会、祀堂会等。这些融祀祭、饮食、娱乐于一炉的民俗活动的三要素中,又以食为重,促使徽州山民们练就了菜肴、面点、糕点等食品的烹饪与制作功夫。

在时节与神会的仪礼供品与食品中,糕点有芝麻糖、糖球、糖饼、糖支杆、酥糖、壳饼、火炙糕、交切、玉条、寸金、麻片、如意糖、绿豆糕与月饼等数十种,面点有发包、寿桃粿、米粉蒸粿、油粿、蒸糕、发糕、灶粿、裹粽、拓粿、春粿、艾草粿、蕨粉粿、葛粉粿、麻糍、乌饭米团、挂面、焖粉等。

明代,循因《永乐大典》对民间礼仪的各项规制,徽州的民宴形式十分规范,以各个吉数组成的各种档次的民宴,计有六大盘、九碗六盘、十碗八盘、十碗四点四及一品锅等。无论是盘、碟、碗、锅,其菜肴均讲究荤素、咸甜、菜点的搭配,既调节口味,又隐喻祝福。在每年的时节、神会活动中,徽州山民除了制作各种菜肴、面点供节日中享用外,还要精心烹制各种食品来供奉神灵。家庭祀祭少则四碗、六碗、八碗,多则数十碗,族祭的供品一般有数十碗,多的有上百碗。在名目颇多的祀祭活动中,规模最大的当数徽州汪姓家族每年正月十八花朝会的"赛琼碗"活动。在规模最大的祀祭活动中,案桌上最多排放 24 行,每行 12 盘(碗),总计多达 288 盘(碗)供献。这些表达百姓对神灵顶礼膜拜而精心制作的一盘盘珍馐供品,宛如一件件艺术精品。每次"赛琼碗"活动,既是一次酬神活动,又是一次民间美味佳肴的博览会。年复一年的"赛琼碗"活动,在集中展示族人烹制的数百碗色、香、味、形、意、饰俱佳的供品的同时,也培养造就了一批优秀的民间烹饪家。

二、安徽风味区域划分

徽菜作为文化传承的载体,自身也在不断推陈出新、与时俱进。时代的进步、社会经济的发展,徽菜由原先的皖南、沿江、沿淮三大风味进一步拓展为现在的五大风味,即皖南风味、皖江风味、皖北风味、合肥风味和淮南风味,它们各有所长、各具特色。

(一)皖南风味

皖南风味以古徽州菜肴为主,是徽菜的主流和渊源。涵盖黄山和宣城地区菜肴,以黄山(屯溪)、绩溪、歙县等地菜肴为代表。其主要特点是咸鲜味醇、原汁原味,善以火腿佐味,冰糖提鲜,自制酱着色,擅长烧、炖、焖、蒸等烹调技法,十分讲究火功,以烹制山珍见长。

(二)皖江风味

皖江风味涵盖沿江两岸的芜湖、安庆、马鞍山、池州、铜陵和巢湖地区菜肴,其中又以芜湖、安庆、巢湖等地菜肴为代表。其主要特点是咸鲜微甜、酥嫩清爽,讲究刀工,注重形色,善于用糖调味,以烹调江鲜、湖鲜和家禽见长,擅长红烧、清蒸和烟熏等烹调技法。尤其烟熏(用茶叶或木屑等)技术别具一格。如有二百多年历史的"无为熏鸭"就是采用先熏后卤的独特制法使鸭色金黄油亮,皮脂丰润,吃起来芳香可口,回味隽永。

(三)皖北风味

皖北风味涵盖蚌埠、阜阳、宿州、淮北和亳州地区菜肴,以蚌埠、阜阳、宿州等地菜肴为代表。其主要特点是咸鲜微辣、酥脆醇厚,善用芫荽(香菜)、辣椒和香料配色并佐味增香,擅长烧、炸、焖、熘等烹调技法,以烹调畜禽肉类见长,最著名要数宿州符离集的烧鸡了。

(四)合肥风味

合肥风味涵盖合肥、六安、滁州地区菜肴,以合肥等地菜肴为代表。合肥是全省政治、经济、文化、交通中心,其菜肴不仅有自己的风味特色,而且还汇集和融合了全省各地菜肴的精华。其主要特点是咸鲜适中、酱香浓郁,以烧、炖、蒸、卤为主,善用咸货出鲜,酱料辅味。吴山贡鹅是地地道道的合肥土特产,已有1000多年的历史,肉质较普通鹅肉细嫩、味美,烧、煮、炖、烤、腌食皆宜。历史上若以活鹅上贡朝廷,需随活鹅备足吴山当地的水和青草,方可保持吴山贡鹅的特有品质。

(五)淮南风味

淮南风味主要以豆腐菜肴为主。淮南的豆腐菜肴历史悠久,文化底蕴厚重,是徽菜中的名品,也是徽菜中一块闪亮的金字招牌。淮南豆腐色泽洁白,质地细嫩,具有"白如玉,细如脂,嫩如肤,浓如酪"的美誉。用其烹制的菜肴绚丽多姿、丰富多彩,品种已达六百多种。其中的"八公山豆腐宴"早已享誉海内外。淮南风味主要特点是咸鲜香辣、滑嫩味浓,烹调技法以烧、炖、炸、煎为主。

三、安徽风味特点

安徽菜肴总体特征大致如下:选料以禽畜肉和水产品为主,兼有蔬菜类;外形以整形为主,常用片、块、茸,以及丝、段、粒、丁等;烹调方法多样,以蒸、炸、焖、烧、炖、煮、炒、汆、烩、熘、煎、烤等为主;味道讲究咸鲜平和、咸甜醇和、兼用咸香、酸甜和纯甜之味;色彩上注重本色,擅用酱红色或浅酱红色,对煎炸类菜肴呈现的黄色或浅黄色的掌握也有独到之处;口感以嫩为主,体现出酥烂、脆嫩和软糯爽滑等,逐渐形成了自己的特色,主要体现在以下四个方面:

(一)三重特征,烹法独特

安徽菜肴素以"重油、重色、重火功"见长,这"三重"特色在徽菜的外观和品尝时能够真切地感受到,与其他处的迥然不同,"三重"是徽菜重要的表现形式,具有浓郁的地方特色。

在重油方面,将其赋予更深、更全面的含意。如在菜肴烹饪中讲究"过油";根据不同油脂的特性和烹饪需要选用,叫"因菜施油"。比如做葡萄鱼时,要用麻油来炸,因为麻油系半干性油脂,不易吸收水分,故炸制菜肴的外皮易脆,并能保持较长时间的脆度。再则,烹制菜肴讲究多次投油,如烹饪清炒鳝糊,在操作过程中需分三次投油,即以菜油作底油汆,以猪油作主油烧,起锅装盘后用热麻油作面油浇,使此菜肴更加鲜美醇香。

在重色方面,原始徽菜对色的概念单一,偏重于红烧菜肴的酱色及宴席菜肴中各盘之间的菜肴主料原色的组合。后来,徽厨从菜肴主料原色的搭配上下工夫。如石耳豆腐丸、雪里送炭,以黑、褐色与白色搭配,色彩对比强烈、明快;翡翠虾仁鸡片,以淡绿色的嫩蚕豆板与白色的蛋白、玉色的鸡片搭配;金凤卧雪,以麻油鸡的金黄色与白色的蛋沫搭配,色彩和谐、淡雅;雪菜扣肉,以深草绿与酱红色搭配,色彩凝重、沉着;五色绣球,利用褐色的香菇丝、绿色的青菜丝、淡绿色的白菜丝、金黄色的蛋黄丝和橘红色的胡萝卜丝分别粘裹于肉圆外,五色搭配,色彩显得艳丽、丰富。

徽菜的烹调方法很多,除擅长烧、炖、焖、蒸、熏等技法外,还有爆、炸、炒、熘、烩、煮、烤、炝、卤、煏等。徽菜在长期发展过程中,积累了一整套烹调技法,特别是对火候的运用更是一绝。徽菜继承"熟物之法,最重火功"的传统,或旺火急烧,或小火煨炖,或微火浸卤,或用木炭小炉单炖单烤,或几种不同的火候交替运用,同时烹调一种菜肴,有的先炸后蒸,有的先炖后炸。不仅如此,徽厨们还在长期的烹饪实践中,精心研究和创造了多种巧控火候的技艺,例如"熏中淋水""烤中涂料""中途焖火"等。因为火功到家,既保持了菜肴的原汁原味,又促使菜肴更加鲜美。如"金银蹄鸡",因小火久炖,汤浓似奶,火腿红如胭脂,蹄膀玉白,鸡色奶黄,味鲜醇芳香。徽式烧鱼方法更是独特,鲜活之鱼,不用油煎,仅以油滑锅,旺火急烧,5~6分钟即成。由于水分损失甚少,鱼肉味鲜质嫩,早为脍炙人口的佳肴。不同火候的运用,是徽菜形成独特风味的又一大特点。徽式的鲜卤舌条,虽入锅煮两次,但时间短,舌面的薄腱其质未酥,质地微脆,嚼之鲜嫩,又因原锅原汁浸泡,故不失其味。还有徽式中的双火淌心蛋,先煮后炸,两次下锅,鸡蛋的色泽金黄,外脆里嫩,因操作迅速,蛋黄熟而淌心,别有风味。

为使菜肴在制作中营养物质不易被破坏并在上席时保持亮丽和温度,徽菜又讲究汁芡与糊浆的应用。传统徽菜一般以汤包汁,旺油包芡之法,使用的是明油亮芡,故菜肴往往油腻重、汁芡重。后来的徽菜多改用滑油、亮油包汁之法上芡,并主张使用原汁原芡(或称自来芡)。同时,对不同菜肴的用芡方法也不一样,如对爆炒类快速烹调的菜肴,用芡时要使卤汁全部紧包于菜肴的表面上去,食客们吃后,做到盘中菜尽芡尽,不留残芡。而对以烧、烩、扒之类的方法所制的菜肴,用芡时应使菜肴汤汁稠浓、汤菜交融,以增加柔嫩感。

挂糊上浆也是徽菜常用的一种辅助性烹饪方法。不仅可保持原形原味,且可使菜肴的营养成分不分在加热中损失。徽菜在发展中,徽厨们没有忽视对这些辅助性方法的探索。徽菜对糊浆的运用各有其法。如熘、炸、煎、贴、塌之法做成的菜用挂糊法,爆炒之类的菜肴则用上浆法。如软炸石鸡腿,是采用蛋泡糊。在制糊时,不仅要考虑蛋清与淀粉的比例得当,还要考虑主料本身的干湿度,否则就不能恰到好处,影响菜肴的外观与味道。

(二)咸鲜为主,突出本味

食以味为先,"味"是菜肴的核心和灵魂,是菜肴的个性所在。徽菜对"味"历来就有很高的认识和追求,尤其注重烹饪原料的自然之味,讲究菜肴的隽美之味,充分体现原汁原味。在烹饪过程中,徽菜最大限度地保持和突出原料的本味,以符合"有味使之出,无味使之入"的烹饪基本规律。

咸味是"百味之本,百肴之将",特殊的地理环境造就徽菜的咸味偏重。安徽原住民的有80%世代栖息于"开门见山"的垱、垮、坑、坞。如绩溪素有"岩邑""宣歙之脊"之称,县境7条河流均为外流河,无一过境水。绩溪磡头村有"磡头磡,上床三档磡"之谚;歙县南乡地处"路无三尺平""山下抬头百丈坝,山上低头一片田"的环境。山民在日常饮食中,比平原地区需要补充更多的盐分。每年春夏秋,为作全年佐餐食用或备冬季无绿色蔬菜之需,家家都有制酱和腌制蔬菜的习惯。所腌蔬菜、瓜果、禽兽肉,有竹笋、香椿、黄瓜、萝卜、角豆、青菜、大蒜、生姜、辣椒、油豆腐、豆腐乳、毛豆腐、鸡鸭及鸡鸭蛋、腊肉、火腿等数十种。在徽州民间,几乎一年到头都能吃到腌制食品,且家家都有熬酱油、制豆瓣酱、生面酱的习惯。

(三)民俗深厚、菜寓吉祥

徽菜不仅是流传民间千年的美食风味,更是妙趣横生、耐人寻味的美食文化。一方面,在日常生活中,人们把对生活的美好祝福融入菜名之中。如"鸡"与"吉"谐音,鸡菜寓意"吉祥";"鱼"与"余"谐音,鱼菜意味"有余";鱼圆或肉圆,则寓"团圆"之意。安徽各地的宴席上,必有鸡、鱼、圆三道菜。祭祀祖先时,必有一道笋菜。"笋"与"醒"在古徽州方言中是谐音,意为祈祷祖宗苏醒过来,以便受纳供仪,保佑子孙平安。古时,绩溪盛行赛琼碗活动(祭祀),各种各样的菜肴食品都含有"五谷丰登""吉祥如意""洪福无边""福寿绵长"的寓意。另一方面,很多菜肴在其形成过程中,都各自衍生了一个个美丽动人的故事,如"胡适一品锅""屯溪臭鳜鱼""徽州毛豆腐""无为熏鸭"等著名徽菜都伴有美妙的传说与典故。此外,徽菜的很多菜肴带有浓郁的地域和人文色彩,甚至连烹调方法也都折射出某种文化内涵,如"问政山笋""李鸿章杂烩""茴香豆"等。"茴香豆"是皖南地区流行的菜点,古时做茴香豆一般不放茴香,但因"茴香"与"回乡"谐音,豆中若放入茴香,则表示还有另外一层意思,就是告诉在外经商者赶快回家,起到了传递信息的作用。

(四)医食同源,药食并重

徽菜注重食补与养生有着悠久的历史渊源。春秋战国时期,安徽人老子和庄子的养生思想就广为流传。东汉杰出医学家华佗(安徽亳州人)主张的"食补""食疗"思想,曹操所述"食疗"原理,嵇康的"养生论"以及皖南新安医学的"食疗"妙方都为徽菜注重食补、讲究养生奠定了理论基础。徽菜在发展过程中,继承和发扬了食物养生和中医学上"医食同源,药食并重"的传统,徽菜注重食疗与食补有机结合,形成了徽菜的另一大特色。在烹调方法、原料选择和搭配上,都十分讲究食补与养生。徽菜讲究原汁原味是强调以原料的本味和营养素为人类提供滋养健身的成分,注重火功,在于要充分发掘原物料的营养成分,有利于人的消化吸收和适应老幼皆宜的口感需求,秉承"以味为核心,以养为目的"的真谛。

四、安徽名菜名点

(一)地方名菜

用家畜制作的名菜有胡适一品锅、刀板香、金银蹄鸡、绩溪干锅炖、腐乳爆肉、杨梅丸子、挂霜排骨、淡菜酥腰、冰炖桥尾、鱼咬羊、寸金肉、红扒羊蹄、挂面圆子、风羊火锅等;用禽蛋制作的名菜有符离集烧鸡、馄饨鸭、黄山炖鸽、无为熏鸭、霸王别姬、石塘驴巴、三河酥鸭、吴山贡鹅、石耳炖鸡、椒盐鸡米、八大锤、纸包鸡等;用河鲜制作的名菜有腌鲜鳜鱼、奶汁鲖王鱼、沙地马蹄鳖、黄山双石、火烤鳜鱼、方腊鱼、人参鱼、麦穗鱼、莲蓬鱼、玉板蟹、马鞍山红烧划水、鱼白三鲜、连襟鱼白、泾县琴鱼、屯溪醉蟹、清炒鳝糊、徽式炒鳝糊、香炸枇杷虾、凤尾虾排、网油鳜鱼、毛峰熏鲥鱼、烹刀鱼、马鞍鳝、蝴蝶海参、老蚌怀珠、包公鱼、花菇石鸡等;用海产制作的名菜有花蕊海参、玉兔海参、蛏干烧肉、干贝萝卜、鲨皮二脘、葡萄鱼、李鸿章大杂烩、蟹连鱼肚、蟹烧海参等;用蔬茶果制作的名菜有徽州毛豆腐、问政山笋、腊八豆腐、中和汤、金雀舌、炸冬菇、香菇盒、三潭枇杷、雪湖玉藕、徽州圆子、敬亭绿雪、蜜汁红芋、朱洪武豆腐、八公山豆腐、清汤白玉饺等。

(二)地方名点

属于点心类的名品有南瓜包、水馅包、徽州饼、甘露饼、汤团、蟹黄汤包、耿福兴酥烧饼、鸭油烧饼、三河米饺、冬菇鸡饺等;属于小吃类的名品有挞粿、石头粿、蟹壳黄、徽墨酥、玫瑰酥、苞芦松、蝴蝶面、油煎毛豆腐、芙蓉糕、玉带糕、蝴蝶面、小刀面、鸡血糊、烘糕、酥糖、麻饼、白切、小红头、乌团饭、江毛水饺、萧家桥油酥饼、迎江寺素锅贴、枕头馍、羊肉汤、格拉条、撒汤、油茶、蒙城烧饼、八公山豆腐脑、淮南牛肉汤等。

1. 油煎毛豆腐

油煎毛豆腐,"徽州毛豆腐。打个巴掌都不吐"。相传古时有一名叫王致和的举子,多次科举落第,自认只有卖豆腐的命,便接过父辈的豆腐坊,做起了豆腐生意,结果一日天气闷热,豆腐滞销,他顺手将多余的豆腐铺在稻草上,洒上盐水,打算日后自家食用,过几日因为事多,早忘到九霄云外去了,待记起,那豆腐已是色变毛长,茸茸密密,他自认晦气,打算倒掉,不经意用手掰下一点用舌头舔尝,居然尝出一种难以言喻的咸粘味,于是他便放些油及佐料下锅煎烤,一时奇香四溢,出锅口食,更是鲜美无比,从此潜心做起毛豆腐的生意,且越做越大,做到了京城,还被收进了御膳谱,成了宫廷佳肴。

2. 淮南牛肉汤

淮南地处淮河南岸,毗邻淮南岸边,四季分明,物产丰富。牛羊遍地,特别盛养牛羊,当地古沟一带又是回民居住地,对牛肉酷爱。对牛肉的加工也有独到之处,牛肉汤更是淮上人家的美味佳肴,早餐的最主要食品,风靡江淮大地,形成独具风味的地方小吃。

3. 水馅包

绩溪水馅包是徽州绩溪一带的特色风味小吃。顾名思义,"水馅",是水与馅的融合,是灌满包内的汤液。水馅的馅料制作十分讲究,以瘦肉糜为主料,拌以香菇米,开洋米,茶笋米,豆腐或蛋清及香菜等佐料,再加一种必不可少的重要作料——肉冻汤,淋以适量麻油,这是汤液的主要来源。

第三节　浙江地方风味

浙江烹饪,基于"鱼米之乡,文化之邦",收江南山水之灵秀,受中原文化之溉泽,得力于历代名厨师的传承与创新,逐渐形成为醇正、鲜嫩、细腻、典雅的菜品格局。菜品讲究造型,清秀雅丽,富有文化色彩。早在宋南迁之时,就形成了自己的特色。据《梦粱录》记载:"杭城风俗,凡百货卖饮食之人,多是装饰车盖担儿;盘食器皿,清洁精巧,以炫耀人耳目。"景秀丽,物丰产,自古便是才子富贾流连忘返之地。正是这些富贾才子的品位,造就了浙江菜的菜式讲究。浙江菜就地取材,摈弃调料,以水禽为主,配以四时应季时蔬,最大限度地保留了食物的营养,从当代养生角度而言,浙江菜值得推荐。

一、浙江风味的形成

(一)地理物产

浙江位于东海之滨,地形以丘陵山地为主,地势南高北低,北部为水网密布的杭嘉湖平原,南部为山地丘陵,丘陵间多河谷盆地。省内海岸曲折,多港湾和岛屿,沿海岛屿有1800多个,约占全国岛屿总量的36%,舟山群岛为我国最大的群岛。浙江河流众多,主要有钱塘江、曹娥江、甬江、瓯江等,都自成流域,注入东海。另有著名的京杭大运河,北起北京,南达杭州,沟通了海河、黄河、淮河、长江、钱塘江五大水系。

浙江地处东海之域,滩涂广袤连绵,沿海岛屿密布,盛产多种海产经济鱼类和贝壳类水产品,品种多达500余种。省内江河纵横,内河稠密,淡水资源十分丰富。同时,又有土地肥沃的平原丘陵,种植业、养殖业也十分发达,鸡鸭成群,牛猪肥壮,四季蔬果源源不断。禽肉蔬果、山珍水产等物产上占尽一切优势。

饮食呈现以稻作物、海鲜为主,山河为辅的特征。以温州为例,经济作物主要有柑橘、茶叶、枇杷、杨梅、甘蔗等160余种。海岸线355公里,海洋鱼类有带鱼、黄鱼、鳗鱼等370余种、贝类有430余种。沿海滩涂养殖面积达6.5万公顷,养殖蛏、蚶、虾、蟹、蛤等。全年水产总产量56.29万吨。海洋捕捞43.30万吨,海洋捕捞年产量万吨以上的品种有:带鱼、鲳鱼、鮸鱼、鳗鱼、沙丁鱼、虾蛄、毛虾等。海水养殖10.50万吨,淡水产品2.49万吨。

(二)历史因素

浙江是长江流域、东南沿海古文化的发祥地。河姆渡文化开创了浙江先民丰富灿烂的原始文化,春秋时期的越国是浙江境内最早出现的国家。到了宋时南迁,杭州成为南宋一朝140多年的政治、经济、文化中心,饮食业空前繁荣。成为"南食"体系的典型代表,大量北方人口流入浙江,饮食业出现前所未有的南北交融。南宋以后,浙江经济持续繁荣,言及物产之富庶,文化之发达、工商之繁荣,浙江必居其一。

浙江菜系的迅速形成和发展与浙江省正式建制密不可分。唐代时,浙江属于江南道,两宋时属于两浙路,包括今浙江、江苏(长江以南的东部)等地。钱塘江以北的杭嘉湖三州府和今江苏的苏州、常州、镇江和上海市,属浙西路。钱塘江以南的绍兴、宁波、金华、衢州、台州、杭州、温州属于浙东路。浙西诸州府菜式以杭州为传统和江苏菜相近。而明洪武九年(1376年)正式设浙江等处承宣布政使司,简称浙江省。洪武十四年,又把原归属直辖京师的嘉兴、湖州划归浙江省。从此六百年来,浙江省境基本上不变,省名也一直沿用,省会一直设在杭州。行政区划的固定不变,有利于境内社会经济的发展和生活的安定,为浙江菜系的发展创造了良好的环境。

同时浙江出现了一批饮食研究者与美食家。这些美食家,有的是文学家,有的是医学家,他们对饮食研究颇有兴趣,从不同角度记录与总结了浙江各地的菜谱、食谱等,把实践与理论结合起来,推动了浙江菜的研究与总结。明代浙江钱塘(今杭州)人高濂,撰写《饮撰服食笺》三卷,介绍了蔬菜、鲊脯和甜食等 12 类 253 个配方,是其《遵生八笺》重要组成部分。这部书 1591 年问世,流传至今已近 400 年,是明代重要的食典之一。明清之际的著名戏曲家兼美食家李渔(1611—1679 年),浙江兰溪县人,他所撰《闲情偶寄》专辟"饮馔部",概略地阐述了主食与荤、素菜肴的烹制以及食用之道。他在书中强调重蔬食,主张菜肴要清淡,忌油腻,讲洁美。清代朱彝尊(1629—1709 年),字锡鬯,号竹垞,浙江秀水(今嘉兴)人。他所撰《食宪鸿秘》记载四百余种菜肴、饮料、果品,调料多,内容丰富。所收菜肴以浙江风味为主,其中介绍金华火腿的制作方法与菜肴有十几道,至今极有参考价值。袁枚(1716—1797 年),字子才,号简斋,晚号随园老人。这位我国古代最有造诣的饮食研究者,也是浙江钱塘人。他所撰《随园食单》系统地介绍我国清代南菜、北菜烹饪技术与理论。既有菜肴烹制方法,又有烹饪操作的 20 个总要求,分 14 点注意字项,把烹饪经验上升为烹饪理论。并具体记载了古代 300 多味菜烹饪方法,其中指名是浙江名菜的达 40 余味。顾仲,字中村,号浙西饕士浙江嘉兴人,所撰《养小录》分饮食、调料、蔬菜、糕点,分别记载了 190 多种菜肴与食品。他既讲究肴馔的实用性,又注意清洁卫生,在风味上,以浙江为主。在书中记载了绍兴酱茄、嘉兴黄雀、嘉兴糟蛋、宁波新风鳗鲞等浙江传统名菜的烹饪方法。医学家兼饮食研究者王士雄(1806—1867 年),字孟英,号梦隐,浙江海宁人,后又移居杭州等地,足迹踏遍杭嘉湖平原。他除精心研究医学外,还把日常饮食与食疗结合起来研究。撰写《随息居饮食谱》记录日常饮食的蔬菜、谷食、羽毛、鳞介、水饮等 7 类 330 余种食物,对其食疗功效,逐一说明。

1986 年,杭州开始全市性创新菜大赛,奠定杭帮菜发展的基础。"迷宗菜"思想引发杭州菜创新,出现大量的新派杭州菜,如金牌扣肉、稻草鸭、鸡汁鳕鱼、XO 酱鲈鱼、微波鸭等,由新原料、新搭配、新口味、新烹调工艺、新炊具、新器皿、新吃法孕育的新菜肴不断更新。菜系、地域、年代的界限在杭帮菜的发展中统统被打破,外帮菜、外地土菜、历史上的名菜有的改头换面,有的原封不动进了杭餐馆的菜谱。在知名的杭州餐馆中,食客既可以点到传统正宗的杭帮菜,也可以看到川菜、湘菜的影子,甚至可以看到日本料理、法国大菜的改良风味。将湘菜"剁椒鱼头"中剁椒引进使用在千岛湖的生态鱼头上,并根据杭州人的饮食习惯,减轻了辣味和咸味,保持了大鱼头原有的鲜味而又耳目一新,使其适合杭州饮食和口味的需求,成为 48 道新杭州名菜之一。

二、浙江风味区域划分

明清时期的 500 年间,是浙江菜点形成与发展的重要时期,传统的浙江菜点作为一个完整独立的体系,从地域流派上看,由杭州、绍兴、宁波、温州四个地方流派组成。这四个主要流派各有特点又相互包容,构成了浙江菜点总体的风格特征。

(一)杭州菜

杭州菜又叫"杭帮菜",传统的杭州菜就地段而言,可分为两大流派,如今又出现了"新杭帮菜"。

1. 湖上帮

"湖上帮"以西湖边上的楼外楼和在灵隐寺的"天外天"等菜馆为代表。这类菜馆多分布在西湖四周的风景点,它的主要顾客是中外游客及社会名流,其菜肴的特色是清鲜可口。所用原料多为鲜鱼活虾。有的菜馆将活鱼先装入竹笼内,再置于湖中。顾客可根据需要,当场点用,现捉现杀。厨师刀工精巧,火候掌握得当,独具特别风味,但价格比较昂贵。

2. 城里帮

"城里帮"以烹饪肉类、家禽、鱼鲜、蔬菜为主,其顾客主要是本地居民及一般客商。如王润兴饭庄、天香楼等。所做的名菜有鱼头豆腐、虾子冬笋、全家福、件儿肉(系用方块肉加盐白煮,按件出售)等,价格便宜,经济实惠,颇受大众欢迎。浙江萧山人沈玄庐(沈定一),在任浙江省议会议长时,一次与友人到王润兴品尝了"皇饭儿(即王润兴的招牌菜)""砂锅鱼头豆腐"和"件儿肉"以后,诗兴大发,赞不绝口,当即向店主索取笔墨,为该店题赠一副对联:上联为"肚饥饭碗小",下联写"鱼美酒肠宽"。接着又写了一幅中堂:"左手招福来,右手携财到;入座相顾笑,堂馆白须眉;问客何所好,嫩豆腐烧鱼。"店老板大喜,即为之加酒添菜,免费招待。沈氏尽兴醉归,成为佳话。

3. 新杭帮菜

新杭帮菜的崛起实际上当以胡忠英大师自创的"迷宗菜"为源头,以红泥、张生记为代表的杭州"六大家族"等大型餐饮企业在江湖上扬名立万,为新杭帮菜赢得佳誉。胡大师创"迷宗菜",提出的一个重要的理念就是以顾客口味为导向,吸取各大菜系优点。以这个理念为核心,新杭菜目前的菜目中有 20% 为本地特色,而 80% 是外来的。

(二)绍兴菜

绍兴濒临东海,兼有渔盐平原之利,菜肴以"鲜咸合一"的独特滋味为多见,菜品翔实,色泽和口味较浓。在选料上,"绍菜"以河鲜家禽见长,富有浓厚的乡村风味,用绍兴酒糟烹制的糟菜、豆腐菜充满田园气息。绍兴霉干菜烧肉,馨香鲜嫩,油润不腻,绝对的江南水乡风味。

(三)宁波菜

宁波菜又叫"甬帮菜",擅长烹制海鲜,鲜咸合一,以蒸、烤、炖等技法为主,讲究鲜嫩软滑、原汁原味,色泽较浓。宁波菜的十大名菜是:冰糖甲鱼、锅烧河鳗、腐皮包黄鱼、苔菜小方烤、火臆金鸡、荷叶粉蒸肉、彩熘全黄鱼、网油包鹅肝、黄鱼鱼肚、苔菜拖黄鱼。宁波菜的十大名点是:龙凤金团、豆沙八宝饭、猪油洋酥烩、鲜肉小笼包子、烧卖水晶油包、宁波猪肉汤团、三鲜宴、鲜肉蒸馄饨、豆沙圆子、地栗糕。

(四)温州菜

温州菜又叫"瓯菜",以海鲜入馔为主,口味清鲜,淡而不薄,注重真味本色。烹调讲究"二轻一重",即轻油、轻芡、重刀工的特点。风味和特色主要可以概括如下:

1. 海鲜、海珍入馔为主

温州海洋资源丰富,盛产海产鲜鱼、虾、蟹、贝等,一年四季不断,海味干货鱼翅、鱼唇、鱼皮、鱼骨四时不乏,素称"鱼米之乡"。历代瓯菜厨师利用本地资源,创作出许许多多名菜佳肴,代表菜有三丝敲鱼、双味蝤蛑、五味煎蟹、蒜子鱼皮、兰花鱼卷等。

2. 口味清鲜、淡而不薄

温州饮食味淡而不薄,形成这一特点的原因有三个:一是沿海地区气候温和,人们的饮食习惯喜爱清淡平和,而不喜大咸、大甜、大辣;二是原料多是海产品,大都质鲜嫩美,不需要过多的加工;三是烹调因材施艺。制作中非常重视保持和突出原料本味,大都轻放作料,在加热上多采用以水为传热体的烹调方法来突出海鲜的鲜度,确保海鲜的原汁韵味。如传统名菜:清蒸黄鱼、盐水蚕虾、翡翠鱼珠、跳鱼羹、蛏子羹等,这些都是以蒸、氽、烩诸法烹调的,菜肴口味纯真,口感滑嫩,回味无穷。

3. 菜肴轻油薄芡

在用油上,瓯菜一般只根据菜肴加热与增香的需要,适量用油。菜肴的"旺油"和"亮油",以瓯菜制作的标准来衡量都是多余的。在用芡上,瓯菜也非常轻,炒菜要求汁少芡薄,烧烩菜一般也只用流芡,要求汤汁稍微稠浓,食之有滋润感,以保留食疗原有的鲜味。

三、浙江风味特点

(一)选料苛求,细特鲜嫩

浙江地理条件优越,气候温和,四季物产富饶,为浙江菜点的原料选用提供了充足的保证。浙江菜点在选料上一要精细,取出物料之精华部分,使菜品达到高雅上乘;二用特产,使菜品具有明显的地方特色;三讲鲜活,使菜品保持味道纯真;四求柔嫩,使食之清鲜爽脆。浙江菜点在选料中,始终秉承的原则是:凡海味河鲜,须新鲜腴美,尤以节令取胜;凡家禽、畜类,多系特产;凡蔬果之品,以时鲜为上。

(二)烹法灵活,擅制水产

浙江菜点在20世纪80年代以前,常用的烹饪方法已达30余种,经过了历年的吸收、借鉴与创新,目前使用的烹饪方法更加灵活多样并富于变化。在烹调方法上,尤其擅长炒、炸、烩、熘、蒸、烧。炒菜又以滑炒见长,力求快速烹制;炸菜外松里嫩,恰到好处;烩菜滑嫩醇鲜,羹汤风味独特;熘菜脆嫩润滑,卤汁馨香;蒸菜讲究火候,注重配料,主料多需鲜嫩腴美之品;烧菜柔软入味,浓香适口。这些烹调方法的应用,大都同浙江当地的原料质地及浙江菜的选料特点相符合,确保海味河鲜的鲜嫩腴美,保持真味与本味,也适合浙江人民喜爱清淡鲜嫩的饮食习惯。

(三)清淡鲜嫩,本色真味

浙江人口味多重清淡,朱彝尊在《食宪鸿秘》中提到:"五味淡泊,令人神清气爽少病。"这也是浙江人嗜清淡的原因之一。因此,浙江菜点大多求清鲜,忌油腻。李渔在《闲情偶寄》中写道:"从来至美之物,皆利于孤行。"又说:"吾谓饮食之道,脍不如肉,肉不如蔬,亦以其渐近自然也。"这也说明了浙江菜突出主料之本味、追求纯真口味、保持本色真味的特点。

(四)形巧细腻,清秀雅丽

在《梦粱录》中载有:"杭城风俗,凡百货卖饮食之人……盘食器皿,清洁精巧。"由此可见,浙江菜点的精巧历史可追溯到南宋时期。如今的浙江厨坛高手,充分利用烹饪技法、美学原理、精致器皿等多种手段,将浙江菜点的精巧秀丽表现得更加淋漓尽致。

四、浙江名菜名点

(一)地方名菜

用家畜制作的名菜有东坡肉、干菜焖肉、香菇里脊、家乡南肉、薄片火腿、火踵蹄膀、南肉春笋、张一品酱羊肉、梅子肉、桂花大肠、拔丝金腿、蜜汁火方、荷叶粉蒸肉、绍式小扣等。用禽蛋制作的名菜有叫花童鸡、清汤越鸡、糟鸡、八宝鸡、网油包鹅肝、白鲞扣鸡、火踵神仙鸭、酥炸鸭子、宁波烧鹅、杭州酱鸭、双色芙蓉蛋、芋艿全鸭、油淋鸡、知味鸡、八宝鸡等。用河鲜制作的名菜有宋嫂鱼羹、西湖醋鱼、冰糖甲鱼、斩鱼圆、蛤蜊氽鲫鱼、龙井虾仁、清汤鱼圆、头肚醋鱼、三片敲虾、锦绣鱼丝、锅烧河鳗、油爆虾、宁式鳝丝、生爆鳝片等。用海产制作的名菜有腐皮包黄鱼、苔菜拖黄鱼、三丝敲鱼、爆墨鱼花、新风鳗鲞、双味蜻蚱、香蕉黄鱼夹、溜黄青蟹、黄鱼羹、炸蛏筒、彩溜黄鱼、五味煎蟹、三丝拌蛏等。用蔬果制作的名菜有西湖莼菜汤、油焖春笋、芙蓉白莲、火腿蚕豆、拔丝蜜橘、细沙羊尾、八宝豆腐、挂霜荸荠丸、橘络丸子、原味炸衢桔、奉化芋艿头、干炸响铃、虾子冬笋、兰花春笋、栗子炒冬菇等。

(二)地方名点

属于筵席点心的名品有重阳栗糕、龙凤金团、鱼肉皮子馄饨、鲜肉煎团、猫耳朵、吴山酥油饼、双林子孙糕、白糖蜂糕、猪油夹沙八宝饭、水晶油包、金华汤包等。属于风味小吃的名品有虾爆鳝面、西施舌、菜卤豆腐、冰糖莲子汤、灰汁团、韭芽肉丝春卷、油炸臭豆腐、什饼筒、茴香豆、西湖桂花藕粉、金华干菜酥饼、苔菜千层饼、酥羊大面、片儿川面、葱包桧儿等。

第四节 上海地方风味

上海菜点的发展历史有6000多年,但真正繁华时期仅百余年。20世纪三四十年代,上海滩便是各种风味餐馆林立,京、津、广、川、粤、闽、杭、甬、湘、徽、豫、苏、锡、淮扬和清真及素菜等帮派各显本色,相互融会贯通、取长补短,这些都为上海菜发展奠定了坚实的技术基础。由此,有了德兴馆、荣顺馆(现为上海老饭店)、大胜馆、东记老正兴、一家春等100多家本帮菜馆。

一、上海风味的形成

(一)地理物产

上海属亚热带海洋性季风气候,温和而湿润,一年四季的新鲜蔬菜不断,又濒临长江下游的入海交汇处,临海、多河流,水产资源丰富,占有长江三角洲鱼米之乡的优势。

上海地区气候四季分明,蔬菜则春季有豆苗、枸杞头、春笋、蚕豆等;夏季有苋菜、黄瓜等;秋季有菱白、茼蒿(菊花菜)、芹菜等;冬季有草头、菠菜、荠菜、冬笋等。许多蔬菜品种一年能三次采收,如番茄、茄子、刀豆等,绿叶菜更是长年不断。水产品一、二月有桂鱼(鳜鱼)、鲫鱼;三月有塘鳢鱼;四月有刀鱼、河虾;五月有鲥鱼;六月有草鱼;七月有鳝;八月有毛蟹;九月有甲鱼;十月有河蟹;十一、十二月有乌青、编鱼、花鲢等。三、四月间吴淞口的鲴鱼,洄游至长江入海口,正值肥壮。厨师利用了鲴鱼具有海鱼的皮质(含胶原蛋白和弹性蛋白)和淡水鱼的肉质(含水量高而鲜嫩)做"红烧鲴鱼",经长时间的闷烧,成菜后肥嫩鲜美、卤汁稠厚,肥而不腻。

上海地区特产也非常丰富,佘山地区出产的"兰笋",烹调后散发出幽幽的兰花香味,令人叫绝;嘉定地区的"兰茄",曾作为清朝皇帝的贡品,故又称为"贡茄";崇明的金瓜,成熟后,其瓜肉可刨出如粉丝般精细、脆性的黄瓜丝,拌作冷盘,百吃不厌。四鳃鲈鱼产于松江县秀野桥下,青浦、崇明、宝山三县境内河中也有分布。是一种洄游鱼类,每年冬至到立春期间,从淡水游向近海。四鳃鲈鱼肉质嫩而肥,鲜而不腥,是野生鱼类中最鲜美的一种,被誉为我国四大名鱼之一。上市季节用春笋与其配位,笋色如玉,汤色似乳,食之,鲜美无比。"枫泾丁蹄"是用上海枫泾的猪做原料,这一品种早在 1910 年便在南洋劝业会上获过银质奖,远销欧美及东南亚 20 多个国家。这种猪的特点是皮薄、肥少,肉香,经老卤汁调味,严格按照"三旺三文""以文为主"的方法烹制,煮出的蹄色泽透红明亮,蹄皮酥韧,蹄肉鲜嫩,卤汁醇厚,香气浓郁,热吃不腻口,冷吃香喷喷。

(二)历史因素

据史书记载,唐朝天宝十年(751 年),松江设立华亭县,作为上海的贸易中心。中心位于松江两岸青浦的青龙镇,明弘治《上海志》中有一段描写,说青龙镇规模之大有三十六坊、二十二桥、三亭、七塔、十三寺,海船辐辏,航运业务发达,富商巨贾汇集,商业繁荣,酒肆鳞次栉比,热闹非凡,有"小杭州"之称。至元代,由于航道的缘故,出入松江的大型货船越发不便,随之逐渐将原在青龙镇的贸易中心迁至旧城区,即现在的十六铺码头一带,上海从此逐年发达起来。直至清初,上海作为一个中等城市已拥有 24 万人口。十六铺一带作为最早的商业区,已属上海最热闹的地区。

1843 年,上海被清政府辟为商埠以后,很快成为国内外贸易的集散地。外国资本的侵入,同时刺激了上海民族工业的发展,上海的饮食市场也随之繁荣起来。据 1876 年出版的《沪游杂记》记载,仅从小东门到南京路一带 2 千米左右的途中就有菜馆 200 余家之多。供应的菜肴从低档的家常菜如"肉丝黄豆汤""八宝辣酱""炒三鲜"等,到一些大菜馆以高档原料烹制的整桌"扒翅席""海参席"等。

17 世纪 80 年代,随着四面八方的人来到上海,各地的风味菜肴和烹饪技术也逐渐传到了上海。许多帮别的地方菜在上海这一商业大都市中汇聚,厨师们在技艺上互相取长补短、融会贯通,从而为发展和丰富上海菜,为确立上海菜的个性和风格奠定了基础。

2005 年,上海已经发展成为拥有多于 1778 万常住人口的国际化大都市。近320 年的时间内,上海人口增长近 90 倍,其中大部分是外来人口。这在客观上形成了上海近现代饮食文化的多元化格局,并通过借鉴、改良其他地方的烹饪菜点,逐渐形成了独特的风格。

二、上海风味区域划分

上海作为一个国际大都市,国际交往日益增多,中外宾客来上海总要品尝上海的美味佳肴,食后赞不绝口。但常遇到这样的情况,国外宾客,国内同行,当问及什么是"上海菜",或者问,在上海哪里能吃到最好的上海菜,回答可能是多种多样。要弄清什么是"上海菜",不妨先从当前存在的主要三种观点着手进行分析、比较,然后,再从历史、文化的角度,深入研讨。

第一种观点认为本邦菜就是"上海菜",现在不少人打上海本邦菜招牌开餐馆。持这种观点没有错,但不够全面。上海菜发展到今天,如果仍停留在本邦菜的水平上,那是不够的,人们眼中本邦菜就是浓油赤酱。保留一部分本帮菜,运用传统烹调方法,烹制出一些原汁原味的风味菜肴,使人有一种思乡之情,辜振甫先生在绿波廊吃炒膳糊时,回想年青时,用膳糊的汤汁拌饭吃的恋乡之情。这就是传统菜肴的魅力所在,因此,上海的传统菜要挖掘研究,特别是来自民间的、乡村的本邦菜,不应失传,应返璞归真,加以利用。本邦菜有优点,并非同意"上海菜"就是本邦菜,因它与"上海菜"今天的实际状况差距太大。

第二种观点认为上海菜就是"海派菜",对海派菜的争论,有人讲,各地的地方菜,经上海厨师改良后,适应上海人口味,就叫"海派菜";也有人讲,凡是在上海餐馆供应的菜就是"海派菜"。因此,有的餐馆在回答顾客提问供应的是什么"特色菜"时,就讲"海派菜",有时还加上"杂邦"一词。这是由于研究问题的对象搞错了,是研究"上海菜",还是研究"上海餐馆"。如果是研究"上海餐馆",餐馆要适应市场变化,经常打着各种招牌,为招揽顾客,这是一种销售手段,海派菜被其利用,有它的合理一面。海派菜的解释,在词语上讲是定语,决非主语,如海派川菜、海派粤菜、海派京菜,它们的存在反映了餐饮市场的繁荣,是上海市场容纳百川的一种气派。因此,"上海菜"之说,涉及一个"根"与"种"的问题,把"海派菜"称为"海派风味菜"比较确切,如海派川菜、海派粤菜等,以及其与正宗川菜、粤菜的区别。地方菜的存在,其中有一个重要的特征,是原料具备特色,一方水土,出一方特色原料,粤菜烹调上强调镬气,原料选用上讲产地、讲精细。如"基围虾"在广东沿海养殖的,与其他地区饲养的经烹调后在颜色、口感上差别都很大;其他乳猪、清远鸡、橄榄菜等原料更是这样,一些地方菜的特色,并非是我们所能改良的。因此,"海派菜"不能作为"上海菜"的代表。

第三种观点认为"上海菜"是在传统的上海菜基础上,经过厨师的不断创新发展而来的,既有传统的特色菜,又有创新菜,不但具有与时俱进的特征,还有选用原料广泛,烹调方法多样,菜肴口味适合现代人的特点,是在继承的基础上发展的结果。第三种观点解决了三个问题:一是对"上海菜"的认识没有割断历史,上海的历史虽不长,但还是要加以深入研究,至少要根据文字资料,了解年代,以及沿革过程,这是上海菜的源头;二是为"上海菜"正名,不能把各地在上海落户的餐馆供应的菜都称为"海派上海菜",上海菜也不必冠上"海派"一词;三是有了研究上海菜发展的基础条件,即弄清了什么是"上海菜"。

至此,上海菜的风味体系比较清晰了,这个体系由海派风味菜、本帮菜和风味小吃等三大风味构成。海派风味菜是源于其他菜系,经过革新后形成适合上海本地口味特征的新派菜式,如梅龙镇的干烧鲫鱼、新雅粤菜馆的烟熏鲳鱼、扬州饭店的水晶肴肉等。本帮菜是一些源于本地的家常菜,经过不断地更新,逐渐形成的甜咸适宜、浓淡兼长、清醇和美的风味菜式,如老正兴菜馆的虾子大乌参、草头圈子和油爆河虾等。风味小吃则是源于盛行家常小酌的虹口区乍浦路美食街,而后又产生的云南路小吃美食街、黄河路美食街和仙霞路小吃美食街等地区,以及现在较具规模、集中的老城隍庙小吃广场等区域中流行的各种名特小吃。

三、上海风味特点

(一)帮别众多

1957 年上海市饮食服务公司曾编辑出版了新中国成立后全国第一本菜谱《上海名菜》,其中收罗了粤、京、扬、闽、苏、湘、川、锡、徽、宁、杭、清真、净素、本帮 14 个帮别的菜,这些菜几乎都已经是上海化了的。

作为移民城市的特质,上海人并不排外,只要能适应上海人的口味,各种风味都能在上海占据一席之地。而且越是新奇、先进,越受欢迎。近些年来,洋快餐蜂拥而入,肯德基、麦当劳几乎遍布城市。一些外国厨师在宾馆里烧正宗的西菜,四川人在开正宗的火锅店,还有像悦宾沙嗲屋、韩国烧烤、马来西亚小吃、法式、俄式等多国西餐馆、澳大利亚的袋鼠菜、泰国的鳄鱼菜乃至西安饺子宴、羊肉泡馍、徽式大饼等应有尽有,上海真是美食王国。而且上海餐饮经营层次分明,有大宾馆,社会饭店、面店、快餐店、小吃摊等,分工明确。

(二)烹调精细

上海菜点的精细,为国内同行公认。同行的评价是:"构思精巧,造型生动,风味别致,刀工精细。"上海菜通常使用的烹调方法有近 20 种,诸如滑炒、清炒、红烧、清蒸、烩、氽、炸、熘等。其中,使用最多的是滑炒、清炒、红烧和烩等烹调法,这些烹调方法能充分体现上海菜精细的特点。如一道普通的"清炒虾仁",在上海厨师的精细处理下就能成为晶莹透亮、富有弹性、肉质鲜嫩的"水晶虾仁";一道川菜特色、工艺繁复、耗时较长的"干煸牛肉丝",经过改良油炸制作,既可保留风味特点,又简便易学,且色泽红亮,口感更佳。

"精细"更体现在创新菜点中,上海的创新菜点层出不穷。比如百粒虾球,虾球外表粘裹着面包颗粒。这些颗粒必须先将面包切片,然后再切成丝,最后切成粒。面包粒脱水之后,其香脆度远胜面包粉,其大小一致的颗粒更给人一种匀称美。然而,在美的背后,却是厨师过硬的基本功。脱胎于松仁鱼米的创新菜"玉米棒",将鱼肉剁成泥,做成小玉米状,外表粘上松仁,头部再套上一个青椒做成的托,外观活脱脱一支支小玉米,小巧玲珑,惹人喜爱。同样一盘菜,"玉米棒"用料少而售价高。在上海"精细"菜肴比较受欢迎。

(三)功利性

最能体现上海饮食个性的,是它的功利性。上海人的商品意识特别强烈,虽然这常常遭致外地人对上海人的看法。餐饮业的经营者们把眼睛紧紧盯住市场,盯住时事大事,稍有风吹草动,马上做出反应。上海人的机灵以及对新事物的敏感可见一斑。了解上海餐饮业的人都知道,上海的餐饮像服装一样,有流行色。近 20年来,先是苏菜吃香,后是粤菜、川菜名气响,再后来风行港式粤菜,生猛海鲜,家家门口养起了河海活鲜,接着是潮州菜,最后是家常菜、火锅。后来风头最强的是每人 38 元的自助餐。一个圈子炒下来,最近又返回到看家拳头产品,即以特色吸引客人阶段。潮起潮落,上海饮食自有其运行规律,推动其前进发展的依然是市场的规律,是竞争,是"功利"两字。试想,当客人吃来吃去一个味,颇有微词的时候,最着急的是饭店的经理们。市场是最无情的,饭店适者生存。

四、上海名菜名点

(一)地方名菜

用家畜制作的名菜有腌笃鲜、草头圈子、糟钵头、腐乳扣肉、走油蹄膀、枫泾丁蹄、水晶蹄、粉蒸牛肉等。用禽蛋制作的名菜有八宝鸡、八宝鸭、八宝辣酱、栗子焖童鸡、鸡骨酱等。用河鲜制作的名菜有清蒸大闸蟹、菊花蟹斗、芙蓉蟹斗、毛蟹年糕、上海醉蟹、熘黄青蟹、沙锅大鱼头、火夹鳜鱼、红烧河鳗、竹笋鳝糊、甲鱼烧肉、鲫鱼塞肉、红烧肚档、下巴甩水、青鱼秃肺、红烧鮰鱼、油炸烤子鱼等。用海产制作的名菜有鸡汁排翅、鸡粥鱼翅、鸡粥烩鱼肚、干贝冬瓜球、虾子大乌参、蝴蝶海参等。用蔬果制作的名菜有生煸草头、炒素蟹粉、凤尾莴笋、荠菜冬笋、四喜烤麸、素鸭等。

（二）地方名点

属于筵席点心的名品有萝卜丝酥饼、三丝眉毛酥、翡翠烧卖、四喜蒸饺、虾肉烧卖、黄芽菜肉丝春卷、桂花甜酒酿等。属于风味小吃的名品有南翔馒头、鲜肉馒头、小笼汤包、素菜包、千层油糕、水晶蛋糕、梅花糕、叉烧蛋球、火眼金睛、蟹壳黄、油氽馒头、生煎馒头、油煎馄饨、肉丝炒饼、肉丝炒面两面黄、虾肉蒸馄饨、鲜肉月饼、鲜肉锅贴、桂花糖油山芋、桂花糖芋艿、桂花糖藕、马蹄糕、油氽排骨年糕、猪油夹沙球、黄松糕、赤豆松糕、猪油百果松糕、百果蜜糕、太白拉糕、细沙条头糕、夹心绿豆糕、鲜肉粢毛团、芝麻凉团、芝麻汤团、擂沙圆、酒酿圆子、山芋金钱饼、双色薄荷糕、八珍羹、鸡鸭血汤、桂花赤豆汤、鲜肉粽子、鸡粥、桂花糖粥等。

【思考题】

1. 江苏风味形成与其物产、历史有什么关系？
2. 江苏方言与饮食之间有什么联系？
3. 试述江苏地方风味形成及其区别。
4. 试述江苏风味特点及其特色菜肴。
5. 如何理解江苏文人菜的说法？
6. 试述安徽特殊地理特点及其物产。
7. 徽商对本地风味形成与发展有什么影响？
8. 试述安徽地方风味中的三重特点及其对烹调技术的影响。
9. 如何理解安徽民俗与地方宴席形成的关系？
10. 试述安徽地方风味及其特色菜肴。
11. 明清时期的美食家对浙江菜形成有哪些贡献？
12. 如何理解迷宗菜与新杭帮菜形成的内在关系？
13. 试述浙江四大地方风味的特点及其特色菜品？
14. 上海菜讲究四季分明,其四季菜蔬与水产都有哪些？
15. 如何理解上海菜风味构成的主要观点？
16. 试述上海菜的主要特点,如何理解上海菜的"精细"？

第五章

粤闽风味体系

【本章教学导读】

　　粤闽风味囊括了粤桂闽琼及港澳台各地的菜肴风味,其中以广东、福建风味最具有代表性。广州作为华南政治、文化和经济的中心,在明清时期,其商业化农业就已经走在全国前列。"海者,闽人之田也",福建和广东是最早走向远洋的地区之一,其华侨文化、移民文化、消费文化对台湾、澳门、香港等地区的菜肴风味具有深远的影响。

【本章教学目标】

- 理解并掌握广东的华侨文化、移民文化、消费文化与广东地方风味的关系
- 理解并掌握广西风味精选原料与保证特色的关系,以及其独特的粉文化
- 汤汆闽菜思想与福建、台湾、澳门、香港饮食的关系
- 理解海南饮食文化特色与风味特点形成的关系
- 了解台湾原住民族群的饮食特点
- 掌握澳门地方风味的特点

第一节　广东地方风味

　　粤菜作为岭南饮食文化的代表,在中国饮食文化中占有特殊的位置。它以独特的岭南风味、奇杂的用料、多变的口味与烹调方法征服了海内外的食客。尤其在改革开放后,粤菜遇到了良好的发展机遇,在吸收各地优秀的烹饪技艺基础上,利用广东得天独厚的丰富物产,形成了既传统又创新的新派粤菜,其口味、烹调方法、用料均有令人耳目一新的感觉,并且其菜式变化相当频繁,看馔品类更新周期越来越短。当今,为了在激烈的餐饮市场竞争中获得生存与发展的空间,厨师们竭尽全力,以精益求精的态度不断推出琳琅满目的菜式,创造出粤菜发展的全盛时期。

一、广东风味的形成

(一)地理物产

广东,襟山带海,五岭雄倚其北,南海濒临其南,地形复杂,海岸曲折绵长,河流众多,居珠江水系中下游,地处低纬度,土地肥沃,高温多雨,四季常青;东接福建,北连江西、湖南,西与广西为邻,西南端隔琼州海峡与海南相望,毗邻港澳,是我国重要的海上交通要冲和对外交往的"南大门"。全省拥有海洋国土面积约46万平方公里,所以又是一个海洋大省,其港湾岛屿众多,这些为海洋渔业的发展提供了有利条件。广东的平原可分为河谷冲积平原和三角洲平原。这些平原地势低平宽广,河网密布,土地肥沃,物产丰富,水陆交通便利,是广东重要的水产、果疏、鲜花、禽畜的生产基地,也是农作物高产地区之一。

广东省陆地总面积26 685.15万亩,人均土地占有量3.99亩,远低于全国人均土地占有量12亩的水平,不及世界人均土地占有量的1/10(40多亩/人)。再加上广东又是一个"七山二水一分田"的省份,山地丘陵所占比重大,可供开垦的荒地资源有限,可垦为耕地的不多,可辟为水田的更少。同时广东丘陵广布,丘顶较平,地表破碎,给耕作带来一定困难。这就导致了人多地少,只好精耕细作的生产现状。但是广东土壤类型多,有利于因地制宜安排农、林、牧业,及多种农作物的生产。

广东属东亚季风气候区南部,具有热带、亚热带季风海洋性气候特点。气温较高,夏长冬短,省内各地年平均气温在18℃~24℃之间,气候适宜作物全年生长,光合潜力仅次于海南,而优于大陆其他沿海省(区)市,作物生长周期短,适宜采用多样形式的立体农业,有利于农业的再生产过程。北部丘陵和一些高海拔山区,气温垂直差异大,"立体气候"显著,适宜农、林、牧多种经营综合发展。气候资源的优势促进了广东饮食文化景观的多样性和丰富性。所以古人说广东物产"兼中外之所产,备南北之所有"。而清人所作竹枝词:"响螺脆不及蚝鲜,最好嘉鱼二月天,冬至鱼生夏至狗,一年佳味几登筵。"则把广东丰富多样的饮食原材料资源淋漓尽致地描绘了出来。

(二)人文历史

广东地方风味的形成与发展与人文环境、历史因素关系密切,主要包括商品经济、华侨文化和人口迁移等方面。

1. 商品经济

广东是环太平洋经济区域的一角,是衔接中国大陆和太平洋经济圈的一个工业区、金融区和旅游区,也是中国历史上对外开放最早的省份之一,商品经济比较发达。广州南越王墓出土文物银盒、金花泡饰、香料、非洲象牙及其他汉墓出土的串珠等舶来品,均可说明南越国时广州已与外国有贸易关系。汉代汉书中也有记载,番禺是"犀、象、玳瑁、珠玑、银、铜、果、布"云集的都会。这些货物中有些是番禺的土特产,有些是进口商品。唐代"广州通海夷道",从广州启程,途经东南亚、印度洋、波斯湾、东非、地中海沿岸等一百多个国家和地区,是当时世界上最长的国际航线。唐代进口的商品主要是日常用品和原材料,出口货物中除了丝绸、瓷器之外,也有茶叶、肉桂、良姜等日常饮食用品。唐代在广州始创市舶贸易制度;宋代即设立了专管市舶的机构市舶司,市舶制度完善,推动了外贸的发展;元代广州的外贸仍是黄金时代;明至清初,虽然时有海禁,但广州大体保持开放格局。事实上,广州一直是中国古代的繁荣商都,是中外经济、技术、文化交流的主要基地。这种商业往来促进了广东饮食文化的发展,特别是市舶制度使外国商人可以居住在广州,影响了广东饮食结构和饮食习惯。

浓郁的商业氛围造就了一批广州商人,有官商、海商和"牙商"(也称"牙人",即最早的经纪人。他们拉线撮合买卖双方,收取佣金),他们走南闯北,促进了国内城市的发展,也促进了广东饮食文化的交流与繁荣以及饮食文化的社会化。以唐代为例,唐代广州的夜市和食肆不仅热闹也很吸引人。唐代的都城有夜禁制度,晚上都不开市,但广州则例外。唐诗人张籍《送郑尚书出镇南海》有句云:"蛮声喧夜市",此可证当时广州夜市已名播中原。唐中期以后,朝廷实行酒类专卖,但广州没有实行,所以广州酒多且价格便宜,时人嗜酒成风。酒铺有不少自酿米酒出售,形成一种风俗颇为有趣:酒酿好后,开坛盖前,从封坛的泥中钻一小孔,插入小竹筒,顾客可从竹筒中吸酒试味,称为"滴淋"。这也可见酒铺招客手法之新之巧。唐代广州的食肆已远近闻名,以"南食""南烹"之名见称于世,其时用料已很广泛,烹调技艺也有多种手法。明代的商业化也很发达,尤其是广州玉带濠一带成为富商们纸醉金迷之地。"香珠犀象如山,花鸟如海,番夷辐辏,日费数千方金。饮食之盛,歌舞之多,过于秦淮数倍。"南京秦淮河的繁盛天下闻名,而广州玉带濠竟"过于秦淮数倍",可知其盛。玉带濠畔不但酒馆妓馆众多、商铺云集,更有不少外省商人建造的会馆。如浙绍会馆、山陕会馆、湖广会馆、金陵会馆、四川会馆等,这些会馆在一定程度上搭建了广东饮食与内地饮食交融的桥梁,它们将内地饮食文化引入广东,也把广东的饮食文化带回了当地。广东商业的发展,不仅促进了广东城市的发展,而且使广东人淡薄了中原正统的"重农抑商"的价值观念,促进了广东生活品质的提高与娱乐形式的增加,重要的是促进了广东饮食文化的发展,为"食在广东"打下了深厚的文化基础。

2. 华侨文化

广东是我国华侨人数最多、分布地域最广的省区。我国华侨约3000万,其中

2/3 原籍广东。侨乡几乎遍布全省,比较集中的是粤中五邑(台山、开平、恩平、新会、鹤山)和广州、中山、东莞、深圳以及潮汕平原与兴梅地区。因此华侨不仅把世界各地的饮食文化带回到广东,同时也把广东饮食文化扩散到世界各地,这对广东饮食文化产生了深远的影响。

宋代占城稻、花生的传入,明代番薯、玉米、烟草、菠萝、南瓜、辣椒、甘蓝作物的传入,都直接或间接与华侨有关。万历十年(公元1582年)在安南(越南)经商的东莞人陈益将番薯带回家乡,"种播天南,佑粮食,人无阻饥";同时,还有高州人林怀兰亦"自外洋挟其种回国"种植。原产中南美洲的玉米,于明嘉靖、万历年间(公元1507—1620年)也由海商带回广东惠州始种,清初传遍全国。这两种作物后来成为全国重要粮食作物,形成了"地瓜一种,济通省人之半"和"红(番)薯半年粮"景观。一些蔬菜、水果及树种也通过华侨纷纷传入广东,乃至内地。如辣椒"大约明末清初由南美洲传入广东,辗转传入中原";木瓜原产墨西哥,明末清初传入广东;稀有热带乔木树,国内无此树种,约于清初由鹤山华侨从南洋带幼苗或种子回来,种于该县雅瑶镇,后推广至广东其他地区。又如"暹罗所出产的蔬菜,多数是广东潮州人"引入。此外,番茄、马铃薯、荷兰豆等也先后经广东引入。历史上华侨引进广东外来作物,可归纳如下(表1)。这不仅丰富了广东饮食文化景观,也促使广东人们的食物结构产生变化、社会文化生活质量得以提高。

表1 华侨引进广东部分作物一览表

名称	引种地	时代	资源来源
占城稻、花生	广东、福建等	宋	正德琼台志,卷7. 檀萃:滇海虞衡志,卷10.
番薯、玉米、烟草、菠萝、南瓜、木瓜、楠木等	广东、福建	明、清	道光琼州府志,卷5. 道光电白县志,卷20. 方以智:物理小识,卷9.
橡胶、咖啡、油棕、海岛棉、剑麻、爪哇蔗、金鸡纳、香茅、木薯、吕宋烟等	海南、广东	民国	饭本信之:南洋地理大系,2,1942年印.陈植:海南岛新志,正中书局,1949年.

3. 人口迁移

饮食文化的产生和发展离不开文化载体,即民族和人口。人口迁移中的移民一则造成文化传播,二则使不同地域文化发生交流和整合,形成新文化,推动文化向前发展,故移民在文化形成上占有很重要地位。而移民素质、源地、迁移时间、路线和分布，又影响到一个区域的文化特色。广东饮食文化是由生活在广东地区的各个民族共同创造的，但汉族的到来无疑在其中起了决定性的作用。

中国自进入文明社会以来，其境内的开发有迟有早，有快有慢，呈现出发展的不平衡。一般来说，南方的开发比北方的黄河流域要晚，而广东境内地旷人稀，又多密林深谷和水泽，加上五岭的阻隔，所以开发要迟一些。秦朝以前，广东境内居住的是南越族和南越族的先民。秦始皇统一岭南后，把许多"谪徙民"强制迁到岭南，"与越杂处"。这是广东历史上第一次民族大迁移。中原汉人开始进入到当时偏僻的南越族居住的地方。此后，中原汉人一次又一次南迁。中原的饮食文化由此传入广东，但同时为了适应岭南的气候和水土，南迁汉族在保留自身饮食特点的同时，吸收土著居民的饮食习惯，经过一个不断融合和变迁的过程，形成了今天独具特色的广东饮食文化。

汉族南迁与土著居民的汉化和居地收缩都是同步进行的。这些土著居民后来演变为瑶、畲、壮等少数民族，他们退居山区，保留着自己的饮食文化，成为多姿多彩的广东饮食文化的一个组成部分。南迁广东的汉人，由于他们的源地、入居时间早晚和分布地区环境的不同，大约在唐宋时期，渐渐分化、发展为广府、福佬和客家三个民系。其饮食文化在保持同质性的同时还存在较大的差异性，这成为广东饮食文化区划的基础。

改革开放以来广东省活跃的人口迁移，其主要动因是改革开放中广东省与国内其他地区以及省内珠江三角洲与其他地区之间经济的不平衡发展。在总迁移人口中，广东省内人口迁移量及省际迁入人口量分别占全国此两项迁移人口总量的10.97%和10.75%，均居第一位。广东省际迁入人口中有69.53%来自临近省区，主要为广西、湖南、海南、江西、福建、湖北等省区。大量的人口迁入，将迁移者当地的饮食文化引入广东，促进了广东饮食文化的多元化发展。

(三)文化群体

1.生产群体

饮食文化的产生和发展离不开生产者和消费者。就生产群体而言，从家庭生产者到商业生产者，都有效地推动着广东饮食文化的形成与发展。

家庭生产者主要表现在发达的家庭烹饪饮食文化。秦皇"发诸尝逋亡人、赘婿、贾人略取陆梁地……以适遣戍"。按古籍习惯的说法这批人约有50万，其中最多的是商人，这些经商者中有不少见识广博的食家，也不乏烹饪高手。后来一批入粤者较为特殊，是赵佗"求女无夫家者三万人，以为士卒衣补，秦皇帝可其万五千人"。当时的妇女都以善庖厨为贤良，这1.5万名女子，在后来的拓荒日子里组成家庭，以女性为主的家庭烹饪文化开始形成。唐代广东土著居民越人评定"好女"

的基本条件是善烹饪水产与善治水蛇、黄鳝。"岭南无问贫富之家,教女不以针缕织纺为功,但躬庖厨,勤刀机而已。善醯醢菹鲊者,得为大好女矣。斯岂遐裔之天性欤。"故俚民争婚聘者,相与语曰:"我女裁袍补袄,即灼然不会;若修治水蛇、黄鳝,则一条必胜一条矣(按:'俚民',系指越人后裔)。"这种标准促进了以女子为主的家庭烹饪的发展。家庭烹饪文化得以强化的重要原因是:"南方盛热,不宜男子,特宜妇女。"广东某些地区女子多于男子,性别比例失调。中国几千年以来都受儒家文化的影响,孟子提出"君子远庖厨",认为厨人宰杀猪羊鸡鱼是残忍的,作为君子就不要去看见厨房内的所为,这样儒家人的良心才有所安。在男权社会里,女性为了巩固自己的家庭地位,便千方百计地想方设法提高厨艺,促进了家庭烹饪文化的发达。

2. 消费群体

首先是广东人的消费心理。需要是个体行为的原始动力;消费需求则是市场发展的根本动力。衣、食、住、行是人类的主要消费需求。但衣、食的消费和住、行的消费是不对等的,前者属于日常消费,而后者则属于大宗消费。因此,衣和食的消费是人们日常生活中最主要的消费内容,不同地区和文化背景的人对衣和食的消费心理存在很大的差异。广东人普遍有"重食轻衣",或者说"重吃轻穿"的消费心理。广东居民在衣着方面的消费水平不到全国平均水平的一半,而食品的消费高于全国水平。这一消费心理在广州居民中表现得更加明显。广州有句俗话——"辛苦揾嚟自在食",意思是说辛苦赚钱,就是为了享受三餐。历年来广州居民在外饮食占消费性支出的平均比例大致为13.8%左右,这一比例在全国遥遥领先,是全国居民平均在外饮食消费的3~5倍。这充分体现了广东人"以吃为日常消费第一要义"的消费心理。

广东人的"重吃"心理既与自然环境和社会经济发展有关,也与"吃"本身对个体发展意涵的丰富性有关。由于广东地处边疆,历代王朝对其控制比较弱,受正统封建思想的影响较小,因而广东人具有轻政治重商业、轻集体重个人的地方性格。他们强调个人价值、追求个人享受,以拼命地工作、尽情地享受为生活宗旨。通常人们以"锦衣玉食"作为享受的一种标志,但广东冬短夏长的气候条件使人们对"锦衣"无特殊要求,而对"玉食"是情有独钟。

其次是广东人的自身特质。广东人具有开放性、兼容性、开拓性、灵活性、趋时性、享受性等特质,这些特质在饮食文化方面的表现就是"无所不吃"。凡各地常用的家养禽兽、水泽鱼虾,粤菜中无不尽用;而各地所不采食的蛇虫鼠蚁鲨螺鳖等,广东人则视为上肴,必欲将其油煎火炒、汤煮水蒸、调味烹食而后快。这种现象自古有之。南宋人周去非在《岭外代答》中说:"深广及溪峒人,不问鸟兽虫蛇,无不食之。"其中,最令外地人好奇而心里发憷的莫过于蛇。汉代淮南王刘安在《淮南子·精神训》中写道:"越人得髯蛇(蟒蛇)以为上肴,中国(中原)得而弃之无用。"早在公元1322年(元朝至治二年),意大利天主教士鄂多立克游广州后在其著作《东游录》中写道:"这里也有比世上任何地方更大的蛇,很多蛇被捉来当作美味食用。"经过逾千年的烹蛇经验总结,现存于广东食肆菜谱中的蛇馔已多达数十种,"菊花龙虎会""五彩炒蛇丝""烧凤肝蛇片""五蛇羹"等已成为粤菜中的精品。另外,古籍《南楚新闻》所记载的民间食青蛙的方法更是不可思议:"先于釜中置水,次下小芋烹之,候汤沸如鱼眼,即下其蛙,乃一一捧芋而熟,如此呼为'抱芋羹';又或先于汤内安笋笴,后投蛙,及进于筵上,皆执笋笴,瞪目张眼,而座客戏之曰:'卖灯心者';又云疥皮者最佳,掷于沸汤,即跃出,其皮自脱矣,皮既脱,乃可修馔……其味绝珍。""凡有筵会,斯为上味。"可见广东人有"无所不吃"的传统。

二、广东风味区域划分

粤菜以广府菜为代表,以广府菜、潮州菜(也叫潮汕菜)和客家菜(也叫东江菜)为主体。三个地方菜风味互相关联又各具特色,一起构成粤菜选料注重广博精细,口感讲究爽脆嫩滑,调味偏重清鲜香醇,以鲜为最高境界的风味特色。

(一)广府菜

广府菜涵盖的范围最广,包括顺德、中山、南海、清远、韶关、湛江等地的菜肴风味。广府菜的筵席菜品讲究规格和配套,一台正规的喜庆筵席由冷盘、热荤、汤菜、大菜、单尾(主食)、甜菜、点心、水果等组成,主要菜品以八道或九道为多。筵席特别讲究上菜的顺序,现代高档筵席开始趋向于按每位上菜的分餐制。

(二)潮州菜

潮州菜(亦可称"潮菜")发源于潮汕平原,覆盖潮州、汕头、潮阳、普宁、揭阳、饶平、南澳、惠来以及海丰、陆丰等地,还包括所有讲潮汕话的地方。潮菜的主要烹调方法有焖、炖、烙(煎)、炸、炊(蒸)、炒、泡、焗、扣、清、淋、焯、烧、卤等十几种,其中焖、炖及卤水的制品与众不同。潮州菜的汤菜功夫独到,菜肴口味清醇,烹调中注重保持原料鲜味,偏重香、鲜、甜。此外,潮菜烹调特色还可用"三多"来表达:"一多"是烹制海鲜品种多,以烹制海鲜见长;"二多"是素菜品种多,潮菜烹制素菜的特色是"素菜荤做","见荤不见肉",运用"有味使其出,无味使之入"的方法,使素菜美味甘香芳醇,素和荤达到完美结合,令人百尝不厌;"三多"是甜菜品种多。

潮菜的筵席值得一提,各种喜宴都喜欢点十二道菜,其中包括甜、咸点心各一款,而且有两道甜菜,一道作头甜,一道押席尾,叫尾甜。头道是清甜,尾菜是浓甜,寓意是生活越过越甜蜜。筵席一般有两道汤或羹菜,席间还要穿插潮汕功夫茶,这既体现潮菜地方色彩,又符合人们的饮食规律,还能使筵席变得有韵律和节奏。潮菜筵席在菜肴上齐后还要送小菜和白粥作为压酒。小菜多是潮汕咸菜、橄榄菜、贡菜及鱼露菜等。潮菜筵席的酱碟佐食也是潮菜的突出特色。酱碟是潮菜品尝的主要助味品,能形成特殊风味或补充烹调过程中调味的不足。潮菜酱碟的搭配比较讲究,如"明炉烧响螺"要配上梅膏酱和芥末酱,"生炊膏蟹"必配上姜末浙醋,"卤鹅肉"要配蒜泥醋,牛肉丸、猪肉丸要配上红辣椒酱,烧雁鹅配梅膏酱,等等。

潮菜的扩散和发展的关键节点是香港。香港作为一个国际自由港,既是一个高端消费平台,又是一个东西方文化的大熔炉。潮商在香港的崛起,商业活动的需要和富足起来后对美食的追求促进了潮菜的创新、融合及高端化与精美化,并由此推向国际市场。由此潮菜还可分为潮汕本土帮、香港帮和泰国帮三大流派。潮汕本土帮的潮菜历史悠久、根深叶茂,堪称正宗。香港帮潮菜又称港式潮菜或新派潮菜,最大特点是专走高档路线,在用料上采办世界各地的高档物产,在烹调技术上融合了中西各种技法,注重形状、色彩和营养,在经营上则采用品牌连锁经营,如港商马介璋先生创立的"嘉宁娜"("自家人"的潮汕话谐音)连锁潮州菜楼。泰国帮潮菜也称南洋潮菜,分布于泰国、新加坡、马来西亚等海外潮州人较集中的地方。这个流派的潮菜往往将传统的口味与异国风味糅合在一起。

(三)客家菜

客家菜又称东江菜。客家菜按地域分为两个流派,即东江派和兴梅派。东江派包括惠阳、河源、紫金、龙川地区,兴梅派主要处于梅州地区。东江派受广州菜的风味影响较大,品种变化较为多样,菜肴讲究鲜爽,口味偏甜,注重"锅气"。兴梅派保留大部分中原饮食文化风格,主咸重油,汁浓芡亮,酥烂入味,乡土风味突出。客家菜的特点是菜品主料突出、朴实大方,善烹畜禽肉料,口味上偏于浓郁,重油、主咸、偏香,砂锅菜很出名,具有浓厚的乡土气息。

三、广东风味特点

(一)滋味丰富、鲜味突出

粤菜最突出的一个特点是滋味求鲜。中国饮食中有一句家喻户晓的俗语,叫作"民以食为天,食以味为先"。这句话到了广东加了一句:"味以鲜为先"。广东人的饮食追求味鲜,以菜品有鲜味为最高的境界。借助提鲜、保鲜、增鲜、助鲜、借鲜等一系列工艺方法,令具有清鲜、鲜爽、鲜嫩、鲜甜、咸鲜、浓鲜、鲜香等特色的菜品比比皆是,可以说,粤菜简直就是一个鲜味的世界。菜品追求鲜味,首先,味鲜的菜品必定来源于新鲜的、无变质的原料。其次,习惯清鲜口味的饮食,其盐量的摄入,与世界卫生组织提倡的日摄入盐量标准基本一致。

(二)选料广博、奇杂精细

广东地区地形复杂,气候炎热多雨,十分适合动植物的生长,物产相当丰富,很早就有"十大海鲜"之说。而且广东又是我国对外贸易的"南大门",引进国外的原料非常方便,这就为粤菜广博选择原料创造了良好的条件。可选原料多,自然也就精细。粤菜讲究原料的季节性,"不时不吃"。吃鱼,有"春鳊、秋鲤、夏三黎、隆冬鲈"的说法;吃蛇,则是"秋风起,三蛇肥,此时食蛇好福气";吃虾,是"清明虾,最肥美";吃蔬菜要挑"时菜","时菜"是指合季节的蔬菜,菜心有"北风起,菜心甜"之说,笋有"四季笋"之分,菜胆有"四季菜胆"之别,等等。选料除了选出自最佳肥美期的原料,还特别注意选择原料的最佳部位。

广东自古有杂食的习惯。考古发现,广东先民的食料,非常广泛。阳春独石仔遗址考古表明,当时先民的食料就有犀牛、巨貘、黑熊、云豹、水牛、水鹿、水獭、豪猪、小灵猫、金猫、麝香猫、果子狸、鼠、猕猴、田螺、蚌、蚬等。在新石器后期的众多遗址中,除找到了各种家畜的遗骨外,还有大量鱼、鳖、蚌、蛤、螺、蚝和蛇的骨或壳。这就说明,杂食是广东人的传统习惯。两千多年前西汉人写的《淮南子》一书中有"越人得髯蛇(蟒蛇)以为上肴,中国(中原)得而弃之无用"的记载。直至现在,蛇馔仍然是上等美食。禾虫菜肴清代就已经盛行,而且当时就因禾虫"人多嗜之",广东地方政府竟肆意巧立名目,对禾虫课以重税。对于飞禽,广东人有这样一说:"宁食天上四两,不吃地下半斤(旧制以16两为一斤)",其喜好程度可见一斑。广东人好吃狗肉,尤其在冬季,狗肉被视为滋补佳品。广东的厨师用广东土产三件宝——陈皮、老姜、禾秆草烹制狗肉,其香无比。在广东,狗肉称为香肉。"狗肉滚三滚,神仙企唔稳(站不稳)",既是对狗肉香气的生动描述,也是广东人为狗肉滋味香气所陶醉的心态写照。可能有不少外地美食家已经无法抗拒广东狗肉的诱惑,然而,让他们面对美味的猫肉可能仍然是听而生畏的,更不要说鼠肉、龙虱、蜂蛹、蚯蚓了。而在广东人眼里,它们也是难得的美食。目前,广东大力加强保护野生动物、保护生态环境的教育,厨师与食客正在逐步纠正对野味的过分追求。

(三)技艺本土、兼收并蓄

自"汉越融合"开始,粤菜在融合了中原烹调技术后,形成了兼收并蓄的开放观念。西餐进入广东,又给粤菜带来新的启示。粤菜广泛吸收中外的烹调技艺精华,结合自己的物产、气候特点和习俗,形成了完整的烹调技术体系和烹调特色。

如由北方的"爆法"演进而成的"油泡法";由整形烹制的"扒"改进为分开烹制再分层次上盘的"扒",扩大了用料的范围;将一般的"余法"发展为规范的汤品余法;把炒法细分为五种;引进西餐的烤法、吉列炸法,以及猪扒、牛扒的制作方法,改造为独有的烹调方法和名菜;借鉴西餐的 Sauce(即调味汁)的做法,创新出粤菜的酱汁调味法,等等,充分显示了粤菜的融合性。

(四)五滋六味、浓淡得宜

五滋就是甘、酥、软、肥、浓,六味就是酸、甜、苦、辣、咸、鲜。通过五滋六味的优选组合,形成了粤菜变化无穷的优美滋味。粤菜向来注意根据原料的性味特征施以适合的调料和味型。例如:用姜蓉佐白切鸡;以酱、白糖烧乳猪;放豆豉烹凉瓜辣椒;配辣椒丝生抽蘸白焯虾等,都使滋味妙不可言。粤菜的味型不算最多,但是各种味型的特征非常鲜明,不易混淆。例如茄果味浓的果汁味、大甜大酸的糖醋味、滋味浓郁带肉香的西汁味、有阵阵柠檬清香的柠汁味、橙香四溢的橙汁味、带有大料香味和豉香的煎封味、酸甜微辣的姜芽味,等等。尽管这些味型都以酸为基础味,但是要区分它们,一点也不困难。酱汁就是复合调味品。酱是浓的稠的调味品,而汁则是稀的呈液状的调味品。这些复合调味品最初是由厨师们运用现成的单味调味品自行调制而成,并成为具有竞争力的调味特色。粤菜使用酱汁的做法现已辐射到全国各地,被广泛仿效。调味品厂也陆续地将成熟的复合调味品开发成自己的产品,满足市场的需要。

(五)注重口感,清、鲜、爽、嫩、滑

粤菜的"清",有味道清淡、清鲜,口感清爽不腻的含义。"清"绝非清寡如水、淡而无味,而是清中求鲜、淡中求美,追求食物中特有的原汁原味。

粤菜的"鲜"讲究的是鲜而不俗,自然的鲜。对鲜味的追求是粤菜最突出、最典型的特征,甚至可以这样说,没有哪一个地方对鲜味的喜好如此普遍,对鲜味的理解如此深刻,对鲜味的保护如此小心,对鲜味的追求如此痴迷,对鲜味的创造如此成功。在工艺上,粤菜愿为保鲜、提鲜、增鲜、补鲜、助鲜付出任何代价。因为粤菜把鲜味视为菜品滋味的灵魂,把菜品的鲜味创造视为烹调技艺的最高境界,把尝鲜作为食物品味的最美享受。

粤菜对"爽"的理解有清爽、脆嫩、爽甜、爽滑、弹牙的区别。"嫩",是菜品质感细腻、口感细软的表现,是烂而不柴、软而不糯。"滑"就是柔滑、软滑、爽滑,是一种不粗糙、不扎口的口感。这些都是美妙的滋味感。粤菜滋味清鲜,实际上是对菜品质量提出了极高的要求,制作味道清鲜的菜品要比制作味道浓重麻辣的菜品难得多。因为清鲜犹如和煦的春风,没有强烈的刺激,人们可以自由地、细致地品味。

粤菜滋味清鲜,促进了调味技巧的探讨,促进了烹调技艺的研究,是促进粤菜发展的一个重要标准。

(六)药食同源、注重养生

岭南地区地处五岭之南,瘴疠时起,条件非常艰苦。粤人为了在恶劣的条件下生存,很早就学会了通过日常的饮食调节体内平衡,以抵抗疾病的入侵,这与中国传统的中医理论不谋而合。在传统中医中"食"与"药"并没有明确界限。在广东菜中,有大量的药材进入了饮食原料的行列,并根据不同的季节与不同用法对菜式进行分类,如夏暑秋燥季节,用莲子炖猪肚,功效是健脾益胃、补虚益气;而芡实莲子糯米粥,除了除湿清心、补中养神、益胃健脾、止泻固精外,还有壮阳、补肾、滋阴等功效。内容丰富、不一而足的养生菜品,构成了广东菜的又一个鲜明特点。

(七)服务周到、有口皆碑

广东的饮食素来重服务,讲礼仪。在 20 世纪 80 年代,粤菜能够风靡全国,除了粤菜菜品吸引人外,粤菜的服务方式与服务态度也是赢得消费者喜爱的重要原因。

广东饮食以良好的服务观念、优良的服务态度、出色的服务技能、灵活的服务应变能力、敏锐的服务眼力、热情周到的服务表现和个性化的服务方式在全国餐饮业中有口皆碑。20 世纪 80 年代,广州酒家以"诚暖顾客心"为服务宗旨,激发了服务人员的服务热情,赢得了消费者的信赖,使广州酒家逐步登上了广东餐饮业的龙头宝座。广州酒家的"诚"是广东饮食服务的最好注解,这个"诚"字既含有诚心诚意、热情周到之意,还包含诚信诚实之意,在服务价值中增加了信用价值。

四、广东名菜名点

(一)地方名菜

较早成名的广州名菜有红烧大群翅、红烧网鲍、脆皮乳猪、龙虎斗、八宝冬瓜盅、蒜子瑶柱脯、虾子扒婆参、香滑鲈鱼球、清汤鱼肚、姜蓉白切鸡、白云猪手、白焯海虾、五彩炒蛇丝、大良炒牛奶、脆皮烧鹅等。潮汕味十足的名菜有明炉烧响螺、潮州豆酱鸡、冷脆烧雁鹅、潮汕卤鹅、佛手排骨、酥香果肉、云腿护国菜、香滑芋泥等,还有护国素菜、厚菇芥菜、玻璃白菜、八宝素菜、烩凉瓜羹等,以及金瓜芋泥、羔烧白果、返沙香芋、羔烧姜薯、满地黄金、炖鱼翅骨、绉纱莲蓉、芝麻鱼脑、鲜莲乌石、玻璃肉饭等。客家风味招牌菜有盐焗系列菜式,盐焗凤爪、盐焗虾、盐焗狗肉、盐焗甲鱼等,还有东江盐焗鸡、东江扁米酥鸡、爽口牛丸、玫瑰焗双鸽、东江酿豆腐、东江爽口扣、糟汁牛双肶、东江炸春卷等。

1. 红烧大群翅

红烧大群翅是高级宴席中的高级菜肴,这道菜一是美味可口,二是选用质地上乘的裙翅,由大量的各种肉类煮出的汤汁煨制而成。30年代,大三元家号称"翅王"的吴銮主制的这种菜式,以其在烹饪方法上的独到之处,烹制出韧中带脆、汤清味鲜、浓而不腻的这种翅中上品,深受食客的欢迎。

2. 烤乳猪

烤乳猪因曾获国家商业部产品评比"金鼎奖"而得名,是宴席上的名贵佳肴。烤乳猪的技艺已有1400多年历史,乳猪色泽金黄,芝麻般的气泡均匀密布,入口则化。以大同酒家的金牌烤乳猪最为有名。烤乳猪居广东名菜之首,该菜以重5千克左右的乳猪为原料,宰杀煺毛后,将小猪的内腔和外皮涂以酒、油及适量的饴糖、浙醋、南乳、酱料和五香粉等,然后用明炉炙烤。烤好的乳猪,全身光滑,色泽深红,皮脆肉香,鲜美异常。

3. 龙虎斗

龙虎斗是一道有名的粤菜。龙虎斗这道菜肴的来由有一个故事,相传在清朝同治年间,有个名叫江孔殷的人,做了多年京官,晚年才辞官回归原籍广东韶关。他在京期间,曾出入于皇宫,吃过各种名菜佳肴,对烹调技术极有兴趣。他还常常亲自动手,做了很多别有风味的好菜。

江孔殷回老家之后,他也没放弃这种爱好,吸取我国南方烹饪技艺的长处,借鉴前人的经验,研制出几十种广东名菜,成为众所公认的烹饪专家。有一年,他做七十大寿,准备做出拿手好菜来给亲戚好友尝尝。一般蛇菜,在广东已不足为奇。一天,他盯着蛇笼,望着笼里的几条蛇,正在苦苦思索。突然,从旁边扑上来一只家猫,对着蛇笼张牙舞爪,笼里的蛇也不示弱,昂头吐舌,奋起应战。这对仇人一在里一在外,互相对峙,隔着铁笼转来转去。江孔殷看得很有趣,不觉心里豁然开朗,连声说:"有了,有了。"生日那天,江家宾朋满座。客人入席以后,江孔殷端出了自己新研制的拿手好菜,客人们一看,原来是蛇肉拼猫淘,名叫"龙虎斗"。于是个个大为称奇,赞扬声不绝于耳。酒过数巡,一位客人意味深长地笑着对江孔殷说:"江兄,恕我直言。这龙虎相斗,龙胜于虎。依愚弟之见,何不请'凤'来相助呢?"这位客人的弦外之音,江孔殷当即省悟。猫肉不及蛇肉味鲜,如能加上鸡肉相配,才能锦上添花。江孔殷听取了客人的建议,经过精心烹制,终于制成了美味可口的"龙虎凤大烩"的"龙虎斗"。金龙盘缠,猛虎吼叫,凤凰展翅,再加上红红绿绿的佐料点缀其间,恰似一件活生生的艺术品,叫人惊叹不已。

4. 八宝冬瓜盅

这道菜的主角是产于夏季的冬瓜,取名为冬瓜是因为瓜熟之际,表面上有一层白粉状的东西，像是冬天所结的白霜，也是这个原因，冬瓜又称白瓜。冬瓜味甘、淡、性凉，具有润肺生津，化痰止渴，利尿消肿，清热祛暑，解毒排脓的功效。而八宝冬瓜盅中的八宝则是一些富含蛋白质的肉类和其他配料。此菜汽清色白，冬瓜肉鲜嫩柔软，味清香，是夏季时令汤菜。

5. 满汉全席

广州酒家于1987年隆重推出。满汉全席源于清代大型宴席，共有108款菜点，分为三天四餐供客人享用。菜式有咸有甜，有荤有素，从中尽可领略中国饮食文化的博大精深。此席在清政权入关后逐渐形成。

清入关以前，宴席非常简单，一般宴会，露天铺上兽皮，席地而餐。《满文老档》记："贝勒们设宴时，尚不设桌案，都席地而坐。"菜肴，一般是火锅配以炖肉，猪肉、牛羊肉加以兽肉。皇帝出席的国宴，也不过设十几桌、几十桌，也是牛、羊、猪、兽肉，用解食刀割肉为食。清刚入关时，饮食还不太讲究，但很快就在原来满族传统饮食方式的基础上，吸取了中原南菜（主要是苏杭菜）、北菜（山东菜）的特色，建立了较为丰富的宫廷饮食。据《大清会典》和《光禄寺则例》记，康熙以后，光禄寺承办的满席分六等：一等满席，每桌价银八两，一般用于帝、后死后的随筵。二等席，每桌价银七两二钱三分四厘，一般用于皇贵妃死后的随筵。三等席，每桌价银五两四钱四分，一般用于贵妃、妃和嫔死后的随筵。四等席，每桌价银四两四钱三分，主要用于元旦、万寿、冬至三大节贺筵宴，皇帝大婚、大军凯旋、公主和郡主成婚等各种筵宴及贵人死后的随筵等。五等席，每桌价银三两三钱三分，主要用于筵宴朝鲜进贡的正、副使臣，西藏达赖喇嘛和班禅的贡使，除夕赐下嫁外藩之公主及蒙古王公、台吉等的馔宴。六等席，每桌价银二两二钱六分，主要用于赐宴经筵讲书，衍圣公来朝，越南、琉球、暹罗、缅甸、苏禄、南掌等国来使。光禄寺承办的汉席，则分一、二、三等及上席、中席五类，主要用于临雍宴文武会试考官出闱宴，实录、会典等书开馆编纂日及告成日赐宴等。其中，主考和知、贡、举等官用一等席，每桌内馔鹅、鱼、鸡、鸭、猪等二十三碗，果食八碗，蒸食三碗，蔬食四碗。同考官、监试御史、提调官等用二等席，每桌内馔鱼、鸡、鸭、猪等二十碗，果食蔬食等均与一等席同。内帘、外帘、收掌四所及礼部、光禄寺、鸿胪寺、太医院等各执事官均用三等席，每桌内馔鱼、鸡、猪等十五碗，果食蔬食等与一等席同。文进士的恩荣宴、武进士的会武宴，主席大臣、读卷执事各官用上席，上席又分高、矮桌。高桌设宝装一座，用面二斤八两，宝装花一攒，内馔九碗，果食五盘，蒸食七盘，蔬菜四碟。矮桌陈设猪肉、羊肉各一方，鱼一尾。文武进士和鸣赞官等用中席，每桌陈设宝装一座，用面二斤，绢花三朵，其他与上席高桌同。

当初，宫廷内满汉席是分开的。康熙年间，曾三次举办过几千人参加的"千叟宴"，声势浩大，都是分满汉两次入宴。满汉全席其实并非源于宫廷，而是江南的官场菜。据李斗的《扬州画舫录》说:"上买卖街前后寺观,皆为大厨房,以备六司百官食次:第一份,头号五簋碗十件——燕窝鸡丝汤、海参烩猪筋、鲜蛏萝卜丝羹、海带猪肚丝羹、鲍鱼烩珍珠菜、淡菜虾子汤、鱼翅螃蟹羹、蘑菇煨鸡、辘轳锤、鱼肚煨火腿、鲨鱼皮鸡汁羹、血粉汤、一品级汤饭碗。第二份,二号五簋碗十件——鲫鱼舌烩熊掌、米糟猩唇、猪脑、假豹胎、蒸驼峰、梨片伴蒸果子狸、蒸鹿尾、野鸡片汤、风猪片子、风羊片子、兔脯奶房签、一品级汤饭碗。第三份,细白羹碗十件——猪肚、假江瑶、鸭舌羹、鸡笋粥、猪脑羹、芙蓉蛋、鹅肫掌羹、糟蒸鲥鱼、假斑鱼肝、西施乳、文思豆腐羹、甲鱼肉肉片子汤、茧儿羹、一品级汤饭碗。第四份,毛血盘二十件——炙、哈尔巴、小猪子、油炸猪羊肉、挂炉走油鸡、鹅、鸭、鸽、猪杂什、羊杂什、燎毛猪羊肉、白煮猪羊肉、白蒸小猪子、小羊子、鸡、鸭、鹅、白面饽饽卷子、什锦火烧、梅花包子。第五份,洋碟二十件,热吃劝酒二十味,小菜碟二十件,枯果十彻桌,鲜果十彻桌。所谓满汉席也。"

6.清汤鱼肚

此菜是饮食之乡顺德的一个著名汤品,称为"清汤鱼肚"。这汤用的是顺德所产的鱼肚,并非产自海洋鱼类,而是鳙、鲢或鲩的鱼鳔外层(内层称为"鱼白"),它为银白色,含丰富的胶质,用上汤烹制而成,其鱼肚晶莹软滑,汤清鲜美,营养丰富,对人体有滋补强壮、养血补气、养颜益精的作用,为中秋时节假日的家庭养生靓汤之一。

7.陶陶姜葱鸡

广州最古老的茶楼之一陶陶居的招牌名菜,陶陶姜葱鸡在白切鸡的基础上,把姜茸、葱丝铺上鸡面,溅以滚油,使姜葱的香辣气味渗透到鸡的表层,再用上好生抽、白糖、加适量上汤于锅中和匀煮沸,淋上鸡面,使之热气腾腾,姜葱油香溢散,它既具有保持鲜活肥鸡的原味,又有浓郁馨香的美味,冷菜热食,味道更胜一筹。

8.松子鱼

松子鱼是一款美味菜肴,主要原料有鱼、味精、胡椒等。松子鱼是著名粤菜,它是把名菜"松鼠鱼"加以革新而成,其特点是外形美观,高雅大方,酥脆甘香,微酸微甜,醒胃可口,是宴席常品,深受欧洲客人喜爱。松子鱼选用鲩鱼的脊肉做原料,特别松脆甘香,醒胃可口。

9.白云猪手

白云猪手是广州名菜之一。广州几乎每个酒楼都设有这道菜。其制作方法是将猪手洗净斩件,再放到流动的泉水中漂洗一天,捞起再用白醋、白糖、盐一同煮沸,待冷却后浸泡数小时,即可食用。食之外皮爽脆,肉肥不腻,带有酸甜味,醒胃可口,食而不厌,骨肉易离,是佐酒佳肴,颇有特色。因最初是用取自白云山的泉水漂洗,故名白云猪手。

10. 全蛇宴

广州的招牌名宴,采用粤菜的烹饪技艺,取蛇的眼、舌、脑、肝、皮、肉、骨及蛇鞭、蛇子宫,配以中药材,烹调出色,具有滋补强身、延年益寿之功效,为海内外食家所钟情。

11. 东江酿豆腐

东江酿豆腐久负盛名,是客家三大名菜之一。酿豆腐与酿苦瓜、酿茄子被称为"煎酿三宝"。但凡有宴席必有这道菜。"酿"是一个客家话动词,表示"植入馅料"的意思,"酿豆腐"即"有肉馅的豆腐"之意。是由猪肉、豆腐、草鱼、虾米等配以多种作料制成,含有丰富的蛋白质和氨基酸,本菜具有豆腐嫩滑,汤汁香浓的特点。这道菜适于冬季养生,补身养虚使用。

(二)广东地方风味名点

广式点心的特点是品种多样,款式新颖,造型美观广式点心种类有四季点心、席上点心、节日点心、旅行点心、午夜茶市小点、中西茶点、餐桌点心餐等。其代表品种有叉烧包、鲜虾饺、千层酥等。广式点心近百年来吸取了部分西点制作技术,再加以继承发展和精巧构思,创新品种比其他地区更具特色,名点有蛋黄角、猪仔角等。

1. 叉烧包

叉烧包是广东最具代表性的点心之一,是粤式早茶的"四大天王(虾饺、干蒸烧卖、叉烧包、蛋挞)"之一。以切成小块的叉烧,加入蚝油等调味成为馅料,外面以面皮包裹,放在蒸笼内蒸熟而成。叉烧包一般大小约为直径五公分左右,一笼通常为三或四个。好的叉烧包采用肥瘦适中的叉烧肉作馅,叉烧包蒸熟后软滑刚好,稍微裂开露出叉烧馅料,散发出阵阵叉烧的香味。好的叉烧包一定要"高身雀笼型,大肚收笃,爆口而仅微微露馅",而看叉烧包是不是自然爆口,就要看叉烧包身上面有没有"褶痕"。

叉烧包作为其中一种最常见和最受欢迎的饮茶点心,很受小孩子们欢迎,亦成为不少坊间传说的主角。一是叉烧包用的馅料来历不明。除了是卖剩的叉烧肉以外,还可能加入其他不明物料。最广为流传的是将叉烧包中的馅料换成人肉,这项传说后来还被拍成一部电影。二是蒸叉烧包时要洒上水以令包面平滑。以前的酒家没有喷水的水壶,点心工人会把水吞入口中,然后喷到叉烧包上。因此吃叉烧包时要把最表面一层皮剥去。

2. 鲜虾饺

鲜虾饺皮薄且白,半透明,软韧而爽,味鲜香醇,被外省同行称为三绝。因其形似弯梳,故又称弯梳饺。皮薄、爽软、色白、晶莹透亮,饺内馅料隐约可见;馅心鲜美,形态精致玲珑。因它选用刚从河里捕的鲜虾作馅,鲜美异常,为早茶食客钟爱。后来,传入广州市区各大茶楼、酒家被广为流传,经久不衰。

3. 千层酥

千层酥是烘焙类点心,因烤好后侧面可见许多分层而得名,口感酥酥脆脆、香浓甜美。

(三)广东小吃

广东小吃多来源于民间,大部分是流传下来的传统名食。广东的小吃和点心是有不同含义的,小吃专指那些在街边小店卖的米、面类食品,制作较简朴。点心是茶楼早茶的品种,特点是花式较多,造型精细。明末清初屈大均《广东新语》中记载广州人所食用的点心就有煎堆、粉果、粽子达数十种之多,大都被流传下来。广东小吃按制作方法有蒸、煎、煮、炸四种。分为六类:油品,即油炸小吃,以米、面和杂粮为原料,风味各异;糕品,以米、面为主,杂粮次之,都是蒸炊至熟的,可分为发酵和不发酵的两大类;粉、面食品,以米、面为原料,大都是煮熟而成的;粥品,名目繁多,其名大都以用料而定,也有以粥的风味特色命名的;甜品,指各种甜味小吃品种,不包括面点、糕团在内,用料除蛋、奶以外,多为植物的根、茎、梗、花、果、仁等为主;杂食,凡不属上述各类者皆是,因其用料很杂而得名,以价格低廉、风味多样而著称。

广东早茶非常出名,它已成为非常具有特色的地方文化。几个亲朋好友要一壶茶,买两样点心,边吃边聊。特别是广东的老年人,晨练过后,一顿早茶可以吃到九十点钟,然后顺路到街上转一转,买点儿菜,再慢慢地走回家。茶楼里的点心种类有的几十种,有的上百种。比如虾饺、咸粽子、鱼片粥、米粉以及各种各样的小菜,非常丰富。这些东西放在一个推车里,推到客人面前,由客人随意选择。外地人常常感到奇怪,每天那么忙碌的广东人,怎么舍得把早晨的大好时光消磨在茶楼上呢?其实,上茶楼也是一种社交活动,无论是会友聊天,还是谈生意,这种场合都会让人感到非常从容自在。早茶不仅是一种广东的风味小吃,同时也是一种广东文化。

第二节　广西地方风味

广西菜点文化是岭南饮食文化的重要组成部分,从古至今,在这一多民族聚居的地区,其食俗、食风、食事对整个西南地区产生了深远的影响。广西风味(又称"桂菜")是广西各民族人民饮食方式的传承和积累,以及与外来民族交汇融合的产物。广西风味既有中国烹饪的共性传统,又有鲜明的民族区域个性特征。

一、广西风味的形成

广西地方风味无论是食物的原料、地方名产与特产，还是菜品的风格与饮食特征，都深受该地区特定的地理、气候、物产、民族、食俗等因素的影响。

(一) 地理物产

广西壮族自治区位于中国南疆，自然地理环境独特，地形地貌丰富，水系密集。地跨云贵高原东南一隅，地势西北高、东南低，地形以丘陵山地为主，四周山岭绵延，中部岩溶丘陵、平原广布，地势自西北向东南倾斜，四周被弧形山脉所环绕，形成了四周高、中间低、海拔从800～2000米不等的广西盆地。盆地内平原少、山地多，地貌以山地、丘陵、平原为主，据统计，山地、丘陵面积占广西总面积的75.6%，平原只占14.6%，土地垦殖率为10.7%，素有"八山一水一分田"之称。喀斯特地貌充分发育的桂西北大石山区和桂西南山区，石多土少，以种植高产旱地粮食作物如玉米、番薯为主，桂西北山区百姓即以它们为主食。广西的河流冲积平原和溶蚀平原主要分布于各大、中河流沿岸，如柳州——来宾为中心的桂中盆地；分布在右江、郁江、浔江、南流江、钦江等河流沿岸的右江盆地、南宁盆地、郁江平原、浔江平原、南流江三角洲、钦江三角洲等冲积平原，地层深厚肥沃，是主要的耕作区，以水稻种植为主。

自然环境是塑造地方文化的重要因素。对于饮食文化而言，广西丰富的地形及其物产为广西饮食提供了多样的食材。以平原和丘陵地区常见的水稻为主，用米做成了各类食品，如五色糯米饭、糯米糍粑、粽子、年糕、粉利、米粉等，使人们的主食品种异常丰富。山区里的飞禽走兽、山珍野味，自然成为山区百姓的日常食材，如竹鼠成了壮族津津乐道的美食；而山鼠肉则是瑶族特有的佳肴。将加工处理烘干后的山鼠砍为小块，加酒、姜、白糖、蒜、盐等用油炒熟，香脆可口，嚼劲极足，成为招待贵客必用之物。河边、海边的美味河鲜、海鲜也很多；平地上的各式果蔬，如芥菜、包菜、生菜、苦麻菜、空心菜、大白菜、小白菜、菠菜、黄花菜、茄子、萝卜、冬瓜、水瓜、南瓜、丝瓜、黄瓜、饭豆、四季豆、绿豆、豆角、辣椒等，一年四季瓜果飘香，园圃冬夏常青，人们终年都可以吃到鲜嫩的蔬菜。肉类则有丰富的牛、羊、狗、蛇、鸡、鸭、鹅、鱼等。

(二) 气候口味

广西纬度低，北回归线横贯中部，南临海洋，北接大陆，属亚热带季风气候，主要特征是夏天时间长、气温高、降水多，冬天时间短、天气干暖。广西年平均气温高、年雨量大，全境年平均气温在 16 ℃ ~23 ℃之间，日均温≥10 ℃，持续日数 240 ~360 天，是中国热量丰富、雨量充沛的省区之一。受高温多雨的影响，广西人们饮食习惯和口味主要表现为以下两个特点：喜食酸，喝凉茶。

1. 喜食酸

广西湿润多雨的气候易使人体湿、气郁结，易流行腹泻、痢疾等疾病。为此，"去湿"成为广西人民传统的养生追求。广西少数民族居民发现食酸可以去湿排毒，同时天气炎热，吃酸可以开胃并刺激消化。酸味食品颇受广西壮、布依、侗、毛南等族人们的喜爱。南宋周去非在《岭外代答》卷六中生动地描述了"老鲊"的制作："南人以鱼为鲊，有十年不坏者。其法以盐面杂渍，盛之以瓮，瓮口周为水池，覆之以碗，封之以水，水耗则续。如是，故不透风。鲊数年生白花，似损坏者。凡亲戚赠遗，悉用酒鲊，唯以老鲊为至爱。"侗族不仅食不离酸，人情世故也不离酸，办婚事不离酸，亲戚送礼，一般是一坛米、一坛酒，外加一尾酸草鱼或是一只酸鸭，这是最体面的礼品。丧事也不离酸，老人逝世后，必须备一尾大的酸草鱼祭在灵前，叫作"陪头酸祭"，以悼念逝者辛勤的一生。

酸味食品不仅在少数民族地区受欢迎，就是在广西首府南宁的大街上，酸摊也随处可见。南宁四季炎热，容易影响食欲，南宁人把各种蔬菜、新鲜水果用白米醋加白糖或冰糖腌成酸品食用，俗称"酸嘢"，菠萝、杧果、木瓜、杨桃、番石榴、三华李等，南宁人均把它们制成"酸嘢"，有行人难过"酸嘢"摊之说。

2. 喝凉茶

广西高山丘陵，树木茂密，瘴疟、瘟瘀、疫疠均多发生，加之地湿水温，水质偏燥热，身体易聚火，燥热风寒感冒成为常发病。壮族人民十分注重未病先防，在长期的医疗实践及生活经验中，根据居住地的自然地理环境、文化风俗习性，总结出一些颇具特色且行之有效的预防疾病的方法，即以中草药为材料煎水服用，就是人们俗称的凉茶。壮族凉茶使用的草药多为就地取材，雷公根、车前草、金钱草、蒲公英、鱼腥草、白茅根，甚至甘蔗、马蹄均可入水煎煮，其汤即成为下火良方。饮用解暑去热的"凉茶"便成为广西人的一大嗜好。在大街上到处都可以看到卖凉茶的店铺，人们时不时地要喝上一杯凉茶，清热解毒、生津止渴。

除了喝凉茶，广西各族人民还擅长制作食疗药膳以调理身体。流行于三江、融水、都安、大化等地侗、壮、苗、瑶等族的羊瘪汤，就是其中代表。其做法以羊粉肠中的液汁为主料，过滤煮沸后配以煮熟后切碎的羊肠、羊肝、羊筋等原料，再加上新鲜的羊血合煮，加入作料（姜、葱、蒜、米酒等），其味甘凉鲜美，民间认为对胃炎、咽喉炎等有良好疗效。壮、瑶、苗等民族还流行喝生羊血以清热解毒。其做法是宰羊时，用盆接血，放入适量的食盐，边接边搅拌，使之不凝固，再将羊喉、肺洗净切碎炒脆，另烧一锅水，加入适量盐、葱、芫荽等，冷却至 30 ℃后，将上述配料拌匀分盛至若干碗里,再将冷却的开水分别冲入碗中搅拌约一分钟,待血结块即可食用,民间认为生羊血具有清凉解毒之功效。

(三)民族传统

广西是一个多民族聚居区,共有壮、汉、瑶、苗、侗、毛南、仫佬、水、回、京、仡佬、彝12个世居民族,不同的民族传统文化折射出不同的饮食礼仪和习俗,民族传统和地缘文化交互影响。

壮族平时进餐,一般都在火塘旁。火塘一般用铁三脚架架起,三角架下面烧柴火,白天煮饭,晚上烤火取暖。由于冬季潮湿干冷,生活在山区的居民就用火塘,既可做饭又可取暖。同时,火塘还是壮族等少数民族生活中非常重要的一部分,他们每年都要进行火塘祭祀,祈求家人安泰。在火塘旁吃饭,座位有严格的规定,家公、家婆坐正坐,左右两侧为儿子和女儿的座位,媳妇坐在公婆对面的下坐。除了座位有严格规定外,礼节也很重要,吃饭时,晚辈必须给长辈盛饭,接递饭碗时,必须用双手,递饭碗时,不能从别人面前递过去,必须绕到老人后侧,双手恭敬呈上。壮族认为鸡、鸭的肝、心营养丰富,尾部与胸脯肉多肥嫩,所以,吃鸡、鸭时,必须先挑肝心、胸脯、尾部孝敬给老人。侗族同样也有敬老习俗,凡杀鸡、鸭、鹅时,每次都把心肝、胸脯、尾翅三个地方的肉大块地砍下,煮熟后,专门夹给家中的老人吃。建国前,受到封建礼教观念的影响,男女有别,尊卑有序,很多少数民族的妇女不上桌吃饭,在厨房或火灶边吃饭。部分瑶族(如花蓝瑶)的媳妇不能与家翁共席进餐,有一部分瑶族(如盘瑶族)的媳妇虽能与家翁共席,但只能站着或者蹲着吃,不能坐着进餐。彝族进餐时,男女不同桌,特别是媳妇不能与公公和夫兄同桌。

(四)民族禁忌

民族禁忌对各民族吃什么,怎么吃也有特别的讲究,它影响着人们的饮食观念。瑶族中的盘瑶支系以盘瓠作为本民族的共同祖先,据史料记载盘瓠是一条神犬,"瑶人根骨,即龙犬出身,身高三尺,毛色斑黄,意异超群之也",作为祖先,自然不能食其肉,为此盘瑶禁食狗肉。另外,还有一些民间信仰上的禁忌,如大瑶山道公忌食牛肉,师公、道公忌食狗、猫、蛇肉。盘瑶不吃狗、乌鸦、鹰、龟、鳖肉。凡是儿女拜太阳、道公、社王为寄父者,逢朔望忌食肉类。隆林杨姓苗族忌吃动物的心脏,当人们相遇时,如果要辨别是否同族,便以是否吃鸡心为标志,东道主杀一只鸡招待,最后锅中的肉和汤都吃光,唯独鸡心尚存,大家便认为是同族同宗兄弟,分外亲热。春节时壮族要吃粽粑,一般不吃青菜,他们认为春节吃青菜来年田里就会长草,影响庄稼收成。罗城仫佬族吴姓宗族禁忌吃狗肉,传说吴姓祖先有一次在山岭割草,由于疲惫睡着了,突然暴发山火,眼看火要烧到身边,他随身的一条狗跑到水里浸湿全身,在他身边的草丛四周拼命滚压,反复多次,最终救了主人一命。为了感谢狗的救命之恩,吴姓人不食狗肉,并世代传承。诸如此类的禁忌还有很多,这都影响到了不同民族或族群对饮食的选择。

(五)外来文化

广西自古以来就保持着与外界的密切联系,经济、文化交流频繁。特别是进入现代社会后,随着人口的频繁流动以及人们生活水平的提高,各色菜系也在跨省跨区交流。广西首府南宁与外界的交往和交流最是频繁,据相关统计选取了南宁明秀路、大学路、北湖路三个区域,对三个路段餐馆的主营风味进行调查,制表如下:

南宁市明秀路、大学路、北湖路三路段餐馆主营风味统计表

	明秀路(共26家)		大学路(共22家)		北湖路(共19家)		各菜系餐馆占所有统计餐馆的比重
	数量	占该街餐馆比重	数量	占该街餐馆比重	数量	占该街餐馆比重	
粤菜	3	11.53%	4	18.18%	4	21.05%	16.41%
川菜	0	0	0	0	1	5.26%	1.49%
桂北菜	1	3.84%	1	4.5%	1	5.26%	4.47%
南宁菜	0	0	1	4.54%	0	0	1.49%
湘菜	0	0	0	0	2	10.52%	2.98%
粤菜、桂北菜	2	7.69%	0	0	0	0	2.98%
粤菜、客家菜	0	0	1	4.54%	0	0	1.49%
川菜、东北菜	0	0	1	4.54%	0	0	1.49%
川菜、浙江菜	0	0	1	4.54%	0	0	1.49%
川菜、江苏菜	0	0	1	4.54%	0	0	1.49%
川菜、粤菜	4	15.38%	1	4.54%	0	0	7.46%
其他	11	42.30%	6	27.27%	7	36.84%	35.82%
未知	5	19.23%	5	22.72%	5	21.05%	20.89%

表格中所列的"其他"是指没有明确风味特点的,是家常小炒、烧烤、火锅、海鲜之类的概括;"未知"是指无法得知其主营风味特点的。烧烤、海鲜等是南宁人

消夜的首选,普通家常菜和家常小炒适合大众口味,故而表中所列其他在南宁西乡塘区的明秀路、大学路、北湖路的餐馆中占的比重最大。除此之外,能明确其主营风味的餐馆当中,以经营粤菜的餐馆数量最多,为16.41%,在外来风味中首屈一指,由此可见粤菜在南宁的受欢迎程度。其主要原因是地缘上的便利,粤菜的发源地是广东,随着交通的发展和人口的迁移,粤菜也随之向周边地区扩散,广西与广东毗邻,地缘优势使其首当其冲。另外,两广人的饮食习惯相近,两广都是古代百越人的后裔,文化隔阂小,出于其心理上的偏爱和饮食习惯的趋同,粤菜在广西极易传播,也因此颇受广西人的喜爱。广东的瓦煲饭就是南宁、梧州等地的厨师从广东引进的小吃;白切鸡是著名的粤菜,但是白切鸡在广西的饮食中已经成为家常菜,平常百姓家都会常做这道菜肴。

二、广西风味特点

(一)独特原料奠定基础

广西有山区、丘陵、平原、盆地等地形,濒临大海,雨量充沛,物产丰盛,品种繁多,特色原料主要有:

桂林马蹄,即桂林荸荠,是广西著名的特产,在清朝作为贡品奉献给皇帝享用。其肉质雪白细滑、水分充足、清甜无渣、爽脆可口,个儿又圆又大,大者十来个就有500克。用桂林马蹄制作菜肴,用作配料居多,如马蹄鸡、马蹄黄鳝、马蹄鳅鱼等。用它制作的点心风味也较好,以马蹄制作的马蹄糕色泽艳丽、口感爽滑。

荔浦芋头,以荔浦县产的优良芋头而得名。荔浦芋头质地细腻,呈紫色槟榔花纹,成熟后有一种特殊的甜香味,在清代作为贡品,普通老百姓难尝其美味。近年来,荔浦芋头被大量种植,并销往全国各地。用荔浦芋头去皮切成厚片,油炸后夹在扣肉中间,配以各种调料蒸熟,便是荔芋扣肉,成菜色泽金黄、肉质酥烂、芋香细滑,是广西人逢年过节、朋友相会、娶媳嫁女的传统风味。在街边,将荔浦芋头用炭火烤熟或蒸熟,趁热剥去外皮食用,又松又香又粉,别有情趣。

桂林三宝,即桂林腐乳、桂林辣椒酱、桂林三花酒。桂林腐乳加工精细,从加工到成品需半年的时间,其色黄白,皮面呈胶状透明,质地细腻,有一种特殊的鲜味,闻之有异香,佐餐能促进食欲,1983年被评为国家优质食品。在许多广西名菜制作过程中,都少不了用桂林腐乳作为调味品。桂林辣椒酱,味鲜而稍辣,食后能刺激食欲,是制作菜肴和蘸料的优质酱料。桂林三花酒,早在宋代就已盛名,它澄清透明、芳香诱人、浓烈醇厚,是制作菜肴时去腥增香的调味品。

腌酸菜是广西的一类特色原料,酸味制品的原料不光有泡菜,还有酸姜、酸笋、酸黄瓜、酸萝卜、酸菜头、酸蒜苗、酸葱头、酸芋头等。制作方法是,腌制时先制浆水,加盐煮沸,再下原料略煮,装入泡菜坛中,拌入酒精、芝麻等,有时还加入辣椒、黄豆粉等原料,密封腌制。在制作菜肴时,使用腌酸菜,菜品具有特殊风味。尤其是侗族的侗家盛宴,碗碗见酸,最有代表性的是"侗寨酸鱼席"。

柳叶菜薹,一般菜薹的叶子是圆叶或圆弧形的,而广西的柳叶菜薹的叶片呈细条窄尖如柳叶形,色泽翠绿、质地脆嫩、口味芳香,无论是作主料,还是配料、点缀料,都能体现其色泽、香味、形状的特色。

桂林米粉是将质地较好的大米磨成粉浆,煮成半生的团粉,经搓揉压榨成圆形米粉,再经煮熟,放入清水漂至水清,即成色泽洁白、细嫩、软滑、爽口的米粉。食用桂林米粉时,一般要加入特制的卤水及其他配料。所制的卤水及配料不同,米粉的风味也不同,如生菜米粉、牛腩米粉、三鲜米粉、原肠米粉、卤菜米粉、酸辣米粉、马肉米粉等品种。

沙田柚是闻名国内外的广西特产,一般每只重 2000 克左右。其果皮呈橙黄色,外皮内有厚瓤一层,软白如棉,能存放几个月不变质,是一种"皇帝喜欢吃的水果"。它脆嫩香甜、蜜味可口,"甜脆消渣,独此一家",种植沙田柚的广西沙田为"柚子之乡"。柚子可做成美味可口的甜菜,柚皮经过炭火烘烤,再用清水浸泡、刮净、切块,可配肉类及调味品烹调,成为家常菜,味道鲜美。

(二)少数民族特色丰富

广西世居有 12 个民族,其中壮族有 1200 多万人,是全国少数民族中人口最多的民族。由于历代民族间和睦共处和友好往来,各地区和各民族的多种习俗交流和相互融汇,使广西风味带有较浓厚的乡土风味和民族特色。

历史上广西菜尽管受汉族食风的影响深刻,尤其是对粤菜、川菜等有较多的借鉴,但在原料的选用、烹饪技法的变化、风味的演进等方面,其本土民族的饮食个性依然非常鲜明。在菜肴中有使用蛤蚧、山瑞裙、果子狸、鹰嘴龟、海参、鲍鱼、鱼翅、鱼肚、对虾、大蚝、带子等较高档原料做成的山珍海味,但更多的是使用当地普通物产和特色原料制成的物美价廉的大众菜。如壮家粉蒸肉、侗乡竹肉串、瑶山泥巴鸡、苗家竹板鱼、毛南烤香猪、京族花蜇皮等。在全国性的各种比赛中也不乏广西乡土风味的获奖作品,如蛤蚧炖全鸡、蝴蝶仙子、荔浦蜂巢虾、芝麻马蹄卷、柚子扣等。

侗族人特别喜欢吃酸味、辣味菜肴,有"无菜不辣、无菜不酸"的说法,带有酸的菜肴占半数以上,如侗族的烤稻花鲤、草鱼羹、酸小虾、酸螃蟹等风味名菜。壮族菜肴的烹调方法以白切、水煮为多见,其菜式中的白切鸭、白切鹅、白切狗、白切香猪、团结肉特别受欢迎。此外对狗肉情有独钟,狗肉菜肴非常丰富,制法也有独到之法,连狗蹄、肠、血也能入馔,特色菜肴如五香煎乳狗、挂炉乳狗、双冬狗扣、白切狗肉、红焖狗蹄、炒狗杂等,狗肉菜肴中以狗肉全席为最高档次,反映了制作狗肉的高超烹调技艺,有俗语"狗肉滚三滚,神仙站不稳"之说。苗族人家家都有腌制酸食的坛子,蔬菜、水产、禽畜类等都被腌成酸味,可放置几个月,乃至几年不变质的酸味。到了蔬菜淡季,苗族人就食用当家酸菜,即青菜酸菜、辣子酸菜、萝卜酸菜、豆荚酸菜、蒜苗酸菜。瑶族每年入冬后至次年立春前腌菜,一般加入调味品腌30天即可食用。鱼、鸡、鸭、鸟等是瑶族人经常腌制并且口味极好的菜肴。

少数民族还有特色的腌、熏、腊、干等制品,如贵港莲藕、博白蕹菜、百色八度笋、信都三黄鸡、得堡麻鸭、环江菜牛、巴马香猪、廉州鱿鱼、北部湾的鲜蚝、对虾及青蟹;佐料有桂林腐乳、南宁黄皮酱、玉林大蒜头、田阳古眉酱、百色香叶、隆林辣椒骨、东兴鱼露、天等酸辣椒等;乡土风味个性突出,鲜、香、辣、酸的口味与脆、嫩、清、爽的口感形成典型风格;蒸、炖、扣、酿、焖、炒、炸、烤等烹调技法随地域民族变化异常明显。

(三)精选原料保证特色

广西山清水秀,风景如画,盛产特色烹饪原料,在特色原料的使用上,广西人还非常讲究原料的季节性、鲜活性、养生性和老嫩差异性。

1. 原料的季节性

多数烹饪原料都有季节性,如荔浦芋头在秋冬季节口感较好,若在春夏两季,用它制作菜肴时,口感则不佳,且价格也较高。桂北地区的银杏以秋天刚采摘的味道较好,陈年银杏则味差,色次、质感粗老。

生煎竹蛆是广西独具特色的一道美味佳肴,选择竹蛆也有季节性。竹蛆是生长在野生竹节中的一种甲虫状的蛹体,色白、长约3.5厘米、粗如筷子,只有在每年的九至十月最为肥美,营养最丰富,口味最佳,过了这时节,就变为黑蜂破竹而飞,提前摘取味也不佳,营养也差。

沙田柚肉质鲜美,其皮也能做菜,制作酿柚皮菜肴时,应选择秋季刚上市的柚子,此时所含水分多、味道佳。其制作方法是将柚皮取下,去掉外皮,切成三角形,将其中间劈开,酿入各式馅心,如三鲜馅、鲜肉馅、海鲜馅、什锦素馅等。肉末烧柚皮等菜肴对柚皮的要求也是如此。

柳州荷叶鸭采用市郊莲藕塘里夏季生长的鲜绿荷叶来包裹鸭子,如果用黄的或干的荷叶则会影响菜肴的质量,选择夏季鲜绿荷叶是保证菜肴荷香味浓的关键要素。

2. 原料的鲜活性

广西菜肴原料的鲜活性,可从近年来兴起的"四边"特色菜肴略见一斑。"一边"是指"塘边",即在城市周边开辟出许多鱼塘,每一处鱼塘分割成几个鱼池,各个鱼池中养的鱼类品种不同,食客根据各人的喜好,选择鱼塘进行垂钓,钓到鲜活乱蹦的鱼后,随即加工整治入锅烹调,再加几只冷菜和时鲜蔬菜,自得其乐。"二边"是指"路边",即在马路边放养的家禽,田地里生长的各式蔬菜瓜果,由客人自由选择,当场加工;同时也可提供体验采割蔬菜等项目。"三边"是"河边",即在江、河边停泊供食客餐饮的游船,在船边挂着网箱,养着鲜活的水产,客人在欣赏江、河及其两岸美景的同时,享用各色水产菜品,格外悠闲。"四边"是"果园边",即在果园边建起简易凉棚,客人进入果园选摘水果,采摘结束后到果园边的棚亭里享用果园养殖的家畜、家禽、时鲜蔬菜和水果。

3. 原料的养生性

即讲究烹饪原料对人体的滋补性,并运用一些药材制作药膳。如选鸡煨汤,必选老母鸡;选仔鸡补养身体,必选还未啼鸣的小雄鸡。在菜肴中加入天麻、人参、枸杞、田七、虫草、鹿茸等药材,烹制各种药膳,如天麻鲟鱼、鹿茸炖母鸡、田七乌鸡煲、人参鼋鱼、阿胶蒸鸭块、淮杞炖鹌鹑、蛤蚧桂圆鸡等。冬季用牛羊的心、肺、肠、肝、腰子、蹄筋以及腮肉、肚梁子、蹄筋等制成的"牛羊杂碎"等菜肴,对人体具有较好的补益作用。若是夏天食用则使人"上火",热上加热。田七炖鸡一菜历史悠久,据说在唐代就是壮族妇女产后食用的一种滋补品,以后逐渐演变为款待亲朋好友或最高宾客的菜肴。此菜鸡肉烂而不糜,用筷子一夹鸡骨即可分离,肉嫩、汤清、味鲜、甘美香醇,具有补血补气,滋补强身的功效。桂林名菜罗汉汽锅鸡,选用永福县特产罗汉果与鲜活的三黄鸡块用汽锅炖制而成,罗汉果要选用成熟的,可保证菜肴具有补脾暖胃、补肾填精、益气养血、添髓健身、清心润肺、凉血舒胃、止咳化痰、降低血压的功效。

4. 原料的老嫩差异性

即同一种原料不同季节、不同颜色、不同部位存在着质地的老嫩、风味好坏的差异性。如广西人比较喜欢吃狗肉,对狗肉的选择是"一黄二白三花四黑",黄狗肉质最好,狗龄在半年左右,其味最为脆香,其次是白狗、花狗,最差的是黑狗。南林名菜"邕城脆皮鸡",要达到菜肴色呈金黄,皮脆肉嫩,香脆爽口,滑嫩味鲜等效果,必须选用当地产的六个月的三黄鸡作为主料。柳州名菜香麻手撕鸡,也同样要选用鲜活肥嫩的三黄仔鸡来制作菜肴。

(四) 烹调技法别具一格

1. "火燎法"加工动物外皮

"火燎法"是广西原料加工上的一大特色。对长有细绒毛的动物表皮,广西人一般采用火燎的方法,可将细小的绒毛烧掉。火燎加工的火候是有讲究的,通常用汽油喷灯燎的速度最快,但质量最差;使用稻草或麦秸熏烤,风味最好,但速度较慢;用炭火燎,质量在前两者之间。对动物皮的短时间高温处理,可以去除原料异味,同时增加特有的香味。对家畜中的兔、狗、猫、羊等动物外皮通常要采用此法加工,如名菜灵川狗肉、砂姜焖地羊、铁锅焖兔肉、双味兔肉卷、马蹄猫肉等都要用到此法。

2.菜肴口味普遍稍带辣味

广西地势是西北高,东南低,四周多山地,素有"广西盆地"之称,中部和南部多平原,南部濒临北部湾,这里大部分地区没有冬季,气温稍高,湿度稍大。受地形、气候影响,再加上湘黔浓辣风味的影响,广西菜肴带有一定的辣味,但在辣的程度上比湘黔菜要低得多。广西特色调味制品——辣椒骨,选用鲜猪骨50%、干辣椒25%、生姜25%,分别舂烂后加入精盐、米酒,装入缸中密封,放置阴凉处半个月后开缸食用,既有辣椒的干香,又有猪骨头的鲜香,既可以作为佐饭的小菜,又可用辣椒骨调味制成各式汤菜、炒菜、煲菜、炖菜、焖菜、烩菜,为广西苗族人的最爱。此外广西的酸黄瓜、酸豆角、酸莲藕、酸木瓜、酸萝卜、酸姜等系列酸菜,通常都具有一定的辣味,用这些原料制作的菜肴,也就具有了一定的辣味。这种辣味不是巨辣,只是略带点儿辣味,增加风味,确定口味,是广西酸菜的重要特点。

3.菜肴色彩鲜明

广西菜讲究原料组配,菜肴色泽明快、鲜艳,很难见到色泽灰暗无光泽、产生厌食色彩的菜肴。如菠萝鸡片,以乳白色鸡片、黄色菠萝片、鲜红菱形辣椒片、翠绿菱形青椒片合炒于一盘,五彩斑斓、色彩艳丽。蒜茸蒸扇贝,扇贝表面放上白色粉丝,粉丝上放乳白色扇贝肉,最上面点缀红色辣椒粒和白色蒜蓉,入笼蒸制后浇上卤汁而成。酥皮荔芋虾,色彩鲜艳、造型美观、外酥脆里鲜香,用熟荔浦芋头泥包入海鲜馅心,外裹酥皮,装上凤尾虾,入油锅中炸制成熟,放在用碧绿的芦笋做成的"竹排"上,旁边用西点"小鹅"点缀,盘面图案完整,俨然一幅装盛美食的碧绿竹排,在河中向你驶来,送上美味佳肴。干煎金蚝,蚝的外壳既作为蚝肉的盛器,又作为点缀物,使人们在食用时体验到蚝的自然美。蚝壳放在盘中,蚝肉煎熟放回蚝壳内,壳尖的一端放红椒、姜粒、蒜蓉蘸料,盘中间放少许香菜,绿、红、白、橙色彩鲜明,赏心悦目。

4.烹调方法多种多样

广西还有迥异于传统的烹调方法,如用当地特产竹子作为盛器制作菜肴,通过加热蒸制后,菜品具有浓郁的竹香味,如竹板鸡、竹板鸭、竹板鱼。还有传统名菜纸包鸡,选用放养在山丘上、脚小肉纯、生长5~6个月的地道三黄鸡,取其肉经特制调味品腌渍,用玉扣纸包成荷包状,放入六成热的油锅中炸至呈金黄色,制品外脆内嫩,鲜香味浓,油而不腻,鸡肉嫩而不韧,味汁香溢,回味无穷。此外酒熏醉虾的方法也非常奇特,麻辣鲜香酸甜皆备,六味杂陈,它是在砂锅内放入半锅清水,烧沸后锅离火,倒入250克三花酒盖上盖,凉至90℃左右时,加入洗净的活河虾,再盖上盖,约20秒钟后,即可蘸特制味碟(由米葱泥、香菜泥、蒜泥、鲜红辣椒泥、胡椒粉、花椒、醋、白糖、精盐、麻油等调成)食用。

另外,牛肉丸(当地称为肉蛋)的加工尤其特殊。选用新鲜的牛肉,放在青石板上,用木槌长时间捶打成糊状,再放入容器中,加入多种调味品拌和成茸泥,挤成小核桃状入开水锅中养熟,然后通过炸、煮、烩等制成菜肴,牛肉丸韧性较大,质地爽脆,芳香诱人,口味鲜醇。

5. 干锅菜肴颇具特色

广西的干锅菜肴颇具特色。干锅菜肴品种多,味香趣浓。干锅是将烹制成熟后,见油不见汁的,带有微辣的特殊菜品,放入锅仔中,边加热,边炒制,趁热食用,讲究"一烫当三鲜"。特点是菜肴原料香味浓郁,质地细嫩,越吃越香,荤素搭配营养全面。其代表菜肴有灵川狗肉、干锅兔肉、干锅羊肉、干锅狗杂、干锅牛肉、干锅三鸟、干锅鸡、干锅凤翼、干锅鱼、干锅粉肠魔芋、干锅野兔、干锅乳猪、干锅乳羊、干锅鱼头、干锅鱼泡、干锅香菌、干锅牛尾、干锅田螺、干锅石鸡、干锅肥肠、干锅甲鱼等。干锅菜肴有时还要与其他原料同时食用,如食用灵川狗肉,将装有狗肉的锅仔置于桌上的炉火上,先用小铲不停地翻动,以防狗肉烧焦,至锅内狗肉渗油时,开始食用,至锅中狗肉还剩四分之一时,再放入事先制好的配料,即豆腐、酸菜放入锅中炒出香味,再放入桂林米粉一同炒制,烧沸后,食之味道极佳。其他干锅系列菜肴,锅的底部往往衬垫大白菜心、酸豆角、魔芋、芋头、土豆等蔬菜。

6. 菜点品种的变异性

广西菜品种的变异性表现在原料交叠组合、工艺更变、调味出新和品种多异等几方面。在原料使用方面,主、辅、调料的更迭交错和多向组合,在色、香、味、型、质上的适性调整、改变和提升,使品种变化无穷。如最为广泛的粉、粥、糕食,通过丰富的主、辅、调料的配制,能变换出百种千样的饮食品种。其中,粉就有南宁老友粉、桂林米粉、柳州螺蛳粉、壮乡生榨粉、玉林牛巴粉、北海海鲜粉等120多种。米粽、粥食、糕点、糍粑等衍变品种也很丰富,仅南宁地区的粽子就有近80种之多;市面流行的粥食有近200种,仅南宁市的鱼粥就有20多种。又如鸡可以制成白切鸡、油鸡、烧鸡、醉鸡、纸包鸡等近百个"鸡菜";普通鸭子也可制成几十个风格迥异的"鸭菜";鱼、牛、狗等可分别做成"全鱼席""全牛席"和"全狗席"等。在工艺方面,广西菜是做有章法、变无规矩,虽然保持传统的技法,但炒、蒸、炖、焖、炸、烤、扣、酿等做法极具地方个性,尤其是在加工、调味、熟制、造型、配色、装饰工艺方面千变万化。广西菜的变异性体现在一个"异"字,主要指有与众不同的怪异之意,常表现在用料、口味、色彩、外形包装、食俗等方面与其他地区有很大的差异性。特别是饮食中融入许多少数民族的礼仪、禁忌、迷信和风俗的厚重色彩。

三、广西风味区域划分

广西风味的形成,得益于岭南文化和民族文化的深厚底蕴以及外来饮食文化的补益交合,在保持地方特色的基础上集各方之长,加上改革开放20多年来的积极移植、改良和创新,逐步奠定了广西菜鲜、香、辣、酸的主体口味格局,形成了极富地域与民族特色的桂北风味、桂西风味、桂东南风味、海滨风味和少数民族风味等五种地方风味。

桂北风味以桂林、柳州等地区为代表,其特色是口味醇厚、色泽浓重,喜炖、扣,善炒、炸,嗜辛、辣;桂西风味善用各种香料调香,口味嗜酸带辣,尤长于以蔬、菽、菌、耳和山野珍味入菜;桂东南风味以南宁、梧州、玉林等地区为代表,口味属复合型,讲究鲜、香、嫩、爽、滑,暑天求清淡、冬日重浓郁,用料多样化,技法有较重的粤菜痕迹,但突出当地禽畜、蔬果等物产特色;滨海风味以北海市和钦州、防城地区为代表,其特色是讲究调味,口味鲜中带咸,注重自然配色,擅长制作海产及河鲜等;广西少数民族风味中壮族朴真、侗族尚酸、瑶族和苗族偏辣、京族善海味的特色极为突出,其中壮族菜最为突出,多以当地土特产为原料制菜,烹法传统,善于从平常物料中推陈出新,微酸辣、重鲜香、简朴实惠、乡土气息浓厚的民族风格对广西菜的饮食风格影响最深。

四、广西名菜名点

(一)风味名菜

广西地处海滨,河道纵横,用生猛海鲜、河鲜制作的名菜层出不穷,有西施围洲参、乌龙梅花参、游龙卷凤胎、钦州焗花蟹、鲍鱼扣鳖裙、紫萝拌海蜇、地豆入沙龙、全州黄焖禾花鱼、苗家竹板鱼、邕州鱼角、梧州煎嘉鱼、桂南扣鱼糕、玉林鱼面条、桂北山沟鱼、清蒸漓江鱼、防城酿白螺、侗家酸鱼、三鲜凤尾虾、百色通灵油鱼、阳朔田螺酿等。

用家禽制作的名菜有梧州纸包鸡、邕城醉子鸡、龙城螺蛳鸡、柚皮麒麟鸡、田阳芒果鸡、德胜红兰鸡、桂林荷叶鸭、邕州琵琶鸭、容山白切鸭、白果炖老鸭、玉州扒鸭、靖西腊鸭、桂平传统烧鸭、荔蓉锅烧鸭、陆川白切鹅等。用家畜制作的名菜有吴圩牛杂、罗城牛肉巴、葱油牛脊髓、玉林牛巴、玉林牛丸子、壮乡粉蒸骨、巴马烤香猪、环江腊香猪、陆川白切猪脚、玉州大红扣、荔浦香芋扣、侗乡竹串肉、金秀猪棒、毛南香猪饼、京族猪嘴舌、马山清水羊、百色全羊汤、灵川香炖狗、宾阳白切狗、桂西脆皮狗、漓江火焰狗等。用野味山货制作的名菜有沙焗海狗鱼、脆皮鸽、田林水鸭、双冬烧竹鼠、田七蛤蚧炖草龟等。用蔬果制作的名菜有岑溪豆腐酿、百花柚皮卷、软煎南瓜花、百色芒果烩、碧绿凉瓜羹、白州炒蕹菜等。

1. 钦州焗花蟹

花蟹红色的硬壳和深色的花纹组成一幅幅年画,作为红红火火的代言人,花蟹是人们最喜爱的海蟹。因为色彩艳丽、背壳上的花纹清晰美观,所以花蟹被称为蟹族中的"美人"。花蟹的重量从 0.3～1.5 斤不等,口感紧致鲜美,因为是地地道道的海蟹,人工不能养殖,所以最为名贵。

选取花蟹养在水中,让它充分爬行,充分吞吐,直到吐出肚腹中的污物。然后,用刷子将蟹的正面、背面,洗得干干净净后,将螃蟹对切,备好姜、葱、蒜,起油锅,至油温八成热时将螃蟹、姜、蒜下入翻炒,当螃蟹变红后,加入料酒、水、姜段、盐,加锅盖焗 5 分钟。螃蟹熟透后,加水淀粉勾薄芡。

2. 全州黄焖禾花鱼

黄焖禾花鱼是桂林全州县颇有名气的传统菜肴。相传,清代乾隆年间,乾隆皇帝带着一班文武官员巡游江南,到了桂林府。府台知道乾隆皇帝好游玩,爱吃喝,便投其所好。派人到处采购山珍海味,请来有名的厨师,大摆筵席。乾隆平日在京城吃的多是北方口味,这次来南方,觉得酒醇菜美,异常新鲜。席间,他对菜盘里的禾花鱼特别感兴趣,高兴地询问:"这是什么鱼? 这样肥嫩可口,无腥无腻。"府台回答道:"这是全州的禾花鱼。""什么叫禾花鱼?"皇帝又问。"禾花鱼就是田鲤鱼,百姓把鲤鱼放在稻田里喂养,当稻子抽穗扬花时,鱼儿特别爱吃飘落在水上的禾花,食后长得又肥又嫩,故无腥味。"府台毕恭毕敬地回答。乾隆听后龙颜大悦,说道:"禾花鱼肉嫩鲜美,武昌之鱼未能及也。"从此,全州禾花鱼被列为土贡,身价倍增。

3. 阳朔田螺酿

阳朔的田螺特别,首先是个头大,最大的差不多有乒乓球大小;其次是味道好,完全不像螺肉本身的味道,因为螺壳里面的肉并不全是螺肉,而是先把螺肉掏出来,混合猪肉、香菜及其他调味品一起剁碎,再填入螺的空壳里混合汤汁一起烧制。

4. 梧州纸包鸡

梧州纸包鸡距今已有 70 多年的烹制历史。当年,广西梧州北山脚下有一处环境幽雅的园林——同园。这园林深处有家专为豪门享乐聚会制宴的"翠环楼",掌厨的是一位桂林籍黄姓师傅。他发现食客们对鸡的炒、蒸、煎、炸等各种食法已厌腻。为了招徕买卖,他经过冥思苦想做出一道纸炸鸡。这种炸鸡选料考究,制作精细。选用一公斤重的地道"三黄鸡",宰杀煺毛后,吊干水分,只取鸡腿和翼翅四件,薄刀切花,用姜汁、蒜蓉、香麻油、白糖、汾酒,加入广西特产八角和陈皮、草果、大小茴香、红谷米、五香粉、古月粉配成调料。鸡块浸料后用炸过的"玉扣纸"包成荷叶状,落锅以武火炸至纸包鸡上浮,纸面呈棕褐色,鸡块金黄色。成菜滚油不入内,味汁不外泻,席上当众解开,香飘满堂。

从此,梧州同园"翠环楼"纸包鸡的名声日渐大振。1923 年,黄师傅手下一名叫宫华的徒弟从"翠环楼"转到"西楼"掌厨。他按照黄师傅的做法烹制纸包鸡,并在刀工、技艺、火候等方面进行改进,除头、颈、脚以外,整只鸡都切成梳形块用上,无论大小宴席,皆作为第一道菜上席,博得两广食客的好评。梧州纸包鸡色泽金黄,香味诱人。吃起来,入口甘、滑、甜、软,食后齿颊留香。

5. 梧州豆浆

梧州有一种饮料,令人瞩目,津津乐道。这东西竟是平平常常的豆浆。油条豆浆,是中国众多城市都有的大众食品,许许多多的车站旁边,早晚都能见到有小贩在叫卖。然而全国竟有一个地方,豆浆成为名产,增加了城市的声誉,这地方就是梧州。西江边的广西山城,人们会经常谈论豆浆,常听主人这样的言辞:"你喝过我们这里的豆浆没有?""我们这儿的滴珠豆浆顶好的,什么时候老兄得去试试!""明早请你喝豆浆吧! 今天我们先去预订一席。"什么,什么? 喝豆浆还需要预订一席吗? 殊不知在梧州,这倒是实事。梧州的豆浆,不是"引车卖浆"的人过街喊卖的,它是浆馆,就像酒楼似的,气派很大,每天早上常有好几十批人轮番光顾。因此,每逢节假日,还有"预订一席"的事。所谓"滴珠豆浆",就是如果注入一滴到茶水里面,它会像一粒粒珠子似的,保持原貌一直沉下去。

"一招鲜,吃遍天。"看似平常的产品,只要它的确出类拔萃,别开生面,时常就能一枝独秀,饮誉四方。

6. 玉林牛巴

玉林是我国南方重镇,位于广西东南边陲。"玉林牛巴"是玉林传统风味名吃,它是用黄牛臀部的肉(俗称打棒肉)为主料,肉质细而有嚼劲,吃后满口生香,堪称地方一绝。《清异录》载:牛巴"赤明香,世传邝士良家脯也。轻薄甘香,殷红浮脆,后世莫及"。特点色泽暗亮,气味醇香,肉质细而耐嚼,入口生香,令人回味。

7. 巴马烤香猪

巴马香猪原产于广西巴马瑶族自治县。其外貌清秀,皮薄肉细,脂肪洁白,肌纤维细嫩,烹调时不添加任何佐料也香气扑鼻,素有"一家煮肉四邻香,七里之遥闻其味"之美称,被誉为猪类的"名门贵族"。

8. 陆川白切猪脚

陆川白切猪脚是广西陆川县名特产之一,选用中国八大名猪之一的陆川猪的猪脚,成菜皮爽肉滑,肥糯不腻,可与熊掌媲美。此菜营养丰富,它不仅是家常菜肴，而且还是滋补佳品，猪脚富含蛋白质、脂肪、碳水化合物，以及钙、磷、铁等营养物质。

猪脚中的胶原蛋白被人体吸收后，能促进皮肤细胞吸收和贮存水分，防止皮肤干涩起皱，使面部皮肤显得更加白皙、水嫩、富有弹性、丰满光泽，防止皮肤过早褶皱，延缓皮肤衰老。汉代名医张仲景在"猪肤方"中，就指出猪脚上的皮有"和血脉，润肌肤"的作用。猪脚对于经常四肢疲乏，腿部抽筋、麻木，消化道出血，失血性休克及缺血性脑病患者有一定辅助疗效。对于手术及重病恢复期的老人，有利于其组织细胞正常生理功能的恢复，加速新陈代谢，延缓机体衰老，使冠心病和脑血管病得到改善。孕妇食用猪手来补养身体，能促进乳汁的分泌。还有助于青少年生长发育和减缓中老年妇女骨质疏松的速度。

9. 风味鱼生

广西横县鱼生的做法颇为讲究，也比较血腥。第一步叫"血流长河"，将可怜的鱼切去鱼尾，放入水中，鱼在水中游啊游，身体里的血都被放了出来。这一步是影响鱼生色泽和口感的重要步骤，好的鱼生不留有任何血色，晶莹通透。第二步是"千刀万剐"，杜甫曾写过"无声细下飞碎雪"的诗句称赞厨师的刀工，鱼肉的鱼片要切得薄而均匀，将像荔枝一样，半透明的、白色的肉摆放在冰上，一条鱼就牺牲为一盘鱼生了。

横县鱼生独步天下，在"种、劲、白、薄、厚、鲜"这六个字上下足了功夫，一是种，种就是吃鱼生要选好鱼的品种，青竹、桂花、草、鲤、鲈等都可加工成鱼生，唯以肥厚少刺的青竹鱼为最好。二是劲，劲就是鱼肉要结实强劲，有嚼头。鱼的肌肉质量对鱼生而言至为关键，它决定鱼肉口感。鱼肉强劲，则口舌生汁，越嚼越有味道。若鱼肉羸弱如败絮，则无法体会到咀嚼的快感，自然味如嚼蜡。一般鱼生，用的是池塘圈养的池鱼，活力不足，口感差了很多。横县鱼生，选用的都是产自郁江的原生态活鱼。郁江是横县的主流水系，水流湍急、冲击力大，所产鲜鱼尾部肌肉特别发达，口感自然最好。三是白，白就是鱼肉莹白如雪、玲珑可观，鱼肉的肌肤纹理，纤毫毕见。要白就要把血放干净，最佳者割腮，割腮后继续放入水中，这样鱼不会马上死去而是在水中放血，几分钟后，血尽鱼亡，鱼肉就会莹白如雪，玉色逼人。也可以斩尾，让鱼血自然滴落，但肉色不如割腮白，稍逊。四是薄，薄即鱼片要切得薄如蝉翼，才容易入味。要想切薄片，须准备一把极快的刀，左手拇指、食指压住鱼肉，右手把刀，刀与鱼肉呈45°夹角，刃面朝向砧板，看准部位，一刀斜切，片羽滑落，可得薄片。展开一看，薄可见字，上品，目不见字，下品。薄片铺入盘中，犹如飞舞的蝴蝶，又如绽开的花朵，引人遐想翩翩，极具美感。五是厚，调料的种类一定要丰富厚重，才能压住腥味，才能体会到鱼生的鲜美可口。葱末、姜末、蒜末、鱼生菜、辣椒油、盐、酱油、醋是必不可少的基本配料，在这些基础上加入横县独特的木瓜丁、柠檬、柠檬叶、洋葱、辣丁根、芋头丝等二十多种配料,再配上横县本地花生油、生抽酱油、胡椒粉总共三十多种生鲜猛料,共同炮治鱼生片。夹一大把生鲜猛料,包一片鱼生,顿时口舌生津,喷涌而出,肌肉痉挛,牙齿情不自禁,一阵猛嚼,浓香满口。六是鱼生吃鲜,一是快,一条鱼从捞出、宰杀到入口,不得超过十分钟。二是鱼血放干之后,要用吸水纸将鱼包住,以便吸去鱼身上的水分,保持鱼肉的新鲜和水嫩,切片时也不会把鱼片切碎。

10. 梧州艇仔粥

艇仔粥开始主要在河边小艇上经营。小艇就靠在河岸边,卖给河堤上的游人品尝,是一种很有水边风味的粥品。

梧州三面临江,小艇特多,一些船家受广州卖粥的影响,就做起了这种卖粥生意。开始是在熬烂的新粥中加入一些河虾或鱼片之类,后逐步提高,加进的海鲜越来越多,如生鱿鱼丝、墨鱼片、海蜇、江蚶、蟹肉等,更高档点的还有海参、蚝豉、海虾、燕窝等配料,有时一小碗粥可以加入十种八种此类配菜,也有配加一些香鲜小时菜的,因此味道十分鲜美独特,加上价钱便宜,食粥养身,老幼咸宜,故销路很好。逐步登岸开店经营,也有肩挑粥担走街叫卖的,不过仍被叫作"艇仔粥"。后发展至一些沿海城市,如钦州等地也有了此类粥品。

（二）风味名点

著名的地方糕点类有壮乡生榨粉、南宁米粉饺、南宁肥肉粽、桂乡大米粽、凉粽、年糕、老友粉、老友面、五彩粉虫、桂林米粉、荔浦香芋角、柳州螺蛳粉、罗秀米粉、柳州起酥、玉林白散、壮家五色糯米饭、龙胜竹筒饭、糯米鸡、蕉叶糍、艾糍、沙糕、水泡饼、凉粽、阳朔马蹄糕、贺州薏米饼、昭平黄皮糖、梧州大福饼、冰泉豆浆、梧州龟苓糕、芝麻饼等。

在广西小吃中,粉的比重极大,"粉文化"已经作为一个新的概念存在,这个概念也许还不够准确明了,但它体现了广西饮食很大的一个特点就是以各式各样的"粉"为中心。这里的老百姓喜爱种植水稻和食用大米。米粉,是以大米为原料,经浸泡、蒸煮、压条等工序制成的条状、丝状制品。米粉作为衍生物,既易制作又能结合当地风味,因而吃法多样的米制品在广西的广泛流行。老友粉、螺蛳粉、桂林米粉、生榨米粉、八仙粉、牛巴粉、剪刀粉、卷筒粉、干捞粉、粉饺、粉虫、粉利……广西的粉种类之多,风格之盛在全国可以说是鼎鼎有名。每座城市都有一碗属于自己的粉,粉已经成为了广西每一座城市的独特名片。

最为人所熟知的桂林米粉,香气扑鼻味道醇美。据传说,最原始的桂林米粉,可以追溯到秦王南征之时。为解决兵士水土不服的问题,军中伙夫们因地制宜,用清纯的漓江水,将桂林优质大米泡涨、研磨、滤干、压榨,做出来的米粉筋力极好,并配以当地中草药熬制成汤,而这也是后来卤水的雏形,最后就演化成为了风味独具的桂林米粉。

南宁老友粉酸、辣、咸、香兼备,有缓解感冒症状的功能,并赋予老友相聚的内涵;柳州螺蛳粉鲜美的螺蛳汤,直达心口的辣……每一碗粉的起源,都有着一个古老传说。其中有的可寻,有的却找不到确切的时间和原因了,但是基本的工艺手法并没有失传。米粉早已成为广西普通百姓生活中不可缺少的一部分。粉店几乎遍布每个城市的大街小巷,许多人喜欢把米粉当早餐,为一整天的繁忙工作开个好头;有的人不介意中餐、晚餐以一碗米粉为主食;不少人尤其喜爱宵夜再来一碗热腾腾的米粉。最初只在过年为着"大吉大利"的意图炒的粉利,现在已演变成家里餐桌上的常见美食。当然,人们的饮食习惯也在变化着,现在的一碗米粉,不再那么束缚于传统,完全可以按自己的喜好,干捞或放进米汤、骨头汤,添加各种配料:酸豆角、腐皮、萝卜、青菜……人们一如既往地喜爱制作与食用米粉,并不断丰富着广西的特色饮食民俗——"粉文化"。

1. 柳州螺蛳粉

柳州没有省会城市南宁的繁华,没有国家级风景城市桂林的秀美,没有"广西水上门户"梧州的优越,没有沿海城市北海的热闹,没有侨乡玉林的风情,有的却是工业城市的单调和因为那句流传已久的话"吃在广州,玩在杭州,穿在苏州,死在柳州",而让人对其出产的木材有种推崇备至的向往。但是柳州有位居柳州风味小吃之首的柳州螺蛳粉,其酸、辣、鲜、爽、烫的独特风味名闻海内外。

它由柳州特有的软滑爽口的米粉,加上酸笋(春秋间30厘米长的笋,连根砍下,切丝或片加盐入坛置火边烘数日至酸)、木耳、花生、油炸腐竹、黄花菜、鲜嫩青菜等配料调以浓郁适度的酸辣味,配合煮烂的螺蛳的汤水调和而成,因为奇特鲜美的螺蛳汤,使人吃一想二,吃了还想吃。据说如果是暴辣螺蛳粉再加上酸醋青辣椒,配着冰激凌吃可爽快到极致。

2. 南宁生炸米粉

这种小吃风味浓厚,鲜滑爽口,营养丰富且价格低廉,是南宁的大众早餐。生榨米粉有两种吃法:一种是把米粉放入大碗中,在粉面上铺上一层碎猪肉,加进高级酱油、盐、熟豆芽、酸菜、生葱各适量,倒入滚热的骨头汤即成,这种叫汤榨粉;另一种是干捞,不加入骨头汤,用由酱油、酸醋、盐、味精等多种调味料熬成的卤汁淋入粉内,加上叉烧肉片、豆芽、酸菜、熟韭菜一起拌匀,就成为清凉爽口、适宜夏季食用的叉烧干捞榨米粉。

3. 老友粉

南宁是一个爱吃米粉的城市,有桂林马肉米粉、柳州螺蛳粉、云南米线……而飘满大街小巷的是南宁老友粉。虽然老友粉现在大行其道,而其原版则是老友面。

老友面的来历有一个典故:20 世纪 30 年代,一位老翁每天都光顾周记茶馆喝茶,有几天因感冒没有去,周记老板十分挂念,便将精制面条佐以爆香的蒜末、豆豉、辣椒、酸笋、牛肉末、胡椒粉等煮成一碗热面条,送与这位老友吃。热辣酸香的面顿时使老翁食欲大增,他发了一身大汗,感冒也好了。事后老翁感激不尽,书赠"老友常临"的牌匾送给周老板,"老友面"由此得名并渐渐名扬八桂。

4. 桂林马肉米粉

这是桂林特色的冬令小吃,是以腌马肉做主菜的汤榨粉,配以油炸花生、辣椒粉、蒜茸、麻油等制成。制作关键在于腌制马肉和熬制汤水。腌马肉时先把生肉切成二三斤的大块,用盐、硝拌匀,放入瓦缸内腌渍两天,再取出用开水"飞过",置通风处晾干,入汤锅煮热再过油锅。汤水用猪骨头和油炸的马肉一同熬煮,如能加入马脊骨、马筒骨则更对味。此小吃清代已出现在桂林庙会的饮食摊上。抗日战争时期转为开店经营,以味道鲜美,工艺独特,备受当时集中桂林的国内知名人士的青睐而闻名。它分装入小碗供应,要趁热就食。一般人可吃十余碗。食后周身俱暖,精神爽利。

第三节 福建地方风味

人类择食"靠山吃山,靠海吃海",就地取材。福建素称"海者闽人之田"。长达 3300 余公里的海岸线曲折漫长,渔场滩涂广阔,而且台湾暖流、闽浙暖流和粤东沿岸流三股水流交汇于此,海洋渔业资源相当丰富。沿海人民努力开发海产资源。明代何乔远在《闽书》中就记载说:"长乐滨海,有鱼盐之利","福宁州……东南际海,鱼盐螺蛤之属,不贾而足,虽荒岁不饥","泉州……沿海之民,鱼虾蠃蛤,多于羹稻"。

一、福建风味的形成

(一)地理物产

福建地处我国东南,远离中原。它东面临海,其余三面环山。境内山岭耸峙,溪流纵横,河谷盆地交错,山地丘陵约占全省总面积 95%,有"东南山国"之称。福建地处亚热带,西北有山脉阻挡寒风,东南有海风调节气候,因此烹饪原料丰富多彩,特产原料分布广阔,时令原料层出不穷,稀有原料奇异珍贵。广袤的海域,漫长的浅滩海湾,冬季不冷,夏季不热,透光性好,海浪小大。闽江、九龙江、晋江、木兰溪等河流带来丰富的饵料,水质肥沃,加上又是台湾暖流和北部湾寒流等水系的交汇处,成为鱼类集聚的好场所,龟、虾、螺、蚌、蚝、鲟等水产佳品长年不断。福建的水产珍品有柔软、坚韧的特性,非一般粗制滥造可获成效,这就决定了闽菜刀工必须严格章法。

明代屠本畯的《闽中海错疏》和清代郭柏苍的《海错百一录》两书专记闽中海产,书中记载了数以百计的闽中海洋生物及淡水鱼类品种,而且对其生态、习性、捕获方法,乃至经济价值都尽可能做了详细的介绍。《闽中海错疏》还是我国第一部渔业专著,这些渔业专著是对广大渔民长期从事劳动生产实践的总结,从侧面反映出明清时期福建渔业生产的发展水平。沿海渔民大量从事渔业生产,如"连江人海为田园,渔为衣食,地势均然,约分农桑之半。"厦门"厦岛田不足于耕……近海者耕而兼鱼,统计渔倍于农。"福建各地海产中,较具地方风味、最受百姓欢迎的是牡蛎、泥蚶、蛏、蛤、贻贝、虾、黄花鱼、加腊鱼、鲳鱼、马鲛鱼、带鱼、乌贼等。福建最著名的蛤类是西施舌,其"似蚌而小舌,极白而脆美,俗名车蛤。"《闽部疏》称"海错出东四郡者,以西施舌为第一,蛎房次之……产长乐湾中","据言介属之美,无不过西施舌。"主要在晋江、南安、同安、惠安与云霄诸地沿海沙泊中。人工养殖者并不多见。此外还有多种,如同安的贻贝,"生海石中,以苔为根,壳小而深绿,号东海夫人……近海滨居人种之,小者煮肉大者盐腌,取利倍于诸介。""两信潮生海接天,鱼虾入市不要钱",正是对闽海富庶的真实写照。

(二)历史因素

根据闽侯县甘蔗镇恒心村昙石山新石器时代遗址中保存的福建先民使用过的炊具陶鬲和连通灶,证明福州地区在 5000 年前就已从烤食时代进入了煮食时代。《史记·汉书》中记有汉武帝祀"武夷君用于鱼"之事。祭闽山之神用鱼,反映了闽地善烹河鲜、海鲜已经历史久远。

在历史上,中原汉族移民两次大量南下入闽对福建饮食文化产生了巨大的影响。第一次大移民,是在西晋末年的"永嘉之乱"。幸存的晋代衣冠士族纷纷南逃入闽,在福建安家落户。这就是史家所称的"八姓入闽"。第二次大移民,是晚唐五代。河南光州固始的王潮、王审知兄弟带兵入闽建立"闽国"。跟随王氏兄弟而来的军政人员以及大批军人家属,都在福建安家落户,成为福建当地的主要居民。两次中原汉族大移民,使福建的人口结构发生了巨大的变化,可以说,现在的"福建人",几乎都是中原汉族的后代。他们把北方汉族古老的饮食文化带到福建,成为闽菜体系中的一个重要的组成部分。在福州地区的家庭食品中,至今流行一种用猪肉剁成肉糜,加上薯粉和调味品,炖成"肉丸仔"来孝敬老人或专给儿童做菜肴的食品。这种饮食习惯,其实就是汉族人民生活的老传统。《礼记·内则》中有"养老,有淳熬,淳母之别"的说法。所谓"淳熬",就是"肉糜"盖在大米饭上面的意思。所谓"淳母"，就是"肉糜"盖在高粱饭（黄米饭）上面的意思。这种"肉糜"，也是中国传统的"八珍"之一。传到福建以后，和当地的环境、特产相结合，制成独具闽味的菜肴。如福州流行一种"蟳饭"，就是将闽海特产"蟳"的膏肉，盖在糯米饭上烹制而成的。孔子说："食不厌精，脍不厌细""不得其酱不食"。这种爱吃"精、细、酱"的习惯，在福州的饮食文化中被继承下来了。

在唐代以前，中原地区已经开始使用"红曲"作为烹饪的配料。唐代徐坚著《初学记》中说："瓜州红曲，参揉相半（拌），软滑膏润，人口流散。"此之所谓"瓜州"，是指今之西安、敦煌一带。五代陶谷的《清异录》中有"红曲煮肉"的记载。这种"红曲"，就是由入闽的衣冠士族带来福建的，而后逐渐流行，终于使"红曲"在闽菜中占有重要的地位。现代福建的古田、建欧、松溪、政和一带所产的红曲，是全国最著名的。我国台湾地区和日本等地的红曲，都传自福建。而红曲烹调也成为闽菜体系中的一大特色。宋诗有《中国食品科技史稿》中的诗句："夜倾闽酒赤如丹，有兴欲饮红曲酒"。由于大量使用红曲，所以"红色"也就成为闽菜的一个主要的色调。而且在菜肴中善用红曲，还具有抗菌防腐的作用。在闽菜中所烹制的"红糟鱼""红糟鸡""红糟肉"等以红曲烹制的菜肴，比其他不用红曲烹制的菜肴可以保鲜更长的时间。

中原饮食文化进入福建，和福建当地的土特产相结合，逐渐出现具有特殊风味的地方食品。例如"车螯"，本是福建沿海地区的海产品，当时已经引起不少美食家的称赞。宋代欧阳修的《初食车螯》中有"（车螯）来自海之涯，坐客初未识。食之先叹磋……螯蛾闻二名（车螯一名车蛾，福州俗名青蛾），久见南人夸。璀璨壳如玉，斑烂点生花"。由此可见，以福建的特产烹制的菜肴，在宋代以前，已经引起上层社会的普遍注意了。

唐、宋以后随着福州、厦门、泉州先后对外通商，四方商贾云集，经济贸易日益广泛、频繁，京、广、苏、杭等地烹饪技术也相随传入。闽菜在继承传统技艺的基础上，博采各路菜肴之精华，对粗糙、油腻的习俗加以调整变易，逐渐朝精细、清淡、典雅的风格演变，以至发展成为格局甚高的闽菜风味。到清末民初，福建成为对外贸易的一个重要区域，尤其福州、厦门、泉州市场非常繁荣。为满足官僚士绅、买办阶层、上流社会应酬的需要，饮食风尚日益讲求精美，先后涌现出一批富有地方特色的名店和真才实艺的名厨，闽菜技艺之高，声誉之广，行业之盛，都发展到前所未有的阶段。当时，福州名菜馆有"聚春园""惠如庐""广裕楼""嘉宾""别有天"厦门名菜馆有"南轩""东琼林""全福楼""双全"等三十几家，其或以满汉席著称，或以官场菜见长，或以地方风味享有盛誉，或以精制汤菜而闻名，各有擅长，促进了地方风味的形成和不断完善。

新中国成立后，闽菜在继承和发扬传统技艺和特色的同时，吸取国内外先进经验,大胆创新,勇于探索。创制出不少色味兼优的佳肴,如"梅开二度""燕子归巢""绿岛百花脯""灵芝恋玉蝉"等大大丰富了闽菜内容。随着人们饮食需求日益提高,闽菜正向低糖、低脂、低盐、高蛋白的饮食结构发展,朝着精细、清淡、营养合理的品位格局演变。闽菜变换有方,损益得法,常吃常新,百尝不厌。

二、福建风味区域划分

"闽菜",一般习惯是以福州菜为代表。但实际上,闽菜除以福州菜为主之外,还应该包括泉州菜、厦门菜以及闽西的客家菜,即覆盖整个福建地域的菜肴,都属于"闽菜"体系之内。福州、厦门、泉州、三明、南平、龙岩等地菜肴的格调、风味基本上是大同小异的。由于经济开放先后不齐,自然条件差异,民间食俗不同,故将闽菜的构成可明确地分为福州、闽南、闽西三个地方菜。

(一)福州菜

福州菜是闽菜的主流,除盛行于福州外,也在闽东、闽中、闽北一带广泛流传。清爽、鲜嫩、淡雅,偏于酸甜,汤菜居多。福州菜善于用特殊香味的红色酒糟作辅料,"红糟烹调"成为闽菜风味中一大特色。福州菜讲究用汤,善制汤菜,有"一汤十变"之美誉,如"茸汤广肚""鸡丝燕窝""鸡汤氽海蚌""淡糟鲜竹蛏""煎糟鳗鱼"等菜肴,均有浓厚的地方特色。

(二)闽南菜

闽南菜盛行于厦门、泉州、尤溪地区,东及台湾地区。闽南菜特点是鲜醇、香嫩、清淡,并以讲究佐料、善用香辣而著称,在使用沙茶、芥末、橘汁以及药物、佳果等方面均有独到之处,如"东壁龙珠""清蒸加力鱼""炒沙茶牛肉""葱烧蹄筋""当归牛脯""嘉尔脆皮鸡"等菜肴,都较为突出地反映了闽南浓郁的食趣。

(三)闽西菜

闽西菜,盛行于"客家话"地区。闽西菜的特点是鲜润、浓香、醇厚,以烹制山珍野味见长,略偏咸、油,善用生姜,在使用香辣佐料方面更为突出,如"爆炒地猴""烧鱼白""油焖石鳞""炒鲜花菇""蜂窝莲子""金丝豆腐干""麒麟象肚""涮九品"等菜肴,均鲜明地体现了山乡的传统食俗和浓郁的地方色彩。

三、福建风味特点

从闽菜的菜谱来研究,几乎三分之二以上的菜肴都是以海产品(包括水产品)

为主要原料。就以集"山珍海味"之大成的"佛跳墙"来说，其中最多的原料也是以海产品为主。其他地区，如厦门的"肉米鱿鱼""海蛎煎"，泉州的"鱼卷""炒蟹羹"，漳州的"乳白草鱼"，闽西客家的"炒鳝鱼""清纯奄鱼"等，都是以海产品或内河的水产品为主。

和全国其他各个菜系比较起来，闽菜最明显的一个特色就是善用糖和醋。有人批评闽菜太甜太酸，殊不知这正是闽菜的特色。如果没有糖和醋，根本就不能成为闽菜了。在用糖和醋方面，福州的厨师有特别的技巧。例如在闽菜中比较著名的"全折瓜"，其烹制方法主要是将黄瓜鱼炸熟之后，再用白糖和醋勾芡而成，香菇、冬笋丝、肉丝、韭菜黄等多种配料炒成的浓稠汤汁倒在鱼面上，此菜酥香鲜美，酸甜适口，是典型的"福州"风味。其他如"荔枝肉""白蜜黄螺"等，都是因为善用糖和醋，才使这些闽菜成为美味佳肴。

用红糟烹制菜肴，也是闽菜的一大特色，最著名的如"红糟鸡"。此菜是将鸡煮熟冷却以后，先用高粱酒和味精腌两小时后，再用红糟、五香粉、白糖、精盐、冷开水混合搅匀，再倒入鸡肉内搅拌，浸一小时，然后抹去红糟装盘，配以白糖、白醋、辣椒丝、盐水腌成的白萝卜片共食。此菜鲜红美观，肉质软嫩，味鲜而香。另外还有一种"炒淡糟瓜块"也是闽菜中很著名的红糟菜。至于"笋丝"，在外地人看来，算是一种"怪味"。这种"笋丝"，是福州的特产，别处没有。"笋丝"之味，非甜、非酸、非辣，确实有点"怪"。但福州人用这种笋丝来煮鱼、煮肉、煮豆腐，则有一种言语难以形容的风味，福州民众最爱吃。在闽菜菜谱中，有一款名菜叫"凤尾草"，就是用笋丝作配料烹制成的草鱼，这又是一种典型的"福州风味"。

（一）山海兼备

福州背山面海，福州平原是福建省第二大平原。"冬不严寒，夏无酷暑""鲜花四季常开，草木终年常绿"的自然环境，地处"双福"（福建福州）之地的悠久历史和文明教化，终而繁衍出"瓜果蔬菜日久常供，山珍海味时时不断"，食"福面"（即太平面）、"福果"（蜜饯橄榄）、"福橘"，饮窨制花茶等风味。鱼丸、蛎饼、鱼露等风味小吃与福州有近海捕捞和滩涂养殖之利，盛产的海蛎、海鱼等海产品密切相关。鱼丸就是用鳗鱼或鲨鱼剁茸、加甘薯粉拌匀为皮，猪瘦肉或虾肉、鲟肉做馅制成，是福州的传统美食，有"没有鱼丸不成席"之说。

"佛跳墙"也是福州饮食风格发展的典型例证，其原名"福寿全"，宋人陈元靓的《事林广记》中就有记载，是集多种山海珍品如参、筋、翅、鲍等烩制而成一个大品钵（有盖的瓷罐），充分体现出福州背山临海的自然优势。福州地区北部的罗源、连江两县山区的畲族人民，还善于利用各种山珍烹制佳肴，仙草糕、竹筒饭、乌饭、薯丸、菠菠饼（用一种植物菠菠花制成）等畲族食品别具山野气息。此外，橄榄、芙蓉李是福州著名特产,生食具有消食清肺利咽的功效,还可加糖、盐、蜂蜜、五香等制成"檀香橄榄""丁香橄榄"、化核加应子等,口味独特。福建老酒是我国最古老的名酒之一,苏东坡有"夜倾闽酒赤台丹"的赞誉,系用福州古田特产古田红曲和密传药白曲酿制,不仅是宴会佳酿,而且是烹调闽菜的重要佐料。

(二)清鲜淡雅

闽菜源于古代闽越风味,到唐代已具备"嗜欲饮食,别是一方"的特色。福州菜是闽菜的主要代表和正宗,素以善制山珍海味著称,具有四大特点。

1. 刀工精妙、入趣于味

以鸡茸金丝笋为代表,有"剞花如荔、切丝如发、片薄如纸"的美称,既造型美观又追求入味的口感。闽菜的刀工立意决不放在华而不实的造型上,没有徒劳的造作,也不一味追求外形的艳丽多姿,而是为"味"精心设计。如"爆炒双脆",厨师在加工肚尖时,用剞刀法在肚片里剞上横竖匀称的细格花,刀迅速而富有节奏,刀刀落底,底部仅保留一分厚度相连,令人叹为观止,再加上微妙的爆炒,成菜既鲜又脆,造型之美,使人赏心悦目。

2. 汤菜考究、风味独特

这是闽菜的精髓所在,素有汤佘闽菜之说。闽菜"重汤","无汤不行""一汤十变",成为区别于其他地方风味流派的明显标志之一。汤最能体现原料的本味。闽菜善于制汤,有的汤清似水,味道鲜美;有的汤白如奶汁,甜润爽口;有的汤金黄澄透,馥郁芳香;有的汤质稠色醇,味厚香浓。如"鸡汤佘海蚌"系用汤味纯美的三茸汤,渗入质嫩清脆的海蚌之中,两相齐美,达到眼看汤清如水、食之余味无穷的效果。纯美的汤菜其目的在于摈除闽菜的主要原料——海产品的异味,使汤与海味互为补充、相得益彰。

3. 讲究佐料、调味奇异

闽菜偏于酸甜,与福州拥有丰富多样的佐料以及烹饪原料多取自山珍海味有关。闽菜的调味,偏于甜、酸、淡。善于用糖,甜去腥膻;巧用醋,酸能爽口;味清淡,可保留原料的本味。善用红糟既去腥防腐又色艳味香,可腌(糟鸡、糟鸭、糟鱼)、可炸(炸糟鳗、炸糟瓜),还可做汤(火工糟羊)。闽菜厨师在长期的实践中积累了丰富的经验,根据不同的原料、不同的刀工和不同的烹调方法,调味时做到甜而不腻、酸而不峻、淡而不薄,使菜肴的口味丰富多彩,变化无穷,构成闽菜别具一格的风味。如"淡糟香螺片""醉糟鸡""红烧兔""茄汁烧鹧鸪""糟汁佘海蚌"等,以清鲜、和醇、荤香、不腻等风味特色,独具一格。

4. 烹制细腻、雅致大方

闽菜烹调方法多样,不仅熘、焖、佘、焗等独具特色,还擅长炒、蒸、煨等烹调方法。如"响铃肉",其成品呈圆形,酿有核桃仁,色呈淡黄,质地酥脆,略带酸甜,嚼之核桃有微响声,故得此名。"油焖石鳞"系闽西饶有特色的风味菜,是用石鳞炸后注油再焖而成,突出反映了当地菜品"重油"的传统食俗。这些菜肴,被身在外地的福建人亲切地称为家乡菜,成为维系家乡情感的纽带,所谓"因风思物,因物思乡",正是这一道理。

闽厨善制煨菜,具有柔嫩滑润、软烂荤香、馥郁浓醇、味中有味、食而不腻的魅力。闻名中外的"佛跳墙"是福州"聚春园"菜馆首创,距今已有100多年的历史,注重煨制的器皿,加上色、香、味、形四大要素配合适当。文人曾作"坛启荤香飘四邻,佛闻弃禅跳墙来"的佳句,恰当地赞誉了煨菜之冠"佛跳墙"。这一名菜荤香四溢、味道醇厚。历经百年,海外游客纷至沓来,以品赏这个美味佳肴为一大快事。

(三) 文韵深远

各地的饮食文化都体现着其族群精神和地方文化内涵,人们可以通过饮食去了解世界、经历世界。福州是座具有2200多年历史的古城,也是中原移民最早定居的地方之一,悠久的文化传统孕育了独特而丰富的饮食风情。太平燕,系鸭蛋和肉燕丸共煮的一道福州名菜,形状像含苞待放的长春花,又称"小长春"。肉燕是福州名食、名产,能长期保存,旅外闽人常以肉燕慰乡思。福州方言中"鸭蛋"谐音"压乱",寓意太平吉利。福州老话说"吃鸭蛋讲太平"。太平燕象征着安定、吉祥、如意,逢年过节、喜庆宴席均少不了。它代表着福州人"求稳怕乱"、相对谨慎保守的文化性格。

许多菜肴中的精品,大都有一定的历史文化积淀,或与名人有关、或有掌故传说。品尝美味佳肴时可以平添许多兴味和情趣。鼎边即锅边糊,用米浆轻泼于铁锅边烘干而成,白脆薄润,是福州人喜爱的日常小吃。据民间传说,当汉武帝发兵讨伐闽越时,闽越王郢之弟余善趁机发动政变,郢的部将从当时的"冶城"南逃至仓山下渡,当地居民煮鼎边糊(因鼎边糊易熟)给他们吃。后部将唯恐连累百姓在下渡二块石(今三叉街)自刎。百姓感其恩德,敬以为神,煮鼎边糊祭之。《藤山志》记载:"三月间迎大王,家家必煮鼎边糊,谓之迎鼎边糊王","立夏日家家煮鼎边糊、炊碗糕祭祖先,谓之做夏"。现在制作的鼎边增加了鸡鸭肝、鸡鸭胗、虾干、目鱼干、香菇、黄花等多种配料,味道丰美,享誉民间。明嘉靖四十一年(1562年),倭寇大举进犯福建,戚继光奉命入闽歼敌,为方便行军,以面粉制成圆饼,中打一孔,串挂在战士身上。后福州人民为纪念戚家军的伟绩,竞相仿制,称之为"光饼",稍大而味甜者称之为"征东饼"。芋泥是用槟榔芋蒸熟后捣成泥状,加糖、芝麻、梅舌、猪油等,拌匀蒸热而成。据说当年戚家军因被倭寇围困断粮时,就靠野芋充饥渡过难关。故戚继光给野芋取名"遇难"以资纪念。后人们煮糖芋怀念戚家军,

"遇难"逐演变成"芋苈",又变成了"芋泥"。吃芋泥时因猪油覆在表层、热量不易散发,而表面又看不到热气,极易烫伤。民间传说,因为英国人曾用冰淇淋为难过林则徐,故林宴请英国人时,上了一道芋泥,烫了"番仔"的嘴。

还有一些传统风味的文化底蕴也相当深厚。福州鼓山涌泉寺的素菜,不仅风味诱人,还有着典雅而富有诗意的菜名,如"南海金莲""半江沉月""石鼓三鲜""涌泉三丝"等,使饮食与环境、人共同构造了一个更高的文化艺术境界。福州线面是我国手拉线面的代表,制作工艺复杂而考究,始于南宋,距今已有800余年历史,是我国各类面条中质量最好、烹调性能最佳的优质传统面条,被称之为"席上珍品"。宋代诗人黄庭坚曾赞誉:"汤饼一杯银丝乱,牵丝如缕玉簪横",故又称银面。习俗以线面祝寿的叫"寿面",送生男育女的叫"福面",男婚女嫁的叫"喜面"。福州民间传说线面是九天玄女指点创制的,拜其为"制面始祖",制面人家都供奉九天玄女的神像。

四、福建风味的食俗

(一)岁时节日食俗

旧时逢年过节,百姓在饮食上都要尽力改善。年节的食品多寓意吉祥,最丰富多彩的数每年春节食俗。福州从腊月二十三开始祭素灶,吃灶糖灶饼及各种素菜;二十四祭荤灶,供鱼肉,做米果、炊糖米果;二十九做"小岁",即小饮;除夕夜做"大岁",也称"团岁",即团圆宴,传统食品有年糕、"全节瓜"(全条黄鱼)、太平燕、鱼丸和春卷等,都寓意着团圆、福吉。福州民谚云:"过年吃年糕,年年节节高。大人增福寿,小孩大又多。"初一要吃"太平面"(即福州线面加两个鸭蛋),以象征一年太平,对客人则以福橘和花生相待,表示吉祥。农历二月二用正月剩余的食品煮咸稀饭,寓意春节的结束,蕴含了福州人勤俭持家的传统美德。冬至在福州谓之"冬节",民间有"冬节大如年"之说,还有"冬至日,粉米为丸"的食俗,即搓糍。此外除元宵的"元宵"、立春的春饼、清明的"菠菠米果"、端午的粽子、中秋的月饼、重阳的"九重米果"等与其他地区大同小异外,福州还有一些特有的岁时食俗,如正月二十九的拗九节(又称"孝九节"),出嫁的女儿要送"拗九粥"(糖粥)、太平燕、猪蹄等回娘家,孝敬父母,这是源自佛教目莲救母的传说。

(二)传统宴会的礼俗

福州传统宴会中的许多礼俗都有浓厚的民俗文化色彩,如宴会中的"待吃"和"不吃"是指太平燕和全头鱼。太平燕是宴中大菜,吃之前要放鞭炮,等主人敬酒,故谓"待吃";全头鱼是压轴菜,须有头有尾象征"有余",故不吃。菜肴中宜与不宜是说婚宴和添丁的"弥月"不能上鲳鱼,因与"娟"谐音;丧宴必有一碗羊肉,因羊羔跪而受乳,懂哺乳之恩,故以羊表孝心。

五、福建名菜名点

(一)地方名菜

1. 佛跳墙

佛跳墙是福州传统名菜。居闽菜之冠,佛跳墙原名福寿全。光绪二十五年(1899年),福州官钱局一官员宴请福建布政使周莲,他为巴结周莲,令内眷亲自主厨,用绍兴酒坛装鸡、鸭、羊肉和猪肚、鸽蛋及海产品等10多种原、辅料,煨制而成,取名福寿全。周莲尝后,赞不绝口。后来,衙厨郑春发学成烹制此菜的方法后加以改进,郑春发开设"聚春园"菜馆时,即以此菜轰动榕城。有一次,一批文人墨客来尝此菜,当福寿全上席启坛时,荤香四溢,其中一秀才心醉神迷,触发诗兴,当即漫声吟道:"坛启荤香飘四邻,佛闻弃禅跳墙来。"从此即改名为佛跳墙。已有110多年的历史。

佛跳墙是以18种主料、12种辅料互为融合。其间几乎囊括人间所有美食。禽畜品:鸡、鸭、羊肘、猪肚、蹄尖、蹄筋、火腿、鸡鸭肫、鸽蛋。海味品:鱼唇、鱼翅、海参、鲍鱼、干贝、鱼肚、竹蛏。菌品类:香菇、笋尖。30多种原料与辅料分别加工调制后,分层装进坛中,就好像一部野心勃勃的贺岁片,大腕荟萃自然不同凡响。该菜用料考究,刀法精致,烹制程序严格。选用鱼翅、海参、鸡脯、鸭肉、猪蹄筋、肘、干贝、鲍鱼、鸽蛋等30多种主要原料,经过分别处理,配以香菇、冬笋、香葱、姜片、冰糖、茴香、桂皮、料酒等多种作料,放进盛过绍兴酒的酒坛中,坛口用纸密封,再用盖子盖紧,用旺火烧沸后,改用文火慢煨。由于几十种原料、配料煨在一起,既有共同的荤味,又保持原料各自的特色,香味浓郁,嫩软鲜美,荤而不腻,又具有补气养血,温肺润肠,治虚寒等功效。

2. 鸡汤氽海蚌

海蚌是我国海产品中的珍品,肉质脆嫩,色白透明,在淡海水文汇处的海水的沙中生长,壳薄,略呈三角形,以福建省长乐市漳港品质最佳,世界上只有意大利产的象拔蚌可与其比美。漳港海蚌壳体略呈三角形,壳长通常有7~9厘米,壳顶在中央稍偏前方,腹缘圆形,体高为体长的4/5,体宽为体长的1/2。壳厚,壳表光洁,生长轮脉明显,壳顶呈淡紫色,其余部分呈米黄色或灰白色。其个体较大,肉质脆嫩,味甘美,具有很高的营养和食用价值,是一种经济价值很高的名贵贝类。鸡汤余海蚌用福州沿海特产的海蚌做原料,把海蚌肉切成薄片,放进沸水中白灼至六七成熟,盛在碗里,尔后冲入滚沸的用江瑶柱和老母鸡炖成的高汤,稍等一二分钟即可食用。该菜洁白透明,鲜嫩爽口。是高级烹调技师强木根先生荣获"全国最佳厨师"称号的代表作之一。除了余鸡汤外,还可做成芙蓉海蚌、生炒海蚌、糟汁海蚌、发菜海蚌、椒盐海蚌、粟米煨海蚌、芽心跳溜蚌等二十多种菜肴。

制作三茸汤的注意事项:鸡血和脯肉是起过滤鸡汤杂质的作用;海蚌第一次余沸水动作要快,只达六成熟;三茸汤余入后应上席即食,以防质老。

3. 淡糟香螺片

这是福州名菜。将香螺肉尾部切除,片成大小均匀的薄片,放入热水中余一下捞起;将冬笋片下锅过油后捞起,将蒜米、姜末下锅煸香,再放入香糟略煸,随即加入花菇和过油冬笋片,倒入用上汤、味精、白糖、白酱油、芝麻油、湿淀粉调成的卤汁烧沸芡匀,放入余好的螺片,颠炒即成。雪白的螺片配上殷红的糟汁,脆嫩鲜爽,馨香淳美。

4. 无火鸡

无火鸡是厦门名菜。将腌雪菜填入杀好的母鸡腹中,用姜、葱、花椒、高粱酒等拌腌半小时;用大猪网油和烫软的荷叶将鸡包住,小麻绳捆好;将鸡向上埋入生粗壳灰堆,浇水后灰水立即散发出热气。取一个鸭蛋塞入灰中,熟后再放第二个,连续三次,三个蛋都熟后,鸡肉也就熟透了,该菜鸡皮软润,味道鲜美,芳香醇厚。

5. 沙茶酱焖鸭

厦门菜中略带西方风味的品种。"沙茶"始源于印尼,是采用花生仁、椰子肉、川椒、丁香、虾米、陈皮、胡椒粉等30多种原料,经磨碎或炸酥研末,然后加油、盐熬煮而成。色泽金黄,质鲜而稠,味香辣而浓郁,又称"沙茶酱"。一般常用的沙茶酱也可用咖喱、蒜头、芝麻酱、花生酱、辣椒等配制。沙茶焖鸭块色泽褐黄,肉质软嫩芳香,吃时味道鲜美醇厚,甜辣可口,风味独特。

6. 糯米鸡球

这是厦门名菜。将鸡肉、冬笋、香菇、葱、鲜虾肉切成碎泥,加入适量精盐、白糖、味精、鸭蛋清、绍酒、团粉,捏成圆球;将水泡过的糯米盛盘,将鸡球入盘打滚,使表面沾满糯米,然后上蒸笼用旺火蒸20分钟;取鲜嫩韭菜花,余过开水,置于鸡球上,用猪骨汤加精盐、味精和团粉勾芡,淋于鸡球上,再撒胡椒、芝麻油。该菜又称"粮食丰收鸡",韭花代表稻穗,糯米代表粮食,象征祥瑞丰收。

7. 南普陀素菜

南普陀寺素斋馆烹饪的素菜,是由佛教道场的供品演变而来。原来是12道菜,12种风味,现已发展到高、中、低档近百个花色品种。虽然都以植物油、面类、豆类、蔬菜、蘑菇、香菇、木耳、金针菜以及荔枝、龙眼、菠萝、芦笋等水果罐头为原料,但味道不同,形态各异。而且既讲究色、香、味,又讲究形、神、皿,色彩悦目,清雅鲜美,造型生动,器皿协调。菜名也充满诗情画意,如"彩花迎宾""五老如意""半月沉江""南海金莲""香泥藏珍"等。与其他地方的素菜最大的不同是,不仅用料,而且连造型、菜名、汤汁与荤字都不沾边,素菜素作,素菜素名。

"半月沉江"原名叫当归面筋汤。1962年郭沫若到厦门视察工作,到南普陀寺游玩用餐,当归面筋汤一上桌,看到一碗圆形的菜肴,一半香菇为黑色,一半面筋为白色,宛如半轮月影沉在江底,色泽分明,加入当归味如鸡汤,郭老连声赞叹,立即将这道菜命名为"半月沉江"并在饭后挥毫题写《游南普陀》诗:

我自舟山来,普陀又普陀。

天然林壑好,深撼题名多。

半月沉江底,千峰入眼窝。

三杯通大道,五老意如何?

"半月沉江"点出"当归面筋汤"的绝妙形象。从此,"半月沉江"一菜身价百倍。

8. 六合猪肝

六合猪肝是泉州名菜。用猪肝、荸荠、冬笋、猪肥肉、香菇、葱白等六种原料制成。将猪肝切成骨牌状,其他原料切成薄片;将各种原料加上姜末、胡椒、酱、味精、团粉拌匀后腌一下;把猪网油切成三寸见方的薄片,涂上用鸡蛋、面粉调成的蛋糊,放上腌过的六合猪肝,用网油包裹成长方块,放进油锅中炸十分钟即成。

9. 油焗红蟳

油焗红蟳是泉州名菜。原料以晋江石湖红膏母蟳最佳。将活蟳泡在高粱酒中浸醉,笼上猪网油,置花生油中,加热焗熟,切块拼盘,复如整蟳状。观之红光油亮,食之鲜嫩喷香。

10. 文武肉

文武肉是漳州名菜。将猪肉切成一分半厚、六分平方大的肉片,分为两半,其中一半,加以酱油、味精、白糖、两个鸭蛋黄、适量面粉、食用黄色素拌匀,投入油锅炸约三分钟,至金黄色捞起,滤去油汁;另一半肉片用白酱油、味精、白糖、蛋清、绿豆粉拌匀,投入沸水中约三分钟氽熟;将两种肉片分摆在一个盘中,用香菇、笋丝、葱头丝在油锅中炒熟,加入味精团粉勾芡后倒入盘中。此菜黄白两色,鲜明美观,酥香清甜。

11. 文公菜

文公菜是武夷山传统名菜。相传为朱熹(朱文公)最早制作,过去读书人赶考前,家人都要以此菜饯行,预祝其在考场上文思如涌,落笔有神。做法是在盘子上摊一些白扁豆等豆类,盖上一层薄薄的肥肉片,在肉片上摆上精肉和清粉做成的丸子,再盖上鸡蛋煎成的薄饼和五花肥肉薄片,层层叠上成锥形,辅以各种佐料蒸熟。油而不腻,食之可口。

12. 拨霞供

拨霞供选用的河田鸡是阉割后的公鸡,又称"吉鸡"。将河田鸡置盆内放入水锅,干蒸至熟,取出晾凉,斩成鸡块;以姜、葱、盐和米酒调成汁,即可蘸食。其色金黄油亮,其味鲜香脆爽,滑嫩不腻。

13. 涮九品

涮九品俗称"九门头",连城火锅名菜。用牛身上9个部位的肉,即牛舌黄、牛百叶、牛心冠、牛肚尖、牛里脊、牛峰肚头、牛腰、牛肝、牛草肚壁,经过严格选料,精细刀工,辅以作料姜汁、香醋、芝麻酱、沙茶辣酱、香菜和数味中药,边涮边吃,嫩脆爽口,有健胃、补肾、祛寒、壮心的功效。

14. 鱼生

鱼生又名生鱼片,宁化传统名菜。取3～4斤重的活草鱼一尾,迅速去鳞、皮、内脏,剔去排刺,然后横切成薄片,洒上麻油,再蘸酱油、芥末即可食用。鱼生鲜脆爽口,为下酒名菜。

15. 麒麟脱胎

麒麟脱胎是闽西特色菜。这道菜的做法是将乳狗肉加姜、茴、红糖、胡椒、酒等佐料,填入猪肚,同置锅中,猛火蒸熟。拆去猪肚,奇香扑鼻,食之浓香酥烂,不膻不腻,有壮阳、补肾、祛风湿、健脾胃的功效。

16. 荔枝肉

荔枝肉是福州传统名菜,已有二三百年历史。因色、形、味皆似荔枝而得名。莆田荔枝肉因盛产荔枝而别名"荔城"。莆田的风味小吃中的荔枝肉,马福州一样,也是把猪瘦肉切成荔枝大小,表皮用刀刻出功壳状,因剖的深度、宽度均匀恰当,炸后卷缩成荔枝形,再把荔枝肉混入备好的多味卤料中熘至入味,佐以番茄酱、香醋、白糖、酱油等调料即成。装盘时把鲜荔枝作为装饰围边,送上餐桌,会让人分不清是荔枝,还是荔枝肉在诱你垂涎三尺。特别是在夏令时节,熟透的荔枝皮色鲜艳,味道芬芳,佐以名师巧制的荔枝肉,一素一荤,浑然天成。

17. 鸡茸金丝笋

"鸡茸金丝笋"是福建较早著名的菜肴之一,在筵席上一向列为上品。《明宫史·饮食好尚》记载:"先帝最喜用……笋鸡脯。"这是明神宗皇帝最喜欢食用的名菜之一。历代食鸡是整只或切碎,带骨食用,明代宫廷食用鸡脯肉,说明当时炒菜已经用出骨鸡脯肉切成鸡片,这与清代及当代制法大同小异。明代《宋氏养生部》记载了烹鸡、烧鸡、油煎鸡、酒烹鸡等多种制法。而用鸡茸制菜更大有进步了。相传"鸡茸金丝笋"为清末福州聚春园菜馆的名厨师郑春发与名厨陈水妹等人所创制,不久便闻名于世。

18. 肉米鱼唇

肉米鱼唇是福州喜庆宴席常见的汤菜。所谓鱼唇,是指鲨鱼或鲤鱼嘴边上的肉。将鱼唇切成条块,与葱白、姜片、绍酒一起放入沸水中汆一下捞起,拣去葱、姜;将瘦猪肉切成米,下锅煸炒一下,倒入白汤,加入香菇、冬笋片、酱油、味精、白糖,烧沸时用湿淀粉调稀勾芡,并放入鱼唇块烩一烩,起锅装入汤碗,撒上胡椒粉、芝麻油、香醋即成。该菜软润爽口,酸辣适宜,醒酒解腻。是福州百年老店"聚春园"久负盛名的汤菜,已故名厨郭则贤烹制此菜尤为擅长。其成品汤色乳白,精心加工的洁白鱼唇,令人赏心悦目。尝之,质地软润鲜爽,味道醇厚甘美。

19. 醉糟鸡

醉糟鸡是福州地区传统名菜之一。由于妙用"糟",成为鸡肴中的佳品。是用肥母鸡加红糟煮熟、醉糟而成。以红糟作配料烹制菜肴,是福州菜的一大特色。红糟具有防腐去腥,增加香味、鲜味和调色的作用。用于菜肴上的有枪糟、拉糟、煎糟、红糟、醉糟、爆糟等十几种烹调方法。尤以传统名菜"糟炒香螺片""醉糟鸡"最负盛名。

20. 灵芝恋玉蝉

灵芝恋玉蝉以香菇为盖,虾、螯肉为馅,制成香菇盒蒸熟,状似灵芝。以蛋白为皮,用虾肉、肥膘肉制成玉蝉形,摆于汤碗左右两边,再浇以鸡汤即成。观之黑白分明,鲜艳美观,食之质嫩鲜润,味道醇美。在1983年全国名厨师表演会上,被评委专家鉴定为色、香、味、形俱佳的名菜。

(二)地方名点

1. 鼎边糊

鼎边糊(又称锅边糊),福建著名佳点,与肉饼等配食,为当地早点佳品,一直流传到我国台湾等地,成为福州地方的一种特殊标志。它是用大米加清水磨成浓浆,摊在锅边,半熟后铲入正在熬煎的虾汤中,煮制而成的风味小吃。

2. 炸芋粿

芋粿,是福建福州、闽南和广东潮汕地区的著名汉族小吃品种。它先以糯米研磨之米浆压干后,再和去皮切成丝的芋头及油葱香料搅拌,再细分约巴掌大小一块一块压平后放置于弓蕉叶上,再放入笼床后置于灶上大鼎以热水炊熟,再经过油炸制成的一种食品,是福州人早餐和点心不可缺少的一道小吃。芋粿(福州话),又称芋叛(客家语),为中元普渡时之米制食品。

3. 肉燕

"肉燕"是浦城著名的传统食品,细而不腻,柔而脆嫩,味鲜适口,宛若燕窝,兼有荤素风味,是浦城婚丧喜庆笼席中必不可缺少的一道名菜。

相传,早在明朝嘉靖年间,福建浦城县有位告老还乡的御史大人,家居山区,吃多了山珍便觉流于平淡。于是,他家厨师取猪腿的瘦肉,用木棒打成肉泥,掺上适量的番薯粉,擀成纸片般薄,切成三寸见方的小块,包上肉馅,做成扁食,煮熟配汤吃。御史大人吃在嘴里只觉滑嫩清脆,醇香沁人,连呼"大妙",忙问是什么点心,那厨师因其形如飞燕而信口说"扁肉燕"。后扁肉燕与鸭蛋共煮,因福州话里鸭蛋与"压乱""压浪"谐音,寓意"太平",而又有"太平燕"之说。

此后浦城、福州两地相传仿制,称为肉燕、燕皮。福州、闽清生产的燕皮挂牌"浦城上白燕皮"或"清水肉燕皮",省外出产的则称"福建燕皮"。浦城燕,皮料精工细,剔取新鲜精瘦肉,用木锤捣成肉泥,撒上薯粉合成硬坯,用圆木棍反复压碾成薄片,其薄如纸,然后折叠裁切晾干,切成丝状称为"燕丝",切成片状则称为"燕皮"。质量最佳的燕皮,每斤约有120~130张,每张如豆腐块大小,色白皮薄,完整不碎,不带粉面,次等的约100张燕皮(或燕丝)包以肉馅,名"燕扁食",燕丝包以馅心,则名"燕丸"。

4. 蚵仔煎

蚵仔煎是福建省著名的汉族小吃,冬至以后,随着牡蛎(闽南称蚵仔)盛产季节到来,厦门的蚵类小点心相继应市。其中"蚵仔煎"的独特风味,更是脍炙人口。蚵仔煎,选用珠蚵,要求没有用水浸泡过的蚵肉,这样才不失甘鲜。配以青蒜段,并准备上等番薯粉筛过备用。烹制方法简便,先要将蚵肉、薯粉、蒜段和在一起加水搅拌均匀,加入适量酱油,便可在平底锅中煎制。应注意的是,作料上锅前要先随手搅拌,避免薯粉沉淀,煎制时注意两面煎至酥脆,里熟边透。蚵仔煎还可加上鸭蛋或其他作料一起煎制,增加滋味,食用时要配上香料,如芥辣酱、辣椒酱和翠绿的芫荽,这样色、香、味俱全,吃起来十分可口。

提起蚵仔煎,民间有"土地婆,不吃蚵"的传说。据说,土地公愿世上人人一样富。土地婆生气地说:"世界上人人一样富裕,咱们闺女出嫁,就没有人给抬轿子啦,要让富的富顶天,穷的无寸地。"人们恨透土地婆。听说土地婆不爱吃蚵肉,偏在她诞辰时用蚵肉和番薯粉制成"蚵仔兜"供她,表示报复。

5. 沙茶面

福建是最早对外开放的沿海地区,也是华侨的主要祖籍地之一,福建人们的生活中有很多舶来品,沙茶就是一种。沙茶始源于马来西亚,也有来自印尼一说。闽南人饮茶成风,因此将马来语的 sate 翻译做闽南语的沙茶(sa - te)。

沙茶面的做法很简单,碱水油面放入笊篱下开水锅烫熟,捞到碗里,随自己的口味加入猪心、猪肝、猪腰、鸭腱、鸭血、大肠、鲜鱿鱼、豆腐干等辅料,最后淋上一直在大锅里滚开的汤料,一分钟之内一碗面就可上桌了。

此外,还有福州的清明果、绿豆果、全真鱼丸、拌面、光饼等;厦门的土笋冻、庆兰馅饼、鱼皮花生、香菇肉酱罐头、火烫花螺、花生酥等;泉州的肉粽、深沪水丸、元宵丸、石狮甜果、安海橘红糕、清真牛肉锅贴等;莆田的妈祖面、兴化米粉(豆浆炒米粉)、江口卤面、西天尾扁食、天九湾炝肉、春卷、煎包、炒粉心片、炒泗粉等;三明的熏鸭、蛋菰、蕨须包、芝麻咸饼等;南平的薜荔冻、苦槠糕、鼠曲果等;龙岩的白斩河田鸡、盐酥花生、涮九品;闽西八大干(长汀豆腐干、连城地瓜干、永定菜干、上杭萝卜干、武平猪胆干、宁化老鼠干、明溪肉脯干、永安闽笋干);漳州的手抓面、五香卷等;宁德的魔芋、槟榔芋等,还有闻名全国的沙县小吃。

第四节 海南地方风味

海南菜点统称海南岛风味,是中国各地方风味流派中最年轻而又独具特色的一支。海南岛过去隶属于广东省,其菜点文化湮没在粤菜大系之中。1988 年海南建省后,随着改革开放、经济发展,海南菜点脱颖而出,迅速升华,影响波及国内外,像风靡全球的"海南鸡饭"一样为世人所瞩目。《中国烹饪百科全书》将海南菜描述为:取料立足于海南特产,鲜活为主;味以清鲜居首,重原汁原味,甜酸辣咸兼蓄,讲究清淡,菜式多样,适应性较强。

一、海南风味的形成

(一)自然环境

自然环境是海南饮食文化赖以存在和发展的先决条件,是影响地方风味形成的关键因素。

1. 自然环境影响时节获取食物的种类

海南湿润多雨,土地肥沃,阳光充足,海域辽阔,形成了海南菜品原料的独特性。海南盛产鸡、鹅、鸭、鱼及各类绿色蔬菜,因此海南饮食上有条件适时进食,烹饪原料研究的开拓者聂凤乔教授曾赞叹,"吃在海南,海南是烹饪的宝库"。

2. 自然环境影响食物结构及饮食习惯

海南四季如夏,气候条件特殊。年平均气温在 24℃ 左右,为全国之冠。海南气候比较炎热,人们饮食必须避免高盐、高油、高酱的燥热类食品,偏好于清淡、平和、鲜爽的食品。海南传统饮食活动中也是如此,少食猪肉,多食蔬菜、鸡鸭和海鲜,烹调方法则多倾向于白切、白灼、清炒、清蒸、清炖等。

(二)地理物产

海南省,古称琼崖,地处北纬 18°18′ ~ 20°10,东经 108°37′ ~ 111°03′,属于热带、亚热带地区,陆地面积 3.4 多万平方千米,海洋面积达 200 多万平方千米,包括西沙、中沙、南沙群岛在内,无数个岛屿星罗棋布于南海之中。其日照时间长、雨星充沛,温度适宜,万物皆荣。岛上居民勤于劳作,种养业发达,古往今来,物产相当丰富。王子辉先生在《唐宋时的海南烹饪》一文中引史料记载,唐宋时海南的饮食原料包括陆产、海产、野生、家养,已是十分丰富。唐代名臣李德裕被贬为崖州司户时,从海南写给大陆亲友的信中说,崖州"居人多养鸡,往往飞入官舍"。说明海南养鸡历史久远。由此可见,当今著名的"文昌鸡"是历经漫长年代培育出来的精品。正是得天独厚的地理环境带来的丰富特产,为海南菜点的形成与开发提供了坚实的物质基础。

(三)历史移民

自公元 111 年,西汉武帝元鼎六年设都郡治以来,汉族移民不断迁入海南,苏东坡《伏波将军庙碑记》中说:"自汉末至五代,中原避乱之人,多迁家于此。"唐以前汉族人迁居海南约有 2 万人,宋代迁入约 10 万人,清代激增至 200 多万人。在迁徙者中,今福建人比例最大,经研究,对海南 112 个姓氏 205 位迁琼先祖的调查,表明海南各姓先祖来自于全国各地,其中有 65 个姓氏 123 位先祖来自福建,占 60%。海南饮食文化同于内地,特别是与福建、广东饮食文化一脉相承。

大量的中原移民带来了中原文化,他们的生活习俗、饮食习惯、烹饪技艺,与海南本地民族文化互相融会贯通,形成了具有海南特色的饮食文化和风味特点。

(四)民俗因素

海南人,不论是黎族、苗族、回族和汉民各族群,在长期生产生活中和睦相处,民风淳朴,虽各族群或辖区市、县的饮食(包括归国侨民带回海南的东南亚风情饮食)都有各自的个性特征,但基本上能融为一体。吃的方面十分随和而不拘一格,喜欢休闲自由,各取所欲。各个市县辖区几乎都有当地的名菜、名产、名小吃。最基本的粮食是大米和薯类,最喜欢真材实料,原汁原味,其传统菜点一般都不甚追求刀工造型,具有质朴自然粗犷、豪放之势。这种民俗流传久远,直至 20 世纪 70 年代末,始终作为海南菜最基本的特征。随着改革开放,海南建省,快速发展,海南菜在传统的基础上大举创新,讲究精料精做、粗料细做,讲究花色品种更新、口味多变,餐饮业也形成了大排档及"老爸茶"店、专业酒楼和酒店餐饮三足鼎立,琼、粤、湘及各地风味齐头并进的格局。但是,海南菜求真、求鲜、兼容随和的基本特征不仅没有变,反而得到进一步升华。

(五) 人文特点

一方水土养一方人,海南的地理位置形成了独特的岛屿文化。古时,岛上人民一般是很少出岛的,他们长期过着与世无争的生活,加之海南的汉民多是移民,对于移民来说,陌生人相见甚至比亲戚朋友相见更为平常。岛屿文化和移民文化的融合使海南人民逐渐形成了心胸宽广、有容乃大,热情好客、淳朴善良的性格特点。海南人民的性格特点还使他们习惯于简陋又优美的环境,因而形成了重内在轻外表,重味不重型的自由自在的饮食方式。

二、海南风味区域划分

海南由于政治、经济、地理和民俗等原因,海南菜点的构成时间比较晚,大约在清末民初形成了本地的风味特色。从菜肴品质划分,有宴席菜、便餐菜、家常菜三大类;从风味特色划分,有土著居民、黎苗风味、闽粤风味、东南亚风味以及各具地域特色的市井风味等;从面点小吃上划分,有席上点心、大众茶点和地方小吃等类别;从物产原料分,有海产类(包括海产干货)、河鲜类、家养禽畜类、野味类、热带植物类。此外,海南菜肴中的火锅也相当盛行,几乎各种原料都能用于火锅菜肴,比较出名的有海(河)鲜火锅、狗肉火锅、羊肉火锅、骨汤火锅、杂料火锅等。

三、海南风味特点

(一) 原料天然丰富,名产众多奇特

海南菜点的基础在于丰富的原料资源。海南岛四面环海,地处亚热带,岛上多山林,盛产各种海鲜和野味,具有“海产万类,陆产千名”的优势。就海产而言,已知南海鱼类达千种以上,其中经济价值较高、产量较大的有200多种,虾类40多种,经济贝类40余种,还有藻类162种,海参17种,以及蟹类、海蜇、海胆等。陆地上的飞禽走兽也是种类繁多,不胜枚举。加上饲养业、种植业发达,家禽家畜和热带植物都非常出名。最著名的特产有禽畜类的文昌鸡、加积鸭、温泉鹅、东山羊、临高乳猪、五脚猪、五指山小黄牛;海产类的和乐蟹、后安鲻鱼、临高鱿鱼、三亚海蛇、崖州鲍鱼、石斑鱼、油鲻、剑鲭、马鲛、龙虾、对虾、基围虾、富贵虾(赖尿虾)、海参、公螺、油螺、鸡腿螺、芒果螺、血蚶及多种贝类;热带植物类的椰子、腰果、胡椒、木瓜、菠萝、芒果以及各种瓜、菜、豆,四季皆有。

海南名菜小吃前面多冠以地名,如四大名菜即文昌鸡、加积鸭、东山羊、和乐蟹。名品小吃中,如黄流老母鸭、干煸五指山小黄牛、那大狗肉、临高乳猪、后安粉汤,都以本地地名命名。以"地名＋原料"命名,说明菜品原料立足当地,就地取材,体现了地方资源的特性,反映了地方的历史社会经济发展水平。可以看出,海鲜集中于东南沿海一带,五指山菜品明显具有山区特色和黎苗风情色彩,名菜小吃集中于东部沿海市县。这种以地方命名菜式,表明了饮食取材的原产地,也可判定饮食取材是否地道正宗。另外,菜品取材名称奇特,比如五脚猪,蚂蚁鸡,走地鸡等。五脚猪其实是五指山猪,因其脚短小,嘴不离地,像多长的一只脚而得名;而蚂蚁鸡则是黎苗群众放养的本地小种鸡,重量一般不超过两斤,形容小得像蚂蚁而得名;走地鸡是一种农家鸡,在山坡林地自然放养。鸡屎藤粑仔由一种叫"鸡屎藤"的植物而得名。名称奇特可能与海南当地文化风情有关,或从黎苗语言中音译而来。

(二)注重原汁原味,追求鲜爽简约

海南菜点最显著的特点在于充分保留和发挥其优质原材料的原汁原味,其传统的"四大名菜"——白切文昌鸡、白切加积鸭、白汁东山羊、清蒸和乐蟹,就是明显的例证,其烹调方法看似简单,但做来十分讲究。如白切文昌鸡的制作过程,先旺火滚水去生、定型,后慢火浸煮,使其内外均匀受热,恰到熟时捞起沥净腹腔汤水,斩件可见骨头带红,这样恰到好处的白切鸡具有皮爽滑、肉鲜嫩、味鲜香的优点。其次是在佐料上讲究,备有酱(老抽、生抽)、醋(通常用当地新鲜橘汁代替)、蒜蓉、姜蓉、辣椒、香油、香菜、什锦酱,客人可按自己的口味习惯自行取舍,达到提鲜增味的目的。故又有"七分鸡肉三分味碟"的说法。其他菜肴的制作大多体现这种特点。海南菜点正是倚仗其物产资源优势,加之亚热带地区的饮食习俗,特别讲究口味清鲜。鲜的含义,一指原材料鲜活(一般不使用冻品、陈品,最喜现宰现加工现吃);二指口味鲜,而且清爽。因此,其常见的烹调法为白切、白灼、清蒸、清炒,以及炖、焖、煲、清水火锅等,都具有突出原料本质本味和鲜爽及制作方法简约的个性特征。

(三)兼收并蓄演变,适应八方食客

海南岛的居民都是从大陆各地迁徙进来的"移民"及其后裔,以闽、粤、桂居多,次为中原地区及至川、湘、江、浙,其语言和饮食习俗比较多样化,具有移民岛的特征,比较容易接受外部的影响,在菜点方面也有同样表现。其烹调方法及味型大致与粤菜类同,但也兼蓄了川、湘、闽、鲁各地风味技法。主要味型除了清鲜、椰香等特征性味型外,还有甜酸味型、咸甜味型、酸辣味型、香辣味型、五香味型、姜葱味型以及蒜香、焦香、酱香、芝麻香、豆豉香、虾酱香、酒香、糟香、胡椒香、果香味型等。以鲜、香、甜、酸为主，格调质朴自然，具有浓郁的海岛风情与南国韵味。突出清、鲜，注重养生，突出特点就是清新，保持食物为原味、真味。具体手法有白切、清蒸、清炖、汤煲、原汁、净涮等。取材用料保持原生态性，对新鲜程度要求高，对植物追求自然与绿色，对动物重视活杀现宰，力保鲜嫩，体现本味。做法以白斩、清蒸、清炒、原汁、白灼等，推崇菜品的原汁原味。作为生态与原味菜品，海南菜可称为是第一层次的饮食。

其他地方风味流派擅长的烹调技法如干煸、干烧、红烧、卤味、烧烤、酥（脆）炸等，都融纳入本地菜肴制作中，有的已演变成了本地的一大特色。如干煸法制作野味和禽畜类菜肴，其香气、质感、味感都十分诱人，被公认为海南菜的一大亮点至今，到海南的外地客人，不管来自何方，都能品尝到适合自己口味的美食。

四、海南饮食文化

（一）无鸡不成席

"无鸡不成席"，过年过节吃鸡是所有海南人民根深蒂固的情结。每逢春节，从年三十到正月十五，除了初一不杀鸡，几乎每天都杀鸡，每顿饭必有鸡。宴席通常选用农家鸡，并使用最能体现鸡鲜美嫩滑的原汁原味的传统作法——白斩。在过去的年月里，海南经济水平比较低，人们生活贫苦，只有过年才可以吃鸡，吃鸡成为海南人生活幸福的一项重要指标。尽管今天海南人民的生活水平越来越高，但传统依旧，在除夕祭拜祖先时，每家每户都会挑一个最大最肥的鸡摆在供桌上，用以告诉先祖今年收成最好，吃了又大又肥的鸡。"无鸡不成席"的传统饮食习俗体现着海南人民浓厚的乡情。

（二）钟爱水芹

水芹是一种生长在水田里的蔬菜，茎细有节，茎上无长枝，根大而长，叶细小。李时珍在《本草纲目》中说："芹菜有水芹、旱芹两种。水芹生长在沼泽的边土上，旱芹则生长在陆地。"海南人民吃的芹菜专指水芹。水芹文化意蕴丰富，《诗经·鲁颂·泮水》曰："思乐泮水，薄采其芹。"人们在欢乐庆祝时，得有水芹。古时，泮水之畔是鲁国学宫，相传，学子如有幸高中，须在泮池里采些水芹，并插在帽上到孔庙祭拜，才算是真正的秀才或士子。后人称考中秀才为"入泮"或"采芹"。水芹很香美，《吕氏春秋·本味》曰："菜之美者，云梦之芹。"海南人民节庆时节必吃清炒水芹，一是因为"芹"字与勤劳的"勤"谐音，吃芹菜，象征着新的一年里，勤劳致富；

二是要人们牢记,今日餐桌上的美味佳肴是勤奋劳动所作,要感谢劳动带来的成果。

(三)自由自在的饮食方式

海南人习惯、喜欢自由自在的饮食方式。他们不会在意菜品的做工,也不会在意是否精雕细琢使菜品具有艺术审美性,更不会在意菜品是否盛放在做工精良的瓷器中。这种重内在而不刻意修饰外表,重菜肴的味而不过分展露菜肴的形色,是海南人民传统饮食的突出特色。

(四)饮食养生文化

海南人选料天然丰富,注意适时进食,烹饪方法天然生态,注重本味,讲究鲜爽,同时注重饮食的阴阳平衡。如端午节人们吃的粽子是肉粽,油腻大,加上糯米多吃不好消化,因此海南人民吃粽子后都要喝鹧鸪茶解油腻,帮助消化。海南人在丰富的饮食实践基础上,在不断的理论探索中,形成了博大精深的饮食养生理论和文化。

(五)饮食中的乡情文化

海南人有浓厚的故乡情结,每逢重大节庆一定要回到祖屋,共庆团聚。大多数海南人家的祖屋早无人定居,然而每到逢年过节人气却格外旺盛,特别是春节和清明,来自四面八方的亲人汇聚一堂,海外亲人回故乡访亲,还一同带着子孙后代寻根问祖,祭拜祖先。每栋祖屋都牵动一份浓浓乡情,亲人们热热闹闹地忙着杀鸡拔毛,摘菜蒸饭,在祖屋里摆开三五桌,男女老少欢聚一堂,呈现着血肉相连无法割舍的感动。海南人、琼山进士陈缵的《清明有感》诗:"清明无客不思家,我到清明思转加。嫩绿又开新柳眼,娇红不是旧桃花。半生暗恨空流水,三尺孤坟自落霞。欲寄凄凉眼前泪,想应流不到天涯。"千百年来,海南人高度重视亲人之间的情感交流,形成了感人至深的乡情文化。

(六)饮食中的祭祀文化

海南人对先祖的尊敬和崇拜,是其他任何一个地区都无法比拟的。海南的每一个传统节日,必有祭祀程序,而且首先为祭祀,而后才为满足自我食欲。《礼记·礼运》说,"夫礼之初,始于饮食",海南人视祭祀为饮食礼俗的开始,体现着海南人民重视孝道的价值观念。海南祭祖之风炽热,民间还有专门祭祀节庆活动——公期,据《琼山县志》记载:千百年来,"数百里内祈祷者络绎不绝,每逢诞节,四方来集,坡墟几无隙地"。"公期"时,主人一定会用最丰盛、最可口的饭菜宴请八方来客。海南人慎终追远，纪念先人，发扬优良传统，凝聚宗亲情感，寄托于祖宗来普照后人的幸福，用食物淳朴地演绎着对祖先、对领袖的怀念和感激之情。

(七)谐音文化

海南人民的"趋吉"心理表现尤为强烈，饮食常以食表意、以物传情，不少食品都蕴含祈求平安幸福、向往进步光明之意。如吃茄子，海南话寓意一年比一年好，吃长粉丝寓意过日子细水长流，军破节时吃芋头、番薯、葱等，寓意多子多福，长命百岁。海南饮食谐音文化打上了独具特色的海南文化烙印，成为海南饮食中的闪光点，使节庆活动韵味顿增、魅力平添、美学价值更大。

五、海南名菜名点

将海南菜从名菜和小吃两方面进行划分，名菜是指那些名称被认同、做法相对固定、成为宾馆酒楼推荐并具有代表性和一定知名度的菜品，小吃是指具有地方特色，市场上常见并商品化的各类食品。名菜有海(河)鲜、畜禽、山珍类等，小吃有米粉、米饭、面食、甜点、汤水类等。

(一)地方风味名菜

用禽蛋制作的名菜有白切文昌鸡、海南椰奶鸡、椰汁咖喱鸡、葱油鸡、脆皮鸡、白切加积鸭、琼州八宝鸭、糯米鸭、黄流老鸭汤、卤味鸭、四宝琼山豆腐、葱花滑炒蛋等。用家畜制作的名菜有白汁东山羊、明炉石山羊、东方白斩羔羊、红扣羊、干煸羊、烤临高乳猪、卤汁，五花肉、海南胡椒肚、那大狗肉煲等。用海(河)鲜制作的名菜有清蒸和乐蟹、清蒸后安鲻、清蒸海石斑、白灼基围虾、炭烤曲口血蚶、椒盐富贵虾、琼式烧鱼肚、碧绿龙虾球、玉掌鲨鱼皮、海南墨鱼丸，红烧咖喱蚵、糖醋万泉鲤、柠檬蒸白鳝、干烧琵琶虾、干煎马鲛鱼、五彩鱿鱼丝、三鲜鱼翅羹、虾球烧海参、蒜茸蒸鲜鲍等。用椰子及蔬果制作的菜肴有椰子炖鸡盅、海南斋菜煲、文昌全家福、芋梗竹笋煲、鲨仔酸瓜脯、虾酱炒薯叶、清炒山野菜、清炒四角豆、多文空心菜等。

1. 白切文昌鸡

文昌鸡是海南最负盛名的传统名菜，号称"四大名菜"之首。因产于文昌而得名。据传，文昌鸡最早出自该市潭牛镇天赐村，村外多榕树，鸡食榕籽、觅昆虫，自然放养。幼鸡由小鸡放养到稍大，即离地笼养育肥，喂以海南的特产如椰丝、花生麸、饭团米糠等，养育出的鸡肉味道特别鲜美。

在海南素有"没有文昌鸡不成席"之说。海南人吃文昌鸡，传统的吃法是白斩(也叫"白切")。吃白切文昌鸡要有好的佐料，一般用煮鸡的鸡汤配上蒜泥、姜末、橘子汁、香菜末、酱油等几种原料制成。再煮上一锅鸡油、鸡汤煮的白米饭，俗称"鸡饭"。白斩文昌鸡在海南不论筵席、便餐，还是家庭菜皆能派上用场。在中国香港地区和东南亚一带备受推崇，名气颇盛。白切文昌鸡也叫原味文昌鸡，从外表上看，和普通白切鸡并无两样，色泽也较光亮，吃入口才知其与普通鸡的不同之处：皮脆肉嫩，爽滑酸香，特别是佐以海南特制的味料，香味更浓郁。

椰子是海南最有名的热带水果之一，椰子水清甜，椰子肉富含脂肪和蛋白质。海南人常用椰肉、椰汁来煲汤、做菜肴。椰子炖文昌鸡就是最受欢迎的汤。面前一碗椰子炖鸡汤，一股浓浓的椰香会直扑鼻间。

2. 东山羊

作为海南四大名菜之一，东山羊的味道鲜美，而且无膻味，肉质细嫩，品尝过的美食达人都赞不绝口。据传羊食东山岭茶等稀有草木，因此肉质鲜美。东山羊自宋朝以来就已享有盛名，并曾被列为贡品。民国时期，南京政府也将其列入"总统府"膳单，而今更是名扬四海。

东山羊产于万宁县东山岭，是在海南特殊的自然地理和社会经济条件下而形成的一个地方优良肉用品种。在体形外貌方面，它在山羊当中是属于体形比较大的一种，成年体重可达 40～50 公斤，外貌特点是它的公羊母羊都有角都有胡须，颈部比较细长，体质比较结实，毛色短而发亮。

东山羊食法多样，有红焖、清汤、椰汁、干煸及火锅涮等多种吃法，配以各种香料、味料，经过滚、炸、纹、蒸、扣等多种烹调方法，成菜风味极佳，尤以东山岭宾馆的"白汁东山羊"最具代表性。

3. 加积鸭

相传加积鸭是 300 多年前由华侨从马来西亚引进的良种鸭，故称"番鸭"。它形体扁，皮薄，骨软，肉嫩，脂肪少。由于加积地区饲养番鸭的方法特殊，从小给鸭仔喂养淡水小鱼虾或蚯蚓、蟑螂，养到 70 天左右时开始用米饭、米糠、豆饼等揉和成团填肥。二十多天后，鸭的嘴脚变白，脂肪渗入肌肉，肉肥香嫩。加积鸭盛产于海南琼海市加积镇，其皮薄脆滑，骨软肉嫩，脂肪少，最特别的是皮肉之间夹着的一层薄脂，特别甘美。加积鸭的烹调方法繁多，但一般以白斩、板鸭、烤鸭三种食法较为普遍，其中尤以白斩最为原汁原味，广受欢迎。

4. 和乐蟹

和乐蟹产于海南万宁县和乐镇，以甲壳坚硬、肉肥膏满著称。和乐蟹的烹调方法多种多样，蒸、煮、炒、烤均具特色，相对螃蟹来说清蒸是最好烹饪方法之一，既保持了其原味之鲜，又兼原色形之美。"清蒸和乐蟹"的特点是突出了和乐蟹的原汁原味，其蟹肉鲜嫩，蟹膏为黄色，似咸蛋黄，配姜、醋佐料而食，味极鲜美，极富营养。如果煮蟹，和其他地区略有不同的是和乐蟹在用清水煮熟后，还要清洁蟹身，然后用明火稍烤干全身。做出来的蟹相对其他地区香味更浓,膏脂更有肉感。加上独到的蘸料,甚至可与清蒸大闸蟹相媲美。

5. 临高乳猪

临高乳猪是全国特有的猪种,体小腰直,皮薄肉瘦。烤、焖、炒、蒸皆可口,尤以烧烤为最佳。烧烤时,师傅将乳猪屠宰好,将其剖开、碎骨,上好佐料,而后置于炭火之上文火烘烤。一边将其轻轻翻动,一边还不时涂上花生油,使皮不起泡又增色增味。四五个小时后,一只全身焦黄、油光可鉴、散发着浓郁香味的烤临高乳猪就制成了。切片而食,皮酥肉香。此猪种畅销中国港,久享盛名,是海南传统的出口产品。

6. 那大狗肉

那大狗肉是与海南"四大名菜"齐名的美味,因为传统认为"狗肉不上席",故"那大狗肉"没能挤进"名菜"之列。那大狗肉产于儋州市那大镇,此处狗肉加工方法和佐料与众不同,所烹之狗,肉美骨香。

狗肉吃法一般采用火锅,其汤料有红枣、党参、枸杞、胡椒、熟芝麻等以及海南独特的调料数十种,将熟狗肉切块下到汤料中烫热即可食,香味浓烈,风味自出。

7. 琼海温泉鹅

琼海温泉鹅是万泉河沿岸农户饲养的本地杂交鹅,从小放养在万泉河边的沙滩上,靠食用生长在河边的鹅仔草、野草以及农户家中的碎米和萝卜苗长大,待到羽毛交叉,农户才会用家中的米饭、花生饼、番薯和米糠精心地混合填喂,十多天后就成了正宗的温泉鹅。琼海温泉鹅食法大多以白切为主,也有烤鹅。成品营养丰富、肥而不腻、清淡原味、醇香可口的特点。很多海口人及路过琼海的人专门驱车去温泉镇吃鹅肉。

(二)地方风味名点

宴席和早茶点心类有海南椰奶挞、奶皇海蚬饺、鸡粒蛤蜊酥、海南罗丝包、酥皮鲜椰挞、椰香千层酥、椰皇金叶酥、松软咸甜包、层酥鸡球笼包、小笼鲜肉包、生菜包、叉烧包、椰丝糯米卷、海南油条等。风味小吃类有海南粉、抱罗粉、后安粉、琼南伊府而、琼州炒粑条、猪内(脏)河粉汤、陵水酸粉、九层油糕、义昌空心煎堆、香酥烙饼、海南椰子船、海南萝卜糕、鸡屎藤粑仔、万宁猪肠粑、甘薯乳丸、黎家竹筒饭、凉拌薯粉条、板兰糕、千孔糕、风味咖喱棕、椰香高粱粑、香麻煎堆等。

1. 海南粉

有街就有海南米粉。北方盛产麦,南方盛产稻,反映到饮食中自然就形成了"南粉北面"。在南方各地都有不少以米粉为原料的小吃,如桂林米粉、云南过桥米线等地方名小吃。

地处祖国最南端的海南,在主食上一日三餐离不开米或米制品,各种粉制品在海南人的生活中扮演着必不可少的角色。从海口到三亚,从文昌到儋州,几乎每个地方都有别具风味的"粉",而最出名的要数海口一带的海南粉、文昌的抱罗粉,以及万宁的后安粉、陵水的酸粉、三亚的港门粉……

海南粉有两种:一种是粗粉,一种是细粉。粗粉的配料比较简单,只在粗粉中加入滚热的酸菜牛肉汤,撒少许虾酱、嫩椒、葱花、爆花生米等即成,叫作"粗粉汤";而细粉则比较讲究,要用多种配料、味料和芡汁加以搅拌腌着吃,叫作"腌粉"。海南粉通常指的就是这类"腌粉"。

2. 抱罗粉

抱罗粉因盛起于文昌市的抱罗镇而得名,相传自明代起抱罗粉就成为抱罗镇著名四乡的美食了。是与海南粉齐名的另一种海南特色粉制品。

抱罗粉比海南粉略粗,所以在琼北一带又称"粗粉汤"。而不少文昌老华侨回乡,吃一碗正宗的抱罗粉是必不可少的功课。

抱罗粉属汤粉类,其贵在汤好,汤质清幽、鲜美可口、香甜麻辣。抱罗粉的汤较甜,但是这是一种独特的鲜甜,甜而不腻,且甜中带酸、酸中带辣,其味妙不可言。

旧时的抱罗粉粉汤通常是用牛骨煮汤配制而成,现在的粉汤则吸收了粤菜的上汤制法,用多种原料熬煮而成,其味较之旧时的粉汤更加鲜美。用这种鲜汤冲调米粉配上精制牛肉干、瘦肉丝、粉肠、花生仁、少许酸笋、酸菜骨、辣椒等配料、佐料,当然会引起您强烈的食欲。一碗抱罗粉既可以充饥解渴,又是一种美食享受,难怪抱罗镇一带人们自古就把"上市食粉"当作一大乐事。

在各种配料中,牛肉干是最马虎不得的,一般要选用上好的老牛肉丝,再用蒜、草果、香叶、桂皮等香料以及南乳、老抽、白糖、白酒等酱料来制作,而在制作牛肉干过程中打出来的汁,是令抱罗粉汤甜而不腻的一个秘密。

3. 陵水酸粉

灵山粗粉、陵水酸粉、嘉积牛腩粉、澄迈粉、港门粉等都各具特色,风味浓郁。陵水酸粉在食法上虽与海南粉、抱罗粉相似,但腌料又有不同,吃时要加上当地一种味道相当鲜美的沙虫及富有特色的酸酱,其特点是既香又酸,嗜辣者还可再加一小勺本地产、辣中之辣的"灯笼辣椒酱",更是香、辣、酸三味俱全。

4. 椰子饭

椰子饭又名椰子船,在海南的文昌等地,食用此种以椰子肉为底的船形小食品,是当地人民祈求幸福的象征,也是宴请贵宾和亲朋好友的上等佳品。把椰子的硬壳去掉,留下整只肉瓢,在顶端切开小口留盖,倒掉椰子水,将糯米填入椰盅内,同时加入白糖及鲜椰汁,灌入淡鲜奶或沸水,用椰盖封口缚紧,放进盛有清水的锅中加盖煮熟,吃的时候用刀切成若干块两头尖、中间宽的船形,椰子饭装盘即成。

椰肉和糯米饭紧密结合,色泽白净,饭粒晶莹半透明,状如珍珠,故有"珍珠椰子船"之称。

5. 椰子糕

椰子糕是海南特色小吃中的一种,椰子糕呈扁圆形有碗底般大小,外面用椰叶或香蕉芭蕉叶裹成。拨开外面的叶子,里面是白色的年糕,其馅一般有椰丝花生馅和椰林芝麻馅的。吃起来清爽、柔软、韧劲,更重要的是闻起来椰子的清香和吃起来椰丝的浓香都让人齿颊留香。在海南的明珠、解放西等大街小巷及菜市场入口处都有叫卖椰子糕的阿姨,用一个箩筐装着垒好的一层一层的椰子糕。

6. 清补凉

清补凉是海南各地特色夜宵,在路边、广场都可见到,生意非常好,四元一碗,内容非常丰富,有芋头、西瓜、龟苓膏、花生、红枣、通心粉、贝壳粉等多种材料任你选择,再加上浓浓的椰汁,放点冰块,即解暑又营养。

7. 鸡屎藤粑

鸡屎藤是一种野生的蔓生植物,据说鸡屎藤是因为其叶闻起来有鸡屎的臭味而得名,将鸡屎藤手工制作成粑子,加水煮熟后,放入红糖姜汁,现在人们也喜欢在里面加椰奶,吃起来非常有嚼劲,鸡屎藤粑在海南海口、琼海、万宁一带有悠久的制作历史,也深受人们喜爱,在琼海鸡屎藤粑已经成为了一些高档酒楼的特色招牌小吃。

8. 热带海洋海鲜

海南四面环海,鱼虾蟹贝种类非常丰富,马鲛鱼、石斑鱼、沙丁鱼、雪蛤、基围虾、青蟹、花蟹等数不胜数。在海南比较著名的是马鲛鱼,马鲛鱼俗称黑鱼,在民众生活中有着悠久的历史。据说,海南明朝一位高官与黑鱼颇有缘分,民间将他封为"黑鱼祖"。海南人过年送礼都是拎着整条马鲛鱼上门的。

9. 热带水果

海南地处热带,椰子、榴梿、山竹、菠萝、波罗蜜、莲雾、香蕉、鸡蛋果、木瓜、杨桃、火龙果等各种热带水果应有尽有,数不胜数。

10. 老爸茶

老爸茶是海南大街小巷随处可见的一种休闲方式,在海口的老爸茶馆里的客人,坐在海南任何一家老爸茶馆里,叫上一壶茶,一碟花生或小吃,就算两块钱的茶也可以从清早一直泡到下午黄昏,在老爸茶店里最常见的是三三两两的"老爸们"一边喝着老爸茶,一边研究彩票。

11. 打边炉

打边炉,是海南人对火锅的普遍叫法。现在海南本地人在家吃饭也总喜欢打边炉,打边炉最常用的材料有海鲜,也就是海鲜火锅,打边炉的锅底很清淡基本就是白水放点生姜,再放入少许香菇、枸杞、葱、姜,水一开就可以放入海鲜尽情享用了。而蘸料就是什锦酱、虾酱、蒜蓉、姜末、香菜、酱油、海南小橘子、海南黄灯笼辣椒等,端上来,食客自己调配。当然除了海鲜,什么都可以拿来做打边炉的材料,如鸡、鸭、羊肉、带皮小黄牛等,很受当地人的喜爱,打边炉店像定安骨汤、猪肚包鸡等生意非常火暴。

12. 猪脚牛腩饭

猪脚牛腩饭是备受海南人喜爱的一种饮食方式,在海口的一些老街有不少卖猪脚牛腩饭的老店,食客络绎不绝。店门口架两口砂锅,一锅是猪脚,一锅是牛腩,冒着热气夹着香气,一般的客人都会点上一份猪脚饭,店里的小妹给客人装上一小碗猪脚,端上来的饭还要浇上一勺猪脚汤。当然猪脚饭店里并不是只有猪脚、牛腩,还有酸笋、五花肉、各种现炒青菜可以搭配,价格实惠,味道让你吃了还想再吃。

第五节 港澳台地方风味

一、香港风味

大概从唐代起,广州是重要的对外通商口岸,许多外国的食物原料品种进入中国,香港也受其影响,到了南宋以后,海鲜成了广东地区筵席中的主菜。南宋完全灭亡前夕,赵昰和赵昺及其臣属逃到今天新界围村一带,当地居民将可能找到的食物烹煮以后,装在大木盆内交给饥饿的士兵们带走,发明了今天著名的"盆菜"(盘菜)。

鸦片战争后,香港开埠,大量潮汕地区的劳工进入香港,其中有些人经营小摊贩,潮州菜以简单的菜式进入香港,发展成今日的大排档。同时,西餐食谱大量进入饮食市场,西餐中的点心和相关技巧被香港饮食行业所吸收并加以改进,演变成具有岭南特色的广式点心,如餐包、奶油曲奇、马盛糕、蛋挞等。大街小巷都有经营粥粉面饭、凉果、糕饼等食档的,形成了一条又一条的"食街",其中将米饭和肉料融于一锅的"煲仔饭"最受欢迎。

抗日战争胜利以后,内地有150万人涌入香港,其中有一些人以经营低档餐饮为职业,他们的经营牌照比一般的小贩稍大,并需悬挂在显眼的地方,于是被称为"大牌档",大牌档的经营场所并非固定建筑物,属于"流动小贩",食客的座位必须离开地面,整个设施的底层必须有轮,可以方便移动。这些大牌档往往在街边一字排列,所以又称"大排档"。这个名称后来传至上海等地,那些有固定建筑的小饭店也被称为大排档。这也是香港地区的一大创造,但香港的大牌档后来却因堵塞道路,妨碍交通,影响环境卫生而被取缔。香港大牌档供应的部分菜点有足味咸蛋、姜葱焗鲤鱼、味菜炒鲥鱼、上汤杞菜浸时鲜、茄汁鲜龟块、豉椒炒鸡宝、豉椒鸡肠、荷芹芽菇炒腊味、双肠茸扒绍菜、椰汁香芋油鸭、洋葱焗猪柳、苏梅排骨、中式牛柳等。

在 1945—1951 年,上海菜、宁波菜、安徽菜、四川菜等内地风味进入香港;1970年前后,菲律宾菜和印尼菜进入香港;1973 年 6 月,美国肯德基进入香港,1975 年麦当劳在香港设铺,美式快餐文化进入香港;1980 年以后,日本料理重新进入香港;与此同时,还有韩国料理也进入香港,香港成了典型的世界性的饮食文化大展台。

(一)香港风味特点

香港菜点是以广东菜(包括广府菜、潮汕菜和客家菜)为基调,广泛吸收内地各著名菜系和多种国外风味融合形成的港式粤菜。

从历史背景上看,在鸦片战争以前,香港饮食文化完全是广东饮食文化的一部分。尽管自唐朝以后,就因为海上交通而带进了外域饮食文化,丰富了人们的食物原料,但并不能完全改变香港的广东风味特色。

自香港沦入英国侵略者手中,外国的饮食文化便迅速影响了香港人的饮食生活,华洋杂处的生活格局加速了中外饮食文化交流,香港地区有所谓"豉油西餐"的说法。"蛋挞"的创造是典型的西点中化。蛋挞的"挞"字,源自英文的 Tart,意指馅料外露的馅饼,而馅料被密封皮的馅饼在英文中叫批或派,英文为 Pie,这样蛋挞就是以蛋浆为馅料的 Tart。香港的蛋挞以"批"的酥皮加入馅料,创造了中西合璧的新食品,这种现象在香港菜点中比比皆是。

(二)香港名菜名点

1. 八宝冬瓜盅

八宝冬瓜盅是香港夏季十分流行的一道汤菜,冬瓜能消暑,解毒、生津,加上鸡汤配制,营养十分丰富,老少皆宜。此菜在香港已有近百年的历史,至今仍长旺不衰,是典型的香港特色代表菜。汤内原料丰富,口味鲜美复合,加之冬瓜肉味蒸入其中,汤味更加爽滑清口。选的冬瓜一定是南方所产的皮较坚硬的品种。注意冬瓜的蒸制时间,不可蒸烂蒸塌。吊鲜高鸡汤时,油要少。

2. 沙律烟鲳鱼

沙律烟鲳鱼创始于香港大屿山离岛一带,这里原是渔民的集中地,每当渔民出海打鱼时,他们会将所剩余的鱼用较原始的腌制方法,在岸上架起果木,将鱼熏烤成熟,这样增加了鱼的保存时间,便于出海携带。后来经过现代的烹调方法加上西式调料,使其口感、口味益臻佳美,现在已成为港式菜中的风味名品。鱼肉汁液饱满,味道中呈现出菜与玫瑰露酒的浓郁香气,别具风味。腌制时间要达到入味要求。烤制时,注意底火与上火的温差。掌握烤制时间,不可将鱼烤干。

3. 大澳虾酱骨

大澳虾酱骨源起于香港离岛大澳,因大澳生产虾膏而闻名,这里水上人家的渔民,经常在出海前将买回来的脯排用虾酱腌制,待出海回来后进行烹制,用来佐酒待客。由于此菜腌渍时间较长,虾酱味已透入排骨肌里,其口味口感浓香脆口不腻,流传至今已成为香港传统的风味名菜。风味软肋骨口感脆香,有咬头,虾酱味浓郁,回味绵长。腌制要入味。用温油汆熟(又称半煎半炸)。

4. 桂花炒鱼翅

桂花炒鱼翅,色形如桂花,鱼翅松软滑嫩,海鲜味浓郁。炒制时,一定要将蛋液炒至松散成均匀的蛋穗状,不可结块。它是一道港式菜肴中很传统的菜式,颜色金黄,鲜香脆滑。

5. 大良炒鲜奶

大良炒鲜奶源于广东顺德大良镇,故名。大良附近多山丘,岗草茂盛,所养的本地水牛,产奶量虽少,但水分少油脂大,特别香浓。用此奶制作的大良炒鲜奶以其独特的风味饮誉中外,特别适合老年、儿童食用。此菜既可入馔豪华大宴,亦可作为名品小吃面向大众百姓。成品口感软滑,入口即化,味道咸鲜微甜,奶香味突出。奶与蛋清配比要掌握好。要注意炒制时锅面的处理和火候的掌握。

6. 蒜香牛仔粒

蒜香牛仔粒是港式较为新派的创新菜肴,现已在香港十分流行。此菜采用中西合璧的方式,以煎烤方法成熟,集烧烤香、黄油香、奶油香、蒜香味于一体,诸种味道交相辉映,是备受东西方人一致推崇的名品。主料牛肉入口滑嫩,蒜香味浓,配料蘑菇奶香入味。选料用上等日本雪花牛肉,即红中带白似雪花状的牛肉。煎的火候要控制好,不能用手勺搅炒,只可用手勺拍平,然后大翻勺煎另一面。

7. 锅贴明虾(金玉良缘)

锅贴明虾(金玉良缘)原创于香港新界,当时锅贴明虾是将猪肉片和虾肉沾上蛋浆,在肉片上洒上火腿,再贴上虾肉煎制而成。后来人们觉得肉片油腻,受热后形状、色泽难至佳境,就改由法式方面包片取而代之。改制后,虾嫩脆,面包片酥,入口后酥嫩相间,达到了口感上的最佳匹配。现在,香港很多老字号酒家将此菜作为老品牌主打菜进行经营,颇受香港老食客的欢迎。锅贴明虾已成为传统港式菜的代表作品之一。

本菜品虾脆嫩,面包片酥,酥与嫩相间匹配,蘸汁食用,酸甜咸可口。洗虾时注意用粟粉去除虾表面杂质或杂色,同时粟粉便于虾中蛋白质的凝固,可使虾肉变脆。煎时,要先煎虾肉一面,以保证成形和口感。

8. 港式盐焗鸡

港式盐焗鸡源于东江惠阳盐场,当时人们用盐储存煮熟的鸡,目的是使其储存时间长,不变质,食用方便。厨师们借用此法,不断进行改进,由盐焗成熟法改成现在这种烤法的盐焗鸡,使鸡达到了外焦里嫩的香嫩口感,佐酒而食,备受推崇。这道菜皮脆肉嫩,沙姜、葱香香气浓郁。制作过程注意要腌制入味,先煮开后,用小火浸至成熟入味;注意烤时的上下温度差别。

9. 港式西湖醋鱼

港式西湖醋鱼受到了杭州西湖醋鱼的启发,借鉴了内地北方糖醋鱼、浇汁鱼的做法,以番茄酱为主要淋汁调料。菜品突出了大红色调,体现了喜庆吉祥、富贵有鱼(余)的中国文化特征。菜品色泽红亮,外焦里嫩,甜、酸、咸适度。鱼要炸得外焦里嫩。番茄酱要炒香,炒亮。

10. 传统扎蹄

"烧烤卤腊"的烹调方法,为我国南方粤菜的代表技法,民间普及性极高,如今已发扬至世界各地。"粤式烧味"店铺林立,广受欢迎。粤式"扎蹄",源于市井,登上大雅之堂。

此菜源于佛山汾江,清乾隆年间,佛山海运繁忙,江畔设署亭舍,方便来往官员憩息饮食。亭舍附近有肉店号德记,除了用新鲜猪肉制作菜肴外,还将边角碎肉卤制成饭食出售。

传说,一日黄昏,德记老板正准备休息,有几名官差前来,说"大老爷"将经此地,着令作肴以待。官威凌人,老板已无整料,只好把当日卖剩的卤腌碎肉猪蹄等做成菜肴供供食。其中一道便是扎蹄(酝扎猪蹄)。"大老爷"平时吃惯山珍,尝了民间的乡野小菜,对此扎蹄尤其赞不绝口,并称此番尝猪手,官场必得心应手,一时高兴,替德记易名为"得心斋",意寓得心应手之意。从此,来往官员商旅,无不以品尝"得心斋"扎蹄为幸,佐膳无此不欢。由此,扎蹄一登龙门,身价百倍。

酝扎猪蹄,选用整只猪蹄连肘,腿骨腿肉剔出,猪皮不许弄破,馅料酿入其中,置卤水酿制。成品造型完整无缺,保持猪蹄肘原有形状。20世纪中叶,香港寿筵喜酌头盘"烧味拼盘",必备此菜。

传统扎蹄使用膘猪肘肉作为馅料,因肘肉脂肪重,不符合现代要求。今经改良,采用猪精肉代之,务求符合现代健康饮食。至于捆扎方法,传统方法是使用多量水草将原只蹄肘捆绑定形,今亦改良为将肉馅酿至八成满,以水草在收口处紧扎。成品色泽均匀,更为美观。尤其酝煮慢火小炖,使调料复合味透入肌里,在"鼎中之变,精妙微纤"中获取了上佳风味。菜肴色泽赤亮似金,皮胶爽嫩,馅料鲜甘,突显出烹调中"酝"之技术,物料因长时间吸热慢熟,因而吸足卤汁、调料、酒香气味,纤维松软不断,口感皮爽肉香,鲜甘可口,吃罢齿颊留香。

本菜着重刀工、选料和火候。由其注意卤水,务以清香为本,香料不可过浓,味不可 以过重,始能显出本菜风味。

11. 香港盆菜

一向流传在香港新界元朗围村,历史悠久的"盆菜"可算是香港始创的传统食制。盆菜的来源,据说是南宋的末代皇帝赵昺在落难时,带领败军逃难到香港新界元朗,走投无路,露宿街头,情况堪怜。乡民为了招待皇帝,纷纷烹制食物,以款待皇帝,借以慰劳,但因军队人数众多,所需食物数量庞大,一时器皿不敷应用,缺乏盛载食物器皿,于是每家每户拿出家中之洗脸盆权充盛器,然后将各家烹制好的美食佳肴,共冶一炉,置于盆中,以供宋帝及皇师进食。由此竟成为别具一格的盆菜特色食制。此后,乡民每有喜庆嫁娶或大摆筵席,招待亲友场合,都爱选用盆菜方式进行,竟成为习俗,流传至今,大受欢迎,并且被誉为香港特色。

由于盆菜始创于香港新界,故顺理成章地成为香港独具特色的代表性传统菜式,驰名远近,历久不衰。其实,盆菜所用材料并无规定,一般采用极富乡土风味的材料,例如门鳝干、虾干、鱿鱼、南乳扣肉、猪皮胶、萝卜、鱼蛋、大制鸡等,分层摆叠在盆上,上桌时任选食客自行挟食,无拘无束,别有风味。其后有人采用高价名贵材料烹制而成,摒弃乡土风味材料,改用干鲍鱼、海参、鱼翅、广肚、瑶柱等代替传统材料,食味迥然不同。可惜已减少很多传统风味,怀旧气息顿减,失去创始之义。有600多年悠久历史的盆菜,确实值得回味,亦有其延续存在的价值,何况今天的盆菜已有很大的改良,以前的盆菜所用的木盆,现在已改用锑盆,清洁又卫生,容易清理,减少细菌留存,观感上更放心。在用料方面,又不局限于规定,丰俭随意。原则上,值得注意的是传统规例,基本上食物只限放九层,取其长长久久之意,但亦有人加至十层或十一层,一般来说,材料分层亦要分先后,盆底应放较瘦物质例如竹笋、沙葛、笋虾,上二层放较肥腴品类,使底层较瘦食物容易吸纳到肥腻,以增协调作用,加强滋味。

北方有些村落或客家盆菜,是用酸菜为底料,上层放肉类,中层放猪皮胶、鱿鱼、柞门鳝,基本上每个盆菜食物不少于20种,而烹制盆菜主要用面豉、面乳调味,亦有人不用面豉,认为只有在丧事中所食盆菜才用面豉。此外盆菜的卤类应切成长条,或长方形,如切成四方形,就是只有在白事中才用得着,切勿弄错,以免犯忌。

至于盆菜的沿革,值得留意的地方很多。因时移世易,人们对饮食习惯,对品味与材料及烹饪方式要求日增。就以盆菜为例,已不限上述,近年有素食者会将材料改为不用荤料,而选为素料,例如采用以素卤制成的素鸡、素咕噜肉、素脆鳝、素虾、素鱿鱼、素鱼丸、素鲍鱼甚至素腩肉,加上多种蔬菜,鲜菌类及蕨类,借以减低胆固醇,以确保身体健康。除此之外,西餐亦创制盆菜供应,谋求追上潮流,不让中式盆菜专美,使得盆菜在沿革上倍增姿采,为嗜吃盆菜者又添口福。西餐盆菜的格武与中式并无多大分别,用料亦不外多是肉类,正适合外籍人士或嗜肉者口味,计有炸石斑块、炸茨饼、西兰花、炸洋葱圈、茄汁虾、炝牛尾、德国成猪手、西式肠仔、罐头鲍头片等。时至今日,盆菜的演变,款式之多,层出不穷,但万变不离其宗,以盆盛载,围盆而食,气氛确比一般食法热闹。

12. 蜂巢炸芋饺

蜂巢炸芋饺这道点心是香港点心中非常传统的点心之一。20 世纪 50 年代至今,香港的饭馆、酒楼普遍经营此点。其金黄色的蜂巢造型和酥松的口感及独具风味的馅料,受到了港民的普遍欢迎,属点心中的高档名品。

这道点心色泽金黄,入口酥松,芋头味浓郁,加上猪油、五香粉和韭黄的味道,令人齿颊留香。要选用上好的芋头,好芋头蓉多,臭粉要后下,先下就会随热气散掉。炸制的关键在于很好的控制油温,温度高蜂巢起得少,温度低,芋蓉会全部散掉露出馅来。

二、澳门风味

澳,原指海边弯曲可以停船的地方,澳门这个地方因像是珠江口的大门而得名。它在珠江口的西岸,现今面积 29.2 平方千米,人口约 54 万,包括澳门半岛、凼仔岛和路环岛。澳门古称濠镜或濠镜澳、香山澳、濠江、镜湖等,自古就是中国领土,明朝时被葡萄牙占据。1999 年 12 月 20 日中华人民共和国恢复对澳门行使主权,建立澳门特别行政区,按"一国两制"的方式进行管辖。

南宋绍兴二十二年(1152 年),宋高宗赵构在珠江口西岸地区设香山县(现为中山市),澳门就属于香山县,但当时仍没有人在澳门定居。南宋时期,文天祥有一首著名的诗篇《过零丁洋》,伶仃洋就是珠江口在香港和澳门之间的一段海面。这样,澳门地区有人定居的时间当为 1277 年(南宋端宗赵罡景炎二年,元世祖忽必烈至元十四年)。葡萄牙人到达澳门的时间是明嘉靖十四年(1535 年),他们登陆后向广东人询问当地的地名,因语言不通,广东人以为是问"妈阁庙",便以广东话"马交"回答他们,再经过葡萄牙话音转以后,Macau 就成了澳门的外文名称。嘉靖三十二年(1553 年),葡萄牙人借口要曝晒水浸货物,侵入澳门。嘉靖三十六年(1557 年),他们通过贿赂守澳的地方官员,获准在澳门半岛定居。明神宗万历元年(1573 年),葡萄牙人向中国政府缴纳的地租为白银 500 两。万历十二年(1584 年),在澳门半岛的葡萄牙人组成他们管理自己的机构——"议事局"(以后演变为后来的市政厅),而中国政府在这时却没有相关的管理机构。直到清朝康熙二十四年(1685 年),清政府才在澳门设立"关部行台"(广东海关),是当时中国的四大海关之一(另外三处分别设在江苏、浙江和福建)。乾隆八年(1743年),清政府将肇庆府同知(知府副手)移至前山寨,设海防军民同知,香山县丞移驻澳门望厦村,专管华葡之间的民事纠纷。

道光二十九年(1849年),葡萄牙乘鸦片战争中国失败的机会,擅自废澳门关税,改澳门为自由港。在此前后,乘机扩张占领了澳门半岛。咸丰元年(1851年),葡萄牙占领了凼仔岛,同治三年(1864年),又占领了路环岛。直到光绪十三年(1887年),清政府才和葡萄牙签订条约,议定对澳门地区的管理,但并未提及澳门的主权,因为就在这一年,清政府还在九龙和澳门设立海关。但由于内忧外患,澳门实际上已在葡萄牙人的管辖之下。

澳门是一个中外文化荟萃的特殊地区。联合国教科文组织于2005年7月15日在南非德班召开第29届世界遗产委员会上,将"澳门历史城区"列入《世界遗产目录》。这个遗产的特点便是中西多元文化的大融合,这也是澳门地区饮食文化的重要特征。

(一)澳门风味特点

开放自由是澳门餐饮文化的明显特征。长时间以来,本地风味、葡萄牙风味与内地各地风味相继进入澳门,逐渐融入澳门市场系统,成为澳门饮食不断丰富发展的因素和特点。

1. 历史和文化

澳门的历史,是葡萄牙殖民者侵吞中国领土、奴役澳门人民的历史,但是这种侵略和奴役,又不同于一般殖民者的明火执仗,而是以一种怀柔的、渐进的贸易方式进行的,所以在澳门的历史上,澳门本土居民和葡萄牙人之间对立的情绪不强,或者说在感情上没有很大的芥蒂,因此在生活上很容易互相认同。即以饮食生活而言,彼此都能够接受对方的影响,被澳门人自称为澳门葡国菜的风味特色,最能够说明这一点。当这种接纳融合成为一种文化特质之后,它所能包容的就不仅仅是中国广东和葡萄牙的菜点风格,中国内地的各大菜系,新旧大陆的各种烹饪技法,都能和谐地融入澳门人的饮食生活,这一点在全世界都是罕见的。

2. "混血儿"技术特色

人们可以在澳门寻找某种"正宗"的饮食风貌,例如,正宗的粤式小吃和正宗的葡萄牙菜都不是难事,前者如用鱼骨汤熬的蟹粥、牛杂粥等;后者如一些历史悠久的葡国餐厅,依然按数百年前葡萄牙人口味制作正宗的葡萄牙菜。但是更多的是融合葡萄牙、印度、马来西亚和中国广东烹调技术结晶的澳门式的葡国菜,这些菜更适合东方人的口味,葡式咖喱鸡、炸马介休鱼球等都是著名的招牌菜,甚至还有像非洲鸡这样有些怪异的菜肴,就连菜点名称都有混血儿的面孔。例如,澳门人所说的马介休就是葡萄牙人喜食的用鳕鱼腌成的一种咸鱼;再如,澳门有一道著名的点心叫木糠布甸(Serradara),是用热烘烘的苏打饼干糠包住冷冰冰的奶糕,外热内冷,其他地方少见。至于简称为葡挞的葡萄牙式酥皮蛋挞,更是澳门人的最爱,它常和一些粤式点心在同一家食店里同时出售,充分体现了澳门饮食的混血儿特色。

3.汇聚中外特色

澳门餐饮业不仅善于融合世界各地的烹调技艺,而且能创造出许多世界上独一无二的菜式,这些菜式从原料配伍到调味方法,看上去好像毫无章法,也找不到它的风味特色依据,但却能取得令人满意的效果。例如,澳门人喜欢吃的葡国鸡,它根本不是来自葡萄牙本土,而是葡萄牙人从非洲和印度学来的,是将整鸡和马铃薯、洋葱、鸡蛋、番红花组合,再配上咖喱、盐等烹制而成,真是令人匪夷所思,可味道却很鲜美。再如,澳门有一道叫"青菜汤"的名菜,是用马铃薯、葡萄牙腊肠、生菜和橄榄油在一起熬煮而成的,可是却叫青菜汤,不知底细的人一定倍感莫名。澳门著名点心的葡挞,更是融古今中外于一体,其挞皮部分是用面粉加酥油加水搅和揉成面团,再将面团擀成片状,折叠后再擀成大薄片,放在冰箱内冷冻30分钟;另取牛奶和糖溶化后,再加鸡蛋,并筛入面粉,混合后做成"挞水";取出在冰箱中冷冻过的挞皮,切成小块,在其一面沾少许面粉,放入模具中成形后,再倒入八成满的挞水,最后在220摄氏度的烘箱中烤30分钟而成。在这里,既用上了中餐油酥面团和擘酥制作的技术,又用上了西点常用的成型方法,中西合璧,博采众长,而最后的成品又有入口即化的效果,酷爱甜食的港澳人士永远吃不厌它。

4.酒店排档各显其能

大酒店和大排档各显其能,只有大小之分,没有高低之别。大酒店和大排档一切决定于顾客的爱好和消费能力,谈不上什么派头。中国内地常有的雅俗之嫌,在澳门不存在,遇有嘉宾,上酒店、下排档都不跌身价,同样都是享受,正因为如此,在大众化的清平直街同样可以待客,这不能不算是澳门饮食文化的一大特色。

从事中餐的厨师一般都比较熟悉并能熟练制作葡式菜肴和点心,这是澳门厨业的职业特征。

(二)澳门名菜名点

1.葡式焗酿响螺

葡式焗酿响螺采用葡餐惯用的原料,加上中餐的炒混合馅料加酿制烹调技法,成为一道典型的"混血儿"菜肴。用多种馅料取代单一的螺肉,产生偷梁换柱之妙。东西合璧的口味,诱人食欲,在一饱口福、体验美味的同时会不知不觉地产生美妙的遐想。此菜使咖喱、牛油、黄姜粉、椰奶等调料融合,成菜嫩口爽滑,回味香浓。

2. 古法蒸金边龙脷

龙脷鱼又称挞沙鱼,生长在南方江河出海口咸淡水交界的海水中,为水产原料上品。澳门特产的金边龙脷是龙脷中的极品,一般每条重约八九百克。其肉质滑嫩,清鲜无比。因其产量极低,市面罕见而突显名贵,备受富商巨贾青睐,是高档宴席难得的珍品,也是食者身份地位的象征佳肴之一。此菜造型美观,肉质鲜嫩,品相名贵。蒸鱼不要过火,以免蒸老,影响口味。

3. 古法鸡煲鱼翅

古法鸡煲鱼翅豪华气派,彰显富贵本色,是宴席镇桌大菜佳品。汤浓味郁,鱼翅滑弹,鸡烂味鲜,让煮汤原料充分溢味。

4. 澳门中山芦兜粽

澳门中山芦兜粽,以澳门兰香阁茶楼的最负盛名。兰香阁茶楼的芦兜粽的首创者是陈炽先生。陈炽先生年少时从广东中山到澳门,并于 20 世纪 60 年代创办兰香阁,将家乡的特色粽子在澳门发扬光大。芦兜属露兜树科,生长于广东、海南、广西一带,芦兜叶边缘与中部均长有锐刺,需刮净再用。芦兜粽外形为长圆形,内地罕见,极富特色。此粽大气磅礴,大有粽子中王者气概,既是澳门端午名品,又是祭祖礼神居中位之正品。造型非凡,肉烂、米糯、蛋黄香、咸香融于一体,极富特色,具清热解毒之功效。馅料要放九分满,以免煮时胀裂,但捆扎要紧,系绳法要正确。可根据粽子大小长短,分双黄、三黄不等。

三、台湾风味

三国时期,孙吴政权已将台湾纳入自己的版图。1624 年,台湾曾被荷兰人侵占。当时台湾居民多为土著人,过着较原始的生活,以采集及狩猎生活为主。荷兰人为了粮食问题,鼓励中国大陆的汉族人渡海移居,开垦台湾,引进种植稻米等许多相关农业技术,开发台湾农业。郑成功于 1661 年打败荷兰殖民军,收复台湾,大陆的百姓开始以渐进的方式迁居台湾,其中以福建泉州、漳州人最多,也有少数的广东人。至 1811 年,已有 190 万的大陆百姓到台湾定居,1905 年达到 249 万人。这些迁居者将福建菜的烹调方法与饮食习惯带入台湾,使福建菜成为台湾汉族人饮食生活的基础。

1907 年出现"台湾料理"一词,见于日本人所编写的《台湾惯习记事》一书。1915 年日本人武内贞义在所著《台湾》一书中特别针对"台湾料理",将其分类为 4 项,并提到"东荟芳"餐厅为当时台湾料理店的代表。1928 年的《常夏之台湾》,又提到"台湾料理"的中等价位的宴席菜。后来,出现了蓬莱阁、江山楼等当时著名的台湾料理餐厅。20 世纪五六十年代,台湾经济飞速发展,台湾的宴客菜出现了日本殖民文化与台湾平民文化的结合。台湾人开始将日本料理的高级菜肴——生鱼片,置于台湾宴客菜的菜单之中,寿司也成为其中一项料理,但整体菜色主要仍以福建菜为基础,福建的传统菜肴"佛跳墙"、改良式的"红鲟米糕"和日本料理中的经典"龙船生鱼片",都成为台湾菜中的典型宴客菜。此外,在海鲜烹调方面,由于台湾是海岛,海鲜渔获量很大,海鲜类食材所制作成的菜肴在台湾菜中占有重要的位置。

(一)台湾少数民族风味

台湾菜点的构成很有特色,不仅包括由移民带到台湾的汉族福建菜以及少量的日本菜,同时还包括台湾原住民族群的菜点和海鲜食材的充分运用。依照最新的统计资料,目前正名的原住民族群有:阿美族群、泰雅族群、布农族群、排湾族群、鲁凯族群、卑南族群、赛夏族群、邹族群、邵族群、达悟族群、葛玛兰族群、凯达格兰族群、道卡斯族群、西拉雅族群、马卡道族群、太鲁阁族群等族群。其中,前十大族群的饮食特色比较突出。

1. 阿美族群

阿美族群是台湾原住民族群中人数最多的一个,人口约有13万人,为母系社会,主要分布在中央山脉以东沿岸的狭长平原、山间纵谷地带及恒春地区,主食有甘薯、小米、芋头。一般族人的食物,靠山则取野菜,有所谓的十心菜,其中以黄藤心与五节芒草心最富变化;靠海则打捞海味食用(海胆、海螺、海菜、海鲜等),风味独特;靠河,则取河中产物。阿美族群传统的烹调方法有烧烤法、烘烤法、熏烤法、石煮法、水煮法、蒸煮法和简单保有原味的烹煮法。传统的菜肴有阿里蓬蓬、藤心汤和特殊的"西烙"(将米洗净沥干后与盐、猪肉放入瓮中,渍酵一年以上,多用于宴请贵宾)。"阿里蓬蓬"不仅是吃的,还是个赏心悦目的手工艺品,用编织的可爱的小篮子,盛装糯米做成的餐食,充满了无限的趣味,也是价值不凡的艺术品。

2. 泰雅族群

泰雅族群早期分布在南投县及花莲以北的山区,有部分族人徙居在台北县乌来山区,是台湾原住民中第二大族群。因分布辽阔、生活环境的不同,所以主食亦稍有不同。近平地者以稻米为主,山区则似甘薯、小米、玉米为主。副食则有兽类、鸟类、鱼类、野蔬,又由于居住环境周境多产竹、竹笋、香蕉,所以也利用这些食材,创造了许多特色菜肴,如"思模"(以熟软香蕉和软糯米混匀蒸熟的食物,用于庆典宴客中),以饭渍法腌鱼肉(米饭或小米饭煮半熟后放冷,加入盐巴和食材放在密闭容器内发酵一两个星期即可),石头烘烤的溪鱼佐以野菜,充满山林中的芳香野趣。

3. 布农族群

布农族群主要分布在中央山脉南部山区地带,居住在深山者多以芋头、甘薯为主食,另有小米、玉米、南瓜等。布农族群擅长打猎,小米糕、小米酒和烤野味是其传统食物,平时仅以腌制肉品配上蔬菜、豆类煮水调盐而已。鸟兽或鱼肉只有祭典节庆或渔猎有所收获时才得享用,"山产野味"是布农族群的特色。传统布农族群的年月观念是依小米成长的过程而划分的,所以对小米有特殊的敬重意味,甚至将小米拟人化,认为小米有灵魂、有五官、可移动,又有父粟和子粟之分。过去每年十一二月,为了祈求小米能够丰收,布农族群会举行小米播种祭。后来部落中改种稻子,小米祭仪渐渐消失。

4. 排湾族群

排湾族群主要分布在屏东及台东,主食以芋头、小米为主,因此本族群传统特色菜肴多以芋头或小米制成,如芋头粉肠(用芋头粉、山猪肉调味后灌入猪肠中制成),奇拿富(以山猪肉、小米、芋头干为馅,以拉维露叶为内,甘蔗叶或月桃叶为外,包绑成长条状,入水蒸煮至熟),调味则多以开水煮熟后沾盐进食。外出工作时以芋头干、烤花生果腹,口齿留香,令人回味无穷。

6. 鲁凯族群

鲁凯族群人口约一万多人,分布在中央山脉南部山区,大约在台东卑南乡、屏东雾台乡、高雄茂林乡。鲁凯族群是一个阶级制度非常严谨的部落族群,百合花是该族的标志,象征女子的纯洁和男子的狩猎能力。鲁凯族群以小米、芋头为主食,有特殊的烘芋技术,可将丰收时的芋头烘制成相关制品,长时间保留,并方便外出携带,小米汤圆则是鲁凯族群的最爱食品。鲁凯族群以农业为生,每年八月间的收获祭是最重要的祭典,只限男性参加,仪式中最重要的是烤小米饼。小米饼不只用来食用,还借它占卜预测下一季的农作物收成状况,烤得太焦,表示雨水少、收成会不好,如果考得恰到温润,则表示来年雨水充足,收成也会较好。

6. 卑南族群

卑南族群分布在台东县卑南乡,有精湛的十字绣、刺绣艺术和特有的人形舞蹈纹图案,普遍有头戴花环的习惯。主食以米、甘薯、芋头、小米为主,传统的竹筒饭、"以那群"是本族群代表菜肴。"以那群"是以糯米粉和南瓜泥揉成团为外皮,再以肉、萝卜丝炒香为内馅,用"拉维露"叶上下覆盖,再以月桃叶包紧蒸熟,可用于正式丰年祭、宴客,亦可郊游野餐用。此外,田鼠(地龙)亦是卑南族独具风味的特色菜肴食材。

7. 赛夏族群

赛夏族群分布在苗栗县及新竹具的山区,人口约有五千多人,算是原住民民族中人数较少的族群了。赛夏族受泰雅族的影响颇多,是父系社会,男女均有文面的习俗。赛夏族以米、小米、玉米为主食,多数材料用水煮熟加盐简单调味后食用,腌肉则以煮熟的米饭加盐加材料拌和,封罐。另外,因为居于山区,所以他们生活环境中常见的笔筒树嫩芽都成了常见的食材,也被视为代表菜肴之一。

8. 邹族群

邹族群人口主要分布在嘉义县阿里山乡,其次为高雄县三民乡,人口大约有8000多人。邹族群又称曹族群,有精细的鞣皮技术,以猎物外皮为衣饰。小米收获祭是邹族群最重要的祭仪,也是邹族群人的年,约在七八月间举行,主要祭祀小米神,感谢他对农作物的照顾,并借着祭典强化家族的凝聚力。由此习俗当知小米在邹族群的饮食生活中具有重要意义。

9. 邵族群

邵族群原称水社化番,共有六社,多居住于南投日月潭附近,但日月潭水社化番目前尚不足300人,是传统十大原住民族群中人数最少的一个,但邵族群人过去普遍反对被视为平埔族群之一,努力争取保留本族群独特的语言和文化特质。传说邵族群祖先从阿里山追逐白鹿来到日月潭附近,看到一堆草,想要掘草止渴,突然从拨开的草丛中进出鲜鱼来,那草即是"刺葱",邵族可说是原住民中最懂得"刺葱料理"的民族。此外,由于居于潭边,所以邵族群人精于渔捞,常以盐渍法处理未能吃完的鱼鲜或兽肉,因此腌肉与湖中鲜味并陈,使邵族群的传统美食能独成一格。

10. 达悟族群

达悟族群独立于台东外海的兰屿小岛上,人口数约有4000多人,与台湾本岛的原住民族群有相当大的差异性。达悟族群的房屋很特别,是建立在山海交接处的半穴居,四周环海,重要的渔捞物是每年3～6月随着黑潮洄游而来的飞鱼,针对飞鱼的捕捉有隆重的招鱼祭、收藏祭和终食祭。达悟族群的飞鱼文化富含敬天的宇宙观,且其食鱼的方式更兼顾了生态保育的观念。每年3月,达悟人举行招鱼祭典,之后开始晚上捕鱼行动,通常以火炬照明吸引鱼群;4月后则改为白天用小船钓大鱼,晚上休息;5～7月飞鱼潮来到,只能捕捉飞鱼,不能捕捞其他鱼类,吃不完的鱼则晒成鱼干储存,过了中秋节之后则禁止再捕捉飞鱼。此外,达悟人对鱼的分类与众不同,分为老人鱼(只有老人可以食用)、男人鱼(味道较腥臭,女人不能食用)、女人鱼(肉质较细致,一般人均可食用),所以捕鱼时还要顾虑家人的不同需求,间接避免单一鱼种过度捕捞造成的危机。除了食飞鱼,达悟人主要的主食则是芋头,次之为小米,重要的大船下水典礼须用芋头来当主祭食物,而在小米丰收祭时,则有达悟族群妇女特别的头发舞仪式。达悟族群对每一种食物都有专用的容器,谷类、肉类、鱼类装用的器皿都分得非常清楚,不可以混用。

(二)台湾风味菜点

1915年,日本人武内贞义所写的《台湾》第十一章列举了当时著名的台湾宴客

菜,品种如下:

汤类:清汤鸭、八宝鸭、冬菜鸭、毛菰鸡、加里鸡、鲍鱼肚、清汤鱼翅、清汤鲍鱼、清汤参、好丸、什锦火膏、火腿笋、杏仁豆腐、莲子汤。

羹类:红烧鱼、八宝好羹、什锦鱼羹锅、芋羹、卤胖鸭。

炒类:炒鸡片、炒鸡葱、炒肚尖、炒虾仁、炒水蛙、炒豆水。

煎类:烧虾丸、烧鸡管(烧鸡卷)、生烧鸡、搭鸡饼。

《常夏之台湾》一书列举了台湾料理的中等价位的宴席菜,包括烧粉鸟、凤煎蟹饼、幼小鸡、金银笋、燕巢、清汤鱼翅、绉纱割蛋、淡鲍肥鸭、红烧鱼、骨髓毛菰(菇)、虾仁品包、玉面、清汤鱼胶、南京烧鸡、水晶丸、杏仁冻、千员糕。

1. 通心鳗

鳗鱼是在台湾是很受欢迎的一种鱼类,富贵人家、政商名流宴客时,也喜欢选用鲤鱼,但鳗鱼刺极多,为了避免让宾客吃得不舒服,厨师发明了取鱼刺的方法,不过取出鱼骨、鱼刺后,鳗鱼段中间又会出现一个空间,于是将冬笋,香菇等食材切成条状置入其中,既能丰富食物的口感、形态,也能展现厨师的巧思妙想。这道菜造型别致,鱼肉酥糯滑嫩,笋菇爽口。鳗鱼之中骨不易取出,故需经过油炸、蒸软的过程,待鱼骨凸出,经软力推拉,使鱼骨松动,便于取出鳗鱼中骨。

2. 台南度小月担仔面

度小月担仔面起源于清光绪年间,由洪芋头创立,是百年老店。洪公祖籍福建漳州府海澄县四都青浦堡高港甲大厝社,早期随祖先渡海迁居来台,定居于台南。其早年原本以捕鱼为生,因台湾地区夏秋季节多台风,每当八九月台风期间,因海上风浪极大,无法出海,这段期间讨海人多统称为"小月"。年仅 20 多岁的洪公为了维持生计,将以前从福建漳州学来的肉臊担仔面加以研发改良,创出自己的调味秘方。洪公选用优良的猪肉,配以台湾葱头爆炒,加入特制调味料增添香味,最后经长时间的炖煮,加上特制虾汤与精挑细选的油面,担仔面由此问世。早期一般是挑着竹担,沿街叫卖。

高汤中具有很浓烈的虾味,有别于一般以大骨作为汤底的面食。既保有海鲜的鲜甜,又不会有油腻感。适度的乌醋将风味提升得恰到好处。不强调分量,与现今提倡的吃巧不吃饱的慢食文化不谋而合。坚持每次只烫一碗面。煮面条时,水滚 7 秒钟后才加入豆芽菜。每个面碗都要先预烫加热。不用煮面机,坚持用熟练的厨师担任煮面,以求维持面条最佳的中心温度质量。当调入适当的肉臊时,整体风味不只甘鲜味美,且浓烈得让人吃了这碗还想再要下一碗。因此常有人一次吃上几碗而意犹未尽。

人们为了纪念此面帮人们度过"小月"的淡季,因此称为"度小月担仔面"。

3. 蜂巢蚵

蜂巢蚵这道菜是清朝时期的传统菜。台湾四面环海,沿海水产丰富,因此不论日常饮食还是宴席,都多用水产。其中蚵(牡蛎)以鹿港最佳,七股、屏东也不错。原料普通,通常方法无法彰显菜肴的品质特点,也上不得大雅之堂。因此厨师挖空心思变换花样,增加菜肴的价值。此道菜肴将常见的水产变成虫蛹状,还以蛋酥做成蜂巢盘饰,成为有如蜂巢与虫蛹般的食物,不仅好吃,也很有视觉效果。牡蛎外酥里嫩,鲜味浓郁,蛋皮酥香。

4. 台湾牛肉面

牛肉面虽然传自大陆,却风行于台湾。早期台湾人以务农为生,对帮助耕种的牛有着深厚的感情,所以老一辈的台湾人是不吃牛的。至于后来台湾这么流行牛肉面,据说起源于20世纪40年代。当年由大陆来台的国民党军队中有很多牛肉罐头,军人把牛肉罐头跟面一起煮当成餐食,没想到无意中竟造就了享誉国际的台湾牛肉面。说牛肉面是台湾的民众美食,绝对不为过,它价格不高,人人吃得起,风味独特,享誉国际,是台湾的特色小吃,连外国来台的游客都要拿着美食指南,找碗好吃的牛肉面尝尝,在味蕾上留下美好的台湾记忆。

还有牛肉凉面一说,面条煮熟捞起后,迅速放入冰水中降温,稍加搓洗沥干盛盘,保持面条的口感。酱汁制作完成先放入冰箱冰镇,和凉面搭配更加冰凉清爽。汤清面韧,清凉爽口,风味独具。其调味清爽、口味略酸,配上冰镇过的青翠蔬果,在夏天因天气太热而食欲不振时食用,不但令人为之一振,清爽可口的美味,更可消解夏天闷热的不适感。

5. 台南虾仁意面

台南意面为台湾特产小吃之一。追溯"意面"的起源,可延伸到约1951年。以前的意面面条平薄透光,煮熟后如"玉"般呈现晶莹剔透之感,因此称为"玉面"。但因早期制作的福州师傅口音特殊让顾客误会,口耳相传下,"玉面"成了"意面"。传统的玉面煮法为"鳝鱼玉面",炒鳝鱼需现场处理马上下锅,以维持鳝鱼之鲜脆口感,制作较为费工,调味属台南风味偏酸甜,不适于在其他地区推广。因此现在多选用鲜虾,成菜不但面品更加筋道带颈,配合氽汤好的鲜虾,以及干拌的油葱,提升了意面的整体口感。

6. 大肠蚵仔面线

面线主要在贺寿、去霉运的时候食用。初期的面线属于粗面线,后来随着饮食的精致化及物资的愈趋丰盛,在揉面时加入油脂,改良成门前所见的又长又细的面线。在台湾20世纪四五十年代,一般家庭经济都不挟宽裕的时代,以葱段爆香的面线汤就是一碗快速、美味又饱腹的汤品和消夜点心。

面线大约是清朝时由福州传入台湾,早期一批福建师傅落脚台北木栅,当时常可见到一字排开制作手工面线及晒面线的盛况,所以,当地又有"面线窟"之称。大肠蚵仔面线是台湾相当知名的小吃,烹煮时使用添加酱油制成的红面线,而非一般常见的白面线。面线经久煮后会释放淀粉,所以吃起来糊糊的,但现在为讲求效率,大多是在汤中加入太白粉或地瓜粉勾芡。面线煮好后加入事先处理好并煮熟的蚵仔与卤好的大肠,就成为台湾最具代表性的美味小吃。

台湾面线多以鸡汤、柴鱼或虾熬煮高汤,使汤底具有天然的甘甜味。一般以蚵仔及大肠为配料,使面线品尝起来更为鲜甜,且同时可品尝到面线及蚵仔的软滑及大肠的韧滑。煮面线的锅子要够大,面线才有空间伸展,并让盐分释出。面线须先行氽烫,并冲冷水以防止粘黏,同时可去除盐分并增加面线的筋道度,再入锅熬煮。蚵仔须先以盐或醋去除黏液,再裹上地瓜粉氽烫,以保持蚵仔的鲜甜和滑嫩感。大肠须另行卤制,不要放入面线中同煮,以免大肠太过软烂而无味。

台湾的面线可分为粗面线、细面线及手工面线。烹煮方式上,北、中、南各有不同风味,北部的面线一般都勾了浓芡,面线剪成较长段。中部老店的面线糊则是熬到像粥一样浓稠,故又叫"面线糊"。南部则是烫成一整团的椭圆状,吃起来口感最筋道。

【思考题】

1. 试述广东的华侨文化与广东地方风味的关系。
2. 试述广东的移民文化与广东地方风味的关系。
3. 试述广东人群的消费文化与广东地方风味的关系。
4. 概述潮州菜的特点。
5. 试述广东地方风味的特点及其形成的原因。
6. 试述如何理解广西气候与人群口味形成的关系。
7. 广西风味的特点非常独特,试分析其精选原料对保证特色的影响。
8. 简述广西横县鱼生的制作特点。
9. 怎样理解广西粉文化的形成与西南地区粉文化的区别。
10. 怎样理解汤氽闽菜之说。
11. 试述简朴闽菜的节日食俗。
12. 试述海南地方风味形成的原因。
13. 试述海南的饮食文化特色。
14. 试述海南的地方风味特点。
15. 试述香港地方风味的形成原因,及盆菜的特征与特色。
16. 试述澳门地方风味的主要特点。
17. 试述台湾主要原住民族群风味的特点,及对传承、创新的影响。

第六章 陕甘风味体系

【本章教学导读】

　　陕甘风味体系以宁夏、新疆、陕西、甘肃、内蒙古、青海、西藏等省区为主要餐饮区域。重点要建设乌鲁木齐的"中国清真美食之都"、兰州"中国牛肉面之乡"和宁夏清真食品工业化生产基地,属于清真餐饮集聚区。在这一区域中,对牛、羊肉的烹调有独特的理解。在学习陕甘风味时,要重点了解各民族对饮食的理解和烹调方式的运用。

【本章教学目标】

- 理解并掌握陕西风味中饮食思想和雅俗文化的特征
- 理解并掌握丝路余韵对甘肃地方风味形成与发展的影响
- 了解宁夏回、汉餐的区别,以及宁夏清真菜点与食材的发展趋势
- 掌握青海各民族的历史背景及菜肴特点
- 理解蒙古族红白食的特点
- 掌握新疆地方风味的特点,特别是烤羊肉的方法
- 理解西藏地方风味的构成,着重掌握其物产、民俗与烹调方法的关系

第一节　陕西地方风味

　　陕西省是中华民族的发祥地之一,据传说黄帝、炎帝就曾在陕西活动过。自西周开始,又有秦、西汉、西晋、前赵、前秦、后秦、西魏、北周、隋、唐等13个王朝在陕西建都,时间长达1180年。此外,还有刘玄、赤眉、黄巢、李自成4个农民起义在此建立政权共计11年。陕西是中国历史上建都时间最长的省份,都城文化的历朝积淀,必然带来饮食与烹饪文化的汇聚、繁荣与发展。杜甫在《丽人行》中这样描述:"御厨络绎送八珍,鸾刀缕切空纷纶。紫驼之峰出翠釜,水晶之盘行素鳞。"悠久深厚的三秦历史文化底蕴,孕育了独具特色的陕西菜点。

一、陕西风味的形成

(一)地理物产

陕西省位于中国西北地区东部的黄河中游,东隔黄河与山西相望,西连甘肃、宁夏,北邻内蒙古,南连四川、重庆,东南与河南、湖北接壤。全省以秦岭为界南北河流分属长江水系和黄河水系。主要有渭河、泾河、洛河、无定河和汉江、丹江、嘉陵江等。北山和秦岭把陕西分为三大自然区域:北部是陕北高原,中部是关中平原,南部是秦巴山地。关中平原地势平坦,气候温和,物产丰富,经济发达,号称"八百里秦川"。

北部是陕北黄土高原,为温带气候,雨量较少,盛产禽畜水果,尤以红枣、甘草、苹果、栈羊最负盛名;陕南为亚热带气候,汉中盆地更是河渠纵横,一派江南风光,禽畜、水产、野生动植物资源非常丰富,有核桃、板栗、柿子、木耳、生姜、山芝、薇菜、魔芋、花椒、鲵鱼等大量销往省外,还有珍稀的竹荪;中部的关中平原为暖温带,气候温和,雨量适中,灌溉便利,农业发达。陕西菜在原料选择上,地方特色突出,像肥而不膻的陕北栈羊、肉质鲜嫩的关中猪、膘肥体壮的秦川牛、黄河、渭河的赤尾鱼,武功的大蒜、韩城的大红袍花椒、兴平的干辣椒,户县秦渡镇的生姜,渭南赤水镇的大葱,秦巴山区的竹笋等,对陕西菜的形成功不可没。

(二)历史因素

陕西菜又称秦菜,具有悠久的历史渊源。陕西早在65万年~80万年前已有蓝田猿人繁衍生息。陕西先民早在7000年前已开始从事农业生产,种植谷物和蔬菜,发明了先进的双连地灶,有了精美的陶器,从而使烹饪成为可能。据《周礼》《礼记》《诗经》的记载,早在3000多年前出现的"西周八珍",已经形成了一定的烹饪特色,即用料广泛,选料严格,讲究刀功,注重火候,使用油、盐、酱、醋、梅、姜、桂、葱、芥、蓼、蜜、茱萸、饴糖等多种调料,拥有了烤、煎、炸、炖、煮、酿、腌、渍、腊等多种烹饪方法,所制菜肴具有鲜、香、酸、咸、甜等多种味道俱全的风味特色。此外,烹饪机构的严密组织和科学分工、食品卫生、医食同源、筵席定式、食礼、以乐侑食等,都对后世产生了广泛而深远的影响。

秦汉时期是陕菜发展的第二个高峰,由秦相吕不韦主编的《吕氏春秋》,在《本味》篇中,全面总结了先秦时期的烹饪成就,对烹饪从选料、加工到调味、火候等都做出了系统而科学的论述,一直指导着中国烹饪的实践,其中许多观点直到现在还是正确的。到两汉时,饮食业已是"肴旅重叠,燔炙满案"(出自《盐铁论·散不足》),而且引进"胡食",红、白案有了分工(出自《汉书·百官公卿表》)。由西域引进的胡瓜、西瓜、黄瓜、胡萝卜、胡豆、胡葱、胡椒、菠菜、胡桃等,首先在关中试种成功,并进一步丰富了饮食原料。

隋唐时期是陕菜发展的第三个高峰,那时的京城长安已成为世界上最大的城市之一,不但茶楼酒肆鳞次栉比,而且经营规模很大,以至"三五百人之馔"可以"立办"(出自《国史补》)。烹饪原料已是"水陆罗八珍"(出自白居易的《轻肥》),美馔佳肴不胜枚举,仅韦巨源一席"烧尾宴"就有名菜、美点58款。

从宋朝开始,由于中国经济、政治中心的变迁,陕菜呈现出缓慢发展的趋势。直到新中国成立以后,尤其是改革开放、国家实施西部大开发以来,陕西经济、旅游业的发展受到高度重视,陕西菜点又焕发出勃勃生机,逐渐成为中国西北地区重要的风味流派。

陕西菜既有悠久的历史传承,又有丰富的民俗遗存。陕菜与许多历史事件、人物、故事、传说,甚至古代哲学有关,成为历史的见证。例如:"细沙炒八宝"与"周八士火化商纣王"(八宝甜饭的来历);"全家福"与秦始皇"焚书坑儒";"商芝肉"与商山四皓;"枸杞炖银耳"与张良、房玄龄;"凤吞翅"与周勃、陈平灭诸吕;"菊花锅""炒腰花"与武则天;"佘双脆"与酷吏来俊臣、周兴;"三皮丝"与中唐王旭等三御史;"贵妃鸡翅"与杨贵妃;"菊花干贝"与重阳节;"八卦鱼肚"与易经八卦等均有关联。小吃中的牛羊肉泡馍、腊羊肉、太后饼、千层饼、岐山面、乾州锅盔,也都有着深厚的历史渊源或民间传说,历史与民俗交织一体而融入饮食文化之中,使得陕西菜点大多具有传说典故,文化底蕴十分深厚。

陕西菜在全面继承发扬优良传统技艺的同时,不断吸取国内外先进经验和现代科学技术成果,积极挖掘,大胆改革,勇于创新,使菜点在色、香、味、形、质、营养、卫生、食疗以及意境、情趣等方面融为一体。例如:"长安八景宴",把美味、美景巧妙结合,早为中外宾客所赏识;仿唐菜的成功研制,使失传多年的古代珍馐重放异彩;近年研制的"魔芋席""五行菜""陕西风味小吃宴""饺子宴""泡馍宴"等,以其异彩纷呈的魅力受到各界宾客的热烈欢迎;以西安饭庄为代表的新派陕菜也取得了巨大的经济效益。陕西菜正以一个新的姿态,迎接新的发展阶段。

二、陕西风味区域划分

西周秦汉至唐代,陕西菜达到了历史的鼎盛时期,胡汉饮食大交流,13个王朝为陕西留下了丰富的饮食文化遗产。但自五代十国以后,秦岭北麓原始森林遭到破坏,水土流失,政治经济文化中心东移,陕西菜处于缓慢发展状态,直至明末清初,才逐渐恢复发展,陕西菜经历了大起大落的曲折发展道路。

历史上的陕西菜,主要由宫廷官府菜、商贾菜、市肆菜、民间菜以及清真菜等流派组成。宫廷官府菜以典雅见长,名菜有八卦鱼肚、带把肘子、状元祭塔、酸枣肉、升官图等。商贾菜形成于泾渭汇流的三原、泾阳、高陵等县,以三原集大成。历史上的三原是关中地区棉、盐、烟、茶的集散地,商贾云集,市场繁荣,商贾菜就在这种历史条件下形成,在特色上以名贵取胜。名菜有鸡茸鱼翅、煨鱿鱼丝、金钱发菜、对子鱼、干煸鳝鱼等。市肆菜以西安一些名楼、名店的名菜为主,如明德楼的烤乳猪、烤三鸡、烤方肉、烤鸭及烤鲤鱼所组成的五大烤;西安饭庄的葫芦鸡、佘双脆、温拌腰丝;曲江园的汤三元、汤四喜、清汤燕菜,都是誉满古城的名菜。民间菜有东府的莲菜炒肉片、水磨丝,西府的辣子烹豆腐、炝白肉、酸辣肚丝汤,汉中的烟熏鸡、豆瓣娃娃鱼、炒鸭丝,榆林的烩肉三鲜、清蒸羊肉,其共同特点是经济实惠,富有浓厚的乡土气息。清真菜,可追溯到唐、五代,但真正成为秦菜的组成部分,是从元代回民大量移入西安以后,清真菜在明清初具规模,出现了清真教席菜,名菜有烀羊腿、酸辣羊肚、炸胡麻羊肉、烧牛蹄筋等。秦菜的五个部分各有特色,但由于市肆菜品种繁多,名厨如云,接触面广,在保持传统特色的基础上不断创新发展,始终居秦菜的统治地位。

现在的陕西菜由关中菜(包括西安清真菜)、陕南菜、陕北菜三个同中有异的分支组成。关中菜以西安为中心,包括三原、凤翔、径阳等地方菜,是陕西菜的典型代表;陕南菜以汉中地区为代表,包括安康、商洛菜肴,具有浓郁的陕南风情和食俗特点;陕北菜以榆林地区为代表,包括延安风味菜肴,反映了黄土高原特有的塞上特色。西安小吃异常丰盛,羊肉泡馍、饺子、腊汁肉、枣肉沫糊、石子馍等,各有特色,尤以羊肉泡馍最负盛名,因料重味醇,肉烂汤浓,馍筋光滑,香气四溢,食后余味无穷。宋代苏东坡有"陇馔有熊腊,秦烹惟羊羹"的诗句。羊肉泡馍的烹饪技术要求很严,煮肉的工艺也特别讲究。煮馍讲究以馍定汤,调拌恰当,武火急煮,适时装碗。饺子宴用料多样,尾型各异。馅料既有时令鲜菜和一般荤菜,还有山珍海味,因此,"百饺百味",茄汁、麻辣、鱼香、五味、鲜咸、糖醋、咖喱、蚝油、椒麻、红油等味型无所不包。造型奇妙,有金鱼形、珍珠形、鸳鸯形、蝴蝶形、元宝形等,真是千姿百态,巧夺天工。饺子宴分为白花、牡丹、龙凤、宫廷、八珍五个档次,每宴由一百单八个不同馅料、形状和风味的饺子组成。不但做工讲究,其上桌程序亦有讲究。从烹制方法上讲,先上炸、煎类的饼子,后上蒸煮类饺子;从口味上讲,先咸次甜后麻辣。咸味饺子中,又先海味,次鸡肉,后清素,约上十道饺子后,来一碗银耳汤,调节一下口味,再上其他饺子,层次分明,使人回味无穷。

三、陕西风味特点

（一）大俗大雅、影响西北

陕西饮食区别于其他饮食流派的地方在于陕菜从源起初始，就以"大俗大雅"的特殊面貌为后继者定下了一个总的发展基调；同时"大俗大雅"也是陕菜在历史演变过程中铸就的、区别于其他派别菜系的独有个性特征。所谓"大俗"，主要指植根乡间、取自民间山野的陕西风味小吃。在关中、陕南、陕北三个风格迥异的文化区系里，各地小吃作为劳动人民日常生活的必需品，无一不融进了某一地区、某一区域人民群众的生活习惯、民风民情；或俯拾皆是，或珍稀罕见，从那些土特产身上，很容易能觅到地区地形、地貌、气候、降水、风物……的踪迹。"关中小吃浓郁爽口，陕南小吃后味悠长，陕北小吃大方粗犷，有味道！"凡是品尝西安饭庄搜集陕西各地民间小吃编排成的陕西风味小吃宴、西府小吃宴、北府小吃宴后的宾客，都会有这样总结性的语言。这一评价从一个侧面反映出陕菜"俗"的特征。山村农家家常小菜、小点心，原材料普通至极，都是自家菜地生长、自产自销的东西，有的甚至是直接从田边地头采来的野草野菜，口味迎合"下里巴人"，荷担负重的乡村野老，里里外外，充满"土气"和"野气"，只有称"俗"方才合适。"俗"的方向，就是小家碧玉般市井文化走向扎根乡井，遍布山野，各有各的味道，各有各的"土法"，用"土得掉渣"这个词形容陕味小吃乃至陕西饮食以及整个饮食体系中的"大俗"的风范一点都不过分。

无雅也就无所谓俗，雅俗到了极点，必然成就极具个性特征的另类文化派别。陕菜中的传统名菜，大多源自宫廷菜肴，供王侯将相之需，其昂贵、珍奇（山珍海味）的选材，精细的用料，考究的烹饪技巧，金、玉等做成的盛装器皿，诸如此类都是社会上层风雅之士方能消费得起的"阳春白雪"，说其"大雅"，并无受之有愧的嫌疑。"雅"的方向，主要朝着对宫廷文化的传承与发扬进行。

黄河中上游的山西、陕西、宁夏、甘肃、青海及新疆作为中华民族古代文化的发祥地之一，从烹饪技法上来看，陕菜精用蒸、烩、炖、煨、爆、汆、烧、炝、扒、炸、煮、温拌等；晋菜擅用爆、炒、熘、炸、烧、扒、蒸；甘肃菜擅用焖、炖、蒸、炸、炒、爆；青海菜以烤、炸、蒸、烧、煮为主；新疆菜以烤、炸、蒸、煮见长。类比可看出，陕菜几乎囊括了其他几个省（自治区）的菜点的味型和技法。加之"长安自古帝王都"，全国名贵烹饪原料曾云集长安，陕厨选料历来不局限于陕西本地。这就使得陕菜具有取材广泛、技法考究、南北皆宜、形美意雅等特征；并形成了酸、辣、鲜、香突出，糖醋、胡辣、酸辣、五香、腐乳、蒜泥、芥末等皆备的味型特点。这些特点对西北地区的影响至为深远。

（二）选料严格、烹法独特

陕菜原料，不论跑、跳、潜、翔，肉、脏、头、尾、根、茎、花、果，无所不用；还将猪、鸡血提纯入馔；就连人们视之为废的鸡嗉、鱼肠，也能变成席上之珍。选料也极为严格，如葫芦鸡，非三爻村"倭倭鸡"不用；奶汤锅子鱼，非黄河活鲤不做；牛羊肉菜，从主料到调料，非陕西出产不入馔。

陕菜在技法上，除继承发扬周、秦、汉、唐的炒、炸、炖、氽、酿、烤、烧、烩、蒸、煮，又吸收了外帮的扒、涮、煸、煎、爆等，逐步形成技术全面、质感丰富、味型多样、适应面广的独特风格。陕菜的刀功堪称一绝，可以单手切肉，肉片薄如纸；可在绸布上切肉丝，而绸布无损；可将猪耳朵切得细如毛发；可用前推后移的"来回刀"双切肉丝，等等。陕菜的瓢功（勺功）也有独到之处，"飞火"炒菜令人拍手称奇，炒勺前后左右颠翻的"花打四门"令人眼花缭乱。这些绝技都是为了使烹调达到特定效果，而不是花架子。例如制作"金边白菜"，如不使用"花打四门"的大小翻勺技术，很难达到"金边"和脆嫩的品质。

陕菜精于用汤、长于用欠，注重原色、原形、原汁、原味，菜点风格华丽、典雅大方，以鲜香、酸辣、浓醇、嫩爽、酥烂而独树一帜。陕西菜善用三椒（辣椒、花椒、胡椒）与米醋，酸辣味达到辣而不燥，辣中带香，酸而不烈，酸中含香，香气浓郁，味道醇和。陕西菜烹制牛羊肉为中国一绝。牛羊肉泡馍的肉汤，选用18种香料，整牛或整羊下锅，熬煮一整夜，泡馍成品达到肉烂汤浓、料重味醇、馍筋光润、绵韧适口、肥而不腻。苏轼有"秦烹唯羊羹"的诗句，赞美三秦大地的羊肉汤。

此外，陕西菜还有相当一部分主菜是以大块肉、整鸡、整鱼的形式出现，"形整而烂，淡而不薄"，体现了秦人豪爽大方的性格特征。

四、陕西名菜名点

（一）风味名菜

用海鲜产品制作的名菜有冰糖燕菜、清汤官燕、菊花干贝、三丝鱼翅、海参烀蹄子、鸡茸鱼翅、麻腐海参、烧鱼皮、清汁鱼唇、牡丹干贝。用河鲜产品制作的名菜有奶汤锅仔鱼、金膏玉脍、四宝鲩鱼、菊花全鱼、软钉雪龙、油爆鳝卷、光明虾炙、遍地锦装鳖、鲤鱼跳龙门、烧鱼枚、蟹黄鱼肚、明珠大虾。用家畜产品制作的名菜有薇菜里脊丝、温拌腰丝、芥末拌肚、奶汤肚块、芝麻里脊、虦肩、烤羊腿、芥末肘子、带把肘子、炝腰片、炝白肉。用禽蛋产品制作的名菜有莲蓬鸡、葫芦鸡、秦巴四珍鸡、芝麻鸡、软炸鸡片、桂花鸭子、箸头春、凤眼鸽蛋、飞奴、奶油鹌鹑蛋。用蔬菜产品制作的名菜有金边白菜、草堂八素、拔丝猕猴桃、枸杞炖银耳、八珍羹、一品山药、喜梅豆腐、山药寿桃、蜜汁葫芦、细沙炒八宝。用山珍产品制作的名菜有龙眼团鱼、驼蹄羹、红烧熊掌、包封鱼团、炒娃娃鱼、清炖娃娃鱼、三鲜猴头、红烧猴头、珍珠猴头、孔雀猴头。

1. 奶汤锅子鱼

奶汤锅子鱼是一道陕西长安历史悠久的汉族古菜,奶汤咸鲜味道独特。此菜盛具为紫铜火锅,有 1300 余年历史。自唐中宗李显,大臣拜官,例要献食天子,名曰:"烧尾宴"。取意"鱼跃龙门",前程远大。韦巨源官拜尚书令左仆射时,进献的食单中有"乳酿鱼"。奶汤锅子鱼即由乳酿鱼发展演变而来。

2. 葫芦鸡

葫芦鸡是西安的传统名菜。其选料是西安城南三爻村的"倭倭鸡",这种鸡饲养一年,净重 1000 克左右,肉质鲜嫩。制作时经过清煮、笼蒸、油炸三道工序,成品以皮酥肉嫩、香烂味醇而著称,被誉为"长安第一味"。

(二)地方风味名点

传统名点有牛羊肉泡馍、泡泡油糕、莲子羹、小笼包饺、德发长饺子、柿子面锅盔、陇县油旋、麻花油茶、炒穰皮、岐山臊子面、酸汤水饺、萝卜饼、开花馒头、糍糕、浆水面、素糊饽、羊汤饸饹、宝鸡油酥、三原麻花、三原烧卖、蛋丝饼、白云章饺子、白吉馍、荷叶饼、三原凉粉。

1. 岐山臊子面

臊(sào,不读 shào)子面是西北地区汉族传统面食,以陕西关中平原及甘肃陇东等地最流行。也是西府(今陕西省宝鸡市)名小吃。陕西省臊子面历史悠久,尤以宝鸡市岐山县的岐山臊子面最为正宗。其实臊子面通俗讲就是肉丁面或肉末面。在《水浒传》第三回:"奉着经略相公钧旨,要十斤精肉,切做臊子。"这里的臊子就是肉末、肉丁的意思。

一碗合格的岐山臊子面应该具有"面白薄筋光,油旺酸辣香"的特点。面条细长,厚薄均匀,臊子鲜香,红油浮面,汤味酸辣,筋韧爽口,老幼皆宜。臊子面在关中地区有其非常重要的地位,在婚丧、逢年过节、孩子满月、老人过寿、迎接亲朋等重要场合时都离不开。

臊子面是陕西的风味小吃,品种多达数十种,具有薄、筋、光、汪、酸、辣、香等特色,口感柔韧滑爽,其中以岐山臊子面享誉最盛。臊子面的特点是面条细长,厚薄均匀,臊子鲜香,面汤油光红润,味鲜香浑厚而不腻。而岐山臊子面乡土风味尤为浓厚,以酸辣著称。岐山面要求宽汤,即汤多面少,并突出酸辣味。所谓煎、汪,即面条要热得烫嘴、油要多,才能体现此面的特色。岐山面是一种高碳水化合物、高饱和脂肪酸的地方特色面食。臊子面对关中地区的人们生活的影响很大，无论喜事丧事、逢年过节、老人过寿、还是小孩满月或是家里来了亲朋都离不开臊子面。关中地区办红白事、老人过寿、孩子满月等都一般招待两顿，所谓早饭和午飨，而早饭臊子面即为主食。

2. 羊肉泡馍

羊肉泡馍，亦称牛羊肉泡馍。古称"羊羹"，西北美馔，尤以陕西西安最享牛羊肉泡馍盛名，北宋著名诗人苏轼留有"陇馔有熊腊，秦烹唯羊羹"的诗句。它烹制精细，料重味醇，肉烂汤浓，肥而不腻，营养丰富，香气四溢，诱人食欲，食后回味无穷。因它暖胃耐饥，素为西安和西北地区各族人民所喜爱，外宾来陕也争先品尝，以饱口福，羊肉泡馍已成为陕西名食的"总代表"。

羊羹的历史最早可追溯到公元前 11 世纪，那时就被列为国王、诸侯的礼馔。兰州与西安的羊肉泡馍是大不相同的。兰州的羊肉泡馍是将煮好的羊肉切成大片，放上粉丝、蒜苗、香菜，浇上羊汤，即可食用，原汁原味。馍，在西安是死面（没有发酵的面）饼，而在兰州的是当地的一种发面饼，保持了面粉的原始香味，任何佐料不放时都很可口。做法也不一样，西安泡馍需要自己掰碎然后回锅再做，而兰州泡馍只管做好汤、放好肉，然后配以一个大饼，就可以食用了。可以一股脑将饼揪开丢进汤里，享受羊汤泡馍的滋味。或一口汤一口饼，再夹着大块的羊肉慢慢咀嚼，吸溜两口粉丝，大口的馍，大块的肉，感觉自有不同。

第二节　甘肃地方风味

甘肃位于我国西部的黄河上游，地跨青藏、内蒙古、黄土三大高原，是我国经济文化发展较早的省（区）之一，取北魏始名的甘州（今张掖）、隋代始名的肃州（今酒泉）两地名称字首而得名，常以甘简称，又因省境大多在陇山之西，古代曾有"陇西郡"和"陇右郡"的设置，故又称"陇"。甘肃有着悠久的历史和灿烂的文化，大地湾遗址被证明是中华民族发祥地之一，中华民族的人文始祖伏羲就诞生在渭河上游。3000 多年前，周人先祖发祥于陇东一带。汉唐以来，甘肃成为中西文化交流、商贸往来的古丝绸之路条条都经甘肃而过，沿途驿站多，商业繁兴，欧、亚、非大陆桥穿过甘肃全境，这些对甘肃的经济、文化、交通、信息、旅游业、饮食业的发展起到了巨大的推动作用。

广阔地域和丰富物产资源，众多民族及其民俗、民风产生出丰富的饮食文化和烹饪技法，还有外菜系的不断引进，各种新型调味品的引入应用，日益完善的陇菜，逐渐形成了以兰州为中心，包括河西走廊地区（武威、张掖、酒泉、敦煌等）、陇南地区（成县、文县、武都、徽县等）、天水地区、陇东地区的清真菜和多民族的特色。

一、甘肃风味的形成

(一)地理物产

甘肃位于祖国地理版图的几何轴心,黄土高原、黄河贯穿其境,省会位于西北五省的网络中心,东南与陕西、四川接壤;西北与青海、新疆、蒙古、宁夏毗邻,幅员辽阔,山水纵横,四季分明,气候宜人,物产丰富,是一个农牧业兼备的农业大省。这里有"瓜果之乡"兰州,"塞外江南"天水,"佛教文化圣地"敦煌,还有广阔富饶的甘南大草原,矿产丰富的腾格里、塔克拉玛干大沙漠,天然大水库祁连山雪峰,著名的酒泉航天中心以及刘家峡、盐锅峡等水力发电站,引水入秦工程,121水利工程等。这些不仅对甘肃的文化、经济、旅游起到了推动作用,也为甘肃省饮食行业提供了丰富多彩的烹饪原料。甘肃盛产动植物原料,不仅是烹饪中的美味佳肴,还是医药中不可多得的名贵药材,依托如此雄厚的物质基础,甘肃菜点形成的独特风格,也就顺理成章了。

甘肃地域辽阔,物产丰富,盛产山珍野味、土特名产,不但可制作名贵肴馔,而且具有滋补、延寿功效。动物性禽类的原料有牛、羊、驴、鹿、兔、驼峰、驼掌、羊羔肉、鸡、鸭、鹅等某些野禽、野兽,另有甘南蕨麻猪及陇西腊肉、金钱肉等。水产类原料有草鱼、鲤鱼、鸽子鱼、鲫鱼、团鱼、虹鳟鱼、罗非鱼、鲶鱼、黄鳝等。植物性的原料有韭菜、韭黄、百合、黄花菜、大枣、核桃、板栗、马铃薯及其他蔬菜。花卉类的有牡丹、菊花、玫瑰、韭菜花等。山珍类的原料有发菜、羊肚菌、人参果、蕨菜、薇菜干、银杏、银耳、木耳、竹荪等。瓜果类的原料有白兰瓜、麻醉瓜、黄河蜜、冬果梨、花牛苹果、苹果梨、秦安桃、安宁白粉桃、李广杏等。药材类的原料有岷县当归、党参、天麻、枸杞、黄芪、红花、虫草、锁阳等。用这些原料制作的菜肴,不仅其名如诗似画,而且其味鲜美异常,令人不能忘怀。

名菜"驼峰炒五丝",选用肉质细嫩、丰腴肥美的河西驼峰为主料,配之以火腿、玉兰片、冬菇、韭黄、鸡脯肉等,选料考究,调配得当,刀工精细,注重火候。成菜后色形美观,营养丰富,质地鲜嫩,独具风味,世称"西北珍馐"。诗人陆游曾在《东山》中赞驼峰道:"驼酥鹅黄出陇右,熊肪白玉黔南来。"再如"金鱼发菜",选用甘肃特产发菜做主料,以金鱼为形,构思巧妙,制作精细。成菜后金鱼浮游于汤面,活灵活现,栩栩如生,汤鲜而清澈,味美而质地嫩,令人不忍下箸。再如"火烧蕨麻猪",选用甘肃特产蕨麻猪,此猪肉质鲜美,脂肪少而精肉多,是猪肉中的上品,火烧后皮脆肉嫩,鲜香醇美,是脍炙人口的美味佳肴。近年来,肉嫩味鲜、肥而不腻、滋补效果佳、老少皆宜的"靖远羊羔肉"和"手抓羊肉"风靡陇原大地,无论春夏秋冬,在星罗棋布的"靖远羊羔肉"和"手抓羊肉"店前车水马龙,人来人往,店中食客云集,气氛热烈,充分展示了清真菜的魅力。"韭黄炒鸡肉",选用茎粗叶壮、色鲜质嫩、食疗兼备的兰州韭黄做主料,配以鸡脯肉,成菜后滋味鲜美,风味独特,为新春时令佳品。有一首七言绝句赞兰州的"韭黄炒鸡丝"道:"鲜菜个个争新春,还数韭黄更喜人。茎嫩叶壮汁欲滴,鸡丝韭黄味最新。"陇菜中的山珍以百合、蕨菜为佳。百合,号称百蔬之尊,兰州百合久负盛名,品质之佳,堪称世界第一,这里出产的百合鳞茎硕大,瓣厚肉肥,色白如玉,味甜美,蒸、煮、炒吃均可。百合鸡丝是陇菜中的创新菜,曾风靡全国,盛极一时,它以鸡脯肉、百合、旱芹为主料烹制而成。蕨菜又名佛手菜、吉祥菜,是一种别具风味的野生蔬菜。食用部分是它的嫩叶和幼茎,炒食、凉拌均可,其中以兴隆山蕨菜最为有名,清脆微苦。夏天吃,能解暑清火。

(二)历史因素

大地湾遗址、人文始祖伏羲文化、仰韶文化、齐家文化、辛甸文化、敦煌文化等,足以证明人类的发展史中,随着生产工具的改善、生产力的提高,饮食文化也在逐步发展。从原始社会的火烹、石烹、陶烹,到封建社会的铜烹、铁烹,有足够的证据证明,有一部分人类是从这里走向文明、走向健康的。甘肃秦安大地湾文化遗址中发现了一批碳化植物种子——黍,是国内同类标本中时代最早的。出土的还有可翻地的石铲、收割作物的石刀、研磨粮食的石磨和石盘,这些工具形式较为固定且有一定数量,表明当时的农业生产及加工技术已经形成。粮食生产,家畜饲养的条件逐渐成熟。众多的猪、狗骨骼在大地湾遗址出土,表明当时人们已开始畜养家畜。为满足基本的盛储炊事需求,大地湾先民利用取之不尽的黄土烧制成各类坚固的陶器。陶器以三足、圜底、圈足器为主,以三足罐做炊器,钵形器、三足碗盛装食物。

"烤乳猪"发源于西周宫廷"八珍"中的"炮豚",西周的原生地是甘肃的陇东。从春秋战国开始,铁器工具的出现,促进了水利灌溉,扩大了耕地面积,经济繁荣,畜产品增多,冶炼钢铁、制陶煮盐、酿酒等工业的发展为烹饪提供了大量的食品原料和较为先进的工具。烹饪技术开始在选料、火候、刀工、调味、饮食卫生、餐具、厨具等方面进行严格的分工,而且有了严格的等级制度和礼节仪式。

秦汉时期,秦始皇统一六国,建立中央集权的封建帝国,天下分为36郡,在甘肃设陇西郡。汉在甘肃分设安定郡、天水郡、陇西郡、金城郡、武威郡、张掖郡、酒泉郡、敦煌郡。汉派张骞等人两次出使西域开辟丝绸之路,引进了西域的饮食材料,使胡瓜、胡萝卜、菠菜、胡桃、葡萄、苜蓿等从甘肃大量输入中原,不仅促进了东西方经济文化的交流,也使甘肃和西方的烹饪技术不断融合。公元前121年,前骠骑将军霍去病大败匈奴,打开了通往西方的交通要道,东西方人通过丝绸之路,将家乡的饮食口味、烹饪习惯与技法带入大漠绿洲,促进了甘肃饮食的发展。皇甫谧(平凉人)的针灸及食疗理论广为传播,相传当时有"枸韭卵""枫叶马奶酒""热粱和炙"等菜肴。在1971年嘉峪关出土的汉墓画像砖中有灶前烧火图、持锤击杀牲畜图、切肉烤肉图、婢托盘提壶图等,从中可看出当时红白案已分工,铁器已广泛使用,炊具、炉灶已有改进,调味品及酒已有发展。这些汉墓画像生动地反映了汉代甘肃烹饪发展的概貌。

魏晋南北朝时期,西凉、南凉、北凉、后凉相继在河西建都,晋在天水建都,形成民族交流融合。由于丝绸之路的繁荣,佛教在中国流行,素菜传入甘肃。364年(前秦建元二年)在敦煌开始凿建莫高窟,420年(北魏太常五年)开凿炳灵寺石窟,502年(北魏景明三年)开凿麦积山石窟。在这些艺术宝库中,都有反映东西方烹饪技术方面的画像。399年,名僧法显从长安西行到印度取经,在金城居住数月,带来长安的斋食。在1979年嘉峪关出土的魏晋墓中的画像砖上有婢女烫洗家禽图、杀牛图、屠夫杀猪图及有关饮食的墓室壁画,栩栩如生地反映出当时甘肃的政治、经济、文化和烹饪技术水平。贾思勰所著《齐民要术》中提到的"古啖法""胡炮法""胡羹法"等烹饪方法当时在甘肃已有流行。在敦煌文献和敦煌壁画中,保存有丰富的饮食资料,直接记载饮食的资料就有200多种,敦煌壁画中还有50多幅宴饮场面,榆林窟壁画中还有酒肉满桌、猜拳行令的饮酒场面。

明清时期,兰州作为陕甘总督府所在地,是封建统治的重镇,各少数民族和中原先进的烹饪技术在此交融,促进了甘肃烹饪技术的发展。在制作上,厨房分工明确,选料精细,切配细致,以肃王府、总督府菜为标准,讲究菜肴的色、香、味、形、器、名,并有严格的宴会配制和上菜程序。使陇菜发展初具规模,金鱼发菜、烤乳猪、沙锅牛膝、蜜汁百合等官府菜,久传不衰。家常菜主要指民间婚丧嫁娶宴席上的菜,有"五碗""六君子""八大碗"之说,酸辣海参、捆子肉、腐乳豆腐、全家福等为席上常备。清真菜的烤全羊、香酥羊腿、梅花羊头、杏花肠子、涮羊肉、五溜夹沙、泡油糕、胰子点心、水晶饼、肠子面、清汤牛肉面、搅团等均已成为流行菜点。

二、甘肃风味区域划分

甘肃简称"陇",陇菜即是甘肃菜的代称。由于敦煌菜来了个反弹琵琶、神龙摆尾以局部超越整体,使陇菜寂寂无名,处在一个十分尴尬的境地。其实敦煌菜是陇菜的重要组成部分,这朵红花还是靠甘肃文化浇灌、滋养出来的,与兰州菜、天水菜、甘南藏菜、清真菜共同组成了陇菜。

甘肃是一个多民族的省份,境内各民族均善于烹制牛羊肉,并且有其独特的工艺技法。《齐民要术》载有陇菜牛羊肉的做法:"牛羊鹿肉皆得,方寸切,葱白研令碎,和盐豉汁、仅令相淹,少时便炙。"特别是羊肉的制作在甘肃有其独一无二的技法。"东门彘肉更奇绝,肥美不减胡羊酥",这是南宋诗人陆游赞美羊肉菜肴的著名诗句。

陇菜以甘肃省兰州为代表,兰州小吃众多,如牛肉面、凉皮、百合酥、泡儿油糕、喇嘛糕等。尤以牛肉面为最,经济实惠,口味鲜美,讲究一清(汤清)、二白(面白)、三红(辣椒油)、四绿(香菜末、蒜苗末)、五黄(面条黄),被列为"中国三大快餐"之一。

靖远的"羊羔肉"是近年来饮食文化流行发展起来的新品种。历史上黄河沿岸盛产羊皮、羊毛,尤以靖远的羔羊皮、毛为珍贵。原来养殖羔羊,为的是取皮。剩下的骨、肉随便扔了。现在把这些羔羊的皮剥离后,做成各种吃法的大菜,颇受欢迎。从靖远往兰州走的百十公里路上,布满了出售羊羔肉的大小饭店,尤其是从兰州往白银走的路上更是一里一个、半里一个的"手抓羊肉""黄焖羊肉""烤羊排"的饭店。现在靖远的"羊羔肉"已经与兰州的"牛肉拉面"一样远近闻名,走向全国。

三、甘肃风味特点

(一)主料突出

陇菜主料以牛羊肉为主、山珍野味为辅,少用配料。甘肃回民众多,回菜(清真菜)是陇菜的主流。吃陇菜才能真切地体会到"回味"无穷,回菜擅烹牛羊肉的特点在陇菜中得到了淋漓尽致的体现,素有"无羊不成席"之说,其风格迥异的"全羊席",独树一帜,是我国饮食百花园中的一朵奇葩。河西羊羔体大、肉嫩、味美、营养丰富,以它为原料的河西酥羊、陇西腊羊肉名闻遐迩。敦煌的荷香蒸羔,羊取南方荷塘美景的灵秀雅致及荷叶的清香来弥补北方的粗犷,衬托羊肉的肥美。手抓羊肉:肉赤膘白,肥而不腻,色泽诱人,仔细品味,爽而不腻,油润肉酥,质嫩滑软,滋味不凡,虽然吃得嘴油手滑,却给人以返璞归真的原始之感。胡羊肉用羯羊(阉割过的公绵羊)经煮、蒸而成,酥软浓香,回味悠长。陇菜中的山珍以百合、蕨菜为佳。百合,号称百蔬之尊,兰州百合质地上乘,品质之佳,堪称世界第一。这里出产的百合鳞茎硕大,瓣厚肉肥,色白如玉,味甜美。蒸、煮、炒吃均可。百合鸡丝是陇菜中的创新菜,曾经风靡全国盛极一时。它以鸡脯肉、百合、旱芹为主料烹制而成。蕨菜又名佛手菜、吉祥菜,是多年生草本植物,它分绿蕨和紫蕨两种。通常把绿蕨叫羊蕨,把紫蕨叫牛蕨,蕨菜富含淀粉、蛋白质、脂肪、磷、钙和多种维生素,是一种别具风味的野生蔬菜。食用部分是它的嫩叶和幼茎,炒食、凉拌均可,其中以兴隆山蕨菜最为有名,它清脆微苦,夏天吃尤其能解暑清火。

（二）技法多样

陇菜的烹饪技法既能在继承传统的基础上全面发展，又能保持自己的风格，有许多独到之处，炒、炸、炖、焖、烧、蒸、清汆、温拌是其主流技法。烧蒸菜，形状完整，酥烂软嫩，汁浓味香，特点突出；清汆菜，汤清见底，主料脆嫩，鲜香光滑，清爽利口；温拌菜，不凉不热，葱香扑鼻，乡土气息极浓。石烹、水煮、油浸、铁板煎、拔丝、蜜汁，这些方法的运用皆因材制宜，因料施法。像石烹黄河鲤鱼，就是将黄河鲤鱼剞上柳叶花刀，加盐、料酒、鸡粉、葱段、姜片、蒜片腌渍入味，用锡纸包紧，将石子烧至270℃时，将鱼埋在石子中焗熟，盘中放入一定量的热石子，再将焗好的鱼放在上面即可上桌。

（三）香味突出

陇菜的香除了主料特有的香，由于甘肃处于古丝绸之路，欧陆、中亚各地的烹饪习惯擅用香料，八角、茴香、排香草、薪荽、草果、百蔻、丁香、单茇、花椒、孜然（安息茴香）、苦豆子（胡卢巴），还有当地特有的骆驼草、薪荽等外地少见的香草，这些香料成为陇菜香料的主体。香料不仅可去除肉类的腥臊味，更可刺激嗅觉，增添食欲，为陇菜增添了不同于中原地区的大漠风情。陇菜除多用香料，芫荽、大蒜、沙葱、旱芹等辛香类蔬菜作配料之外，还常选用干辣椒、陈醋和花椒来提香。干辣椒经油炸后辣而不烈，辣香浓郁，花椒过油后，麻味逊少，香味增加。选用这些调料的目的，并非单纯为了辣、酸、麻，而是取其香味。由于陇菜主味突出，一盘菜肴所用的调味品虽多，但每个菜肴的主味却只有一两个，其他味处于从属地位。香味是陇菜的主打味型，居诸味之首，因此，在调和香味上，陇菜厨师可谓是不遗余力，吃过陇菜之后弥漫在唇齿间的淡雅清香让人感到通体舒坦。

（四）瓜果入菜

兰州，人称瓜果城，是西北有名的瓜果之乡。哈密瓜、白兰瓜、西瓜、苹果、沙果、核桃、葡萄、李、梨、杏、柿、枣、人参果等质优味鲜，品种多样。其中的白兰瓜又称兰州蜜瓜，瓜色白如玉，瓜味甜如蜜，瓜汁醇如露，吃上一口，满颊留香。兰州金花宝西瓜，号称中国西瓜王。兰州冬果梨，个大皮薄，汁多肉脆，甜中带酸，且耐贮藏，入冬后，将核掏去，加入冰糖、贝母等，用小火煮透，连汤带梨食之，解渴消寒，滋阴润肺，化痰止咳，是兰州冬季名小吃。以兰州特产的瓜果和其他原料用拔丝、蜜汁方法制成的风味菜肴如百合桃、瓤白兰瓜、金城八宝瓜雕，都是陇菜中的传统名菜。金城（兰州别称）八宝瓜雕是把瓜皮面用连环刀雕刻成图案，挖出瓜瓤，作为盛食瓜器。瓜雕图案精美，玲珑剔透，食品清凉甜美，沁人心脾。

(五)特色小吃

陇菜的风味小吃有100多种,它以兰州为代表,汇聚了各民族饮食之精粹。兰州的大街小巷,到处可以看到小吃的招牌,酿皮子、灰豆子、甜醅子、拉条子、浆水面、臊子面、猪脏面、大卤面、炒面片、麻辣粉、油炒粉、糖油糕、羊杂碎、鸡肉串、羊肉串、窝窝血、杏仁茶、油炸洋芋片、水晶包子、羊肉泡馍、牛肉泡馍、高三酱肉、拨面鱼、呱呱之类。

兰州风味小吃中,最负盛名、最值得浓墨重彩大书特书的无疑是清汤牛肉面。牛肉面虽出现在晋代,有1000多年的历史,但真正出尽风头不过百余年。光绪年间,回族老人马保子首创清汤牛肉面,它讲究"一清、二白、三红、四绿、五黄",肉汤用十多种调料调配却清白如水,萝卜片净白如玉,辣椒油鲜红艳丽,蒜苗、香菜碧绿青翠,具有牛肉烂软,面条柔韧,滑利爽口,诸味和谐,经济实惠等特点,赢得了"中华第一面"的美名。

四、甘肃名菜名点

(一)风味名菜

家畜制作的有捆子肉、陇西腊肉、烤全羊、靖远羊羔肉、手抓羊肉、胡羊、黄焖羊肉、涮羊肉、杏花肠子、火烧蕨麻猪、酸辣里脊、糖醋里脊、大炒里脊、冬梨肉、锅烧牛肉、筷子面肠、血肠、西夏石烤羊、紫果羊肝、带把肘子、张掖大菜、全家福、烤乳猪等。家禽制作的有大块鸡、布袋鸡、料小鸡、软烧鸭、鸡皮馄饨、韭黄炒鸡丝、当归鸡、锅烧鸡、笋子鸡、松黄鸡、梅花鸽蛋、铁锅蛋、菊花鸽蛋、绣球鸡蛋、炸野鸡卷、炒野鸡轱辘等。山珍海味类制作的有金鱼发菜、蝴蝶羊肚菌、鸽蛋燕菜、雪峰驼掌、酿羊肚菌、佛手鱼翅、刀拨丸子、烧海参、玛瑙海参、韭黄炒鱿鱼丝、螃蟹鱼肚、细卤鱼翅、鸽蛋鲍鱼、蜈蚣鲍鱼、沙锅炖牛鞭、清汤菊花牛鞭、荷花羊肚菌、麻花野鸡、五丝炒驼峰、荷花金线肉、酸辣焖青羊、三鲜松花、煸炒野兔块等。水产类制作的有提篮鱼、酱渍鳇鱼、清蒸鸽子鱼、藏珍神鱼、清蒸虹鳟鱼块、干炸鳇鱼、鱼皮饺子、西瓜团鱼、黄焖甲鱼、菊花黄河鲤鱼、荷包鲫鱼等。蔬菜瓜果类制作的有干蒸百合、百合桃、鸡丝百合、奶油烧凤尾、烧扣子萝卜、荷花白菜、羊肉糊茄子、五淄茄夹、蜜汁百合、瓢白兰瓜、拔丝白兰瓜、炸羊尾、清炒韭黄、虾籽烧百合、蜂窝洋芋、炸椒叶、高丽香椿、槟榔豆腐、素鱼翅、瓜中藏珍、三鲜炒蕨麻、花鼓黄瓜等。

1.金鱼发菜
金鱼发菜是用甘肃名产"发菜"烹制的高档名菜,因形如金鱼而得名。以兰州市庆阳路烹制最佳。做成后,如加清汤,则金鱼飘游汤中,活灵活现,观之鲜汤清澈,鱼形逼真;食则外酥内嫩,鲜美爽口,可为别具特色的下酒佐料。发菜是甘肃特产,丝细如发,富于营养,专作佳肴配料。

以"发菜"为主料,用鸡茸包发菜制成金鱼形,用火腿改刀做鱼鳍,用黑、白木耳做鱼尾,樱桃做眼睛,上笼蒸熟后摆入长盘,炝葱、姜丝,加料酒、食盐、味精、明油、高级清汤即成。此菜色泽绚丽,鲜香味美,是宴席上有名的地方佳肴。

2. 烤乳猪

这是一道中外顾客喜食的地方名菜。这种佳肴选用40天左右的小猪,(约重8.9斤)去毛刮洗干净,除去内脏,挂上烤叉,用木炭火直接炙烤。然后将皮切成长1.5寸,宽8公分的长方块装盘上桌,配以春饼、合叶饼、芝麻饼等主食。再将头、脑、尾、骨等摆成小猪的自然形状装盘,浇上少许辣油后上桌。烤乳猪色泽金黄泛红,外脆里嫩,肥而不腻,味鲜异常。据传说,兰州烤乳猪有多年历史,最先由兰州民生园独家经营,现在兰州各大宾馆、饭店均有此道名菜。

3. 玛瑙海参

玛瑙为美玉的一种,红黄润泽,宝色生辉,历代用以雕刻器皿或装饰品。菜品以玛瑙为名,寓意高雅美观、稀有珍贵。玛瑙海参汁红质滑,味美醇厚,是甘肃传统名菜。

(二) 名点小吃

传统名点有泡儿油糕、百合酥、鸡丝卷、柿面油饼、油锅盔、油塔子、泾川罐罐馍、靖宁油锅盔、河州包子、陇东花馍、河西花馍、藏包子、酥盒、萝卜丝酥、兰州酥饼、岷县酥点心、寿桃、地达菜包子等。

传统名小吃有兰州清汤牛肉面、酿皮子、灰豆子、甜醅子、肥肠面、葫芦头、羊血染饭、高担酿皮、羊杂碎、油炒粉、鸡粉冻、烧鸡粉、天水的呱呱、荞粉、臊子擀面、浆水面、靖宁烧鸡、洋芋格格子、扁豆面、土豆饼、荞面油圈、莜面发糕、玉米发糕、麻腐包子、玉米饼、热冬果、拔鱼子、窝窝面、搓鱼子、爆春香、羊肉泡馍、黄酒羊肉、瓷儿子、浆水漏鱼、石子馍、三套车、糊锅、油锅子、马蹄子、炮仗子、麻什子、牛肉粉子、丁丁炒面、钢丝面、南瓜锅盔、沙锅子、锁阳油饼子、韭菜盒子、沙枣馍、鸡肉焖饼子、羊肉垫卷子、榆钱子馍、猫耳朵、烧锅子、抻散子、酸汤面、羊肉面片子、臊子面片子、拉条子、干拌面、凉面、徽饭、搅团、荞面饸饹。

1. 兰州牛肉拉面

兰州牛肉拉面讲究"一清、二白、三红、四绿、五黄",一清(汤清)、二白(萝卜白)、三红(辣椒油红)、四绿(香菜、蒜苗绿)、五黄(面条黄亮),制作的五大步骤包括选料、和面、醒面,溜条和拉面。讲究"三遍水、三遍灰,九九八十一遍揉"。拉抻的面型品种多变,圆的按粗细不同,分二细、头细、毛细;扁的按宽窄不同,分大宽、二宽、韭叶等;还有呈三棱条状的荞麦棱。

2. 酿皮子

酿皮子是回族的风味小吃之一,这种小吃味美爽口。经济实惠,既有菜又有饭。同时,又是"快餐",到酿皮子摊,一两分钟即可到口,深受群众喜爱。食用时,将一张酿皮子切成细条,浇上辣椒油、醋、蒜末、酱油、芥末等佐料,其色悦目,香味诱人。酿皮子一年四季都有出售,特点是色泽橙黄而透明,吃起来柔软又有韧劲。

3. 灰豆子

西北地区兰州独有的一种甜食小吃。用当地的蓬灰与豌豆、红枣、白糖一起熬煮成的粥,冬夏季,早晚皆可使用,老少皆宜。从字面上理解,灰是指蓬灰。从一种兰州地区特有的植物中提炼出的食用碱。豆子,就是豌豆。加碱是为了让豆子绵软,让汤里有股说不出的香味,说不出是甜淡,还是苦涩,介于两者之间的一种口感,随着豆子的绵沙,还有枣香一同入口,有的豆子没有完全变成豆沙,会有稍微硬一点的嚼感,甜甜的豆香,便由此而来了。

(三)甘肃地方风味名宴

陇菜以丝绸之路厚重的文化为背景,敦煌菜几乎每道菜都与丝路风情和大漠风光相联系。敦煌筵席,菜肴讲究形体塑造,食材雕刻,多以坚硬的根茎蔬果为主。花鸟虫鱼,飞禽走兽,亭台楼阁,歌女舞伎,宗教人物神态万千,栩栩如生,美不胜收。菜肴讲求"色香味形器,质量情景意"。

"敦煌乐舞宴"中,每一道菜肴都有一个舞蹈相伴,人们一边品尝佳肴美食,一边欣赏敦煌乐舞,一边细细品味杯盘碗盏之间流露的浓浓历史风情,令人怡然自得,物我两忘。敦煌宴的主雕塑"飞天神女"惟妙惟肖,使人恍如置身于莫高窟内壁画前,名菜"雪山驼掌"将蛋白发打成"雪山",在雪山前铺上海米末(虾米磨粉)代表沙漠,以映衬主料骆驼掌,这种将河西走廊的祁连雪峰与大漠戈壁景观微缩于一盘构思出味的肴馔,与一幅大漠风景画别无二致;"酒乡葡萄"则再现了"葡萄美酒夜光杯"的情韵,至于菜点"月泉秀色""红梅百合""陇原春色""九色神鹿""三兔奔月",仅其菜名就给人以无限的艺术遐想。

近年来,又研制出一批创新宴席,如"中华百合宴""西部风情宴""大漠风情宴""金城瓜果宴""金城籽瓜宴""全羊宴""金牛宴""土豆宴""南瓜宴""暖锅宴""黄河宴"等。

第三节　宁夏地方风味

宁夏回族自治区是中国最大的回族聚居地,也是中国回族饮食文化的发祥地。

世界上有东方菜、西方菜和伊斯兰菜三大菜肴风格之说。中国的回族饮食兼收并蓄了东方菜和伊斯兰菜的特色技法,在长期的历史发展与烹饪演变中,宁夏回族饮食在保持传统清真饮食的基础上,较多地、有选择地融入了中华饮食文明,形成了既具有浓郁的伊斯兰教和民族特色,又具有中国传统烹饪文化特点,以及"大分散、小集中"的传统居住特性。其明显的宗教性、民族性、兼容性特点形成了宁夏饮食既具有西北高原的大气磅礴,又具有江南水乡的杏花春雨的品质,演化出"回归自然,变化无穷"的宁夏回族饮食特点。

一、宁夏风味的形成

(一)地理环境

从地理环境看,宁夏地处西北黄土高原、黄河中下游。九曲黄河从中部进入宁夏,给宁夏带来了丰富的水源。黄河宁夏段水面宽阔,水势平缓,银川平原成为宁夏最富庶的地区,风光秀美,稻香鱼肥,素有"天下黄河富宁夏"之说。唐朝诗人韦蟾就有诗赞曰:"贺兰山下果园成,塞北江南旧有名。"

宁夏是枸杞的原产地,栽培枸杞已有四五百年历史,这里的自然条件适宜枸杞生长,所产枸杞粒大、肉厚、籽少、味正、质优,富含人体所需的多种营养物质,具有润肺、清肝、滋肾、益气、生津、助阳、补虚劳、祛风、明目等功效,位列宁夏五宝,其相关产品有枸杞水晶软糖、枸杞茶、枸杞晶、枸杞药酒。中宁县的圆枣又名"金丝枣",皮薄核小,质脆肉嫩,汁多味甜,酸甜适口,中秋节前后成熟,是中秋佳节俏销国内的精品果枣。盐池滩羊肉色泽鲜红,脂肪乳白,分布均匀,含脂率低。肌纤维清晰致密,有韧性和弹性,外表有风干膜,切面湿润不粘手。肉质细嫩,不膻不腥,是公认的优质羊肉。此外还有,青铜峡辣椒、盐池西瓜、涝河桥牛肉、隆德马铃薯、银川鲤鱼、中宁硒砂瓜、彭阳辣椒等特色产品,优越的地理环境和富饶的物产资源,为宁夏饮食文化奠定了坚实的基础。

(二)历史因素

史料记载,早在唐宋时期,信仰伊斯兰教的波斯、大食及西域各国的穆斯林就沿丝绸之路频繁东进,其中部分"蕃客""胡商"定居于宁夏,成为最早的回族先民。元初,随着蒙古军队的东归,又有大批中亚、阿拉伯、波斯的伊斯兰军士、工匠、商人迁徙宁夏,为回族饮食文化的产生和空前繁荣奠定了基础。明朝初年,不断有大批回族人以归附土达的身份安插到宁夏灵州及固原各州县,形成了许多回族聚居点。清朝初期,宁夏回族人口更加繁盛,乾隆四十六年,山西巡抚毕沅在奏折中称,"宁夏至平凉千余里,尽系回庄"。明代中后期,渐成体系的回族饮食文化还被作为回族形成的标志之一。正是受中西交通便利和对外贸易兴盛的影响,宁夏成了东西文明的交汇点,古老的伊斯兰文明哺育和造就了宁夏清真饮食文化体系,并使之成为我国清真饮食文化的发祥地。

在明清时期,宁夏回族饮食就已拥有了自己独特的风格与体系,在保留了较多的阿拉伯饮食特色的同时,较多地、有选择地融入中华饮食文明,形成了以饮食禁忌为基础并且由面食、风味小吃、宴席菜、正餐菜、家常菜构成的完整体系。其中,饮食禁忌是回族饮食的明显特征之一。面食则是回族饮食的传统主食,其品种之多、花样之新、味道之香、技术之高都是让人称道的。面食中的馓子、油香等还是反映回族民族、民俗文化的象征性食品。回族的风味小吃更是独具特色,品种繁多,味美色鲜,历来为人所称道。就菜肴而言,以就餐类别分,有宴席菜、正餐菜、家常菜等类型。

(三)民俗传承

宁夏菜点是伊斯兰饮食文化进入中国并与中国饮食文化相融合的结晶。长期以来,宁夏回族与汉族等民族和谐相处,彼此相互依存而生活,在饮食文化表现上,已不是一般意义上的吃什么,借鉴其他民族的饮食方法,同时保持自身饮食禁忌的基础上,通过长时间的发展而形成了独具特色的饮食风格。

宁夏菜点被深深地打上了清真饮食习俗的烙印,有日常习俗、节日习俗和其他习俗等。喝"三炮台"盖碗茶佐餐烤馍片、馓子是日常不可或缺的饮食行为。回族的开斋节、古尔邦节、圣纪节的世代传承,为宁夏饮食文化与烹饪文化的不断发展创造了巨大空间,形成了宁夏菜点主食中面食多于米食,菜肴中牛羊肉占主导地位,菜点中的甜食占有很大比重的明显特征。

在其习俗中,宁夏还有一个不同于全国其他地区的特点:所有的清真餐馆、酒楼不用任何标志,而非清真的餐馆、酒楼无一例外地要标注"汉餐"字样,以示区别。由此可见,清真饮食在宁夏餐饮业中的主导地位。

二、宁夏风味特点

(一)清真为本,用料讲究

宁夏回族饮食在烹饪选料方面,严格遵守伊斯兰教的"清净无染,真乃独一"的饮食规定,在走兽中可以食用的为吃草(素食)的反刍动物,如牛、羊、骆驼、鹿等;在飞禽中也定为"素食者方可吃",即为吃谷物和草的,如鸡、鸭、鸽子、鹌鹑等;

鱼类则定为有鳞的鱼,但对于海产品,并没有严格的限制。按《古兰经》的教义:"海里的动物和食物,对于你们是合法的,可以供你们和旅行者享受。"因此,回族人民把从南方沿海引入的生猛海鲜与粤菜等菜系有机的融合,使宁夏回族饮食锦上添花,为宁夏回族饮食注入了活力。

牛羊肉在宁夏回族饮食中占有相当重要的地位,回族人民特别喜爱吃牛羊肉,这和伊斯兰的饮食思想有关。同时,宁夏出产的羊,因其独特的生长环境加之精妙的加工技艺而闻名遐迩。

(二)主料突出,善用香料

宁夏回族饮食用料讲究,不仅表现在饮食禁忌方面,更表现在菜品的烹饪方面。其菜肴主料突出,注重香料的使用。因为注重香料,所以菜点一般醇香味浓,甜咸分明,酥烂香脆,色深油重肉肥而不腻,瘦而不柴,鲜而不膻,嫩而有味。

(三)博采众长,技法精湛

宁夏回族饮食作为清真菜系的发祥地,经历几百年的发展,交融了伊斯兰饮食文化和中华饮食文化的精粹,不断博采众长,在继承、发掘、引入、改进烹饪工艺与技法后,一大批清真菜点脱颖而出,擅长扒、烧、爆、炒、炸、涮、炖、煨、焖、烩、熘、蒸、烹、汆等烹饪技法。面食是宁夏菜点的传统主食,品种之多,花样之新,味道之香,技术之精,是一枝独秀的,如油香、馓子已成为民族的象征食品。大凡回族节日,都要制作,用来招待客人及赠送亲友。回族风味小吃也堪称一大特色,切糕只是回族风味食品中的一种,小吃中的烩肉、手抓肉、辣爆羊羔肉、羊杂碎、炒煎粉、羊脖子、羊肉面等也是久负盛名。

博采众长表现出的是创新与升华。例如饺子,汉族饺子改成清真饺子,着眼点是在主料、做法甚至吃法上的彻底变革。其中的酸汤饺子已成为清真创新的代名词。而技法精湛最为典型的当属"全羊席",全羊席菜肴主料全部取自羊全身各个部位,经过精细加工合理搭配,采用不同的制作手法,分别制成总计108道各类菜肴,味各不同,丰富多彩,诱人食欲。

三、宁夏名菜名点

(一)传统名菜类

用牛羊肉等制作的名品有手抓羊肉、黄渠桥羊羔肉、固原水盆羊肉、烧羊肉、黄焖羊肉、辣爆羊羔肉、羊肉小炒、酸菜羊肉、清炖羊肉、同心碗蒸羊肉、夹沙羊肉、酱香羊腱子、锅烧羊肉、扒羊肉条、黄芪炖羊脖、爆炒羊腰花、翡翠蹄筋、煨牛筋、扒驼掌。用家禽制作的名品有香酥鸡、中宁枣园炖土鸡、泾原土豆蒸鸡、锅烧鸭。用黄河鱼制作的名品有糖醋黄河鲤鱼、清蒸鸽子鱼。此外,还有回乡十大碗,包括烩丸子、烩夹板、烩肚丝、烩羊肉、烩假莲子、烩苹果、烩狗牙豆腐、红炖牛肉、烩酥肉、酿饭。

1. 手抓羊肉

手抓羊肉有三种吃法,即热吃(切片后上笼蒸热蘸三合油)、冷吃(切片后直接蘸精盐)、煎吃(用平底锅煎熟,边煎边吃)。特点是肉味鲜美,不腻不膻、色香俱全。

就羊肉系列而言,北京有涮羊肉,陕西有羊肉泡馍,新疆有烤羊肉串,内蒙古有手扒肉。在宁夏,每逢佳节或宾客临门,待客最隆重的仪式便是宰羊,手抓羊肉在宴席上是必不可少的。上手抓羊肉和吃手抓羊肉也非常讲究,要将带骨羊肉剁成二指宽的长条或块状,放入大盘之内,胸茬和肋条肉最为鲜美。

2. 回乡十大碗

宁夏回民聚居村,每到结婚喜庆的日子,回民们都要做十大碗,来招待宾客。这十大碗筵席以烩为主,有烩丸子、烩夹板、烩肚丝、烩羊肉、烩假莲子、烩苹果、烩狗牙豆腐、红炖牛肉、烩酥肉、酿饭。

这桌回民筵席,主要用羊肉、牛肉、羊肚、土豆、苹果、豆腐、糯米、鸡蛋,配以菠菜、黄花、木耳、桃仁、圆肉、葡萄干、青梅、红枣、蕨麻、蜂蜜、白糖及各色调味品制成。虽是大众菜肴,但各有各的味道。

烩丸子:丸子酥烂,汤浓味香。

烩夹板:夹板软韧可口,外酥里嫩。

烩肚丝:肚丝筋软,香辣适口。

烩羊肉:汤鲜、肉烂。

烩假莲子:用土豆炸成的假莲子,色黄软嫩,滑润香甜。

烩苹果:白汤,金黄的苹果,散见的青红丝,软烂甜香。

烩狗牙豆腐:软嫩,汤浓,味鲜,别有滋味。

红炖牛肉:肉烂,色红亮,味醇香。

烩酥肉:酥脆鲜香。

酿饭:最后一道酿饭,软糯甜香,果味鲜。

(二) 传统名点类

传统名点有荞面猫耳朵、固原搓麻食、炒糊饽、羊肉搓面、粉汤水饺、烩小吃、回族油香、炸馃子、回乡花花、中卫捆馍、固原锅盔、盐池和了面、酿皮子、面浇羊杂、碾馍儿、烧卖、燕面揉揉、回族蒸艾叶、羊肉小揪面、烩小吃、手把傲子、滚粉泡芋头、羊肉臊子面。创新名点有羊肉提花包、牛肉生煎包、素菜盒子。

1. 羊肉搓面

羊肉搓面是宁夏盛行的一种风味面食。有点像西安的拉条子。面和好擀成片,切成细条用手搓圆,如西安的拉条子粗细。这道小吃特点:面精肉鲜,风味独特。

羊肉搓面作法:先将面粉揉成面团醒好,将羊肉切成大丁炒熟。然后将面搓成筷子般粗细,下锅煮熟,再浇上用羊肉原汁、羊肉丁和新鲜蔬菜烩成的汤,放入辣椒红油即口可食用,面精肉鲜,风味独特。

2. 粉汤水饺

粉汤水饺是一道传统小吃,宁夏各地均有制作,目前仅用于中高档筵席,色彩多样,营养丰富,汤鲜味香。

第四节 青海地方风味

雄踞"世界屋脊"的青海省是个神秘而诱人的地方,仿佛一块未经雕琢的璞玉,粗拙中透出宝气,平静中显出神奇。青海省位于青藏高原东北部,青海境内巍巍昆仑山横亘中部,唐古拉山与祁连山分峙南北,茫茫草原起伏绵延,柴达木盆地浩瀚无垠。长江、黄河之源头在青海,中国最大的内陆高原咸水湖也在青海,无论是前往新疆还是西藏、敦煌还是拉萨,青海是人们去往西部的必经之地。

青海菜点通常分为筵席菜、民族菜、家常菜、风味小吃、面点五大类。早在明清时期青海的宴请就有一套完整的筵席菜单,有菜八盘、肉八盘、十大碗、八大碗之分,藏式的则有千户宴等。青海菜点的主流是民族菜,如"手抓羊肉""阿卡包子""酸辣里脊""青海三烧""肉方子"等,这些民族菜肴在大小餐馆、宾馆、饭店随处可见,也能在普通百姓家品尝到。

一、青海风味的形成

(一)地理物产

青海是一个多民族地区,少数民族聚居区占全省总面积的98%,有藏、回、土、撒拉、蒙古等5个世居少数民族,少数民族人口占全省总人口的43%。每个民族的饮食形式和食品种类与它的经济类型有着密不可分的联系,甚至可以说一个民族的整个经济文化类型在很大程度上取决于该民族所生产的食品原料和用以生产这些食品原料的方法。

传说撒拉族的先民牵着骆驼,驮着《古兰经》,带着撒马尔罕的土、水、白芒麦和黑芒麦来到循化定居,从事农业、牧业、园艺业。据《循化志》载,当时的粮食作物有青稞、小麦、大麦、豌豆、蚕豆、扁豆、糜子、谷子、荞麦、胡麻、芥子等;蔬菜有萝卜、白菜、菠菜、瓠子、芹菜、韭菜、蒜、苜蓿、山药等;水果有桃、杏、苹果、樱桃、林檎、枣、葡萄、核桃、薄皮梨、长拔梨、油交团梨、冬果梨等;牲畜有黄牛、牦牛、犏牛、绵羊、山羊、马、驴、骡等。

11世纪维吾尔族伟大学者马赫穆德·喀什噶尔编著的《突厥语大词典》(以下简称"词典")是研究撒拉族语言、历史、饮食、习俗等的重要历史文献。《词典》和近代研究成果表明,10世纪前后,大批突厥语民族转入定居,农业、园艺业和城市不断发展,从《词典》所收入的词语中看出,当时,乌古斯人除从事畜牧业外,还经营农业和园艺业,并已有乌古斯人城市,例如:喀尔纳克、喀拉巧克等;中亚是世界上最早产小麦的地区之一,撒马尔罕是富庶而园艺业发达的地区。

撒拉人从撒马尔罕到现循化地区定居后,以街为中心,沿着黄河和街子、清水二河,启山林,垦田亩,翻牛羊,过着农业为主,兼营牧业的生活。

（二）历史发展

青海菜的历史十分悠久,早在旧石器时代晚期,青海先民就在可可西里地区、三江源一带、柴达木盆地、昆仑山麓点燃了文明的火种。从民和、玉树、贵南、柴达木盆地等地发现的300多处原始社会文化遗址来看,当时除狩猎外,已经出现了原始的畜牧业和原始的农业,因为发掘的文物中有罐、钵、鼎、瓶、壶、盆、石斧、石刀、骨刀、骨铲、青铜刀之类的炊食器具,还有粟一类的实物,这说明青海的开发至少已有五六千年的历史。

就上古史和中古史来分析,青海古时为西戎地。所谓西戎,是青海许多民族原始先民的总称。秦汉时代为羌族,当时的羌族为西北最大的游牧民族。到公元前60年(汉宣帝神爵二年),在青海东部居住的羌人达三万多人。汉朝设置金城属国,安抚羌人各部落。公元前121年(汉武帝元狩三年)与公元前111年(元鼎六年),分别由骠骑将军霍去病和将军李息进军湟中,先后设置西平亭和护羌校尉。从公元前61年到公元前60年令将军赵充国屯田湟中开始,到公元132年(东汉顺帝阳嘉元年)的近二百年中,先后屯田达四十四部。青海东部地区正式纳入中央封建王朝郡县体系。在北方民族大融合时期,前凉、前秦、后凉、南凉、西秦、西夏、北凉走马灯似的统治着青海河湟地区,人口的流动促进了饮食方式的相互影响,羌人的烹饪技法传到中原,《齐民要术》中介绍了"羌煮貊炙",貊炙是貊人发明的一种烤乳猪的方法;而羌煮是仿照羌人将精选的鹿肉煮熟后切成块,蘸着各种调料制成的浓汁吃。

公元 7 世纪,松赞干布统一青藏高原,建立了吐蕃王朝,吐蕃是藏族先民,青海菜深深打上了藏族饮食的烙印。通过唐朝文成公主、金城公主先后与吐蕃赞普松赞干布和弃隶缩赞的两世联姻,唐蕃关系达到了十分友好的程度。从公元 734 年(唐玄宗开元二十二年),唐朝与吐蕃在赤岭(今天的日月山)树立划界碑并协议互市的情况看,在日月山以东的地区,汉族和其他兄弟民族已占有不可忽视的地位。汉族人大量移入青海,是在明、清两个时代。这一贯穿在历史长河的巨大变迁,为青海饮食文化的不断发展开了先河。

(三)民族民俗

青海撒拉族与回族、维吾尔族等信仰伊斯兰教的民族礼俗有共同性,又有自己传统文化特色的饮食礼俗。撒拉人注重物质生活,除饮食禁忌外,坚持择食唯良、唯洁,追求来源及性质上的佳美食物,不食奇形怪状、凶残动物肉,不食得之不义之食物,坚持"饮食唯良,必慎必择,良以作资,乃益性德"。坚持食不过分,长期以来,撒拉人养成了节俭、卫生、食不过分的习惯和美德,厌恶糟蹋食物和挥霍浪费。讲究不暴食,这种习俗和观念,符合营养、保健、卫生原则。13 世纪波斯作家萨迪在其名著《蔷薇园》中说:"不要吃得太饱,也不要吃得太少,太多会害病,太少会丧命,饮食虽能维持生命,过度也会影响健康,糖果吃多会致病,斋满吃饼更甜香。撒拉人盛行馈赠,即以食物为礼物,相互馈赠,多以茶、肉、炸食等为馈赠物。共进民族饮食,不论婚丧嫁娶、生儿育女、乔迁新居以及节日盛典等活动中没有一项是不与共进民族饮食或馈赠相联系的。尊老敬客是撒拉人的美德,这在饮食活动中尤为明显,主要通过饮食活动中的就位、劝食、程序、馈赠等形式表现出来,不仅在家庭内部是这样,而且在阿格乃、孔木散以及同其他民族的交往中也是如此。

青海农业区和半农半牧区的饮食风格吸取了牧区藏族风味的某些烹调特点,而以汉族和回族风味为主,三者互相影响,在烹制技法和调味上彼此融通,构成了青海菜风味的主体。青海菜在原料上以牛羊肉和土特产品(虫草、湟鱼、岩羊、发菜、雪莲)为主体,制作技法比较质朴粗放,侧重于烤、炸、蒸、烧、煮,口味偏重于酸、辣、香、咸,兼有北方菜的清醇、川菜的麻辣、粤菜的鲜香,口感讲究软烂醇香、嫩爽酥脆,著名菜点有蛋白虫草鸡、蜂儿里脊、人参羊筋、梅花蹄筋、三色芙蓉丸子、雪莲人参果、松鼠湟鱼、黄金白银乌丝糕、羊肉筏子、羊肉汆面片、西宁凉粉等。像蜂儿里脊是把猪里脊肉剔除筋膜剁成肉末,加盐、鲜姜末、料酒等搅匀,挤成肉丸,放入蛋清水粉糊里挂糊,炸至金黄色,装盘时浇上用高汤、味精、白糖、酱油、鲜姜末、水淀粉、盐、醋对成的芡汁,淋上香油即成,此时滚烫的肉丸浇上沸腾的芡汁发出极似蜂鸣的声音,将它命名为蜂儿里脊,真是神来之笔。

青海地处青藏高原,全省约 80% 面积属草原,是中国五大牧区之一,高原牧场绿草如茵,牛羊成群,青海的羊夸张点说都是喝雪山水、吃冬虫夏草长大的,骨子里透着鲜味,肥大而没有丝毫的膻味。青海菜对羊的利用有许多独到之处。西宁有一种独有的叫"肋巴"的土耳其烤肉,是先把羊排骨煮到半熟,再刷上酱,放在炭上烧烤的风味肉串,"宁吃烤肉一两,不吃煮肉一斤"的民谚就是对青海人热衷烤肉的最好注解。还有被称为高原一绝的爆焖羊羔肉,是将春秋产羔时出生 15 天左右的羊羔肉切成 3~6 厘米的方块,入油锅爆炒,待皮肉淡黄时加入面酱、辣面、姜粉、椒粉、精盐等,再反复炒至肉块呈红色时,加适量凉水,封锅慢煨,水干肉烂即成,其肉细嫩,辣酥爽口,色泽暗红,芳香柔软。至于手抓羊肉、羊肉泡馍、烩牛羊肉、烧羊筋、香酥羊肉、黄焖羊肉等,都是在青海流行的回民传统佳肴。

二、青海风味特点

(一) 肉食为主

青海是我国五大牧区之一,盛产牛羊肉。各族人民对肉食颇为讲求,总体上可分为三大类型:一是以信仰伊斯兰教的回族、撒拉族为一类;二是以信仰藏传佛教的藏族、土族、蒙古族为一类;三是汉族为一类。信仰伊斯兰教的,他们吃肉必须由阿訇亲自宰,向"安拉"(即"真主",波斯语叫"胡达")求赎,才能作为正宗肉食品。而且,即使是阿訇宰杀的,牛羊之血仍是禁食的。所以,过去由汉、藏、土、回等民族按地区分别邀请举行的群众性射箭活动,凡回族被邀请到其他民族地区去射箭,必须事先请当地的阿訇到邀请地区,把那里准备好的牛、羊、鸡亲手宰杀,交给当地妇女作菜肴。这一尊重民族风俗习惯的优良传统的历史一直在延续。信仰伊斯兰教的民族,除共同喜食手抓羊肉外,最喜欢吃烀羊肉、烀牛肉、发羊筋、涮羊肉、烤羊肉、牛羊杂烹、牛羊肉粉汤等。青海用牛羊肉做出的名贵菜肴,大都出自回族、撒拉族厨师之手,素有"清真面食清真菜,十人吃了九人爱"的赞语。

藏族、蒙古族、土族由于信仰藏传佛教,不吃马、骡、驴肉。相传,唐朝高僧玄奘西天取经时,千里迢迢,白龙马驮唐僧西去,载经东来,为佛教建立了功勋,各地建白马寺加以膜拜。为报答取经之恩,信仰佛教的人不食马肉。因"物伤其类"之故,与马有血缘关系的驴和骡子一并禁食。居住在环湖地区的藏族和蒙古族人民群众,受僧人"放生"的影响,过去连鱼肉也不吃。如今,城镇居民已解禁,农村也开始吃鱼了。杀生之法有二:一宰杀、二捂死。只要是健康无病,任何人宰的都食。按照牧区藏族食肉习惯,煮肉及血肠,一般锅大滚一阵即捞食,认为肉嫩而香,易消化,吃时滴点生血也无妨。果洛、玉树的偏远牧区,对冻牛羊肉或晒干的肉脯,仍有生吃的习惯。

(二)主食丰富

新中国成立前青海全部依赖当地出产的小麦、青稞、大麦、玉麦(筱麦)、豌豆、大豆(蚕豆)、荞麦、谷子和洋芋,通过研究烹调,变换花样,提高食物的利用率和适品性。藏族、土族、蒙古族的主食,牧业区与农业区有着明显的区别。牧区以炒面为主。炒面,藏语叫"糌粑",蒙古语叫"郭日勒"。将青稞炒熟,用手推磨、水磨磨成细粉即成。酥油炒面是牧区的主要食物。如在酥油炒面中加红白糖,则是待客的上乘佳品。农业区的各民族人民均有喜食炒面的习惯。如土族招待贵宾时,桌上摆一个装饰酥油花的炒面盒,称调"西买日",表示对客人的格外尊重。炒面由于加工方便、易于保存、不动烟火能食,既具有重要的军事价值,又具有普遍的旅外食用价值。凡行军、出门远行,炒面是路途必备之主食。在农村以青稞面、洋芋为主,广大贫苦农民则靠洋芋过日子。所谓:"早上园蛋蛋,晚上蛋蛋园,中午变了样洋芋切片片"。在那一阶段,从汉族主食食谱中,可以窥见这一地区的主食风貌。主食有蒸、烧、烘、炸之分。属于蒸的有馒头、刀把子、花卷、油花子、砖包城(一层杂面,一层白面)。属于烘和烧的有焜烧、锅块、鏊馍馍(又叫"炉馍馍")、烧干粮、圈圈子(又叫"曲连"、狗舌头)。还有的土族的"沓呼日",用清油和加了盐的水和面,擀成圆饼,在坑内、灶内或露天火灰内煨熟,大的有几十斤,甚至上百斤,堪称为青海焜烧馍之最。属于炸的有油馍馍(又叫"煎饼""狗浇尿")、油饼、油条、麻花等。还有烙、煮、综合制的馅面类有糜面和谷面疙瘩、荤油和麻疙瘩、肉馅和菜馅的扁食等。面食有打面、软面、散面和炒面(略)四大类。擀面有:长面、凉面、膜子面、刀铡面、旗花面、寸寸子等;杂面做的有:旗花面、丁丁子、杂面疙瘩(大通叫"巴鲁")、"破布衫"(不规则的手揪面)等。软面有:拉面(又叫"扯面")、软面片、麻食儿、杂面挫鱼儿等。散面有:以白面、清油加水焖成的"油搅团",以青稞或荞面做成的"搅团",以豌豆面、玉麦珍为主的"散饭"等。

由于外来饮食文化的冲击,青海食品文化已有很大的转变。第一:除脑山地区和有计划为牧区种植青稞的地区外,凡是用青稞面、大麦面、玉麦面、荞面、糜谷面加工的食品,已被小麦面取而代之。第二:饺子、炮仗面、干拌、饸饹、粳皮及新型的各种糕点,由城乡逐步扩大起来。

(三)节日菜点

各民族都有自己的节日,而且,有些民族节日比较多。回族的主要节日为"尔德节"。家家要炸油香、炸馓子和炸花花。花花的制作具有各式各样的图案和花卉。就花卉而言,有石榴、佛手、梅花、菊花、牡丹、石竹、金丝莲、八瓣锦、川草等达数十种之多。招待客人,除用上述油炸食品外,大都用双碗(一碗米饭,一碗熬肉烩菜）或糖包、肉包、手抓羊肉，或八盘、四盘招待。

藏族过年，炸的面食油馍大都是扁平长方形的饼，四边和正面中间有矮棱。叫法不一，有些地方叫"么夯力"，有些地方叫"果买力"，有些地方叫"油果片片"。还有两种比较特殊的食品，用于节日和婚礼上，一种是把面擀成薄饼煮熟，捞起后趁热加酥油、曲拉、红糖即成，滋味甜香，食之可口，是节日待客的佳品。另一种是"蕨哲"，在西藏叫作"幛麻哲斯"，用大米配以蕨麻（又叫"人参果"）、葡萄、核桃仁、红糖，共同做成的米饭。有的地方用大米、牛肉、羊肉做成，营养高，口味美。

蒙古族过节，除做油炸馍、包子、饺子外，比较有特色的有"切拿玛勒""新特""哲色"和"吐"等四种。"切拿玛勒"，又叫"水油饼"。将面粉和好后，做成中间有孔的小圆饼，放入开水锅中煮熟，捞在碗里，加上新鲜酥油、曲拉、红糖即成。"新特"，又叫"叶力格"。首先向锅里注入滤过茶叶的清茶，然后加入较多的新鲜酥油和牛奶，烧开后均匀撒上一层面粉，并用擀杖用力搅拌，然后加上食糖，待到水干即成，味美甜香，肥而不腻。"哲色"的做法是，将大米、蕨麻、核桃仁等用锅煮熟，盛在碗中，加上糖与烧化的酥油即成。"吐"是蒙古族特制的点心。它是用酥油、曲拉和糖熬制而成，打成方块状，其上用各色干果塑成图案，切片食用，既美观，又可口。

青海汉族过八月十五团圆节所蒸的月饼，非常有地方特色。中秋月饼，分大月饼和小月饼两种。大月饼一扇蒸笼只蒸一个。小月饼根据蒸笼大小一扇可蒸 4 ~ 6 个，最大的蒸笼可蒸 8 个。

土族人民在中秋节要做"千层月饼"。这种月饼，一般直径约为 0.3 米。其中，以油做底，分层夹上姜黄粉、红曲粉、绿香豆粉等色素，做法与汉族做大月饼近似，做上各种花卉图案贴在上面。用烈火蒸熟时，月饼绽开裂缝，宛如绽开的硕大花朵，艳光照人，吃则口角生香。因色素卷得薄且分层，红、黄、绿层层如线状，美其名曰"千层月饼"。

三、青海名菜名点

（一）风味名菜

以青海盛产的绵羊、高原牦牛肉和青海原产的野菜制作的传统名菜有手抓羊肉、羊肉糊茄、虫草雪鸡、羊肉盖被、开锅肉、蜂尔里脊、伐子、羊杂碎、灌羊肠、酸辣里脊、酸辣羊筋、虫草羊脑、八宝饭、代把肘子、糖醋排骨、糖醋里脊、梅花驼掌、菊花牛冲、葱烧黄蘑菇等。

名菜羊筏子肉团通称筏子，因其外形与黄河上古老的水运工具羊皮筏子相似，故有此名。把羊的肝、肾、脾等切成小丁剁碎,拌入盐、姜粉、花椒粉、胡椒粉、葱花等作料,掺入少许面粉及油搅匀,摊在羊的胃壁脂肪膜上,卷成约 16.5～23.1 厘米的长卷,再用羊小肠来回密密地捆扎成一长圆形的肉团,两端封口,入锅煮熟,再上笼蒸 15 分钟左右,即可下笼,切吃。吃法一般有三种:一是切片后蘸醋、酱、蒜泥、辣子吃;二是切成块放在碗中,浇上热羊肉汤,调以蒜泥、香菜吃;三是切成较厚的片,在热锅中倒入少许青油,焙烤至酥黄时食用。在回族、撒拉族筵席上,筷子肉团是一道全套羊肉内脏的特制菜肴,其味醇香四溢,鲜美可口,油而不腻,鲜嫩味美。

青海美食"杂碎"以牛下水为料的叫"牛肉杂碎",用羊下水为料的叫"羊肉杂碎"。将牛羊头、下水泡刷干净,傍晚下锅,放入山奈、辣椒、食盐、泡姜、草果等作料,文火慢煮。蹄筋的柔、口条的嫩、头肉的烂、肚子的脆、肠子的细软,件件均可挑选。品尝着肥而不腻的汤、烂而不腻的肉,嚼食着美味的杂碎,就是青海人最有诗意的早点。

青海羊馔的拿手好戏是羊筋,羊筋是羊蹄的韧带,经过剔取、拉直、阴干,扎成小把,可长期保存,用羊筋做的菜肴品种很多,是青海回、汉族筵席中最常见也是最有声誉的地方菜之一。清代的全羊席中有一道"蜜汁髓筋"就是以羊筋为原料的。先用菜油或羊油烧十分热,把油锅旁移,待温度降低些,放入干羊筋,再慢慢加温油锅炸透。将炸好的羊筋,泡发一二十个小时,剔去筋膜,拣去杂毛,再放入开水中炖煮,加碱除油渍,浸泡松软,略加醋,除去碱味,清水漂洗,用羊汤或鸡汤烧炖,以姜粉、胡椒、精盐、干辣椒、葱段等为作料,即为烧羊筋;如将羊肉切为细末,加蒜泥拌对,调味后和羊筋一并上笼蒸透,再浇汤汁,撒葱段、香菜,即是肉末羊筋;如将洗净的羊筋条挂芡过油,出锅趁热浇冰糖蜂蜜的浓汁,就是蜜汁羊筋;西宁婚庆筵席上的一道名为"海三鲜"的菜就是以羊筋为主,配海参、竹笋合烩而成。

(二)风味名点

以青海的农作物小麦、青稞、豌豆等原料制作的传统名点有搅团、傲子、狗浇尿油饼、油旋、花花、酿皮、羊肉面片、抓面、翻跟头、汤米三碗、油茶、甜醅、油果子、油香、糌粑、水油饼、月饼、砖包城、背口袋、地皮菜包子等。

第五节　内蒙古地方风味

美丽、辽阔的内蒙古大草原,这里不但有额尔古纳河的潺潺流动,鄂尔多斯高原的巍巍成陵,还有风情独趣的那达幕大会和丰富多彩的蒙古饮食。浓郁的地方特点和民族特色,使内蒙古自治区源远流长的菜点成为我国北方菜点的重要组成部分。蒙古作为地理名词而言有内外之分,作为民族来讲它几乎遍布全国各地,此处所说的蒙古菜乃是指内蒙古地区的菜肴。

一、内蒙古风味的形成

(一)地理物产

内蒙古自治区地处我国北方,地域辽阔,在这片广阔的土地上,生活着蒙古、汉、达斡尔、鄂温克、鄂伦春、回、满、朝鲜等众多民族同胞。内蒙古资源丰富,素有"南粮北牧、东林西铁,遍地乌金"的美誉,新时期更有"羊(羊绒)煤(煤炭)土(稀土)气(天然气)"之称。

蒙古族早期曾从事狩猎,以猎物为食品,如兔、鹿、野猪、黄羊、黄鼠、野马等。所食家禽以羊为多,牛次之,非大宴会不刑马。《黑鞑事略》载:"其食,肉而不粒。获而得者,曰鹿、曰兔、曰野彘、曰顽羊、曰黄羊、曰野马、曰河源之鱼。"从事畜牧业后,即吃猎物,也吃家畜的肉和奶。《马可波罗游记》曾记载,鞑靼人完全以肉食和乳品作食物。一切饮食的来源都是他们狩猎的产物。他们还吃一种跟兔子一样大小的小动物(土拨鼠)一直到夏天,这种土拨鼠遍布于整个大草原,这种动物的肉他们也不嫌弃,照吃不误,此外还吃马肉、骆驼肉,甚至于狗肉。早期蒙古人的食物并不丰富,到了 12 世纪,饲养的家禽逐渐增多,食物便以家畜的肉和奶为主。

(二)历史发展

蒙古一词最早见于唐朝,是当时蒙古地区众多部落中一个部落的名称,蒙古部落肇兴于额尔古纳河东岸一带,7 世纪向西迁徙,衍生出多个部落,游牧在从鄂嫩河到贝加尔湖之间的辽阔地带。今内蒙古中西部地区在汉代时是匈奴的活动区域,唐朝时是突厥地盘,宋朝时才有了蒙古部落。

13 世纪初,蒙古部落首领铁木真经过连年征战统一了蒙古诸部,于 1206 年被推为蒙古汗国的大汗——成吉思汗。1271 年,忽必烈建立元朝,蒙古铁骑踏遍大江南北。据《元史》记载,12 世纪蒙古人"掘地为坎以燎肉",后受汉族饮食的影响,蒙古人的饮食理念有了变化,并出版了我国第一部饮食营养学的专著《饮膳正要》,其食肉方法也有很大改进,出现了专门用于烤羊肉的烤炉。直到清代,蒙古王公府第几乎都用烤全羊招待贵宾,康熙年间,北京阿拉善王府的烤全羊就已声名卓著。清末,包头成为我国皮毛集散地,豪商巨贾在酒楼餐馆谈生意谈交情,推动了塞外名城餐饮业的发展,博采北方各地饮食之长,寓蕴着蒙、汉、回民族饮食传统。

今天,蒙古大草原上仍然生活着蒙古民族的后裔,以宫廷文化、游牧文化、祭祀文化和风俗文化为主要特征的蒙古民族文化基本完整地保存了下来。饮食习惯、生活方式、日常用具、文娱消遣都能寻觅到"金戈铁马、驰骋疆场"的情怀。

蒙古族在 2000 多年前与满族、契丹民族，共同聚居在今天的额尔古纳河地区。各民族文化和饮食习惯不同，如蒙古族喜欢吃烤肉，满族喜欢吃炖菜和面点，朝鲜族喜欢吃泡菜和狗肉，这些饮食习惯逐渐融合形成独特的"蒙餐"文化。例如：东四盟的蒙餐受鲁菜影响较多，饮食讲究鲜嫩、清汤、擅用烧、焖等；西部"走西口"来此的山西人较多，以醋烹饪是蒙西菜肴的一大特色。蒙古宫廷菜与鲁、晋等地方菜、民间菜融会贯通，形成了善于精烹山珍野味，重刀、勺、火工，以炸、烤、炖、烩为常见技法的地域民族菜肴。

二、内蒙古风味区域划分

内蒙古自治区菜点在发展过程中虽然没有形成完全非独立的区域特征，但是拥有独特的菜点结构和完整的风味类型，可以粗略地划分为蒙古族菜点和非蒙古族菜点两大部分。

蒙古族菜点民族特色浓郁，外来成分较少，菜点特色脉络清晰。蒙古菜的特点用一句话来表示那就是"一红二白，以饮为主"。即白食和红食，所谓"白食"，即指乳及乳制品；所谓"红食"，即指肉及肉制品。红肉白奶是餐桌上的主色调。其代表性的菜点有烤全羊、涮羊肉、手扒肉、羊背子、烤羊腿、烤牛腿、炸羊尾、扒驼掌、白扒猴头蘑、烧牛蹄筋、马奶酒、莜麦面、熏鸡、肉干、馅饼、烧卖等。

非蒙古族菜点主要是汉族及其他民族、外来风味菜点。内蒙古自治区菜点内涵丰富，包容性大，非蒙古族菜点占有很大比例。非蒙古族菜点除可按菜品地方风味特征分类外，还可以分为筵席菜点、家常菜点、大众菜点和风味小吃等类型。20世纪80年代以来，内蒙古自治区菜点受外来风味菜点的影响较大，各地风味菜点纷纷驻足内蒙古，呈现出空前的繁荣局面。

三、内蒙古风味特点

蒙古菜非常质朴，受生存条件所限，在草原上生活的民族，饮食接近原始，既没有烹饪技巧上的千变万化，也没有材料搭配上的奇思妙想，更没有色彩造型上的匠心独运，饮食风格一如民族性格，自由奔放，全然没有婉约精致的浅斟低唱、娇俏妩媚，高大健壮、刚毅彪悍的蒙古人与这种粗犷自然的饮食习俗彼此印证。

正宗的蒙古菜，以羊肉、奶、野菜及面食为主要的菜点原料。内蒙古水草丰美，特别适合牛羊的生长，"风吹草低见牛羊"的景象随处可见，牛羊肉成为蒙古菜的绝对主角,对肉的处理通常不剔骨,大块连骨带肉,菜点崇尚丰满实在,调味只用盐和少量香料,烹饪方法相对比较简单,基本上只有煮或烤,肉熟即可,讲究自然风味。

(一)羊肉为主

人们常说南方饮食是鱼米文化,北方饮食是羊肉文化。羊的全身都是宝,羊肉补元滋阳,羊肝补肝生血,羊肾补精益髓,羊肺补气利水,羊胆清热解毒,羊肚补虚健胃,羊髓润肌养颜。而北方菜在羊上面做得最为出色的无疑是蒙古菜。据《蒙古族风俗志》记载,起源于元代宫廷的全羊席有76道菜,每菜都不带"羊"字,如以羊眼睛做的菜名叫"烩凤髓",以羊百叶做的菜叫"素菊花",以羊蹄筋、骨髓合烧的菜名为"蜜汁髓筋",以不同部位的羊肉做成的菜有各种不同的名称,如"樱桃红腐""清炖百合""酥烧枇杷""锅烧腐竹""五香兰肘"等,还有"吉祥如意""满堂五福"之类的吉祥菜名。清代美食家袁枚在《随园食单》里关于全羊席菜点也有72种的记载,全羊席是仅次于满汉全席的第二大席,也是中国饮食文化登峰造极的重要标志。

手把肉则是蒙古民族千百年来最喜欢、最常吃的传统食品,它又叫手抓肉、手扒肉,历来有"不吃手抓肉不算去过草原"的说法,呼伦贝尔草原上的鄂温克、达斡尔、鄂伦春等游牧、狩猎民族也爱吃手把肉。虽然牛、马、骆驼等牧畜及野兽的肉均可烹制手把肉,但通常所讲的手把肉多指手把羊肉。其具体做法是选用肥嫩的小口羯羊,就地宰杀、清洗后把整羊按骨节拆开成若干块,除去头、蹄,放入白水锅中用大火煮,煮时必须是不添加任何调味品,以保持原汁原味,待水滚肉熟至八成时即可装盘上桌。这种方法煮出的羊肉,不腻不膻,味美肉鲜,富于营养,易于消化。吃手把肉时一手抓羊骨,一手拿蒙古刀剔下(也可直接用手撕)羊肉直接吃,现在流行蘸上芝麻酱、韭菜花、辣椒油、腐乳汁、味精等调料吃。蒙古手把肉之所以好吃,是因为大草原上生有成片野韭、野葱,羊吃了后,自去膻气,羊在放牧的过程中边走边吃,活动量大,消化力强,练就一身活肉,肉味最为鲜美,被誉为"内蒙鲍鱼"。

涮羊肉是蒙古羊馔中的代表作,当地人习惯叫它"涮锅子",外国人称为"蒙古火锅"。相传元世祖忽必烈统帅大军南征,一次激战之后,人困马乏,饥肠辘辘,正准备煮羊肉时,探马来报,追兵将至。煮羊肉已经来不及了,厨师急中生智,运刀如飞,将羊肉切成薄片,放在沸水锅中搅拌一下捞出,撒上食盐、葱花,配以腐乳、辣椒,送给忽必烈食用,将士们吃了赞不绝口,忽必烈当即赐名为"涮羊肉"。从此,涮羊肉就成了宫廷佳肴并很快流传到民间,闻名中外的北京涮羊肉即是来源于此。内蒙古涮羊肉多选用大尾绵羊的上脑、外脊、后腿、羊尾等部位,切成适度的薄片,放在火锅沸水中轻涮,不肥不腻,新颖别致。

全羊汤是蒙古菜中的细活,俗称羊杂碎汤。锅内放清水,加入羊头、蹄、下水等主料及花椒、山奈、小茴香、盐等调味品煮炖,锅开时,撇去浮沫,继续煮至香味溢出,头、蹄的骨肉能分离,其余下水熟烂后捞出,切成条或薄片。锅内加羊油烧热,用葱、蒜、辣椒炝锅,添入煮羊骨头汤、清水及适量的原汤和精盐等调味品,待烧开后,下入切成薄片的羊心、肝、肺、腰子、口条和熟羊肚片、肠片,煮至汤浓味醇时即成,多配白焙子、香菜食用。此汤味鲜、香辣、浓醇、不膻,且有滋阴补肾、补血益气的功效。

此外,皮脆肉嫩的烤全羊、华贵典雅的羊背子、清香四溢的炖全羊、香嫩酥脆的烤羊腿都是在祭祀、迎宾、祝寿、庆功时少不了的大菜。

(二)奶品丰富

内蒙古的奶品非常丰富,仅奶制早茶就有 18 种之多,常见的有奶皮、奶酪、奶酒。奶皮子是把新鲜牛奶倒入锅中慢火微煮,待其表面凝结一层脂肪,用筷子挑起来挂在通风处晾干即成,这种方法与制作腐竹相似。或者把新鲜牛奶倒入盆里,过两三天后,牛奶上面便结成一层很厚的奶皮,取出来撒上一层白糖,上面再叠上一层奶皮,切成小块,吃到口里,美味无穷。奶酪俗称酪蛋子,是把牛奶中提取奶皮后的奶汁倒入木桶里存半个月,使之变为酸奶,再掺入鲜奶煮,用纱布过滤后便成碎块状,晾干即成奶酪。奶酪的上层凝结为酥,酥上面如油的是醍醐,味道极为甘美,是过去蒙古人供佛的佳品,由于它是牛奶中的精华,佛门把它用来比喻最高的佛法,词语"如饮醍醐""醍醐灌顶"都是由此演变而来的。

马奶酒是用马奶酿制的一种酒精含量很低的饮料。它是将鲜的马奶装入生皮囊中,挂在向阳处,用一根特制的木棍每日搅拌数次,使马奶逐渐发酵变酸,当马奶变成清淡透明、味道酸辣时,马奶酒就做成了。

茶是蒙古人的面子,又是蒙古人的主食。"宁可一日无饭,不可一日无茶","有茶之家何其美",蒙古族酷爱饮茶,奶茶、面茶、酥油茶自是生活中的必需品。奶茶也叫蒙古茶,是蒙古族传统的热饮料,是将青砖茶掰开或捣碎,装入纱布袋,投入烧开的清水锅内,慢火煮出茶味,再将鲜奶和盐兑入,烧开即可饮用。其味芳香,咸爽可口,既有茶的清香,又有奶的甘酥,有暖胃、解渴、充饥、助消化的作用。喝奶茶讲究配套,常和黄油、奶食品、炒米、手把肉一起食用。蒙古族牧民的每一天都是从喝奶茶开始的,这种嗜好作为蒙古族的一种历史文化表现延续至今。

四、内蒙古名菜名点

(一) 风味名菜

家畜制作的名菜有烤全羊、烤羊腿、乌拉特羊背子、手把肉、风干羊肉炖干菜、焖羊棒、全羊汤、蒜泥羊头、荞面沙葱灌血肠、干炖羊肉、清蒸羊肉、草原牛头、红烧牛排、红扒牛肉条、酱牛肉、酱牛筋、铁板牛柳、梅花牛鞭、干炸牛宝、红烧牛蹄筋、焖牛尾、焖牛腕骨、干煸牛肉丝、牛肉丸子、爆炒牛肉、锅仔烩牛髓、猪肉烩酸菜、猪肉勾鸡、猪排骨干豆角、红焖猪肉块、红炖大骨头、红扒猪脸、枸杞汁红皮肘、红扒猪手、红烧丸子精烩菜、猪尾焖乳鸽、千层猪耳、罗汉猪肚、酱肘花、石烹腰花、土豆萝卜炒猪肝、腌猪肉炒山药条、红扒西沙驼掌、四丝扒驼掌、红烧驼掌、清炒驼峰、果味驼峰、炸烹驼峰、拔丝驼峰、枸杞驼蹄羹、奶汁驼髓、沙锅驴肉土豆、铁锅柴火干崩兔、羊杂碎等。

禽蛋制作的名菜有鞭打小公鸡、草原吉祥鸡、驴肉炖全鸡、南味北做鸡、两味放养鸡、清蒸肥母鸡、草菇蒸鸡、锅烧鸭、红焖鸭、米粉蒸鸭、黄焖鸡块、红卤鸡珍、口水鸡腿等。

河鲜制作的名菜有清炖黄河鲤鱼、炖鲶鱼、清蒸马郎棒、家常炖草鱼块、葱油活鲤鱼、红烧鲤鱼、果味鲤鱼、肉焖小鲫鱼、肉末浇汁鲫鱼、茄汁草鱼条、干炸小鲫鱼、酸菜烧鱼等。用蔬果制作的名菜有丰收烩、鲜奶荤素烩、拔丝西瓜、鸡蛋炒苦菜、河套红腌菜、西北泡菜、酸黄瓜、三色烂腌菜、五香大豆、炝黄瓜条、蒜泥茄子、红油土豆丝等。

(二) 风味名点

传统名点有水饺、蒙古水饺、炒米、烧卖、河套雪花粉馒头、河套雪花粉花卷、三鲜薄皮烫面蒸饺、花肉灌肠小包、家常油烙饼、荞面煎饼、荞面圪团儿、油炸糕、铜钱小油糕、雪花粉吊酿皮、糜米糊糊摊凉粉、内蒙古熏肉夹焙子、赤峰对夹、胡麻盐糜米酸粥、蒙古刀切、蒙古果子、蜜麻叶、焙子等。

蒙古蒸饺是草原牧民最喜爱的食品。蒙古包子不用发酵面做皮,采用小麦面粉,用热水和好后,称为烫面。馅有几种,一种是全羊肉馅,即整羊不分部位,全部剁馅只加葱、姜等调味品。这样的馅做包子或蒸饺即纯正的蒙古包子,也有的在馅中略加奶豆腐或野韭菜等野菜。另外有用牛肉做馅或是用羊心、肺、肚子、肥肠、百叶等加膨酸菜做馅。蒙古包子的特点是:馅大、皮薄、味道鲜香。

第六节　新疆地方风味

新疆处于我国西部,著名学者季羡林先生认为"世界上四大文化体系唯一汇流的地方就是中国的新疆"。可以说,新疆也是东西方饮食文化的交汇点,反映在维吾尔民族的饮食文化中,包括维吾尔民族作为土耳其民族的一支从上古游牧时代留传下来的传统饮食文化和维吾尔族改宗伊斯兰教后形成的饮食文化以及维吾尔民族同周围其他民族和地区在交流中产生的多彩的饮食文化。

一、新疆风味的形成

(一)地理物产

新疆的地理特征具有特殊的"三山夹两盆"地貌,天山居中,北为阿尔泰山,南为昆仑山,两盆是准噶尔盆地和塔里木盆地。新疆东部的两个小盆地为吐鲁番盆地和哈密盆地,西为伊犁河谷地。天山腹地的巴音布鲁克大草原,长年生长的酥油草哺育着千百万头牛羊。阿勒泰草场培育的阿勒泰大尾羊更是名扬天下。新疆的气候属于极端干燥的大陆性气候,日照强,少雨,干燥,冬寒夏热,昼夜温差大。独特的地理和气候培育出了带有许许多多地方特色的烹饪原料,如米泉大米、阿克苏大米、白皮大蒜、胡萝卜、洋葱、土豆、葫芦瓜、杏子、石榴、哈密瓜、无花果、核桃、巴旦杏以及牛、马、羊、骆驼等。调味料方面,孜然、香豆、斯亚旦、皮耐、椒蒿、洋葱、蓬灰都是新疆的绝品。高山湖泊与内陆河流也为饮食提供了丰富的河鲜品种,冷水高白鲑、乔尔泰,低海拔河湖的五道黑、鲢、鲤、草鱼及河蟹等水产品。这些丰富而独特的烹饪原料为新疆菜点的发展打下了坚实的物质基础。

新疆的农作物种植历史悠久,公元前2世纪以前新疆就已种植有胡麻、蚕豆、西瓜、黄瓜、石榴、大蒜、玉葱(又名洋葱)、芫荽(又名香菜)、苜蓿(亦称牧宿、木粟)、葡萄(亦称蒲陶,蒲萄)、核桃(亦称胡桃)、胡萝卜、红花、菠菜等。

(二)历史因素

在新疆发现的许多古代岩画、壁画及史料中,都有反映古代民族的狩猎、放牧、耕作生活的内容,这是古代饮食文化的一种表现。新疆出土的许多彩陶食具,造型浑厚,朴实大方,几何线纹组合巧妙而富有韵律。

西汉南北朝时期,西域的饮食不仅有了发展,而且流向中原,在都城长安有胡人经营的酒店。汉乐府民歌《羽林郎》有生动的记载:"昔有霍家奴,姓冯名子都。

倚仗将军势,调笑酒家胡。胡姬年十五,春日独当垆……就我求清酒,丝绳提玉壶。就我求珍肴,金盘脍鲤鱼。"胡人的烹饪技术颇受中原人民的青睐,其中胡羹、胡饭、胡炮等融入了食谱(见《齐民要术》)。"汉灵帝好食胡饼,京师皆作胡饼"。一时成了社会风气。

新疆博物馆陈列的吐鲁番出土的馕,说明在两千多年前,吐鲁番人就会制作精细美味的馕了。馕,古代称"胡饼""炉饼"。白居易在《寄胡饼与杨万州》的诗中写到:"胡麻饼样学京都,面脆油香出新炉。寄与饥馋杨大使,尝看得以辅兴无。"唐太宗时,地处丝绸之路要冲的高昌国的马乳葡萄,不仅在皇家苑囿中种植,并用它按高昌法酿制葡萄酒,其酒色绿芳香,味兼缇盎,在都城长安深受欢迎。"葡萄美酒夜光杯,欲饮琵琶马上催"的著名诗句,表达了中原人民对高昌美酒的赞美之情。

1972年,吐鲁番出土的饺子和各式小点心,更是精美别致。五代时,于阗(今新疆和田)的"全蒸羊"已自成体系,其法并为后周广顺朝(951—953年)宫廷所取,陶谷的《清异录》载:"于阗法全蒸羊,广顺中尚食取法为之。"北宋时期,胡饼的品种不仅多而且制作工艺水平有所提高,有白肉胡饼、白胡饼等。北宋京城汴梁,有卖胡饼的胡饼店,其品种有门油、菊花、宽焦、侧厚、油锅、髓饼、新样、满麻等。辽时上京建有"回鹘营","色黄味如栗"的"回鹘豆"(即豌豆)很受人们喜爱。元代,居于今吐鲁番地区畏兀儿人的茶饭"搠罗脱因"和"葡萄酒"、居于阿勒泰山一带瓦剌人的食品"脑瓦剌"也流向了中原。晚清时,维吾尔族"食以麦面、黄米、小米为主,稻米次之"。

(三)宗教民俗

清真一词,作为一个汉语词语,在中国自古就有,而不是伊斯兰教的专利。在明中期以后,回族学者借用了"清真"一词,用来表示伊斯兰乃"清净真实之教",赋予了"清真"新的含义而成为伊斯兰教的一个专用术语。

伊斯兰教最早由阿拉伯人于隋朝传入中国,同时,他们也将伊斯兰饮食带入中国,清真饮食是伊斯兰饮食的中国化名称。在中国,信仰伊斯兰教的民族有回族、维吾尔族、哈萨克族、乌孜别克族、塔吉克族、柯尔克孜族、东乡族、撒拉族以及汉族中的部分民众。维吾尔民族的这种食俗与哈萨克族、柯尔克孜族等民族很相近,与回族、撒拉族等有一定的差别。

二、新疆风味区域划分

新疆传统菜点依据伊斯兰教教规的禁忌而形成,"嗜羊忌豕"是他们的基本食规。清真菜点主要是指维、哈、回等信仰伊斯兰教的民族的饮食,新疆菜点在吸纳各地技法、调味、原料的前提下，又以清真菜肴风格为主导，特色突出，自成一格。

汉餐则以川菜风味为主，其他风味兼顾。21世纪以来，这种外来风味菜点与全国连锁经营店明显增多，新一轮的百家争鸣的局面已经出现。其次，川、鲁、京、津、苏、杭、粤、湘、黔、东北等地菜品逐步向清真菜点中心渗透，交融速度加快，大量的烹调方法、菜点品种在符合伊斯兰教食规的前提下，逐步被清真菜点采纳。清真宴席中的汉餐菜点品种随处可见，有些情况下，汉餐品种甚至占到主导地位，只是增加几道民族特色品种就成为清真宴席。但传统的清真宴席仍有其特色所在，原料、菜式、制作都非常严格地按照伊斯兰教的食俗禁忌来进行。清真菜点也在逐步渗入到汉餐宴席和日常的风味菜点中。在保持外来菜点基本原貌的前提下，使用一些清真特色的原料和烹饪技法，使其菜品更进一步适应新疆人的"水土"，更适应新疆人的口味。

三、新疆风味特点

(一)善于烤制食物

烤全羊、烤包子、烤羊排、烤羊心、烤羊肝、烤羊肠、烤羊肉串、烤羊腰子、烤鱼、烤馕等无一不显示出他们拿捏火候的功夫，真正的新疆人是能经受住"烤"验的。

历史悠久的烤全羊，其风味可与北京烤鸭相媲美，虽然北方游牧民族大多有烤全羊这道美食，却只有新疆的烤全羊有领袖群伦的资格。原因就在于新疆的烤全羊除了选料考究外，其制法也独树一帜，仅工序就有十八道之多。将羯羊(阉割了的公羊)或周岁以内的肥羔羊宰杀后去内脏及蹄，用精面粉、盐水、鸡蛋、姜黄、胡椒粉和孜然粉等调成糊状，均匀地涂抹在羊的身上，然后用钉有铁钉的木棍，将羊从头至尾穿上，羊脖子卡在铁钉上，防止滑动，放入特制的馕坑中焖烤一小时左右，火苗把赤裸的羔羊烤得色泽光亮、皮脆肉嫩、香浓味美。全羊烤好后不能随便拿上来就吃，要放在餐车上，系上红头结，嘴里插着芹菜或香菜，造型犹如一只活羊卧着吃草，再推至餐厅，宾客切片品尝。

烤鱼是喀什地区的传统风味小吃，把若干条新鲜活鱼洗干净，从鱼肚剖开，用几根筷子粗细的木条横穿鱼皮，撑为两片，再用一根稍粗的木棍沿鱼脊竖穿下去，使鱼呈弧形插在篝火边烘烤，边烤边撒上胡椒面、孜然粉、盐水等调料，两面烤好后即可食用，鲜嫩不腥，香酥可口，别具风味。

(二)精于制作羊肉

新疆菜在羊身上做足了文章，新疆人自豪地说新疆羊"走的是黄金路，吃的是中草药,喝的是矿泉水,拉的是六味地黄丸"。用羊肉做菜不能完全显示出新疆菜的功夫,用杂碎之类的边角余料做出可口肴馔才让人折服。面肺子就是别具一格的风味菜,它以羊的内脏做原料制成,可以看成是"肺"物利用。制作面肺子是将白面洗出面筋,待面水澄清后,滗去大量清水,留少量清水搅动成面浆,将以少许精盐、清油、孜然粉、辣椒粉调好的料汁,再取小肚套在肺气管上,用线缝接,然后把面浆和料汁逐勺倒入小肚,挤压入肺叶,然后拿开小肚,用绳扎紧气管封口,煮熟即成喷香可口、民族风味浓郁的佳品。

(三)口感以辣为主

新疆菜受川菜、秦菜影响较大,辛辣、香辣、酸辣、咸辣、麻辣是其主流味型,调味料少不了孜然、辣椒、花椒。这是因为西域的冬天非常寒冷,必须借助辣椒的热辣来保持生命的激情。最能体现这种特色的菜就是大盘鸡,大盘鸡顾名思义是用大盘子装的炒鸡块,制作大盘鸡的主料是当地重约 2 千克的土鸡或肉鸡,制作的方法也比较简单,将清洗干净的鸡剁成拇指大的鸡块,用糖浆上色,置入油锅中用猛火爆炒,待鸡肉将熟,投入葱段、姜片、蒜瓣、茴香、花椒、青辣椒块、食盐、味精等料,再放入半盘干红辣子,反复翻炒,直至鸡块入色入味,然后加入与鸡块大小相同的土豆块,再焖一刻钟,加进少量啤酒,便可起锅装盘,口感微甜,辣中带麻,肉质软嫩爽口。等到鸡块、土豆块快要吃净时,再倒入一盘像皮带一样的"拉条子"(面条),与鸡汁拌匀,面片都变成酱红色,连汤带肉带面地吃下去,咸、甜、辣、香,很是过瘾。由大盘鸡很快衍生出了大盘鱼、大盘肚、大盘羊肉等大盘系列,足见大盘鸡的魅力。

(四)主食独特

新疆主食虽然也是米饭和面食,但做法却与众不同。米饭主要是抓饭,抓饭类似于汉族的八宝饭,从味道上分甜咸两种,甜抓饭多为素抓饭,其主要原料为米、鸡蛋、清油、杏脯、葡萄干、花生仁等干果;咸抓饭多为肉抓饭,其主要原料有大米、清油、洋葱、胡萝卜和肉,常见的抓饭用肉为羊肉、牛肉、鸡肉,有的也选用雪鸡肉和野鸡肉。咸抓饭的做法是将连骨羊肉剁成小块,与切成细条的洋葱一起放在加油的生铁锅里炒,当洋葱焦黄时,将数量较多的胡萝卜条倒进去炒蔫,再根据大米的分量及吸水程度加入适量的水以及孜然、清油、食盐,烧开后就将淘洗干净的大米敷在肉上,不要搅动,继续加热,哪里不冒泡就用筷子往哪里戳,使热气均匀地翻冒上来。等到锅里的汤快要蒸发完时,盖上锅盖,小火焖半小时后,将锅里的米、肉、菜翻匀,即成油亮生辉、滋味鲜美、香气四溢的咸抓饭。胡萝卜是抓饭的核心,它素有"新疆人参""地参""小人参"之称,有很高的营养价值,且有补气生血、生津止渴、安神益智的功效;洋葱,新疆人称为皮芽子,含有蛋白质、脂肪、糖类、胡萝卜素和多种维生素,具有发汗、解表、消肿、化瘀、镇痛、止泻、杀菌的药理作用,欧美国家称之为蔬菜中的皇后,因而抓饭被称为"十全大补饭"。虽然抓饭营养丰富,但太过油腻,吃完后必喝上一碗酽酽的砖茶才好,否则肠胃有点招架不住。抓饭顾名思义是用手抓着吃的,吃饭之前主人会端上一盆水给你洗手。

馕是新疆主食中的旗帜,馕是波斯语"面包"的译音,维吾尔族原先把馕叫做"艾曼克",汉人称之为"胡饼""炉饼",伊斯兰教传入新疆后,才改叫"馕"。馕以面粉为主要原料,清油、酥油、牛奶、芝麻、鸡蛋、洋葱、糖、盐都是做馕不可缺少的配料。烤馕的坑是用砖和黏土垒起来的一米多高像口倒扣的缸,烤好的馕呈杏黄色,四周厚,中间薄,最大的馕直径达四五十厘米,每个需要用 1 千克面粉,最小的馕只有普通的茶杯口大;最厚的馕有五六厘米,薄的才 1 厘米;有油馕、甜馕、肉馕、芝麻馕、层层馕、窝窝馕等 20 多个品种,其中,肉馕最具新疆特色,焦脆的外壳包裹着浸满酱汁的羊肉,趁热咬一口,齿颊生香,神清气爽。馕的最大特点是香脆可口、久存不坏,即使在挥汗如雨的盛夏,把馕放上十天半月也不用担心它会变质变味,干馕甚至放半年都没有问题,因而有人形容它是纯天然的压缩饼干。

(五)小吃丰富

新疆是少数民族聚集区,各个民族的饮食习惯各不相同,造就了新疆小吃的丰富多彩,油馓子、酿皮子、酸马奶、库车汤面、曲曲(类似馄饨)自不必说。仅拌面就有羊肉拌面、牛肉拌面、碎肉拌面、过油肉拌面、鸡肉拌面、鸡蛋拌面、酸菜拌面、土豆丝拌面等品种。拌面又叫拉面、拉条子,是食用时将菜拌入拉面中的一种吃法,常用的拌菜主要是有辣椒、白菜、西红柿、洋葱和羊肉炒的烩菜,它是富有地方风味和地方特色、颇受各族人们喜爱的食品。炒面是把拉好煮熟的面条切成三四厘米长的小段,和油、羊肉、西红柿、辣椒等一起爆炒,其风味同拉面又大有不同。烤包子是在馕坑里烤的,用未经发酵的面做皮子,皮子要擀得很薄,做成方形包子,馅用羊肉丁、羊尾油丁、洋葱、孜然粉、胡椒粉和盐搅拌而成,把包好的包子贴在馕坑里,十几分钟即熟,烤包子色泽黄亮,肉嫩味鲜。

新疆烤羊肉串,将净肉剔下来,肥瘦搭配地穿在细铁钎上,将它们疏密均匀地排放在燃着无烟炭的槽形铁皮烤肉炉子上,左手握着铁钎不停地在炭火上翻烤,右手撒上精盐、辣椒面、孜然粉等调料,数分钟即熟。其色焦黄、油亮,瘦肉入口香嫩,肥肉外脆而焦,肉串入口,不腻不膻,肥香热辣,满口余香。

(六)水果入馔

新疆位列世界六大果区之一,素有"瓜果之乡"的美称,这里日照时间长,昼夜温差大,非常有利于瓜果作物的生长和糖分的积累,苹果、香梨、石榴、桑葚、乌梅、草莓、杏子、李子、蜜桃、樱桃、核桃、葡萄、大枣、沙枣、香瓜、梨瓜、西瓜、哈密瓜、海棠果、无花果名扬四海,有道是:"吐鲁番葡萄哈密的瓜,叶城的石榴人人夸,库尔勒的香梨甲天下,伊犁苹果顶呱呱,阿图什的无花果名声大,下野地的西瓜甜又沙,喀什樱桃赛珍珠,伽师甜瓜甜掉牙,和田的薄皮核桃不用敲,库车白杏味最佳,一年四季有瓜果,来到新疆不想家"。

四、新疆名菜名点

(一)风味名菜

用家畜肉类制作的名菜有过醋喷肉、带泡生烧肉、葱爆羊肉、手抓羊肉、贝母煨牛肉、响堂里脊、炮仗肉、胡辣羊筋、粉汤、汆汤肉、烤全羊、馕坑烤肉、烤羊肉串、烤羊肉丸子,等。用禽蛋制作的名菜有椒麻鸡、仔鸡辣子、雪莲全鸡、翡翠鸡丸、水塌鸡、木樨豆腐、醋熘黄菜。用河鲜制作的名菜有干烧盆盆鱼、酸辣瓦块鱼、糖醋脆皮鱼、梅花彩色鱼、胡辣鱿鱼卷、糖醋鱿鱼卷、鸡皮鱼肚、贝母煨海参、鸡腿扒海参、曲曲海参。用蔬果制作的名菜有炸羊尾、拔丝洋芋、蜜汁杏脯、拔丝香梨、拔丝葡萄、新疆八宝梨等。

(二)风味名点

属于筵席点心的名品有帕尔木丁、疙瘩包子、扁馓子、油塔子、薄皮包子、黄面、曲曲、肉火烧、泡油糕、果酱排、佛手酥、菊花酥、银丝卷、酥盒子、鲜蛋饺、花色蒸饺、核桃酥。属特色风味小吃的名品有小油馕、烤包子、羊肉抓饭、那仁、肉馕、油傲子、羊肠子、面肺子、爆炒蝴蝶面、丁丁炒面、揪片子、拉条子、阿尔瓦(糖浆子)。

1. 帕尔木丁

帕尔木丁是维吾尔族人民传统的风味食品。它色泽黄亮,形象美观,皮酥脆,肉鲜嫩,咸中带甜,颇受人们欢迎。

制作帕尔木丁,先把肥羊肉切成小丁,洋葱切碎,加盐、胡椒粉、孜然粉和少量清水拌匀成馅;在面粉中加酵面和鸡蛋,适量淡盐水和面,稍饧,分成等量小块,擀成圆面皮;与馅做成马鞍桥形。蘸醋贴在馕坑内壁上,贴完,盖严馕坑口。约5分钟,揭开盖,再烤约20分钟,呈金黄色,取出抹少许炼羊油即可食用。

2. 馕坑烤肉

馕坑烤肉是极受各族人民欢迎的一种美食,成品外脆里嫩,味美可口。其做法是,先把羊肉切成大约拳头大小的块,用鸡蛋、姜黄、胡椒粉、孜然粉、精盐、面粉 拌匀成糊,均匀地抹在肉块上,贴入馕坑内壁,烤半小时左右即成。

3. 肉馕

"阔西"馕和"阔西格吉达"馕都是肉馕,做法是把羊肉切碎,放上洋葱末、盐、孜然粉、胡椒粉等作料,然后和在发面里或者是包在面里,再放在馕坑里烤。

这种馕吃起来满嘴油香,久久不散。特别是和田地区的"阔西格吉达"馕,形状似馒头、外焦黄、里鲜嫩,吃起来更是肉面合一,别有风味。

第七节 西藏地方风味

考古学证明,早在几万年以前的旧石器时代晚期,西藏高原就有了人类活动。经过漫长的茹毛饮血历程,藏族的先民发现并使用了火,开始从生食转化为熟食,逐步进入文明的烹饪时代。乃东、拉萨、式芝、墨脱等地发现的新石器时代文化遗存,特别是1978年发现的昌都卡若新石器时代村落遗址,说明四五千年以前,西藏地区已出现了比较发达的远古文化。随着历史发展过程中的社会变革,西藏菜点又经历了多次重大发展。

一、西藏风味的形成

(一)地理物产

西藏自治区位于中国西南的青藏高原上,平均海拔超过4000米,境内海拔超过7000米的高峰有50多座,其中8000米以上的有11座,加之气候寒冷、气压低、空气稀薄,素有"世界屋脊"和"世界第三极"之称。全区为喜马拉雅山脉、昆仑山脉和唐古拉山脉所环抱,地形地貌复杂多样,可分为4个地带。一是藏北高原,位于昆仑山脉、唐古拉山脉和冈底斯—念青唐古拉山脉之间,低处长年积水成湖,是西藏主要的牧业区,大量出产牛羊,如牦牛、犏牛、藏羊和奶制品,而牦牛则是十分独特的原料。二是藏南谷地,在雅鲁藏布江及其支流流经的河谷平地,地势平坦,土质肥沃,是西藏主要的农业区,但由于气候寒冷、作物生长期短,青稞成为该地区乃至整个高原上特有和主要的农作物。此外,藏东高山峡谷和西部的喜马拉雅山地,山势较陡峻,气候多变,有终年积雪,也有茂密森林,出产许多独特而稀有的原料,如虫草、贝母、雪莲等。

卫藏大部分地区就属于藏南谷地,在冈底斯山和喜马拉雅山之间,即雅鲁藏布江及其支流流经的地方,也称雅鲁藏布江宽谷区。这一带有许多宽窄不一的河谷平原,如拉萨河、年楚河、尼洋河等河谷平原。谷宽一般在5~8公里,长70~100公里;海拔平均在3500米左右,地形平坦,土质肥沃,地势高低起伏不一,兼有高海拔和低海拔两种地势。由于奇特多样的地形地貌和高空空气环境以及天气影响，形成了复杂多样的独特气候：除呈现西北严寒干燥、东南温暖湿润的总趋向外，还有多种多样的区域气候以及明显的垂直气候带，干湿分明，多夜雨，日照多，辐射强。促成了其以农业为主的经济实体（部分地区经济为半农半牧，也有部分乡村以牧业为主）。

农作物以本地特有的青稞、小麦为主，出产喜凉的马铃薯、萝卜等农产品。饲养牦牛、犏牛、黄牛、马、绵羊、山羊等。

林芝地区因其相对优越的自然环境，使得气候相对湿润，主食也有别于卫藏地区，在林芝小麦是主要的农作物，用小麦粉制成"扎森"，类似薄饼，是林芝部分地区的主食。相比较拉萨等地区，林芝地区自然生长出来的物产较为丰富，在林芝民间就有"不到十岁的孩子放到山林中，就可自己独立生存下来"这种说法，可见该地区茂密森林里的天然食物之丰富。就拿林芝的朗县来说，该县拥有总面积达85万亩的森林，仅高等植物就有1000多种。其中药用植物主要有贝母、虫草等，农作物主要有青稞、冬小麦、春小麦、豌豆、玉米、荞麦、蚕豆、油菜、辣椒等。朗县的葡萄、苹果、核桃、辣椒等也因其产量大、质优而扬名于西藏并成为林芝的特色食品。

另外，野生食用菌、藏香猪、藏鸡等作为该地区特产，深受人们的喜爱。在拥有这种丰富物质条件的大自然环境下放养的藏香猪和藏鸡，因不是人工圈养的，它们所吃的食物并不全是饲料而是无污染的绿色大自然所给予的天然饲料，所以藏香猪和藏鸡肉质鲜美不肥腻。山南地区浪卡子县的羊卓风干肉也是卫藏地区特色食品，它是由切割成条状的牦牛肉晾晒风干而成的。羊卓风干肉之所以出名，是因为当地的牛羊所食用的是羊卓雍湖的略含盐的咸湖水和羊卓丰富的野生植被，正因为有了这种自然环境下产生的物质基础，羊卓的牛羊肉才更鲜美，才成为风干肉中的上品。

（二）历史因素

据考证，6世纪是西藏饮食烹调技术发生第一次较大变化的年代。其原因有二。一是当时的吐蕃通过商贸交易与中原内地和亚洲各国开展了广泛的经济文化交流，丝绸之路的开通，大大地丰富了西藏烹调原料的内容。使烹调技术得到了发展，尤其是文成公主入藏，开辟了藏汉两族饮食文化交融的先河。这时人们开始注重博食和养食。博食，即烹调用的原料品种繁多，遍及粮食、畜乳、蔬菜、瓜果等门类；养食，"医食同源"，"药膳同功"。这充分说明当时的西藏医药事业在食补方面也有了长足的发展，《四部医典》给人们展示了西藏烹调原料的丰富资源，并从医学理论上阐述与饮食有关的上千种本土植物、动物、矿物的细化药理功效。二是中西雅食文化的进入，使西藏药膳制作渐渐兴起，为西藏饮食烹调理论奠定了基础。

第二次藏式烹调发展阶段是 18 世纪,这一时期是清朝光绪皇帝统治时期,清代筵席发展到了登峰造极的地步,其种类之多,规模之大,菜肴之丰盛,烹调之精美难以表述,当时出现了筵席之最——"满汉全席"。后来随着经济文化交流,藏汉人员的往来,内地饮食文化不声不响地传入了西藏。当时藏族人称"满汉全席"为"嘉赛柳觉杰",意思是汉食十八道。当时在拉萨、江孜、日喀则等藏区重镇街面上的各种蔬菜、瓜果,厨具、器具开始多了起来,一些比较简单的烹饪技术也流传到民间,有力地促进了西藏烹饪技术的发展。

在这个时期,西藏融食、娱、游、乐于一体的饮食文化开始进入上层贵族家庭。但是由于特定的政治、经济、宗教、文化、地理、交通以及信息等诸多原因,不管是中原的美食佳肴还是从西方传到南亚、北亚、西亚的西方饮食文化的影响范围都极其有限,只被少数西藏贵族及商人家庭所了解,而西藏广大的农牧区的人们仍靠原始而简单的烹调方式打发漫长的岁月,这种状况一直延续到上世纪50年代。

第三次藏式烹调发展阶段是 20 世纪 80 年代。在改革开放政策的推动下,西藏的旅游热,使西藏饮食、烹调业得到了空前的发展。在吃什么、怎么做、怎么吃的最基本的问题上,开始朝着由简至繁,由粗至精,由低级到高级的方向发展。新原料不断补充,厨师地位得到提高,烹调技术不断得到交流,甚至还出现了专门的烹调专著。次仁群培所著的《藏餐菜谱》、青海人民出版社出版的《藏族常用饮食辞典》、西藏拉萨饭店厨师次仁群培所著的《拉萨地区藏餐菜谱》慢慢揭开了西藏烹调的新篇章,使西藏这一"绿色饮食王国"名扬全国,闻名天下,并逐渐形成一个全新的饮食文化、饮食科学、饮食艺术、饮食礼教和藏民族的饮食特色。

(三)民俗传承

西藏千年的历史与宗教有着千丝万缕的关系。结波松赞干布让吞米桑布扎创制藏文,然后将二十一种佛经翻译成藏文,把佛教的主要内容"十善"写入法律条文,规定吐蕃所有臣民都要崇奉佛法,其中的"十善"中的第一条就是不杀生。由此可见,在旧西藏无论是否全民信教,由于"不杀生"这条宗教教义已然成为法律条文,人们的衣食住行很大程度上都必然受到宗教的直接或间接影响,饮食习惯也不例外。由于忌杀生,生活在青藏高原的人们本应成为素食者,然而高原的恶劣环境、早期物质食材的匮乏和社会发展滞后,使得人们的饮食里离不开肉,人们唯有借助牛羊肉、牛羊奶等来获取人体所需的蛋白质和热量,才得以繁衍至今。

然而无论是宗教因素还是法律条文影响,人们在思想深处还是忌讳杀生的。随着社会分工的进一步细化,后来就出现了"些巴"(即屠夫,专门屠宰牲畜的人及卖牛羊肉的商人,主要出现在卫藏地区)。这一工种的出现较好地解决了人们想吃牛羊肉,却不想杀生的矛盾。无论怎样,人们在忌杀生和食肉(牛羊肉)这两个相互矛盾的问题上找到了平衡点,在遵循宗教教义的基础上终于吃上肉了。然而人们并没有因为"些巴"的出现而养成了"是肉便吃"的饮食习惯。相反人们在食用本地食品和外来食品的时候,还有一定的讲究,或者说还是有一定的禁忌。相传,如若佛门弟子吃了猪、鱼、蛋等东西,死后在五百年内不能投胎为人,因此从传统上讲,藏族一般只吃牛羊肉,并且不热衷于吃活的动物。除了遵循"十善"这一宗教教义外,还因为佛教徒认为万物有灵,动物死去仍有其灵魂,更不用说活着的动物了,如果这么做了就会罪孽深重,加之这也是旧时法律所禁止的。在藏族民间也有"年夏萨玛尼"的说法,意即"刚宰杀的动物肉不宜吃",因此在西藏很难见到用刚宰杀的牛羊肉做的菜肴或用活的动物直接做菜肴。

二、西藏风味区域划分

藏餐菜品不多,不分菜系、菜派,但不同地方的菜点风格各异。细细研究藏餐,大致可分为四大风味:以阿里、那曲为代表的羌菜;以拉萨、日喀则、山南为代表的卫藏菜,也叫拉萨菜;以林芝、墨脱、梓木为代表的荣菜;以过去王家贵族及官府中的菜肴为代表的宫廷菜,共有200多种。

(一)羌菜

羌菜,指高寒牧区的饮食,为高原牧区风味,其菜点风味特色是注重原汁原味,取料单一,重于咸、淡、鲜、酸、香。具有调理适应高山寒凉气候之功效。以奶酪、牛蹄、酸奶、酥油等为主要原料。

(二)卫藏菜

卫藏菜,指拉萨、山南、日喀则等地区使用的饮食。主要是农区或半农半牧区风味,其特色是:取料广泛,除了奶制品、牛羊肉外,还有各种农作物,因此荤素配合得当,工于火候,调味以鲜咸、淡爽为主。制作手段也比较丰富,重于煮、炒、烧、闷、炸。如:萝卜炖牛肉、手抓羊肉等,以秋瑞(奶豆腐)、生牛肉酱而著称。

(三)荣菜

荣菜,指低海拔的藏东南地区饮食。取材于高山森林中,以菌类野生药材为主,制作原始、风味清鲜、咸中带甜、浓而不腻、淡而不薄,尤以烤制香猪见长。

(四)宫廷菜

宫廷菜是指在原有的各种藏餐的基础上,精工细做,博采各家之长而形成的综合菜肴,材料都取自本土,选料严谨、制作精细、技法全面、色泽美观、滋味清鲜,是藏餐中的精品,各地方的人都能接受。

三、西藏风味特点

(一)就地取材,丰富独特

西藏菜点的烹饪原料以当地盛产的牛羊肉、青稞和奶制品为主。其中,耐寒、抗寒、抗病能力强、繁殖快且集肉、皮、毛、尾多种材料于一身的牦牛是其最主要的肉食,其肉质不亚于世界上著名的肉用品种牛"海福特""短角牛",而且牦牛的不同部位的肉可做不同的菜肴。最重要的主食原料是处于西藏栽培作物第一位的青稞,它有清热化湿、祛风寒、宁肺定喘、治疗阳虚肾亏、降血脂的功效,对进食酥油、牛羊肉较多者十分有益。

此外,西藏菜点还有许多珍贵的稀有原料。如那曲的冬虫夏草、阿里的藏红花、浪卡子县雅卓嘎玛的风干羊肉、工布江达县错高乡的香猪等,均属地域性特产,对人体有极好的滋补作用。用这些原料作成的菜肴,不仅是西藏传统高档筵席上的珍品佳肴,也是国内外游客闻之垂涎的食物精品。

(二)配料讲究,注重原汁原味

西藏菜点在配料上,讲究质、量与味的配合。质上一般主张软配软、脆配脆;量上要求主料突出、配料又恰当;味上除保持原来固有的香味,还要辅以其他香料来补充。但是,在整个菜点制作过程中非常重视天然、轻人工,几乎不用酱油、醋等经过人工制作的调味品或香料,菜点呈现的是原汁原味、天然绿色。

四、西藏名菜名点

(一)风味名菜

家畜制作的名菜有风干羊肉、风干牛肉、手抓羊肉、红烧琵琶肉、爆焖羊羔肉、蘑菇炖羊肉、吹肺、吹肝、火锅竹叶、火烧蕨麻猪、香寨、吉祥羊头、烧肝、肉肠、油肠、肝肠、塞蜜羊肉、藏北羊腿、炸灌肺、生牛肉酱、筋子肉、酸奶煮秋瑞、雅砻羊排、卫藏牛肉丝、雪域灌肠、藏式粉肠、藏式烤肉、藏式扣香猪、夏阔牛脑、夏阔牛舌、麻辣藏香猪。

禽蛋奶制作的名菜有藏红花拌奶渣、火腿毕沙、虫草汽锅鸡、虫草清蒸鸡、野鸡扣蘑菇、油煎奶渣、贝母鸡脯肉、藏式烧蛋、牛奶蒸蛋、秋瑞、南北合食、嘉康扎马。

用果蔬制作的名菜有蜜汁土豆、普布咖喱土豆、素拌蒜米辣、番茄窝奔、油炸虫草、雪梅黄鸡枞、油松茸、雪域明珠、四斋合一、黄菇虫草羹、酥油黄菇、酥油人参果、红花雪莲、凉拌獐子菌。

(二)风味名点

属于主食类名点的有糌粑、糌粑粥、糌粑糕、藏式面条、蕨麻米饭、藏式汤包、藏式荤粥、酸奶加饭、奶酪包、巴差玛尔库(酥油浇面疙瘩)、秋尔退(奶酪糕)、卓退(人参果糕)、玛尔森(酥油面糕)、扎卡森(藏式薄饼)、米聂菠萝(奶酪包子)、夏八差(肉炒面疙瘩)、加热(酒饼)、夏馍(肉包子)、夏八列(肉饼)、比西(汤心面)、馍东(藏式窝头)、听吐(拉面)、蕃吐(藏面)、列吐(扁面)、巴吐(面疙瘩汤)、败塔(带面)、塔尔细(四角面)、卓吐(打卤面)、耐吐(青稞打卤面)、仲吐(青稞粥)、莎吐(尊麻糊)、岗木吐(青豆糊)、糟吐(糟粑糊)、秋瑞(奶酪糊)、观胆(青稞酒奶酪红糖汤)等。

属于风味小吃类名点的有酥油茶、酸奶、腐奶渣粥、酥酪糕、酥油饼、面肠、库巴、阿香饭、酥油煮胶奶、醪糟煮酥汁、包肉面疙瘩、玛尔森、奶豆包、岷达、藏式春卷。

其中酥油茶是来自中国西藏的一种特色饮料,此种饮料用酥油和浓茶加工而成。多作为主食与糌粑一起食用,有御寒提神醒脑、生津止渴的作用。先将适量酥油放入特制的桶中,佐以食盐,再注入熬煮的浓茶汁,用木柄反复捣拌,使酥油与茶汁融为一体,呈乳状即成。与藏族毗邻的一些民族,亦有饮用酥油茶的习俗。

【思考题】

1. 试述陕西风味中饮食思想和雅俗文化的主要特征。
2. 如何理解敦煌菜在甘肃地方风味中的地位和影响?
3. 讨论兰州拉面的文化特征与地方风味的关系。
4. 试述丝绸之路对甘肃地方风味形成与发展的影响。
5. 试述宁夏回汉餐饮在菜点、食材、技法上的主要特征。
6. 试述青海各民族的历史形成与其菜肴特点。
7. 试述蒙古族红白食文化特点对菜品开发的现实意义。
8. 试述新疆地方风味中水果、羊肉菜肴对菜肴创新的影响。
9. 试述西藏地方风味的构成与特点。

结束语

当前,有关地方风味形成与发展的理论还在争论与完善之中,大体上可以概括为决定论和可能论两种,在这两种理论之下又细分出许多理论。如决定论可以分出地理环境决定论、社会进化决定论、社会功能决定论、社会文化决定论等。

地理环境决定论认为,地方风味的形成和发展是由它们所处的地理生态环境决定的,各地方风味的差别就是适应这种地理环境的产物。社会进化决定论认为,地方风味的形成与发展是社会进化的结果,各种地方风味的差异是社会进化程度的不同所致。社会功能决定论认为,地方风味的诸多礼仪行为都具有一定的社会功能,相关的这些饮食文化特质是因社会功能的需要而形成与发展的。社会文化决定论认为,人类的文化是由符号表现出来的,地方风味也是其最尖锐的象征符号之一,同样可以反映出文化的内在结构。

环境可能论认为,在地方风味形成与发展过程中,地理环境只是提供一种可能而不是最终的决定性因素,即自然环境对食物获取技术的主要类型只起限制作用,不起决定作用,任何地方风味特质的变迁都是生存危机所致。

比较以上有关地方风味产生与发展的主要理论概说,学者认为,地理环境决定论者只看到生态环境对人们的生计文化及其他习俗的产生具有制约、保留作用。但在现实生活中,地方风味的差异常常表现出与不同文化、生产技术水平和社会发展阶段的关联性,因而单一的地理环境决定论经不起推敲。社会文化决定论也犯了同样的错误,它本身具有缺陷,只适合研究文化发展不很复杂的初民社会和文化内涵不很丰富的民族的地方风味,或文化特质较为简单的地方风味。

此外,社会进化决定论也解决不了相同地理环境下地方风味的类似性和饮食文化回归等问题;社会功能决定论解释不了功能过时或不明显的地方风味依然保留的现象。因此,任何一种决定论都有失偏颇。相比之下,可能论似乎更为科学。但是,目前的可能论都过于强调生态环境与社会因素的作用,忽视了群体(即文化群体)的作用。实际上,文化群体的作用也是十分突出的。首先,地方风味是一种群体文化,离开群体,地方风味就失去了生产者和消费者;其次,文化群体是地方风味传承的载体;再次,文化群体是地方风味传播与接受的关键因素。因此,在地方风味传播过程中,群体起着重要作用。

　　综上所述,地方风味的形成与发展受到生态环境、社会文化、文化群体三方面要素的制约。任何单一要素都不可能成为地方风味形成与发展的决定性因素,它们都是制约性因素。任何一种饮食特质都是三者相互作用的结果,而三者所起的作用也不是相同的。各要素在不同的时期和社会发展状态下所起作用的大小完全不同。另外,在同一要素内部,在不同时期、不同情况下诸因素之间所起的作用也不完全一致。总之,任何区域的地方风味都是在生态环境、社会文化和文化群体的共同作用下,形成一个动态的文化系统。整个系统在不断变迁、不断趋向成熟和稳定的过程中协调发展,其中某一要素发生变化,其他要素就会加以限制,从而实现地方风味整体结构的平衡。

后 记

　　哈尔滨商业大学是新中国最早设置烹饪专业的学校。1959 年原黑龙江商学院烹饪系成立,成立之初就开设了"中国名菜制作"课程,为这一课程进行授课的教师是当时来自全国的烹饪大师。

　　1998 年,黑龙江商学院更名为哈尔滨商业大学,原烹饪系更名为旅游烹饪学院,同年将"中国名菜制作"课程进行整改,开始在高职和本科"烹饪与营养教育专业"设置"地方风味概论"理论课程。2009 年在普通本科"烹饪与营养教育专业"设置"中国地方风味概论"理论课程,至今该课程教学已经连续实施 17 年。17 年来,在教学中选用过多本相关内容的教材,但是这些教材不是偏重饮食文化,就是偏向名菜制作,针对中国众多地方口味特点的形成、菜点烹调制作技法形成等方面的论述和解答,都不十分清晰。鉴于教学工作的实际需求,在学院领导的支持下,我于 2012 年开始进行《中国地方风味概论》教材的编写工作,期间阅读了大量有关中国地方菜、地方饮食研究方面的文献和文章。在资料的组织上,重点参考、引用"中国知网"中的相关研究文章,如于林等撰写的《山东酱历史文化研究》,周蓓蓓等撰写的《安徽地方传统菜肴的现状及发展趋势》,陈忠明撰写的《H 型架构下的淮扬菜体系》,许先撰写的《水西菜、红楼菜与津菜的渊源关系》,李大嘴撰写的《北京菜、甘肃菜、河北菜》等研究性文章,总计约 500 余篇。

　　由于参考的文章、论文、书籍较多,未能在参考文献中一一附录,在此向相关作者表示诚挚的感谢。由于本人是初次编写《中国地方风味概论》教材,加上编写团队所掌握的资料不够全面,难免存在疏漏之处,真诚希望烹饪行业专家、学者、教师、学生多提宝贵意见和建议,使《中国地方风味概论》教材的建设更加完美,以期达到预期的教学效果。

杜险峰

2015 年 3 月

主要参考文献

［1］陈学智.中国烹饪文化大典［M］.杭州:浙江大学出版社,2011.

［2］郑昌江.中国东北菜［M］.哈尔滨:黑龙江科学技术出版社,2007.

［3］唐克明.宫廷名菜与传说［M］.哈尔滨:黑龙江科学技术出版社,2013.

［4］马健鹰.烹饪学概论［M］.北京:中国纺织出版社,2008.

［5］周旺.中华风味小吃［M］.北京:化学工业出版社,2010.

［6］姚海扬.正宗孔府菜［M］.济南:山东科学技术出版社,2010.

［7］郑昌江.中国菜系及其比较［M］.北京:中国财政经济出版社,1992.